编　委（按姓氏拼音排序）：

曹务春 (军事科学院军事医学研究院微生物流行病研究所)

常巧呈 (汕头大学)

陈建军 (中国科学院武汉病毒研究所)

陈丝雨 (中国农业大学)

郭德银 (广州国家实验室)

胡　犇 (中国科学院武汉病毒研究所)

黄　静 (中国疾病预防控制中心环境与健康相关产品安全所)

江佳富 (军事科学院军事医学研究院微生物流行病研究所)

李振军 (中国疾病预防控制中心)

梁国栋 (中国疾病预防控制中心病毒病预防控制所)

林文超 (首都医科大学附属北京地坛医院)

卢　珊 (中国疾病预防控制中心)

罗雪莲 (中国疾病预防控制中心传染病预防控制所)

马士珍 (中国农业大学)

毛怡心 (中国疾病预防控制中心环境与健康相关产品安全所)

梅仕强 (中山大学)

潘远飞 (中山大学)

单永涛 (中山大学)

沈雪娟 (华南农业大学)

沈永义 (上海交通大学)

施　莽 (中山大学)

施小明 (中国疾病预防控制中心)

孙亚民 (首都医科大学附属北京地坛医院)

唐　宋 (中国疾病预防控制中心环境与健康相关产品安全所)

汪　洋 (中国农业大学)

王　敏 (南开大学)

伍修锟 (中国科学院西北生态环境资源研究院)

徐建国 (中国疾病预防控制中心传染病预防控制所)

徐铁凤 (广州国家实验室)

杨春晖 (中山大学)

杨兴娄 (中国科学院昆明动物研究所)

杨子玥 (广州国家实验室)

张昺林 (中国科学院西北生态环境资源研究院)

张　威 (中国科学院西北生态环境资源研究院)

讲好科学的故事：院士科普系列丛书

变化的微生物

主　编　徐建国

副主编　郭德银　曹务春　施小明　李振军　罗雪莲

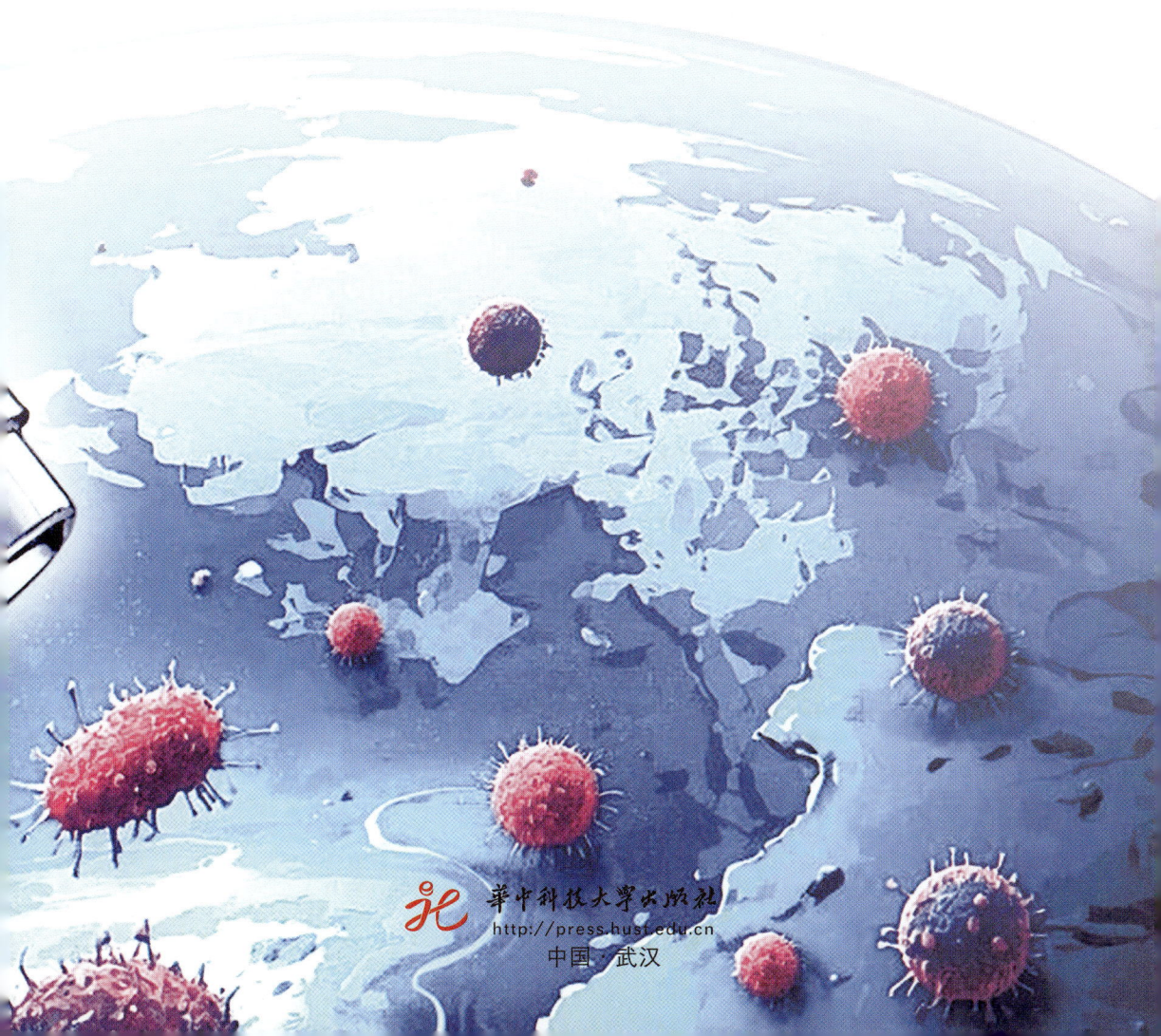

华中科技大学出版社
http://press.hust.edu.cn
中国·武汉

内 容 简 介

本书共十四章,描述了新发传染病的物种交集学说,指出人类的生活环境存在大量微生物,特别是未知微生物,涵盖了食品动物、野生动物、宠物、吸血昆虫携带的病原微生物和未知微生物,以及海洋、冰川、极地等存在的未知微生物和病原微生物。

本书不仅对我们理解未来传染病有益,也有助于我们认识所生活的微生物世界。

图书在版编目(CIP)数据

变化的微生物 / 徐建国主编. -- 武汉 : 华中科技大学出版社,2025. 6. -- ISBN 978-7-5772-1402-3

Ⅰ. Q939

中国国家版本馆 CIP 数据核字第 2025FY7267 号

变化的微生物 　　　　　　　　　　　　　　　　　　　　　　　徐建国　主编
Bianhua de Weishengwu

策划编辑:蔡秀芳

责任编辑:余　琼　毛晶晶

装帧设计:廖亚萍

责任校对:李　琴

责任监印:曾　婷

出版发行:华中科技大学出版社(中国·武汉)　　　电话:(027)81321913
　　　　　武汉市东湖新技术开发区华工科技园　　　邮编:430223

录　　排:华中科技大学惠友文印中心

印　　刷:湖北新华印务有限公司

开　　本:710mm×1000mm　1/16

印　　张:29.75

字　　数:418 千字

版　　次:2025 年 6 月第 1 版第 1 次印刷

定　　价:168.00 元

　　长期以来，人类应对新发传染病威胁的策略始终处于被动状态。究其根源，核心症结在于微生物是人类肉眼看不见的——引发传染病的病原微生物，人类无法用肉眼直接观测到。传统应对模式遵循"事件驱动"路径：当传染病疫情暴发后，研究者需先假设是由某种病原微生物引起的，通过培养、分离等验证流程，并遵循科赫法则，确认病原微生物，继而展开诊断、治疗和防控研究。这种应对模式存在明显滞后性，其本质是"马后炮"式的被动反应，根源在于很长一段时间人类缺乏发现新病毒、新细菌的能力。

　　在技术受限时期，病原微生物的鉴定高度依赖体外培养技术。当遇到无法培养的微生物时，研究进程便停滞。值得庆幸的是，核酸测序技术的革命性突破彻底改变了这一局面。新一代测序技术使研究者无须依赖传统培养手段，即可直接获取病毒或细菌的全基因组信息。对基因组数据的解析不仅突破了科赫法则的限制，更推动了病原学诊断进入"基因组时代"——新型冠状病毒感染疫情的病原学诊断范例，标志着病原微生物研究进入主动认知的新纪元。

　　地球上存在巨量微生物，绝大多数是未知的。这些微生物有多少？在哪里？以什么方式存在和运动？我们如何才能够与微生物和谐相处，并科学应对它们所带来的挑战？

　　造成这些挑战的核心问题为微生物是人类肉眼看不到的。

　　所以，本书的目的是和大家一起研讨地球上有多少微生物，以及它们在哪里。

　　变化的微生物有两个含义。一是微生物世界本身在变化。随着环境的改变，能在变化的环境中生长繁殖的微生物的种类和数量会发生巨大变化。可是，我们肉眼看不到这种变化。二是我们大脑中关于微生物的认知在发生重大变化。关于微生物的新知识，在快速、巨幅增长。过去我们坚持的"真理"，也许今天看来根本就是错误的。这些都会严重影响我们的判断和行为。

　　开展未知微生物调查，是人类健康生存所必需的，是主动防控未来新发传染病所必需的。

　　本书是承担中国工程院重大战略咨询项目（人类传染病第三次重大转变发展趋势预测及应对策略研究）的专家们，通过学习、交流、思考，形成的关于人类生活环境中微生物的初步认知，发表出来，和大家共享。人们处于对肉眼看不见的巨量微生物的不断认识的过程中，难免会呈现出很多不正确或者不准确的地方，希望得到大家的帮助和指正。

　　本书书名由杨永法先生题字，特致谢。

CONTENTS

目　录

第一章

新发传染病的物种交集学说

本来毫无交集的物种间发生病原微生物传播，
则可导致新发传染病

新型冠状病毒（简称新冠病毒）感染或新冠样新发传染病是如何发生的呢？迄今为止，科学界没有明确的答案。如果我们不能够在理论上回答这个问题，那么就很难预防将来再发生重大的新冠样新发传染病。机制问题至关重要。

一位政治家说，气候变化、物种迁徙、人口流动等自然、环境、社会因素，可能会造成一些本来毫无交集的物种间发生病毒（微生物）传播，造成新发传染病大流行。这可能是迄今为止关于新冠病毒感染或新冠样新发传染病发生的最为合理的科学假说。也就是说，新冠样新发传染病的发生与行为生态相关。传染病疫情在大多数情况下不是天灾，不是必然发生的，与人类的行为密切相关。有时候，说成人祸也不为过。

本来毫无交集的物种间发生病毒（微生物）传播假说包括三个方面：微生物，携带微生物的物种或环境，促进本来毫无交集的物种间发生病毒（微生物）传播的因素。我们用"变化的微生物"来描述第一方面。

变化的微生物

传染病是细菌、病毒等微生物引起的。微生物是肉眼看不见的。人类对生活环境中微生物的多样性的理解，犹如现代版的盲人摸象，严重低估了微生物的多样性。错误的判断、错误理论的广泛传播，导致了许多错误的行为，破坏了环境、动物（包括人）、微生物的平衡，导致新发传染病的发生。

微生物是地球上最早出现的生物。距今大约 35 亿年前，厌氧菌就出现了。厌氧菌能够在氧分子缺乏的情况下生存。人类是地球的后来客。我们赖以生存的空气、土壤、水、动物、植物等，含有丰富的微生物。一小部分微生物可引起人类疾病。没有微生物，人类也无法生存。所以说，微生物不是人类的敌人。在地球上还没有人的时候，微生物就已经存在了。微生物没有思维，无法预料到若干年后人类的出现。

人类生活环境中存在巨量未知微生物。

人类生活环境中的微生物绝大多数是未知的。 我们不清楚哪些微生物可以引起人类传染病的流行。 科学家判断，地球生物圈中约包含 10^{12} 种原核生物（主要是细菌），目前已发现并命名了 24000 余种，远远不足 1％。 99％以上的微生物是未知的，尚未被发现和培养、研究。

2018 年一些科学家倡议开展"全球病毒组计划"（Global Virome Project），旨在鉴定地球上大部分未知病原微生物，预测未来传染病流行的风险。 *Science* 杂志报道，哺乳动物和鸟类中大约有 167 万种病毒。 其他动物携带的病毒种数，还没有一个明确的评估结果。 迄今为止，国际病毒学分类委员会命名的病毒有 14000 余种。 绝大多数病毒还没有被发现。 人类分离到的病毒，远远不足病毒种数的 1％，99％以上的病毒是未知的。 地球上到底有多少种微生物，需要科学家去研究和评估。 这不是短时期内可以完成的工作。

我们提出"变化的微生物"，主要是基于以下两个方面的考虑。

一是我们对微生物世界的认知在发生重大改变。 除去动物、植物外，高原、极地、深海、冰川等也存在巨量微生物。 冰是微生物的储藏库，每年释放大量的细菌和病毒颗粒。 海洋是病毒最为丰富的区域。 南极海底沉积物、青藏高原野生动物、媒介生物携带大量未知微生物。 未来引发重大传染病疫情的病原微生物是未知微生物。 人类生活环境中的未知微生物，从数量和种类的角度来看都是巨量的，使用传统的技术或方法，难以在可见的时间内摸清并评估风险。 所以，我们对人类生活环境中微生物的种类和数量，缺乏基本的认知。 这种认知，随着研究的不断深入，在发生变化，不是一成不变的。

二是人类的行为会改变生活环境中微生物的种类和数量。 微生物的生长繁殖需要环境，包括水、温度、盐浓度、营养成分、动物、植物等。 在同一条件下，一些微生物生长较快，而另一些微生物则可能不生长。 人类生活的环境在变化，环境中的微生物也在变化。 人类社会发展的活动，常常会改变生活环境，极有可能导致微生物种类和数量的变化。生活环境的改变，使一些微生物过度生长，数量增加，广泛传播，可能会引发疫情。

只不过，人类生活环境中微生物的变化是肉眼看不到的。不借助其他工具和方法，无法察觉，看不到风险。

绝大多数病原微生物还没有被发现。 由于肉眼看不到，一种错误的观点认为大多数病原微生物已经在十九世纪被发现了，认为传染病的问题基本上解决了，其实不是这样的。SARS 疫情以后，发生了这么多的新发传染病，充分说明过去的一些判断是错误的。

对于新发现的微生物，我们很难确定哪种是致病的，哪种是不致病的。过去认为不致病的微生物，也许若干年后，发现其是致病的；过去认为致病力弱的微生物，若干年后也可能发现其可引起严重感染。一个典型的例子是，1990 年我国科学家在中国疾病预防控制中心昌平园区（原中国预防医学科学院流行病学微生物学研究所大院）的野生刺猬携带的蜱中，分离到一种立克次体，并将其命名为西伯利亚立克次体 BJ-90。按照当时的标准，其被判断是不致病的。2015年，我国科学家发现西伯利亚立克次体 BJ-90 在我国多地存在，可引起疾病和死亡。

总而言之，我们不清楚地球上存在多少种类和数量的微生物。自然，我们也无法准确预知可能存在的风险。

二　从导致疫情发生的偶然因素和结局的角度对传染病进行分类

仔细研究人类传染病的发生历史，就会发现由偶然因素造成毫无交集的物种间发生病毒（微生物）传播导致疫情发生的例子很多，只是疫情规模、病死人数、持续时间、影响范围等，没有像新冠病毒感染疫情的影响这么大，相关的传染病问题也没有上升到国家安全的层面来进行讨论。政府和社会民众也没有要求科学家回答新发传染病疫情发生机制相关的问题。

我们不能够回答 SARS 疫情是如何发生的。 我们也不能够回答新冠病毒感染疫情是如何发生的。 换个角度，尝试用偶然因素导致毫无交集的物种间发生病毒（微生物）传播引发疫情的假说，来分析新发传染病的发生机制，会有新的认识和思考。

1 **一次传播，一次疫情，诱发因素未知，病原微生物在人群中消失** 未知的偶然因素导致毫无交集的物种间发生病毒（微生物）传播，引发疫情，但很快病原微生物从人类中消失了。 病原微生物的物种间传播，没有再次发生，人间只出现了一次疫情，如严重急性呼吸综合征（SARS）疫情（"非典"疫情）。

2002 年 11 月 16 日广东省佛山市第一人民医院接诊了第一例非典型肺炎患者。 2003 年 3 月 25 日香港大学、美国疾病控制与预防中心等宣布病原微生物是冠状病毒。 疫情很快蔓延到全国，乃至世界多地。

早期 11 个病例大多和野生动物有接触史，他们或是野生动物的运输者，或是野生动物的交易人员，或是餐厅的厨师、服务员等。

由于对果子狸的特殊消费需求，全国一度有十余个省市具有果子狸的饲养场。 他们把饲养的果子狸运到广州。 在广州形成了一个全国最大、最集中的果子狸市场。 2003 年 5 月，深圳市疾病预防控制中心和香港大学管轶研究员团队在深圳发现，果子狸是 SARS 病毒的主要动物宿主。 广东省很快对果子狸销售采取了限制措施。 在 2003 年相当长的一段时间，科学家在广州新源野生动物综合市场都没有检测到 SARS 病毒。

2004 年初，SARS 病例在广东省再次出现。 2004 年 1 月广州新源野生动物综合市场的果子狸中，全部检出 SARS 病毒；而在为此市场供货的 14 个省市饲养场的果子狸中，无一检出 SARS 病毒。

为了有效预防再度发生大规模 SARS 疫情，钟南山院士、管轶研究员等向广东省政府提出禁止果子狸交易的建议。广东省政府采纳了这个建议，在全省范围禁止果子狸交易。尽管存在一些争议，但广东省从此再也没有出现"非典"疫情。因此，禁止果子狸规模化交易，预防了"非典"疫情再度发生。

2004 年 **1** 月在广州新源野生动物综合市场采样

需要说明的是，导致 2004 年人间疫情的 SARS 病毒和导致 2003 年人间疫情的 SARS 病毒，有很大的差别。2004 年在广州出现的与同得利海鲜餐厅相关的 4 例患者的 SARS 病毒，与从广州新源野生动物综合市场中果子狸体内获得的 SARS 病毒高度一致，都属于低致病性（low pathogenicity）SARS 病毒，处于进化早期，毒力较低。在进化树上，这比 2003 年管轶研究员发现的果子狸身上的 SARS 病毒还要早，该 SARS 病毒还未进化到高致病性群和流行群。从进化关系看，该 SARS 病毒不太可能会引发 2003 年那样的重大疫情。

我们的假说是，广州新源野生动物综合市场被 SARS 病毒严重污染，外省市的果子狸进入市场后，随即被感染。果子狸携带着 SARS 病毒进入餐馆，在提供果子狸的餐厅就餐的顾客被感染了。

2004 年 1 月停止营业的同得利海鲜餐厅

　　显然，人们从事果子狸规模化养殖的经济活动时，忽略了传染病的问题，触发了 SARS 病毒从果子狸到人类的传播，引发了"非典"疫情。 果子狸对 SARS 病毒高度敏感，广东省因此也成为"非典"疫情的发生地。

　　后来，人们在蝙蝠中也发现了 SARS 样病毒。 蝙蝠体内的 SARS 样病毒，和果子狸的低致病性 SARS 病毒有很大的不同。 2004 年 1 月广州新源野生动物综合市场查封前的大规模采样中，也没有发现蝙蝠存在。

　　可以明确的是，SARS 病毒从果子狸传播到人，在人间发生变异，致病性增高，导致大量患者死亡和重大疫情发生。 但是，SARS 病毒没有能够在人间持续传播和存在。 2004 年疫情后，SARS 病毒从人类中消失了，至少到现在为止仍是这样。

　　那么，是什么偶然因素导致了 SARS 病毒从蝙蝠（也可能是其他动物）到果子狸之间的传播？ 迄今不明。

　　因为机制不明，此类传染病的防控难度很大，需要高度关注。

2004 年 SARS 疫情控制之后，为了早期发现可能出现的携带 SARS 病毒的果子狸，预防可能再次出现的"非典"疫情，在国家有关部门的部署下，笔者所在实验室受命连续数年每年 1 月左右到广州，在当时广州市疾病预防控制中心主任王鸣研究员的支持下，通过特殊渠道购买果子狸。我们将购买的果子狸运到野外无人场所进行采样，并立即将样品运到北京实验室检测。我们每次购买 10 只左右果子狸，连续监测了多年，没有 1 只果子狸呈 SARS 病毒阳性。

当然，我们认为，SARS 病毒在自然界依然存在，没有消失。未来发生再一次传播的可能性依然存在，需要警惕。

2004 年某省养殖场的果子狸

2005 年在广州市外山上对通过特殊渠道

购买的果子狸进行采样的场所

2 一次传播，N 次疫情，诱发因素未知，病原微生物可完美适应人类，导致大量人群感染。把病原微生物直接传播给人的宿主动物未知 毋庸置疑，典型的例子是新冠病毒感染疫情。

导致新冠病毒传播和新冠病毒感染疫情发生的偶然因素未知。蝙蝠、穿山甲等一度成为怀疑对象。新冠病毒感染疫情的演变，超出所有人的想象，突显出多年形成的新发传染病的理论不够全面、不够深入。如何更全面、更深入地认识新发传染病成为科学界的一个难题。

导致疫情发生的偶然因素未知。把病毒传播给人类的动物未知。特别需要关注的是，对新冠病毒来说，一次传播就足够了。新冠病毒在人类中的生存能力足够强大。

截至目前，新冠病毒感染疫情已经进入第 6 个年头。从变异角度看，病毒经历了阿尔法（Alpha）、贝塔（Beta）、伽马（Gamma）、德尔塔（Delta）、奥密克戎（Omicron）等多个关切变异株（variant of concern，VOC），病毒的传播力显著增加、致死率明显降低。新冠病毒已经完全适应了人类这个新宿主，全球疫情进入了持续稳定阶段。

现在看来，新冠病毒大概率将与人类长期共存，不会消失。至少现在看不到消失的迹象。

新冠病毒经历了多年的演化，完成了人类新宿主适应性阶段。一些科学家认为，人类错过了彻底清除病毒的最佳时机。疫情早期，新冠病毒处于人类新宿主适应的初级阶段，病毒较为脆弱、致病力强，可导致宿主死亡。这个演化阶段也是病毒最有可能从人类群体中消失的阶段，当年的 SARS 病毒就是在这个演化阶段消失的。开始，一些国家或地区防疫不力，出现大量人群感染，增加了早期新冠病毒适应性进化的概率，使得新冠病毒（在西方）获得了 Spike: D614G 突变，顺利度过人类新宿主适应的初级阶段，形成 B.1 变异株。后续的阿尔法、贝塔、伽马、德尔塔等变异株都是在 B.1 变异株的基础上演化而来的。奥密克戎变异株的出现，代表新冠病毒已经完美地适应了人类宿主。奥密克戎变异株主要定植于宿主上呼吸道，病毒载量高、传播力强、致病力低。其出现同时也意味着新冠病毒很难从人类群体中被彻底清除掉，新冠病毒将与人类宿主长期共存。

与其他早期流行变异株相比，奥密克戎变异株所致临床症状更轻、重症率和病死率更低。从现有流行变异株的监测数据和新冠病毒免疫特征等方面分析，新冠病毒后续仍会在奥密克戎变异株内演化，大概率不会出现高致病性毒株。

从现有的新冠病毒变异株的监测数据看，奥密克戎变异株出现至今，已经在全球流行了几年，远超其他 VOC。我们分析了从 2021 年 11 月开始，全球流行的奥密克戎变异株和非奥密克戎变异株的占比情况，结果显示从 2022 年 3 月开始，非奥密克戎变异株一直处于非常低的流行水平。从 2023 年 3 月至 2023 年 7 月，连续 4 个月没有在全球分离到非奥密克戎变异株。这样的结果表明，早期流行的阿尔法、贝塔、伽马和德尔塔等变异株似乎已经被淘汰，未来很可能彻底从人类群体中消失。

从免疫特征看，新冠病毒具有"免疫印记"的特点，即人类对新冠病毒的免疫应答深受第一次接触到的新冠病毒/疫苗抗原性影响，即使新冠病毒或者疫苗已经发生了非常大的改变，其诱导的免疫应答仍然主要针对最初接触到的早期流行变异株/疫苗。很明显，"免疫印记"对于疫苗接种和人群建立免疫屏障是非常不利的。但正是因为"免疫印记"的存在，我们即使感染的是现在的奥密克戎变异株，也会产生针对早期流行变异株的抗体，进而使得早期流行的原始毒株和阿尔法、贝塔等变异株无法死灰复燃，卷土重来。

未来一段时期新冠病毒感染疫情会由奥密克戎变异株主导，会表现出多波、低峰和低致死率的特征，随着人群免疫屏障的不断加强，整体感染人数也将呈现逐年下降的趋势。

新冠病毒感染疫情早期通过反向人兽共患病的方式将病毒传播给野生动物（如水貂、白尾鹿、鼠等）。病毒在这些野生动物群中演化，形成新的变异株，再次回传人类，引发疫情。

新冠病毒的动物宿主范围很广，已知有多种动物可以有效传播新冠病毒，如猫、叙利亚仓鼠、水貂和白尾鹿等。在水貂和白尾鹿中发现的新冠病毒变异株都表现出动物宿主特异性。这些变异株正在适应动物宿主，即病毒扩散到人类的可能性依然存在。所有奥密克戎变异株之前的谱系在叙利亚仓鼠、K18-

hACE2 转基因小鼠和雪貂中都具有相似的感染模式和毒力表现。但是奥密克戎 BA.1 变异株却无法感染雪貂，表明进化后的新冠病毒可能更加适应于感染人类。

当然，我们需要警惕新的变异株出现。新冠病毒感染疫情的特点告诉我们，要加强监测、加强研究，不能靠经验，要依靠科学研究。模型预测比专家预测准确。

新冠病毒主要变异株的演化历程

3　人和疫源动物接触，导致病原微生物传播，发生疫情。N 次传播，N 次疫情。但病原微生物没有很好地适应人类，不能在人群中长期存在　大多数人兽共患病属于这个范畴，如鼠疫、蜱传脑炎、埃博拉出血热等。

鼠疫是一个最典型的例子。鼠疫疫情在公元 541 年到公元 750 年就存在了。历史上，鼠疫的三次大流行共计造成了数亿人死亡，是目前已知的世界上致人死亡最多的传染病。

1894 年，香港鼠疫暴发。瑞士裔法国细菌学家亚历山大·耶尔森前往香港研究鼠疫疫情。他到达香港后搭建了一个临时实验室。他从死亡患者尸体的腹股沟肿块中采样。在显微镜下，他看到了杆状细菌，并将从这些样本中得到的杆状细菌接种于小鼠和豚鼠，又尝试从新病例上获取样本。从死亡患者尸体采集的标本中，总是能发现相同的杆状细菌。用这些标本接种的动物，都表现出典型的鼠疫症状。1894年7月30日在巴黎召开的科学院会议上，巴斯德研究所所长宣读了耶尔森宣布发现鼠疫杆状细菌的信件。由于耶尔森确定了鼠疫和鼠疫杆状细菌的关系，这种病原微生物被命名为鼠疫耶尔森菌（*Yersinia pestis*）。

1910年10月25日，中俄边境小城满洲里发生鼠疫疫情。疫情很快席卷了东北三省。受命处理疫情的伍连德博士发现，病原微生物来源于旱獭。

20世纪初，西方市场上旱獭皮可与貂皮相媲美，价格飞速上涨。一张旱獭皮的价格1907年为0.30卢布，1910年为1.20卢布，从满洲里出口的旱獭皮也从1907年的70万张猛增到1910年的250万张。俄罗斯商人高价收购旱獭皮，中国劳工大量捕捉旱獭。由于旱獭携带鼠疫耶尔森菌，捕捉旱獭的劳工被感染，导致大规模鼠疫疫情的发生。

鼠疫就是由那些生了病的旱獭，传染给捕猎者，再由捕猎者带到满洲里，最后扩散至哈尔滨等地。商业驱动规模化捕捉旱獭，是东北鼠疫发生的重要原因。

中国古人是非常智慧的，具有流行病学思维。

"鼠疫"的命名，就充分体现了科学性和疫情控制策略。鼠疫，顾名思义，就是老鼠的疾病，传给了人类。

清代诗人师道南在鼠疫流行区，写下了著名的纪实白话诗《死鼠行》，生动描述了当时鼠疫的发病、传播、流行情况和社会影响。诗曰："东死鼠，西死鼠，人见死鼠如见虎！鼠死不几日，人死如圻堵。昼死人，莫问数，日色惨淡愁云护。三人行未十步多，忽死两人横截路。夜死人，不敢哭，疫鬼吐气灯摇绿。须臾风起灯忽无，人鬼尸棺暗同屋。乌啼不断，犬泣时闻。人含鬼色，鬼夺人神。白日逢人多是鬼，黄昏遇鬼反疑人！人死满地人烟倒，人骨渐被风吹老。田禾无人收，官租向谁考？我欲骑天龙，上天府，呼天公，乞天母，洒天浆，散天乳，酥透九原千丈土。 地下人人都活归，黄泉化作回春雨！"

鼠疫是典型自然疫源性疾病。 鼠疫自然疫源地是在相应地理条件下，在生物进化的历史长河中，宿主、媒介、病原微生物经过长期的生存竞争，相互适应，通过自然选择而形成的一个相对稳定的统一体。

通俗来说，在特定的地域，有一些特定的动物，长期携带鼠疫耶尔森菌，可引发该地域的动物鼠疫疫情。 如果人类访问这些地域，或者接触了染疫动物，就可能会感染鼠疫耶尔森菌，引发鼠疫疫情。

也就是说，"鼠疫"是"鼠"等动物的疫病，因生态、环境等多种因素，传播给人类，导致人间流行。 只有成功控制动物间的鼠疫，才能最终控制人间流行。 如果一个地区的动物间没有鼠疫疫情，人间是不可能发生鼠疫的。 也就是说，自然界中某些野生动物体内长期保存有鼠疫耶尔森菌。 在自然疫源地，鼠疫耶尔森菌可以通过跳蚤等媒介感染宿主，长期在自然界循环，不依赖人而延续其后代，并在一定条件下传染给人，在人与人之间流行。 这是鼠疫自然疫源地理论的核心，是成功控制鼠疫人间流行的最重要的理论基础。

中华人民共和国成立初期，东北和内蒙古东部地区的鼠疫疫情最为严重。究竟是哪种动物在自然界保存着鼠疫耶尔森菌，曾有过多年的争论。 我国纪树立等老一辈鼠疫防控科学家很早就开始了对鼠疫自然疫源地的调查与研究工作。 经过多年的艰苦努力，他们终于确定达乌尔黄鼠为东北和内蒙古东部地区鼠疫自然疫源地唯一的储存宿主。 只要控制了达乌尔黄鼠的鼠疫，这一地区的鼠疫就会随之停止传播。 同时，他们也基本确定了这一地区鼠疫分布的区域。

达乌尔黄鼠鼠疫自然疫源地的确立，指导了全国疫源地调查工作。 1954年，科学家在内蒙古的长爪沙鼠和青海的喜马拉雅旱獭中发现鼠疫；1955年，首次在天山的灰旱獭中发现鼠疫；1956年，在帕米尔高原的长尾旱獭中检出鼠疫耶尔森菌；1962年，确定了宁夏的阿拉善黄鼠鼠疫自然疫源地。 1970年，在内蒙古的锡林郭勒盟突然发生野生啮齿动物大量死亡的现象，由此发现了一种新的鼠疫自然疫源地类型。

　　鼠疫自然疫源地的研究，是我国鼠疫工作者对鼠疫防治事业的一大贡献。这项研究提出了一种全新的观念：鼠疫自然疫源地是各不相同的，因而，在这些不同的地区，必须履行完全不同的鼠疫防治措施。这项研究确定了鼠疫在啮齿动物中是如何发生与传播的，也确定了鼠疫传播至人类的规律，从而为这些地区有效地控制鼠疫提供了科学依据。

鼠疫耶尔森菌的动物宿主喜马拉雅旱獭

　　在鼠疫自然疫源地理论的指导下，我国先后确定了 12 个鼠疫自然疫源地，并依据每个疫源地主要宿主动物、次要宿主动物、传播媒介、地理环境等的不同，制定并采取了相应的防控策略，遏制了鼠疫疫情。

　　近年来，鼠疫病例主要集中在青藏高原喜马拉雅旱獭鼠疫自然疫源地相关省份，基本上都是由于人类直接接触旱獭而感染发病，接触旱獭是造成发病的第一位原因。如果人不主动接触旱獭，基本上没有感染鼠疫的机会。如果能够实时监测鼠疫自然疫源地主要宿主动物密度和带菌率的变化，限制人和宿主动物的接触行为，鼠疫的危害则可以控制在可接受的范围。

鼠疫自然疫源地的防控理论和策略得到党中央的认可和支持。 1956 年由毛主席亲自主持制定的《一九五六年到一九六七年全国农业发展纲要》中，提出"在一切可能的地方，基本上消灭危害人民最严重的疾病"。 其中就包括鼠疫。 1958 年，在达乌尔黄鼠鼠疫自然疫源地吉林扶余和内蒙古通辽开展"灭鼠拔源"试点工作。 1960 年中共中央北方防治地方病领导小组制定《消灭鼠疫三年（1960—1962）规划》，提出在三年内，在一切可能的地方消灭鼠疫疫源地的工作要求。 在中共中央和中央政府的统一部署下，各地大规模开展了"灭鼠拔源"群众运动。 这些措施降低了鼠密度，减弱了鼠疫流行强度，使华北、西北很大一部分地区人间鼠疫逐步得到控制。

但是，鼠疫的挑战依然严峻。 近年来，内蒙古高原长爪沙鼠鼠疫自然疫源地的动物鼠疫持续活跃，2019 年两例肺鼠疫患者到北京求医，鼠疫广泛传播的风险陡增。 新形势带来新挑战。

不管怎么说，鼠疫这个在中国乃至全球历史上最严重的传染病，基本得到了控制。

埃博拉出血热的发生也是一个典型的例子。 乡民偶然发现了染疫死亡的黑猩猩，在处理和食用的过程中，感染了埃博拉病毒，继而通过一系列的葬礼活动，使疫情传播开来。

4 病原微生物在动物间发生变异，致病性增强，但人类没有觉察；规模化经济社会发展活动，导致病原微生物规模化传播，引发规模化疫情。 但病原微生物没有能够很好地适应人类，不具有在人类中长期生存的能力。 这是此类传染病疫情的特点。 提高未来传染病防控意识，对规模化经济活动，无一例外地开展传染病风险评估，可以预防疫情的发生。

人感染序列 7 型猪链球菌疫情，就是典型的例子。

2005 年 6 月四川突发世界上最大的一次人感染猪链球菌疫情，215 人发病，

61 人出现链球菌中毒性休克样综合征，38 人死亡。 死亡患者从发病到死亡平均时间为 24 小时，引起社会恐慌。 笔者所在实验室承担了中国疾病预防控制中心下达的病原学调查任务。

由于四川人感染猪链球菌疫情中部分患者表现出链球菌中毒性休克样综合征，和以往文献记载的猪链球菌感染临床症状不同，国外一些学者，包括世界卫生组织西太平洋区域办事处的个别官员，公开质疑笔者所在实验室公布的病原学调查结论。 为此，世界卫生组织邀请世界动物卫生组织（World Organization for Animal Health）、联合国粮食及农业组织（Food and Agriculture Organization of the United Nations）、世界卫生组织西太平洋区域办事处、世界猪链球菌著名科学家，组成世界卫生组织猪链球菌特别专家组，召开电话会议讨论。 专家组在给国家卫生部（现更名为国家卫生健康委员会）的书面报告中，充分肯定了我们的病原学调查报告。

全基因组序列分析发现，导致四川人感染猪链球菌疫情的猪链球菌和国外认知的猪链球菌是不同的，是发生了变异的序列 7 型猪链球菌（*Streptococcus suis* sequence type 7，ST7）。 1996 年其在中国首次显现，于 1997 年分化出第一分支（clade），1998 年在江苏引发疫情；2002—2004 年间陆续分化出 5 个新的分支，2005 年在四川引发疫情。 其他国家没有相关报道。

我们认为，通过优良猪种的引进活动，序列 1 型猪链球菌从欧洲国家传入中国，在中国发生了变异：丢失了一些基因，获得了一些基因，进化为序列 7 型，成为猪链球菌毒力最强的分支。 根据毒力、临床表现、流行病学特点等的不同，我们将在中国发现并分离的、毒力最强的序列 7 型菌株，命名为"流行型"菌株，其具有流行潜力。

猪链球菌不具有在人类中长期生存的能力。 2005 年四川人感染猪链球菌疫情是一种新的传播模式。 没有发现人-人传播，疫情高度散发，215 名患者分布在 203 个村庄。 四川人感染猪链球菌疫情中每个猪-人传播事件都是相互独立的事件。 200 余个集中发生的相互独立的猪-人传播事件的集合，是四川人感染猪链球菌疫情的特点。 这在过去是没有的。 我们将这种传播模式称为"多点平行传播"模式。

基于患者的流行病学接触史调查，没有发现人-人传播的情况。 我们采取反向调查策略，从菌株出发调查。 基于基因组序列完全相同的分离菌株，研究菌株相关患者之间的流行病学联系，也没有发现人-人传播的情况。 使用基因组比较分析技术，从疫情相关的 95 株序列 7 型猪链球菌菌株中，获得基因组序列完全相同的 8 组 32 株菌。 地理流行病学调查发现，8 组 32 株菌分布在 6 个地市、13 个县、24 个镇、26 个村，患者主要分布在交通要道周围。 我们假设种猪公司的携带病原菌的仔猪，通过现代交通工具，到达患者居住地。 同时假设种猪公司仔猪携带的病原菌具有克隆性。 为了验证这一假设，我们分析了患者居住地至种猪公司、患者居住地至高速公路、种猪公司至高速公路、种猪公司至患者居住地之间的地理距离。

追溯性调查发现，2005 年当地有七家较大的种猪公司营业，命名为 A～G。种猪公司 A 与 B 以及 F 与 G 彼此距离在 10 km 内，技术上无法分辨，将其合并为一个公司(即 A/B 和 F/G)。 假设某家种猪公司仔猪携带的序列 7 型猪链球菌相似，基本上属于一个分支(克隆群)，或以一个分支为主。 我们把每个分支的序列 7 型猪链球菌与最近公路的平均距离，与患者、种猪公司之间的平均距离进行比较时，发现 2、3、5 和 6 分支的序列 7 型猪链球菌，分别与其最近的公路(G5 和 G42、G76、G76 和 G76)之间的关联，具有统计学意义(4 分支只有 3 个菌株，忽略不计)。 大多数患者与最近公路的距离在 50 km 以内。 统计学分析认为，序列 7 型猪链球菌 5、6 分支与 D 公司相关，A 公司、B 公司也和疫情相关，但 D 公司的相关性最大。

据此，我们推测 2005 年四川人感染猪链球菌疫情发生机制如下：①猪链球菌在进入中国后，发生变异，从序列 1 型进化为序列 7 型，毒力增强，具有流行潜力。 ②在一定的条件下，崽猪携带了病原菌，且带菌率较高。 ③种猪公司没有开展病原菌检测，把携带序列 7 型猪链球菌的崽猪销售给农民散户。 ④6 个月后，崽猪长大，部分猪发病了。 ⑤一些患者通过屠宰、处理、销售、消费病猪，发生感染，形成重大疫情。

四川人感染猪链球菌疫情的调查结论认为，猪链球菌发生了变异，在一段时间内猪的携带率很高。 但是，肉眼看不到，人类不知情。 规模化的经济模式，把携带病原菌的仔猪销售给千家万户，引发了全世界最大的一次人感染猪链球菌疫情。

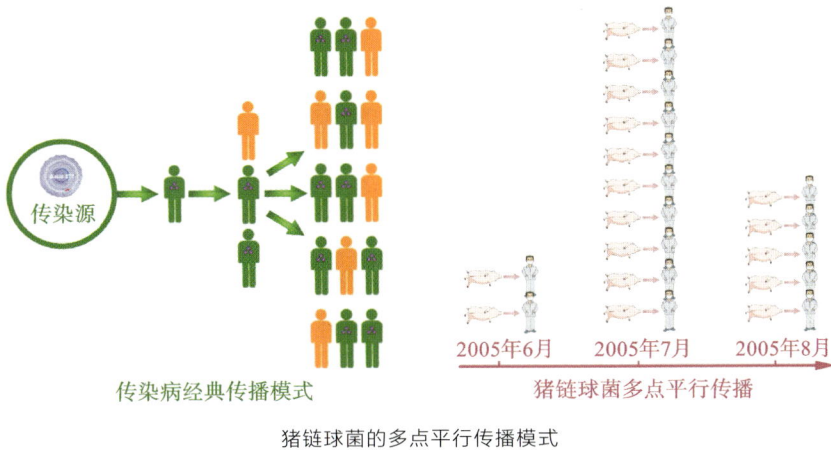

传染病经典传播模式   猪链球菌多点平行传播

猪链球菌的多点平行传播模式

简而言之，预防和控制新冠样新发传染病疫情，必须要考虑未知微生物，携带具有公共卫生意义的未知微生物的物种或载体，以及促进具有公共卫生意义的未知微生物传播、扩散的因素，实施健康的经济社会发展策略。

参考文献

[1]   XU J G. [Behavioral and ecological infectious diseases: from SARS to H7N9 avian influenza outbreak in China] [J]. Zhonghua Liu Xing Bing

Xue Za Zhi, 2013, 34(5): 417-418.

[2] XU J G. Reverse microbial etiology: a research field for predicting and preventing emerging infectious diseases caused by an unknown microorganism [J]. J Biosaf Biosecur, 2019, 1(1): 19-21.

[3] JIA N, JIANG J F, HUO Q B, et al. Rickettsia sibirica subspecies sibirica BJ-90 as a cause of human disease [J]. N Engl J Med, 2013, 369(12): 1176-1178.

[4] TENG Z Q, SHI Y, PENG Y, et al. Severe case of rickettsiosis identified by metagenomic sequencing, China [J]. Emerg Infect Dis, 2021, 27(5): 1530-1532.

[5] GUAN Y, ZHENG B J, HE Y Q, et al. Isolation and characterization of viruses related to the SARS coronavirus from animals in southern China [J]. Science, 2003, 302(5643): 276-278.

[6] WANG P G, CHEN J, ZHENG A H, et al. Expression cloning of functional receptor used by SARS coronavirus [J]. Biochem Biophys Res Commun, 2004, 315(2): 439-444.

[7] GE X Y, LI J L, YANG X L, et al. Isolation and characterization of a bat SARS-like coronavirus that uses the ACE2 receptor [J]. Nature, 2013, 503(7477): 535-538.

[8] KAN B, WANG M, JING H Q, et al. Molecular evolution analysis and geographic investigation of severe acute respiratory syndrome coronavirus-like virus in palm civets at an animal market and on farms [J]. J Virol, 2005, 79(18): 11892-11900.

[9] LE GUENNO B, FORMENTY P, WYERS M, et al. Isolation and partial characterisation of a new strain of Ebola virus [J]. Lancet, 1995, 345(8960): 1271-1274.

［10］ DU P C, ZHENG H, ZHOU J P, et al. Detection of multiple parallel transmission outbreak of *Streptococcus suis* human infection by use of genome epidemiology, China, 2005 ［J］. Emerg Infect Dis, 2017, 23 (2): 204-211.

（徐建国）

CHAPTER 2
第二章

微生物王国

没有微生物，

人类也无法生存

微生物是自然界中的一类微小生物，其体积小到肉眼无法直接观察。 地球已经形成约 46 亿年，研究表明，最早的微生物细胞可能在 38 亿至 39 亿年前出现。 在地球形成的最初 20 亿年中，大气层缺氧，仅有进行厌氧代谢的微生物能在这种环境中生存。 10 亿年后，由无氧光养生物演化而来的蓝藻，开始逐渐向大气中增加氧气。 随着大气中氧气含量的增加，多细胞生物得以进化，最终形成了肉眼可见的植物和动物。 在这漫长的历史中，微生物对地球的生态系统起着至关重要的作用。 因此，地球也被视为一个"微生物星球"。

一 病毒是地球上数量最多的生命物质

病毒是极其微小且结构简单的非细胞型生物，包含单一类型的核酸（DNA 或 RNA），必须依赖活细胞寄生并通过复制方式繁殖。 烟草花叶病毒是首个被认识的病毒，由 Ivanoski 于 1892 年和 Beijerinck 于 1898 年发现。 截至 2024 年，国际病毒分类委员会（ICTV）的最新分类更新显示，已发现并分类命名的病毒种类共计 14690 种，这些病毒分布于 12 个界、81 个目、314 个科和 3522 个属。 尽管已发现如此多的病毒种类，但我们对病毒的了解仍远不及对其他生物的认识。 估计已知的病毒种类可能仅占实际病毒多样性的 1% 以下。 因此，揭示未知病毒多样性是当前病毒学研究的一个重点领域。

病毒是生物圈中最为多样和数量众多的生命形式，普遍存在于各种环境中。 它们能感染动植物、原生动物、细菌、真菌和古菌等几乎所有的细胞生物。 无论是在动植物生态系统、海洋还是土壤中，病毒的数量通常比细胞多出一到两个数量级。 通过对多种环境中病毒数量的研究和分析，科学家估计地球上的病毒总量可能超过 10^{31} 个。 例如，1989 年 Bergh 等通过透射电子显微镜观察到每毫升海水中大约有 1000 万个病毒颗粒。 考虑到全球海洋总体积约为 13 亿 km^3，即大约 10^{23} mL，推算出仅海洋中的病毒数量就达到了 10^{30} 级别。

由于地球上的大多数病毒感染细菌细胞，学者采用了评估独特微生物基因数量的方法作为参考。 在估计有 $10^6 \sim 10^7$ 种细菌物种的基础上——某些估计甚至更高——以大肠埃希菌为例，已经识别出约 100 种噬菌体。 假设每种宿主物种存在 $10 \sim 100$ 种病毒，可以粗略推算地球上病毒物种的数量可能为 $10^7 \sim 10^9$。

1 **病毒形态多样、大小跨越多个数量级**　病毒在形态上展现出极高的多样性。 在大小上，病毒差异显著：最大的病毒长度可达 1500 nm，超过许多常见细菌，这类病毒通常寄生于阿米巴原虫或其他原虫细胞中。 相对地，最小的病毒如圆环病毒（circovirus），直径仅为 $15 \sim 25$ nm，其中人类细小病毒 B19 可引起五日疹等疾病。 病毒的形态也极为多样，包括球状（如黄病毒）、子弹状（狂犬病毒）、丝状（埃博拉病毒）、砖块状（痘病毒）、蝌蚪状（某些噬菌体）以及杆状（许多植物病毒和古菌病毒）。 除了以病毒颗粒形式存在外，一些病毒能整合进宿主的基因组中，成为宿主的一部分，如造成艾滋病的人类免疫缺陷病毒（HIV）；此外，如 Narnavirus 等感染真菌、植物和原生生物的 RNA 病毒缺乏衣壳蛋白，以裸露 RNA 形式复制。 随着更多病毒生命形式被发现，病毒的传统定义不断面临挑战。

（1）**大病毒和巨病毒的大小已接近细菌**：大病毒和巨病毒都属于核质大 DNA 病毒（NCLDV）类别，其是一组双链 DNA 病毒。 这些病毒最显著的特征是病毒颗粒异常大，长度可超过 2 μm，与某些细菌细胞相当，足以通过光学显微镜观察。 它们的复杂结构也同样引人注目。 痘病毒科是最早被发现的 NCLDV，可通过显微镜观察到，是感染人类的大病毒颗粒之一。 随后的研究显示，最小的单细胞鞭毛虫至多细胞动物均是这类病毒的宿主，持续扩展了我们对病毒的认知。 2003 年发现的拟菌病毒（mimivirus）以其超过支原体和衣原体的大小及复杂性，引发了关于细胞生物可能起源于病毒的讨论。 更令人震惊的是，2013 年发现的潘多拉病毒（pandoravirus），其基因组大小为 190 万～250 万碱基对，为已知病毒中最大的病毒。 此外，2014 年报道的从西伯利亚冻土层中"复苏"的史前巨大病毒——西伯利亚阔口罐病毒的直径超过 $0.5\ \mu m$，长度达 $1.5\ \mu m$，已接近大肠埃希菌的大小。

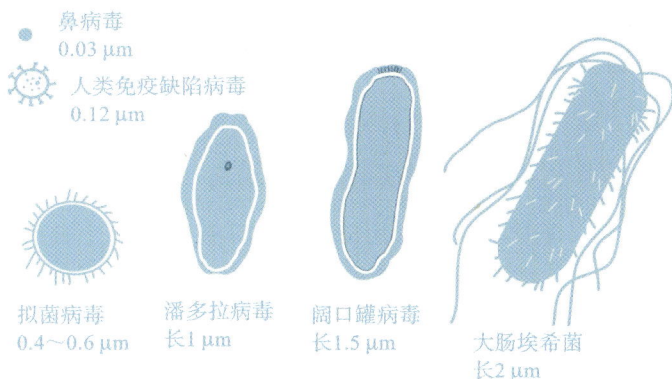

鼻病毒
0.03 μm

人类免疫缺陷病毒
0.12 μm

拟菌病毒
0.4～0.6 μm

潘多拉病毒
长 1 μm

阔口罐病毒
长 1.5 μm

大肠埃希菌
长 2 μm

不断"变大"的大病毒与巨病毒

（2）逆转录元件——病毒还是非病毒？：逆转录元件是真核生物中一种普遍存在的转座元件，含有能够将 RNA 逆转录成 DNA 的逆转录酶（reverse transcriptase）。 逆转录元件通过将自身序列插入宿主基因组中进行复制。 例如，人类基因组中约 42% 和玉米基因组中约 75% 的序列由逆转录元件构成。 在脊椎动物中，内源性逆转录元件广泛存在，并可来源于病毒，它们对宿主有利也有害。 这些元件不仅涉及炎症性、自身免疫性和肿瘤性疾病的发展，还可能演化为一种内在的警告系统，调节免疫反应并为适应性免疫提供靶标。 在植物中，逆转录元件同样无处不在，对基因和基因组的演化起着关键作用。

2 病毒基因组：两极分化 病毒的基因组大小极为多样，范围横跨三个数量级，从最小的 2 kb 病毒（单链 RNA 病毒）到超过 2 Mb 的巨型 DNA 病毒。DNA 病毒的基因组通常比 RNA 病毒更长，其中已知基因组最长的 DNA 病毒是潘多拉病毒，其基因组长度超过 2 Mb。 相对地，基因组最长的 RNA 病毒是涡虫分泌细胞网巢病毒（planarian secretory cell nidovirus, PSCNV），其基因组长度为 41.1 kb，属于网巢病毒目，而最近研究显示环境中该类别下的 RNA 病毒还有更长的基因组，可以达到 64 kb。 但是总体来说，RNA 病毒的基因组还是要比 DNA 病毒短更多。 原因可能是 DNA 更稳定，而且 RNA 病毒突变率高、容错率低，因此不适合较长的基因组。 病毒的遗传物质形态多样，可为线形或环形、双链或单链，以及正链或负链。 具体包括：双链 DNA（如环状的多瘤病毒和乳头瘤病毒）、单链 DNA（如环状病毒和细小病毒）、单正链 RNA（如冠状病毒和黄病毒）、单负链 RNA（如流感病毒和副黏病毒）以及双链 RNA（如呼肠孤病毒科的分节段病毒）。 病毒基因组的组成也各异，有的由单个核酸分子构成，如冠状病毒，有的由多个核酸分子组成分节段基因组，如流感病毒。

(1) RNA 病毒：相较于 10 年前，多样性已经扩大了 30 倍以上。

在生命组学和高通量测序时代到来之前，我们对 RNA 病毒的了解主要局限于那些能引起人类、动物和植物疾病的病原微生物，对它们真实的多样性知之甚少。 然而，随着宏转录组技术的应用，我们对 RNA 病毒遗传多样性的认识急剧加深。 对这些病毒的探索依赖于一个关键的保守蛋白——RNA 依赖性 RNA 聚合酶（RdRP），几乎所有类型的 RNA 病毒都含有此蛋白。 RNA 病毒的遗传多样性极大，有时甚至难以通过传统的同源性方法进行鉴定。 在宏转录组技术的支持下，探索不同宿主类型已经使我们对 RNA 病毒的了解迈出了重要一步。例如，2016 年，中国病毒学家对 220 余种无脊椎动物进行宏转录组测序，发现了 1445 种新的 RNA 病毒，这一发现重新定义了非脊椎动物的病毒圈。 与动物样本相比，更多的 RNA 病毒多样性是在环境样本中被发现的。 2022 年的一项研究在土壤样本中发现了 6624 种 RNA 病毒，另一项研究在全球海域的 121 个采样点发现了 5504 种 RNA 病毒。

借助更新的生物信息学方法，2022 年对公共数据库（如 SRA 数据库）中的环境样本测序数据进行挖掘，发现了超过 131957 种 RNA 病毒。 2024 年，通过应用人工智能技术，中国科学家发现了 161979 种新的 RNA 病毒，这不仅大幅增加了 RNA 病毒的已知种类，还使得病毒的门级分类扩大了 9 倍。 尽管已有这些显著的发现，但地球上 RNA 病毒的种类仍远未饱和，这表明我们对 RNA 病毒多样性的了解仍只是冰山一角。

(2) DNA 病毒：我们永远无法完全预测病毒的存在形式和种类。

DNA 病毒是一类以 DNA 作为遗传物质的病毒，其形态和大小差异极大。 例如，在核质大 DNA 病毒中，西伯利亚阔口罐病毒的大小超过了许多细菌；相对地，小 DNA 病毒如细小病毒的基因组仅有 4～6 kb 大小，大小甚至不及一些常见的 RNA 病毒。 在宏基因组学的推动下，针对人类肠道或环境样本的微生物组测序揭示了 DNA 病毒惊人的数量和多样性。 特别是在人类肠道中，已发现超过 140000 种 DNA 病毒（噬菌体），显示出自然界中 DNA 病毒的种数远超过我们目前所熟知的 DNA 病毒的种数。 研究表明，原核生物中的 DNA 病毒多样性非常丰富，甚至可能超越 RNA 病毒。 然而，由于缺乏核心的标志性基因，DNA 病毒的多样性和种数至今仍充满未知。

(3) 最简单的病毒：类病毒。

类病毒是一类极为简单的病毒样颗粒，由单链环状 RNA 构成，其通常由 200～400 个核苷酸构成。 不同于常规病毒，类病毒不具备蛋白质壳或包膜。 它们主要感染蔬菜、观赏植物，以及果树和棕榈树等被子植物。 类病毒感染可能造成重大经济损失，如引起植物生长迟缓或直接导致植物死亡，有时也可能引起无症状感染。 宏转录组学研究显示，类病毒及其他类病毒样元件的宿主多样性远比之前认知的要广泛，它们的宿主不仅限于植物，甚至扩展到了原核生物。

3 病毒宿主的多样性 病毒是自然界中具备多样性和适应性的生物之一，它们几乎能够感染所有的生命形式，包括动植物、细菌、真菌、古菌、蓝藻，甚至是其他病毒（噬病毒体）。 通过深入研究病毒在不同宿主中的分布和作用，我们已经认识到病毒除了作为导致疾病的病原微生物之外，许多病毒对宿主无害甚至是有益的，土壤、海洋等环境中的病毒还发挥着重要的维持生态系统的作用，如调节微生物群落结构和参与生物地球化学循环等。因此，病毒这种广泛的寄生能力使其成为自然界中不可忽视的重要一员，对生态系统的平衡有着深远的影响。

（1）人体病毒组：身体中的"隐形居民"。

随着科学研究的深入，我们逐渐了解到人体微生物组的重要性，特别是其在维持健康中的关键作用。然而鲜为人知的是，无论健康与否，人体都被极其丰富多样的病毒所栖居，这些病毒构成了"人体病毒组"。除了引起疾病的病毒之外，健康人体病毒组中的大多数病毒是非致病性的。这些病毒包括感染细菌的噬菌体、感染其他微生物（如古细菌）的病毒，以及感染人体细胞的病毒等。感染人体细胞的病毒也并非全部对人致病，事实上在健康人体口腔、呼吸道、血液和肠道中普遍存在着大量病毒，CRESS DNA 病毒家族就是其中的代表。

利用先进的宏基因组和转录组测序技术，近年来的研究已经揭示出人体病毒组具有复杂的结构和组成，人体不同部位的病毒组有显著的差异。胃肠道是人体病毒组最为丰富的部位，每克肠内容物中约有 10^9 个病毒样颗粒（VLPs）。其他部位如口腔、肺、皮肤等，也有丰富的病毒存在。口腔中常见的病毒包括疱疹病毒科、乳头瘤病毒科和新发现的环形病毒科（Rcdondoviridae）病毒。这些病毒在健康人体内普遍存在，并不一定导致疾病。

健康人体内的病毒组在多方面积极参与人体生理功能。例如，一些肠道噬菌体可以通过调控细菌群落结构来间接影响人类健康。噬菌体还可以杀死特定细菌，维持微生物群落的平衡，有助于防止有害细菌的过度生长。此外，某些噬菌体可介导不同细菌间的抗药或毒力基因转移，增强细菌的抗药性和致病性。还有研究发现，某些病毒与宿主的免疫系统之间有复杂的相互作用。某些噬菌体可以直接被免疫细胞摄取，并通过 Toll 样受体（TLR）信号通路激活免疫反应。 这种机制在维持人体免疫系统的平衡和健康中可能起着重要作用。 此外，某些病毒可以长期潜伏在宿主体内，并在某些条件下被重新激活，影响宿主的健康状态。

关于人体病毒组在疾病中的作用，除了作为病原微生物直接导致疾病外，已有研究表明，病毒群落的失调与多种疾病有关。 例如，某些自身免疫性疾病、炎症性肠病和糖尿病患者，其人体病毒组结构显著不同于健康个体。 然而，目前大多数研究仅限于观察人体病毒组与疾病之间的关联，尚需进一步研究以明确两者之间的因果关系和具体机制。

尽管研究尚处于初期阶段，但初步结果已经显示出人体病毒组在健康和疾病中的重要性。 未来，随着技术的进步和研究的深入，我们有望进一步揭示病毒组的多样性及病毒组在人体中的功能。 这不仅有助于理解微生物生态系统的复杂性，还可能为疾病的预防和治疗提供新的视角和方法。 我们将更加全面地认识人体中这些"隐形居民"的作用及其对健康的深远影响，我们不能简单地认为病毒仅仅是病原微生物。

（2）动物病毒：人类病原微生物起源之谜。

动物病毒的进化及起源以及与人类新发病原微生物的出现之间的关系一直是科学家关注的焦点。 RNA 病毒，作为其中非常具有代表性的病毒种类之一，是 21 世纪以来新发传染病的主要病原微生物类别，包括流感病毒、新冠病毒等。 尽管我们对感染哺乳动物和鸟类的 RNA 病毒已有较多研究，但这些病毒的进化历史远比我们想象的要古老和复杂。 为了更好地理解 RNA 病毒的长期进化历史，我们需要对与各种宿主相关的 RNA 病毒进行基因组调查。 我国科学家的一项研究报道了从 186 种脊椎动物中发现的 214 种 RNA 病毒，这为我们提供了跨越进化时间尺度的关于宿主-病毒关系的新见解。

为更好地了解脊椎动物病毒的起源和进化历史，我国病毒学家在 2018 年开展了一项大规模病毒宏转录组研究，样本涵盖了包括哺乳动物、爬行动物、鸟类、两栖动物和鱼类在内的 186 种脊椎动物，以回答脊椎动物病毒的起源和进化历史问题。 研究者们从这些动物的肠、肝和肺或鳃等中提取总 RNA，并进行了高通量 RNA 测序。 在分析这些序列时，他们筛选出了 214 种新的推定病毒物种，其中 196 种被认为是脊椎动物特有的病毒。 研究发现，所有已知感染哺乳动物和鸟类的脊椎动物特异性病毒家族或许也存在于爬行动物、两栖动物或鱼类中。 此外，他们还发现了一些以前未在鱼类或两栖动物中发现的病毒家族。例如，他们在无颌鱼、两栖动物和辐鳍鱼中发现了流感病毒，其中辐鳍鱼中的流感病毒与人类 B 型流感病毒形成了姊妹群。 这一研究发现意味着，人类病原微生物的起源具有极为久远的历史，这些病原微生物的祖先可能在哺乳动物与鱼类分化之前就已经存在。

研究人员构建的系统发育树揭示了新发现的病毒之间的进化关系，发现 RNA 病毒的系统发育历史在长期进化时间尺度上与其宿主的系统发育历史相吻合，这意味着 RNA 病毒与其脊椎动物宿主共同进化了数百万年。 他们提出的 RNA 病毒进化轨迹通过比较已知年代的内源性逆转录病毒的相关特征而得到了校准和支持。 尽管研究发现每个脊椎动物类群都有一组特定的 RNA 病毒占主导地位，但一些病毒可以感染多个宿主，这表明除了共同分化之外，跨物种传播在进化历史上也经常发生并得以维持。

这项研究扩展了我们对 RNA 病毒进化的理解，但地球上还有数百万种动物尚未被调查，我们才刚刚开始了解这些病毒的多样性和进化历史。 值得注意的是，RNA 病毒不仅具有极高的基因和表型多样性，还具有显著的公共卫生和农业影响，因此描述与脊椎动物相关的 RNA 病毒的多样性和进化历史至关重要。尽管对无脊椎动物和脊椎动物宿主的监测越来越广泛，但监测到的无脊椎动物和脊椎动物病毒之间的直接联系仍然很少，脊椎动物病毒往往形成单系群，与无脊椎动物病毒只有远缘关系。

总之，随着研究的深入，我们发现 RNA 病毒的进化历史极为复杂，包含了与宿主共进化和跨物种传播等多重因素。未来的研究需要进一步深入进行病毒多样性的分类调查，揭示更多关于病毒起源和进化的信息，以更好地应对由这些病毒引发的人类疾病。

（3）植物病毒：不仅仅是病原微生物。

植物病毒在生态系统中扮演着至关重要的角色。尽管通常被视为病原微生物，但是植物病毒在生态系统中发挥的作用远不止于此。病毒的遗传多样性远超出细胞生物，显示出病毒在地球生命史上占据了重要地位，其不仅是破坏者，也是生态系统功能的重要组成部分。

植物病毒与其宿主和传播媒介之间的复杂互动，塑造了它们的复杂演化历史。植物病毒的传播方式多种多样，包括通过种子、花粉和媒介昆虫等进行传播。昆虫，特别是半翅目昆虫，是最主要的植物病毒传播媒介，占已知植物病毒传播媒介的 70% 以上。这些昆虫通过刺吸植物汁液传播植物病毒，有时植物病毒还会在昆虫体内复制，进一步提高植物病毒传播效率。大多数植物病毒感染不仅限于植物，还可能感染作为传播媒介的真菌和节肢动物。这些病毒通过共进化、水平基因转移和基因组的平行进化，不断适应新的宿主和环境变化。例如，植物病毒与真菌病毒共享许多基因，显示了它们在进化史上的紧密联系。

植物病毒在自然生态系统中有着重要的生态作用。它们不仅限制了基因相对单一的植物种群的过度生长，还可能促进植物对环境变化的适应。例如，某些植物病毒在干旱条件下可能会减缓植物的脱水过程，帮助植物更好地应对逆境。这些作用显示出植物病毒在生态系统中的复杂角色，不仅是病原微生物，还是生态平衡的重要维护者。植物病毒通过影响其宿主，可以间接影响生态系统稳定性和物质、能量代谢功能，而植物占地球生物量的 80% 以上，这种效应可能是无法忽视的。

尽管我们对植物病毒的了解在不断加深，但仍有许多未知领域。植物病毒的多样性、传播机制以及它们在不同生态系统中的具体作用仍需深入研究。 通过病毒宏基因组学的研究，科学家正在揭示植物病毒在全球生态系统中的分布和作用。 未来的研究将进一步揭示植物病毒如何通过复杂的生态网络影响植物群落的稳定性和生产力。 深入理解植物病毒的生态角色，有助于我们更好地保护和管理自然和农业生态系统。

（4）真核微生物病毒。

相比于动植物病毒，真菌病毒是一类非常特殊的存在。 它们大多通过细胞分裂、孢子形成和细胞融合在细胞间传播，缺乏动植物病毒常见的细胞外感染途径。 这一传播特性使得一类不具有病毒颗粒的病毒得以存在——裸核糖病毒。这种病毒的基因组仅有约 2500 个碱基，仅编码 1 个复制酶蛋白，并不编码衣壳蛋白。 这意味着这些病毒无法形成病毒颗粒，仅能通过宿主细胞分裂和细胞融合传播。 裸核糖病毒的发现推翻了我们对病毒的传统定义，即认为病毒能够在宿主细胞中自我复制并组装新的、可以重复上述感染过程的病毒颗粒。 这使得科学家重新思考究竟什么是"病毒"。

除了传播方式的巨大差别外，真菌病毒对宿主真菌的影响也表现出较高的多样性。 通常，真菌病毒以潜伏感染的形式存在，不引起明显症状。 然而，有些真菌病毒会导致宿主生长异常、颜色变化和性繁殖改变，甚至引发宿主致病性降低（即低毒性）。 低毒性真菌病毒引起了广泛关注，因为它们有潜力作为生物控制剂，减少植物病原真菌对农作物和森林的损害。 研究较多的低毒性真菌病毒是感染栗疫病菌（*Cryphonectria parasitica*）的栗疫病菌低毒性病毒（CHV1）。CHV1 感染栗疫病菌后，栗疫病菌生长速度减缓，色素异常，并且毒性降低。这类病毒不仅对其原始宿主有影响，还可通过细胞融合传递给其他菌株，引起更广泛的生物防治效应。 研究表明这种影响可能是真菌病毒对其宿主的基因表达进行重编程而带来的。

未来的研究将继续揭示真菌病毒在宿主生物学中的新角色，并探索其作为生物控制剂的潜力。 通过深入了解真菌病毒的基础生物学特性，我们或许能更有效地利用它们来控制植物病原真菌，促进农业生产和保护生态环境。

（5）原核微生物病毒。

细菌病毒，即噬菌体，具有广泛的多样性和复杂的生态功能。 这些微小的生物不仅对其宿主产生深远影响，还在生态系统功能和医疗应用方面展现出巨大潜力。 噬菌体在自然界中无处不在，数量庞大且种类繁多。 研究表明，噬菌体是地球上最丰富和多样的生物实体，估计数量达到 10^{31} 个。 它们可以根据基因组的不同，分为双链 DNA 噬菌体、单链 DNA 噬菌体、单链 RNA 噬菌体和双链 RNA 噬菌体等多种类型。 这些噬菌体展现出丰富的形态结构多样性，包括尾状噬菌体和非尾状噬菌体等。

噬菌体通过感染细菌宿主，改变宿主的代谢过程，从而影响宿主的生存和繁殖。 噬菌体感染可以导致宿主细胞裂解，释放出大量细胞内容物，这一过程被称为病毒旁路效应，对生态系统中的营养循环起着重要作用。 此外，温和噬菌体在宿主细胞内以溶原状态存在，能够通过调控基因表达增强宿主对环境压力的耐受性。

在生态系统中，噬菌体通过调控细菌群落结构和功能，对生态系统的稳定性和生产力产生重要影响。 例如，在土壤生态系统中，噬菌体通过"杀死赢家"机制，抑制占优势的细菌种群，以维持微生物多样性。 在水生生态系统中，噬菌体感染藻类和细菌，影响碳和营养物质的循环，从而对全球生物地球化学循环过程产生影响。

噬菌体不仅在生态系统中发挥重要作用，其在医学领域的应用前景也十分广阔，尤其是在抗生素耐药性问题日益严峻的背景下。 噬菌体疗法利用噬菌体特异性杀菌的特性，可治疗由抗生素耐药细菌引起的感染。 例如，噬菌体可以用来治疗耐药性结核病、霍乱等疾病，甚至在生物恐怖袭击中用于处理病原菌感染。 此外，噬菌体还可用于重塑肠道微生物群，改善肠道健康状况。

综上所述，噬菌体作为微观世界中的巨人，其多样性、对宿主的影响以及在生态系统中的功能和医疗应用潜力，无不展示出其在生物学和医学研究中的重要地位。 未来，随着研究的深入，噬菌体有望在更多领域展现出更大的应用价值。

(6) 感染病毒的病毒：巨病毒与噬病毒体。

近二十年来，科学家在微生物界发现了许多令人惊叹的新成员，其中较引人注目的是巨病毒和噬病毒体。 这些病毒不仅打破了我们传统上对病毒的定义，还揭示了微生物界中复杂而多样的相互作用关系。

巨病毒（giant virus），如发现于阿米巴中的拟菌病毒（mimivirus）和玛玛病毒（mamavirus）。 拟菌病毒的基因组达到了 120 万个碱基对，编码的基因数量甚至超过了一些细菌和古细菌。 巨病毒的发现打破了我们对病毒的定义，因为它们不仅在大小上接近细菌，还拥有类似于细胞生物的复杂基因组结构。 科学家从英国布拉德福德的一座冷却水塔中分离出了拟菌病毒。 随后，在巴黎的一座冷却塔中，科学家发现了玛玛病毒，它的大小和拟菌病毒相仿，但更为复杂。 巨病毒不仅在阿米巴中进行复制，还能形成巨大的"病毒工厂"，这些工厂在宿主细胞中呈火山状结构，是病毒大量复制和组装的场所。

与巨病毒相对，噬病毒体（virophage），如卫星噬病毒体（sputnik virophage）和玛玛病毒（mamavirus），都是"寄生"在巨病毒上的特殊病毒。 它们通过利用巨病毒的复制机制进行自身的复制，从而对巨病毒产生抑制作用。 这种现象首次由科学家在 2008 年报道，当时他们发现卫星噬病毒体与玛玛病毒共感染阿米巴时，卫星噬病毒体会显著抑制玛玛病毒的复制，并导致玛玛病毒产生异常形态。 噬病毒体的基因组相对较小，如卫星噬病毒体的基因组只有 18343 个碱基对，编码 21 个蛋白质。 这些蛋白质中有一些与细菌、古细菌和其他病毒的蛋白质具有同源性，表明噬病毒体可能在进化过程中通过水平基因转移获得了这些基因。

巨病毒和噬病毒体在生态系统中扮演着重要角色。 巨病毒通过感染单细胞真核生物（如阿米巴），对这些宿主的种群动态产生显著影响。 噬病毒体则通过寄生巨病毒，进一步影响微生物生态系统的平衡。 例如，噬病毒体可以调节巨病毒的数量，从而间接保护巨病毒的宿主细胞。 此外，巨病毒和噬病毒体的基因组中存在许多来源不同的基因，这表明它们在进化过程中经历了频繁的基因交流和重组。 这种基因交流不仅限于病毒之间，还涉及与宿主细胞和其他微生物的基因交换，从而促进了整个微生物界的基因流动和进化。

巨病毒和噬病毒体的发现不仅扩展了我们对病毒世界的认识，还揭示了微生物界中复杂的相互作用和进化机制。 随着研究的深入，我们有望进一步揭开这些神秘生物的面纱，了解它们在生态系统中的作用以及它们对微生物进化的影响。 这些研究将为我们理解生命的多样性和进化提供新的视角。

4 **病毒的分类：宏基因组时代提出的挑战** 病毒是专性细胞内寄生物，可以感染所有细胞形式的生命。 传统上，病毒学家主要研究引起人类、家畜和作物疾病的病毒。 然而，随着宏基因组测序的开展，尤其是环境样本高通量测序的进步，研究人员揭示了在生物圈中存在着极其庞大的病毒群落。 据估计，全球范围内任何时间点至少有 10^{31} 个病毒颗粒存在于各种环境中，包括海洋、淡水栖息地以及后生动物的胃肠道中，病毒颗粒的数量是细胞数量的 $10\sim100$ 倍。

宏基因组数据改变了我们对病毒多样性的看法，因此也挑战了我们识别和分类病毒的方式。 历史上，国际病毒分类委员会(ICTV)对新病毒进行描述和分类时需要大量关于新病毒宿主范围、复制周期以及病毒颗粒结构和性质的信息，这些信息被用于定义病毒组。 然而，高通量测序和宏基因组方法已经彻底改变了病毒学，现在已知的许多病毒仅来自序列数据，而不是实验特征。 例如，Genomoviridae(一种病毒科)目前仅包含一个病毒类别，而从不同环境中已经测序到了超过 120 个可能的成员。 然而，这些已测序的病毒缺乏关于其宿主和其他生物特性的资料，这些资料本可以指导其分类。

宏基因组数据在揭示病毒多样性方面的重要性是显而易见的。 例如，在塔拉海洋(Tara Ocean)项目开展期间，研究人员从全球 43 个海洋表层站点采集的双链 DNA 病毒序列中，分析发现了 5476 个不同的双链 DNA 病毒群体，而其中只有 39 个被 ICTV 分类。 这些病毒群体大多既数量丰富又在地理上广泛分布，但几乎都不属于已知的病毒分类。

尽管宏基因组学揭示了巨大的病毒多样性，但现实中，只有少数病毒可能会有类似于引起人类疾病或影响全球经济的病原微生物那样的实验特征。 是否可以仅基于宏基因组数据将这些病毒纳入分类体系是一个迫切需要解决的问题。目前，主流学界已经普遍承认仅通过宏基因组数据识别的病毒可作为真实存在的病毒，并可依照标准的分类程序对其进行分类，这推动了病毒分类学的进步。这将有助于建立一个大大扩展的病毒正式分类体系，对未来病毒多样性研究将是一个重要的贡献。

5 病毒的生态系统功能多样性：一个"杀手"的自白　病毒，是地球上非常古老和成功的生物之一，其数量之多超乎想象，遍布于各个生态系统。 从海洋到土壤，无处不见它们的踪迹。 尽管体积微小，病毒在生态系统中的作用却极其重要，甚至可以决定微生物群落的结构和功能。

通过感染宿主细胞，病毒改变了宿主的代谢活动，并最终导致宿主细胞裂解死亡。 这种"杀手"行为不仅直接减少了宿主生物的数量，还间接影响了生态系统的物质循环和能量流动。 在海洋中，病毒每天会杀死约 20％的微生物，这些被杀死的微生物会释放溶解有机物(DOM)和颗粒有机物(POM)回到环境中，这个过程被称为"病毒分流"。 病毒感染不仅影响个体宿主，还对微生物群落结构有着深远的影响。 病毒通过水平基因转移，将遗传物质从一个宿主传递到另一个宿主，促进了基因的快速进化和多样化。 这种基因转移能力使得病毒在生态系统中扮演了关键角色，特别是在海洋和土壤生态系统中，病毒的活动可以极大地改变微生物群落的组成，从而影响生物地球化学循环，如碳、氮、磷的循环。

在海洋中，病毒通过感染浮游生物和细菌，导致这些微生物裂解，进而释放出有机物质供其他生物利用。病毒裂解宿主细胞后释放的 DOM 和 POM，不仅是海洋中异养生物的重要营养来源，还在很大程度上影响了海洋的碳循环。通过这种方式，病毒在海洋生态系统中起到了"分流器"的作用，将有机物质从活的生物体转移到 DOM 库和 POM 库中。同样重要的是，土壤中的病毒通过感染土壤微生物，改变了微生物群落的结构和功能，从而影响土壤的碳和氮循环。土壤中的病毒多样性和丰度与环境条件密切相关，气候变化也可能通过改变病毒与宿主的相互作用，进一步影响土壤生态系统的稳定性和功能。

总之，病毒在生态系统中有时扮演着"杀手"的角色，但它们同时也是生态平衡和生物进化的重要推动力。通过理解病毒的生态多样性及其对环境的深远影响，我们能够更好地保护和管理地球的生态系统。

二 细菌的世界：地球细胞生物的主宰

细菌是地球上非常古老、非常丰富的生命形式之一，从深海热泉到人体内外，它们无处不在。细菌的多样性令人惊叹，它们在形态、代谢方式和生态功能上都有极大的差异，并在地球生态系统中的各个环节发挥着重要作用。例如，蓝藻（也称蓝绿藻）是细菌的一个重要类群，它们在地球历史上扮演至关重要的角色。25 亿年前，蓝藻通过光合作用产生氧气，极大地改变了地球的大气组成，推动了"氧气大爆发"。这一事件不仅使得地球的大气层逐渐富含氧气，还为复杂生命形式的演化奠定了基础。如今，蓝藻仍然是全球碳循环的重要一环，它们通过光合作用固定二氧化碳，释放氧气，支持水生生态系统的生产力。

细菌不仅是生态系统发挥功能的基石，也是地球生命演化的重要推动力。

1 细菌的基本特征

（1）细菌形态的多样性。

大多数细菌虽然肉眼不可见（少数细菌例外，见下文），它们的大小和形状却有着极大的多样性。一般来说，细菌的直径范围为 $0.2 \sim 2.0\ \mu m$，长度为 $2 \sim 8\ \mu m$。常见的肠道细菌大肠埃希菌直径约为 $1\ \mu m$，长度为 $1 \sim 2\ \mu m$。然而，细菌世界中的"小巨人"——华丽硫珠菌（*Thiomargarita magnifica*），其长度可达 2 cm，达到肉眼可见的大小，是目前已知最大的细菌；而最小的细菌——生殖支原体（*Mycoplasma genitalium*）的长度仅为 $0.2 \sim 0.3\ \mu m$，与较大的一些病毒相当。

细菌形态的多样性不仅影响其生理特性，也对其生态适应性有重要影响。较小的细菌具有更大的比表面积，这使得它们能更快地进行养分交换，并且在资源有限的环境中更具优势。尽管小细菌在自然选择中具有优势，但要维持生命活动，细胞必须达到一定的尺寸，应至少达到 $0.15\ \mu m$（平均直径），以容纳必要的生物分子，如蛋白质、核酸和核糖体。因此，细菌的大小在微观世界中展现出了生物适应性与功能需求之间的精妙平衡。巨大细菌的发现更是打破了细菌必须很小的刻板印象。从原理上讲，单个细胞的体积过大会使得营养物质、信号分子的扩散受限，因此细菌细胞大小理论上是存在上限的。然而华丽硫珠菌的发现将细菌大小的上限增加了 10 倍。华丽硫珠菌的发现也模糊了原核生物和真核生物之间的界限，因为华丽硫珠菌是目前唯一一个以真核生物的方式在膜结合的细胞器中明确分离其遗传物质的细菌。

（2）细菌基因组的多样性。

与真核生物不同的是，属于原核生物的细菌没有细胞核，大部分细菌的基因组由一个共价闭合的环状 DNA 分子组成。以大肠埃希菌为例，根据 DNA 测

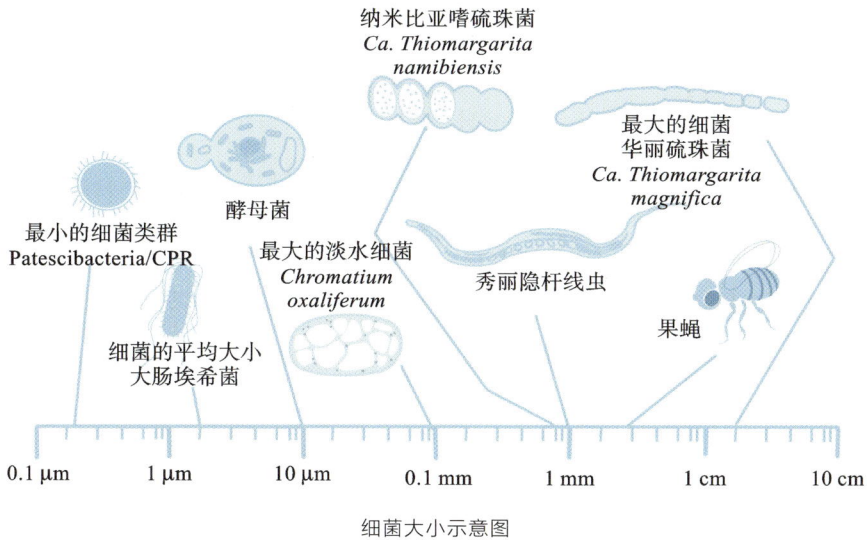

细菌大小示意图

序，目前已知其基因组长度约为 4650000 bp。 大部分细胞内空间被拟核占据。基因组 DNA 的内在物理特性、它与各种 DNA 结合蛋白的结合以及它对细胞质拥挤的排斥，共同有助于将拟核压缩成紧密堆积的形式。 尽管有这种高水平的压缩，但拟核仍然具有功能，可以高精确度地复制、分裂、分离、重组、修复和转录。

不同细菌的基因组长度差异巨大。 这与其适应性、生态位以及生物学功能密切相关。 大肠埃希菌的基因组长度约为 4.6 Mb，包含约 4500 个蛋白编码基因。 而生殖支原体的基因组长度只有 580 kb，是目前已知的较小的独立生活的细菌基因组之一，包含 482 个蛋白编码基因和 37 个 RNA 基因。

理论上维持细胞功能完整、独立生活需要一套最小必需基因，因此理论预测独立生活的细菌基因组大小存在下限——最小基因组，即在营养丰富和无压力条件下维持生命和繁殖所需的最小基因集合。 研究表明，在细菌中许多基因并不是必需的，可以在某些情况下被删除。 因此，科学家通过实验和计算分析可以确定最小基因组，例如生殖支原体，科学家通过全基因组转座子诱变分析发现，在其 482 个蛋白编码基因中，仅 382 个是必需的，所以已知"最小"的细菌基因组也并非其最简形式，随着越来越多的细菌生命形式被发现，这一最小基因组纪录仍有可能被打破，从而进一步拓展我们对生命活动所需的最简条件的认识。

基因组长度的减小不仅仅是随机的遗传漂变的结果，还受环境压力和生物进化的驱动。 在自然界中，基因组缩减是常见的现象，特别是在胞内寄生菌中。 一种感染蚜虫细胞的胞内菌 *Buchnera aphidicola*，其基因组已缩减到 450 kb，仅保留了生存所需的最基本基因。 这种基因组缩减通常是由于它们能够从宿主细胞中获得许多必需的功能，从而失去了自身执行这些功能的基因。

对细菌基因组长度的研究，不仅可以帮助我们理解生命的基本要求，还为合成生物学的研究奠定了基础。 通过确定最小基因组，科学家可以设计和构建新的微生物，用于工业、农业和环境保护等领域。

（3）细菌的分类：从表型到基因组。

细菌的分类是微生物学的一个核心领域，它涉及对细菌进行系统的命名和组织。 传统的细菌分类主要基于细菌的表型特征，如形态、培养条件和生理特性等。 这种方法最早可以追溯到 1923 年出版的《伯杰氏鉴定细菌学手册》，该手册为细菌提供了一个层次化的分类系统。 然而，表型分类的一个主要限制是它难以揭示细菌之间的深层进化关系，这在很大程度上限制了其应用。

随着分子生物学的发展，特别是基因组测序技术的进步，细菌分类进入了一个新时代。 小亚基核糖体 RNA（16S rRNA）序列的比较成了分类细菌的重要工具。 16S rRNA 由于其保守性和变异区域的组合，能够提供关于细菌进化关系的有力证据。 通过对 16S rRNA 的分析，科学家不仅发现了许多以前未被培养的细菌种类，还揭示了细菌分类中的许多误区和多系群。

然而，16S rRNA 分析也有其局限性，例如在分辨一些进化关系较近的物种时，其分辨率不够高。 随着全基因组测序技术的发展，基于全基因组的数据成为细菌分类的新标准。 全基因组测序提供了更为详细的进化信息，能够更准确地构建细菌的系统发育树。 相比于 16S rRNA 序列，全基因组序列能够更全面地反映细菌的进化历史和亲缘关系。

目前，细菌分类面临的一个主要挑战是如何处理大量未被培养的微生物基因组数据。 许多细菌无法在实验室中培养，这使得传统的基于培养的命名和分类系统难以应用于这些细菌。 为了应对这一挑战，科学家提出了"候选"分类单元这一临时命名方案，用于那些基因组数据齐全但尚未被培养的微生物种类。这一命名方法虽然在一定程度上解决了未被培养细菌的命名问题，但仍然需要进一步规范和改进。

综上所述，细菌分类正在从传统的表型分类向基于基因组数据的分类转变。这一转变不仅提高了分类的准确性和科学性，也为研究和理解微生物多样性提供了新的工具和方法。 然而，这一过程也面临许多挑战，特别是在命名规范和分类系统的一致性方面，仍需科学界的共同努力来解决。

（4）人和动物的病原菌：感染可能是个技术活。

病原菌在人类和动物中都很常见，可以引起各种疾病。 目前已知感染人类的病原菌种类非常多。 然而，能够感染人和动物的病原菌只占非常少的一部分，而且要成功感染对细菌来说并不容易。

具体来说，细菌感染是细菌进入宿主并在宿主组织中繁殖的过程。 感染不等同于致病，但它是致病的先决条件。 细菌能引起的感染类型多种多样，从无症状到致命都有可能。 成功感染人类的细菌需要克服多种宿主防御机制。 首先，细菌需要能够附着在宿主细胞上，这通常通过细菌表面的黏附因子如菌毛来实现。 其次，细菌必须能够避开宿主的免疫系统。 例如，一些细菌会产生荚膜，防止被宿主的吞噬细胞识别和消灭。

截至 2021 年底，已知可感染人类的病原菌有 1513 种，分属于 24 个纲，327个属，如埃希菌属、分枝杆菌属、链球菌属、葡萄球菌属和棒状杆菌属等。 这些病原菌具有高度的多样性和复杂性，各自演化出了不同的感染和免疫逃逸策略。

为了在宿主体内存活并繁殖，病原菌必须逃避免疫系统的攻击。 其通过多种机制实现免疫逃逸，如改变其表面抗原结构以躲避宿主的免疫识别，或分泌抑制免疫反应的蛋白质。 有一些细菌可以进入宿主细胞内部生存，从而避开宿主的抗体和补体系统的攻击。

成功感染宿主对细菌来说是一个复杂的过程，需要其具备多种适应能力。细菌不仅需要找到适合其生存的细胞类型，还必须能够在宿主的防御系统下生存并繁殖。 这一过程中，细菌的致病因子，如毒素、荚膜和铁载体等，起到了关键作用。 细菌的感染过程复杂且多变，了解细菌的感染机制不仅有助于开发新的抗菌疗法，还能帮助预防和控制细菌感染的传播。

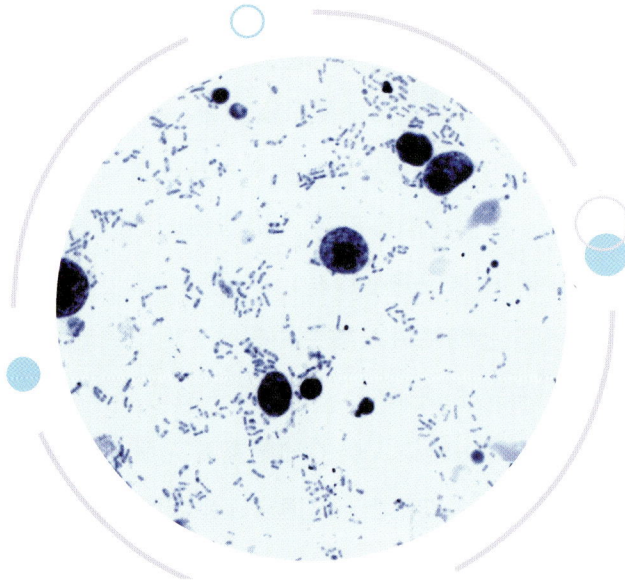

鼠疫耶尔森菌（*Yersinia pestis*）的美蓝染色照片

（由中国疾病预防控制中心传染病预防控制所李伟供图）

2 **胞内寄生菌：学会依赖细胞** 胞内寄生菌是一类能够在宿主细胞内生活和繁殖的微生物，包括立克次体、衣原体等。 这些细菌通过复杂的进化过程适应细胞内环境，展示了独特的生存策略。 立克次体是一种革兰氏阴性菌，其基因组高度精简，缺乏许多独立生活细菌所需的基因。 这些细菌不能在普通培养基上生长，只能在动物细胞内寄生并繁殖。 这种适应性反映了其进化过程中基因组发生大量丧失，以减少不必要的代谢负担，从而更好地利用宿主提供的资源。

胞内寄生菌的进化涉及几个关键机制。 首先，许多胞内寄生菌在进化过程中失去了大量基因，这些基因通常与自主代谢和生存相关。 例如，立克次体失去了许多与代谢相关的基因，因为它们可以从宿主细胞中获得必需的营养物质。 其次，专性胞内寄生菌完全依赖宿主细胞生存和繁殖。 这种高度依赖性使得它们必须进化出逃避宿主免疫系统的能力。 例如，立克次体可以避免被宿主细胞的溶酶体降解，从而在宿主细胞内生存。 最后，这些胞内寄生菌通常通过媒介物传播，如蜱虫、跳蚤等。 例如，立克次体通过这些外寄生虫传播到新的宿主，从而延续其种群。

为了在宿主细胞内生存，胞内寄生菌进化出了多种策略。 它们通过抑制宿主细胞的防御机制，如抑制吞噬体与溶酶体的融合，从而逃避免疫反应。 此外，它们还通过简化基因组，将代谢需求转移到宿主细胞上，从而专注于生存、繁殖和传播。 这些胞内寄生菌还展现出了惊人的环境适应能力，一些胞内寄生菌能够在非宿主环境中存活，如原生动物或无脊椎动物也可以作为其宿主或中间宿主。

综上所述，胞内寄生菌的进化展示了生物如何通过基因组简化和功能适应，成功地在宿主体内生存和繁殖。 立克次体是一个典型的例子，其高度依赖细胞的生活方式和基因组精简的特点，为我们理解胞内寄生菌的进化提供了重要的线索。 这种进化不仅揭示了寄生菌在宿主细胞内的生存策略，还反映了生命在微观层面的多样性和适应性。

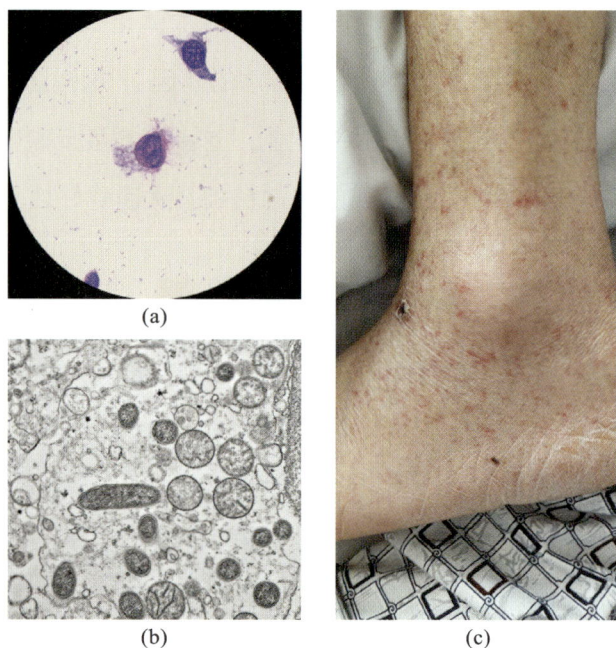

立克次体和立克次体斑疹热

(a)西伯利亚立克次体感染的 Vero 细胞(4 天)经吉姆萨染色的镜下观；

(b)立克次体的透射电子显微镜下图像；(c)立克次体斑疹热患者的足部皮疹

(由秭归县人民医院龚萍、中国疾病预防控制中心传染病预防控制所滕中秋供图)

3 **细菌与我们的生活** 细菌无处不在，它们存在于空气、水、土壤以及我们身体的各个角落。 尽管细菌常与疾病相关，但它们在生态系统和人类健康中扮演着至关重要的角色。 从食品发酵到农业生产，再到人体健康，细菌的影响无处不在。

（1）**生活中的细菌**：我们日常生活中接触到的细菌种类繁多。 如：乳酸菌用于制作酸奶和奶酪；醋酸杆菌用于制作食醋等。 乳酸菌通过发酵将乳糖转化为乳酸，不仅延长了食品的保存期限，还赋予了食品独特的风味和益生菌特性。

这些细菌对人体有益，有助于维持肠道健康和增强免疫力。 生活中也存在一些致病细菌。 例如，军团菌可以在供水系统中繁殖，并通过空气传播，引发军团病。 军团病是一种严重的肺部感染性疾病。 因此，了解并控制这些环境中的细菌对于维护公共卫生至关重要。

（2）细菌与人类健康：人类健康与细菌密切相关。 我们的身体内、外栖息着数以万亿计的细菌，它们共同构成了我们的微生物组（microbiome）。 这些微生物对我们的免疫系统、消化系统以及整体健康都有着重要影响。 例如，肠道中的益生菌有助于消化食物、合成维生素并保护我们免受有害病原菌的侵袭。 研究表明，肠道微生物失衡与多种疾病有关，如炎症性肠病、糖尿病、肥胖症等。 通过调节肠道微生物群，我们可以改善这些疾病的症状，甚至可起到预防作用。

（3）细菌与植物的共生关系：细菌不仅在动物和人体内发挥重要作用，它们还与植物形成了复杂的共生关系。 土壤中的细菌，如根际细菌（rhizobacteria），通过固定氮元素和分解有机物质，帮助植物吸收营养。 早在 19 世纪末，科学家马丁努斯·贝耶林克（Martinus Beijerinck）就发现了生长在豆类植物根部的固氮细菌，揭示了细菌在植物营养中的关键作用。 根际细菌不仅提供氮，还能分泌植物激素，促进植物生长。 例如，固氮螺菌属（*Azospirillum*）的一些细菌可以生产生长素（auxin），这种激素能够刺激植物根系生长，从而提高植物对水分和养分的吸收能力。 此外，一些细菌还能分泌抗生素，帮助植物抵御病原菌的侵害。 例如，链霉菌（*Streptomyces*）可以分泌抗生素，抑制土壤中的病原菌，保护植物根部免受感染。

（4）细菌在环境保护中的应用：细菌不仅对农业生产和食品发酵至关重要，它们在环境保护中也发挥着重要作用。 例如，一些细菌能够分解有害物质，净化环境。 甲烷氧化菌能够分解甲烷，甲烷是一种强效的温室气体，所以甲烷氧化菌能降低甲烷对气候变暖的影响。 此外，细菌还可以用于生物修复，即利用细菌降解污染物，恢复受污染的环境。 研究发现，一些细菌能够分解石油、重金属和其他有毒物质，这为环境污染治理提供了新的方法。

三　真核微生物的多样性

真核微生物，包括真核藻类、真菌和原生动物。真核微生物广泛分布在多个生态环境中，种类繁多。据估计，仅在淡水生态系统中，真核微生物种类就有 200000～250000 种。尽管真核微生物无处不在并在生态系统中扮演着重要角色，但其多样性的全貌仍然在很大程度上未被探索和被低估。近年来的研究表明，仅真菌一个类群的物种数量就可能为 220 万～380 万种，远远超过早期保守估计的 150 万种。

人们对真核微生物多样性的认识在过去二十年间显著提高。最早的物种鉴定方法只是基于可见的真菌种类以及那些容易培养和形态学上可识别的物种。这种方法大大低估了实际的多样性，因为它忽略了隐性物种和那些难以培养的物种。DNA 测序技术的进步极大地改变了我们的理解，揭示出更多的真核微生物。利用对环境样本的 DNA 测序和物种划分方法，目前已经发现了大量新物种，这些方法对于修正后的物种估算贡献巨大。现代宏基因组学的一个重大发现是"隐匿多样性"（cryptic diversity）的概念。许多在形态上看似相同的真核微生物种类在基因上是不同的。这种隐匿的多样性通过分子技术被揭示出来，表明真菌种类的实际数量可能比以前认为的高一个数量级。隐性物种通常由于形态差异微小而未被发现，只有通过 DNA 分析才能揭示其存在。

除了真菌外，其他真核微生物如藻类、原生动物和微小的多细胞生物也展现出了令人惊叹的多样性和生态功能。藻类在水生环境中发挥着关键作用，通过光合作用提供氧气并作为许多水生食物链的基础。原生动物则充当了重要的捕食者和寄生者，维持了微观生态系统的平衡。微小的多细胞生物，如轮虫和线虫，也参与了有机物的分解和营养物质的循环。

真核微生物在全球范围内分布，几乎存在于每一个生态位中。 它们在营养循环、分解有机物以及与植物形成共生关系中起着关键作用。 这些关系对植物健康和土壤肥力至关重要。 一些真菌还是影响植物、动物和人类的病原微生物，这也体现出了真菌广泛的生态影响。

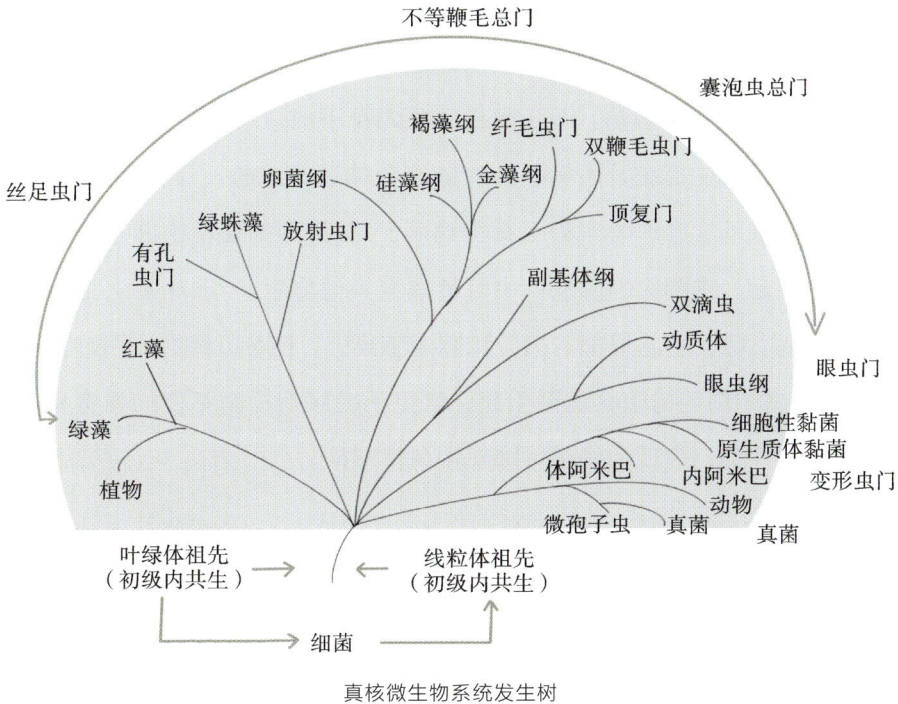

真核微生物系统发生树

真核藻类(红藻，绿藻)、真菌(fungi)和原生动物是真核微生物

真核病原微生物如下。

在地球上，存在超过一百万种真菌，但只有约 300 种已知会对人类致病。 真菌孢子广泛存在于空气、土壤、水源以及动植物体表等环境中。 它们在自然界中扮演着重要的生态角色，通过分解有机物质，参与营养循环。 然而，当这些真菌孢子被吸入或通过皮肤伤口进入人体后，可能会引起感染。

真菌感染通常最先从肺或皮肤开始。 根据病症的不同，真菌感染可以分为局部性真菌感染和全身性真菌感染。 局部性真菌感染主要见于皮肤、口腔等部位。 这类感染包括常见的足癣、股癣、体癣和口腔念珠菌病，通常表现为皮肤瘙痒、红斑、鳞屑或口腔白斑等。

全身性真菌感染则可影响多个器官和组织，包括皮肤、肺、眼、肝和脑。这类感染通常发生在免疫力低下的宿主中，如艾滋病患者、接受器官移植者或长期使用免疫抑制剂的患者。 全身性真菌感染可能引起严重的临床症状，如肺炎、脑膜炎、肝脏感染等，甚至可能危及生命。

多数真菌为机会致病菌，即在宿主免疫力低下时才导致发病。 这些真菌在环境中有着自己的生态位，通常不会对健康个体造成威胁。 典型的机会性真菌感染包括曲霉菌病、念珠菌病和毛霉菌病等。 曲霉菌病通常由曲霉菌属中的几个常见种类引起，主要影响肺部，也可传播至其他器官。 念珠菌病主要由念珠菌属真菌引起，除了引起局部的口腔和阴道感染外，还可以经血流引起全身性感染。 毛霉菌病则由毛霉菌科真菌引起，常见于糖尿病控制不良的患者和免疫系统极度受抑的个体，表现为侵袭性肺部和鼻窦感染。

四　古菌的多样性

古菌（archaea）是与细菌和真核生物并列的第三种生命形式，又称古细菌、太古菌或太古生物。 这个名称来源于它们在地球上出现的早期历史。 如果将地球 46 亿年的历史压缩成一天，古菌在凌晨 5 点多就出现了，而人类则是在深夜 23 点 58 分才诞生。 因此，从某种意义上说，"古"菌确实反映了它们的古老起源和对极端环境的高度适应能力。 古菌广泛分布于高温热泉、盐湖、深海等极端环境中。

古菌具有独特的细胞结构和遗传信息处理系统。 在细胞形态方面，它们与细菌类似，但在基因组复制、转录与翻译等遗传信息传递系统上它们更接近真核生物。 古菌具有独特的细胞壁和细胞膜结构，其细胞壁中含有假肽聚糖，细胞膜中含有醚键及分支脂链，这些结构有助于它们抵抗极端环境的压力。 由于这些独特的细胞结构，古菌对不同抗生素的抗性也有所不同。 它们通常对抑制细菌生长的抗生素（如青霉素）不敏感，但对抑制真核细胞生长的某些抗生素（如茴香霉素）敏感。

古菌在生物技术开发应用方面展现出巨大潜力。 例如，聚合酶链式反应中使用的高保真 DNA 聚合酶 Pfu 酶就来自嗜热古菌；产甲烷古菌能够在厌氧条件下产生清洁的可再生能源甲烷；嗜盐古菌细胞膜上的紫膜蛋白由于其独特的光化学特性，已作为生物纳米材料用于光信息处理和光电响应；某些嗜盐古菌能够在胞内大量积累生物可降解塑料，这使得它们在医用材料领域有很大的应用前景；极端古菌产生的极端酶是开发工业酶制剂的宝库。 此外，古菌在全球生物地球化学循环中也起着重要作用，如：厌氧甲烷氧化古菌对控制温室气体排放和碳循环有巨大影响；氨氧化古菌则在全球氮循环中发挥关键作用等。

1 **古菌的进化意义** 古菌是早期生命的代表，被认为是地球上非常早的生命形式之一，其存在可以追溯到数十亿年前。 它们的存在为我们打开了研究早期生命形式的窗口，有助于研究地球生命演化的历史。 在各种极端环境下，如高温的火山泉、高盐度的盐湖、低温的极地等都能找到古菌，为其他生物提供了在这些环境中存活的可能性。 此外，其基因组结构和某些生物特征与细菌和真核生物有共同点，这可能揭示了在进化过程中发生了基因交流。 这一发现有助于进一步研究生命形式的适应性和进化。

2 **动物和人体中是否有古菌** 以往人们认为极端环境（如热泉、盐湖、深海等）是古菌的典型生境，然而近年来的研究表明，古菌不仅限于这些极端环境，它们也广泛存在于自然生态系统和多种宿主生物体内，包括动物和人体中。

在动物体内，古菌常常作为共生微生物与宿主互利共存。 例如，科学家在海绵中发现了一种嗜冷古菌，其与海绵共生，可以去除海绵中的氮废物，并为海绵提供碳源。 此外，产甲烷古菌在动物的消化系统中非常普遍，特别是在反刍动物（如牛）的瘤胃中。 产甲烷古菌通过消耗氢气和二氧化碳生成甲烷，从而支持其他微生物的代谢活动。

在人类中，古菌主要存在于消化道中，尤其是在结肠和直肠部位。 研究发现，古菌在人体肠道微生物群落中占比大约为 1.2%。 尽管其数量较少，但它们在代谢过程中扮演着重要角色。 产甲烷古菌（如 *Methanobrevibacter smithii* 和 *Methanosphaera stadtmanae*）通过甲烷生成作用，利用细菌发酵的终产物，如氢气和二氧化碳，产生甲烷。 这种代谢过程不仅有助于提高细菌的代谢效率，还对宿主的能量流动有重要贡献。

虽然对古菌的研究还处于初期阶段，但已有研究表明古菌对人类健康可能有重要影响。 例如，Methanomassiliicoccales 这一新发现的古菌类群被认为可能对人体健康有益。 尽管目前还没有证据表明古菌会直接导致疾病，但其在宿主微生物群中的作用和与宿主免疫系统的互动，仍是未来研究的重要方向。

总之，古菌作为宿主相关微生物的重要组成部分，不仅在极端环境中存在，也在动物和人类健康中扮演潜在的关键角色。 随着研究的深入，我们将进一步了解古菌的生态功能及其在健康和疾病中的具体作用。

五 生命暗物质——生命树（tree of life）的完善和微生物暗物质的发现

1859 年，查尔斯·达尔文的《物种起源》标志着生物进化理论的诞生。 然而，尽管古生物学和比较生物学在理解动植物进化方面取得了巨大进展，但它们对微生物进化的解释存在显著局限性。 微生物学的重大突破始于 DNA 结构的发现，人们逐渐认识到进化的历史记录保存在 DNA 序列中。 基于小亚基核糖体 RNA（SSU rRNA）基因序列的系统发育树描绘了所有细胞的进化历史，揭示了地球生命进化的三个主要方向：细菌、古菌和真核生物。

基于 SSU rRNA 基因序列的系统发育树将生命分为三大域：细菌、古菌和真核生物。 细菌和古菌的主要门类在数十亿年前开始分化，而真核生物则在过去六亿年内经历了快速分化。 2016 年，科学家利用 1000 多种未培养和鲜为人知生物的新基因组数据，构建了一棵更加全面的生命树。 这项研究不仅包括细菌和古菌，还涵盖了真核生物，进一步完善了生命树的结构。

随着基因组学技术的发展，微生物暗物质的研究成为可能。 微生物暗物质指的是那些之前未被发现或未被充分理解的生命形式，特别是在微生物界。 这一概念与物理学中的暗物质类似，都是指那些尽管难以直接观察但对整体系统理解至关重要的部分。 2013 年，Christian Rinke 等通过单细胞基因组学，对来自不同栖息地的 201 个未培养的古菌和细菌细胞进行了测序和分析，发现这些细胞属于生命树的 29 个主要分支，这些分支中的大部分是未知分支，这些分支被称为微生物暗物质。

微生物暗物质的研究得益于先进的基因组学技术，包括单细胞基因组学和宏基因组学。 这些技术允许科学家从环境样本中直接提取和分析 DNA，从而打破了传统培养方法的限制。 宏基因组学通过对环境样本中所有微生物 DNA 的整体测序，揭示了新的基因和代谢途径，极大地扩展了对微生物功能和生态系统角色的理解。 单细胞基因组学则进一步支持了宏基因组学方法，通过分离单个微生物细胞并对其基因组进行扩增和测序，揭示了微生物群落内的基因组和功能多样性。 这些技术的结合，使得科学家能够更全面地描绘微生物暗物质的进化树，以揭示许多未被认识的代谢特征和进化关系。

生命树的完善和微生物暗物质的发现，对生物学研究产生了深远影响。 首先，它们极大地拓展了我们对微生物多样性的认识，揭示了地球上生命形式的广度和深度。 其次，它们挑战了传统的生命三域分类法，提出了一些可能跨越这些域的代谢特征，暗示着更复杂的进化历史。 例如，研究发现一些微生物具有特殊的代谢途径，如在细菌中发现了古菌型的嘌呤合成途径，这一发现打破了细菌与古菌之间的传统界限。此外，某些微生物还显示出对氨基酸和糖类的广泛降解能力，这可能与其异养生活方式有关。这些发现不仅丰富了生命树的基因组表征，也为理解地球上的生物进化提供了新的视角。

总的来说，生命树的完善和微生物暗物质的发现，标志着生物学研究进入了一个新纪元。利用先进的基因组学技术，科学家能够探索和理解之前未被发现的微生物多样性，这不仅有助于揭示生命的进化历史，也为未来的生物技术和生态研究提供了宝贵的资源。随着研究的深入，我们对微生物暗物质的理解将不断加深，可进一步推动生物学领域的发展和创新。

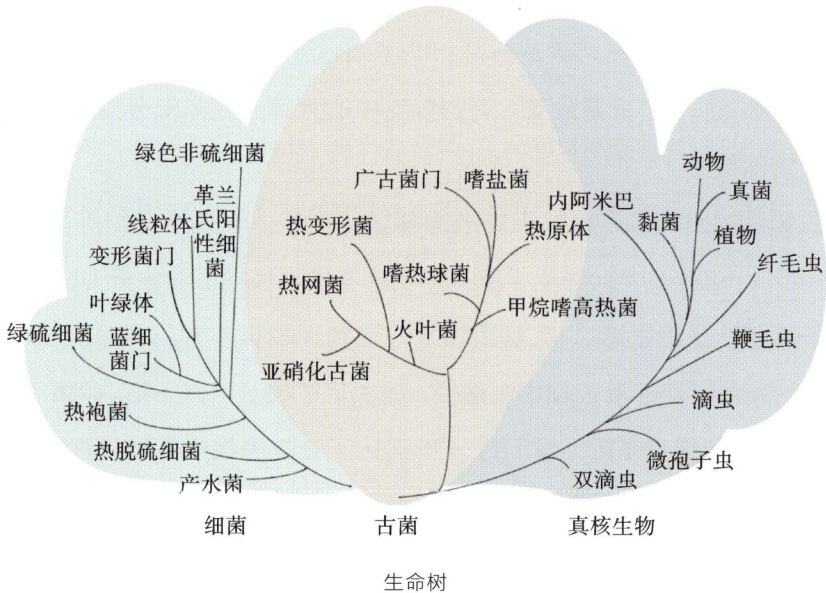

生命树

展示了生物的三个域以及每个域中的几个代表性类群

本章结语

    微生物，作为地球上最古老且最多样化的生命形式，展示了其在生态系统中无与伦比的重要性。 从最早的厌氧微生物到今天遍布全球的多细胞生物，微生物的进化历程见证了地球生态系统的变迁。 无论是通过光合作用为大气增氧的蓝藻，还是在极端环境中生存的嗜极微生物，它们的存在和活动不仅塑造了地球的生物圈，还为其他生物的生存和演化提供了必要的条件。

    现代科技的发展，尤其是基因组学和宏基因组学的进步，使我们对微生物世界的认识不断加深。 病毒、细菌和真菌等微生物在生态系统中的角色变得更清晰。 我们已经认识到，微生物在生态系统中的角色绝不仅是导致疾病的病原体，更是生态平衡的重要维护者。

    尽管我们在微生物研究方面取得了许多进展，但仍存在许多未知领域亟待探索。 宏基因组学的发展揭示了许多此前未被发现的微生物种类和基因，也带来了新的挑战，包括如何全面解读这些海量数据，如何在复杂的环境样本中精准鉴定微生物，以及如何理解微生物群落的功能与生态作用。 此外，许多微生物的培养依然困难，限制了我们对其生理和生态功能的深入研究。

    未来，微生物领域的研究将朝着更全面、更深入的方向发展。 通过结合多种前沿技术，如单细胞基因组学、空间转录组学和系统生物学技术，我们有望揭开微生物世界的更多奥秘，特别是将进一步揭示环境微生物和人体微生物组在健康、疾病和环境中的关键作用。 探索微生物与宿主及环境的相互作用机制，开发新型微生物技术应用，将是未来研究的重要方向。

参考
文献

[1] LECOQ H. Découverte du premier virus, le virus de la mosaïque du tabac: 1892 ou 1898？ [J]. C R Acad Sci Ⅲ, 2001, 324(10): 929-933.

[2] ZERBINI F M, SIDDELL S G, LEFKOWITZ E J, et al. Changes to virus taxonomy and the ICTV Statutes ratified by the International Committee on Taxonomy of Viruses(2023) [J]. Arch Virol, 2023, 168 (7): 175.

[3] BERGH O, BØRSHEIM K Y, BRATBAK G, et al. High abundance of viruses found in aquatic environments [J]. Nature, 1989, 340(6233): 467-468.

[4] WOLF Y I, MAKAROVA K S, LOBKOVSKY A E, et al. Two fundamentally different classes of microbial genes [J]. Nat Microbiol, 2016, 2: 16208.

[5] CURTIS T P, SLOAN W T, SCANNELL J W. Estimating prokaryotic diversity and its limits [J]. Proc Natl Acad Sci U S A, 2002, 99(16): 10494-10499.

[6] LOCEY K J, LENNON J T. Scaling laws predict global microbial diversity [J]. Proc Natl Acad Sci U S A, 2016, 113(21): 5970-5975.

[7] MAFFEI E, SHAIDULLINA A, BURKOLTER M, et al. Systematic exploration of *Escherichia coli* phage-host interactions with the BASEL

phage collection［J］. PLoS Biol, 2021, 19(11): e3001424.

［ 8 ］ SCHULZ F, ABERGEL C, WOYKE T. Giant virus biology and diversity in the era of genome-resolved metagenomics ［J］. Nat Rev Microbiol, 2022, 20(12): 721-736.

［ 9 ］ COLSON P, LA SCOLA B, LEVASSEUR A, et al. Mimivirus: leading the way in the discovery of giant viruses of amoebae ［J］. Nat Rev Microbiol, 2017, 15(4): 243-254.

［ 10 ］ LEGENDRE M, ALEMPIC J M, PHILIPPE N, et al. Pandoravirus celtis illustrates the microevolution processes at work in the giant *Pandoraviridae* genomes ［J］. Front Microbiol, 2019, 10: 430.

［ 11 ］ LANDER E S, LINTON L M, BIRREN B, et al. Initial sequencing and analysis of the human genome ［J］. Nature, 2001, 409(6822): 860-921.

［ 12 ］ SANMIGUEL P, GAUT B S, TIKHONOV A, et al. The paleontology of intergene retrotransposons of maize ［J］. Nat Genet, 1998, 20(1): 43-45.

［ 13 ］ KASSIOTIS G, STOYE J P. Immune responses to endogenous retroelements: taking the bad with the good ［J］. Nat Rev Immunol, 2016, 16(4): 207-219.

［ 14 ］ KUMAR A, BENNETZEN J L. Plant retrotransposons ［J］. Annu Rev Genet, 1999, 33: 479-532.

［ 15 ］ ZANDI M. Planarian secretory cell nidovirus: the largest genome of RNA viruses ［J］. Rev Med Virol, 2022, 32(5): e2293.

［ 16 ］ SHI M, LIN X D, TIAN J H, et al. Redefining the invertebrate RNA virosphere ［J］. Nature, 2016, 540(7634): 539-543.

[17]　CHEN Y M, SADIQ S, TIAN J H, et al. RNA viromes from terrestrial sites across China expand environmental viral diversity [J]. Nat Microbiol, 2022, 7(8): 1312-1323.

[18]　ZAYED A A, WAINAINA J M, DOMINGUEZ-HUERTA G, et al. Cryptic and abundant marine viruses at the evolutionary origins of Earth's RNA virome [J]. Science, 2022, 376(6589): 156-162.

[19]　NERI U, WOLF Y I, ROUX S, et al. Expansion of the global RNA virome reveals diverse clades of bacteriophages [J]. Cell, 2022, 185 (21): 4023-4037.

[20]　NAVARRO B, FLORES R, DI SERIO F. Advances in viroid-host interactions [J]. Annu Rev Virol, 2021, 8(1): 305-325.

[21]　HADIDI A. Next-generation sequencing and CRISPR/Cas13 editing in viroid research and molecular diagnostics [J]. Viruses, 2019, 11 (2): 120.

[22]　LIANG G, BUSHMAN F D. The human virome: assembly, composition and host interactions [J]. Nat Rev Microbiol, 2021, 19 (8): 514-527.

[23]　TUN H M, PENG Y, MASSIMINO L, et al. Gut virome in inflammatory bowel disease and beyond [J]. Gut, 2024, 73 (2): 350-360.

[24]　EMENCHETA S C, OLOVO C V, EZE O C, et al. The role of bacteriophages in the gut microbiota: implications for human health [J]. Pharmaceutics, 2023, 15(10): 2416.

[25]　SAUSSET R, PETIT M A, GABORIAU-ROUTHIAU V, et al. New insights into intestinal phages [J]. Mucosal Immunol, 2020, 13(2):

205-215.

[26] ZHANG Y Y, WANG R. The human gut phageome: composition, development, and alterations in disease [J] . Front Microbiol, 2023, 14: 1213625.

[27] ŁUSIAK-SZELACHOWSKA M, WEBER-DĄBROWSKA B, ŻACZEK M, BORYSOWSKI J, et al. The Presence of bacteriophages in the human body: good, bad or neutral? [J] . Microorganisms, 2020, 8(12): 2012.

[28] DION M B, OECHSLIN F, MOINEAU S. Phage diversity, genomics and phylogeny [J] . Nat Rev Microbiol, 2020, 18(3): 125-138.

[29] DESNUES C, BOYER M, RAOULT D. Sputnik, a virophage infecting the viral domain of life [J] . Adv Virus Res, 2012, 82: 63-89.

[30] SIMMONDS P, ADAMS M J, BENKŐ M, et al. Consensus statement: virus taxonomy in the age of metagenomics [J] . Nat Rev Microbiol, 2017, 15(3): 161-168.

[31] BARTLETT A, PADFIELD D, LEAR L, et al. A comprehensive list of bacterial pathogens infecting humans [J] . Microbiology(Reading), 2022, 168(12): 001269.

[32] DEBROAS D, DOMAIZON I, HUMBERT J F, et al. Overview of freshwater microbial eukaryotes diversity: a first analysis of publicly available metabarcoding data [J] . FEMS Microbiol Ecol, 2017, 93(4): fix023.

（施 莽 郭德银 杨子玥 潘远飞）

第三章

微生物和人的关系

人类生存繁衍不能没有微生物，
但少数微生物会严重威胁人类生命健康

微生物与人类起源之间的关系是生命演化过程中一个令人着迷的主题。 从地球上最早的微生物到如今的人类，微生物一直与我们的生存和演化紧密相连。微生物是地球上最古老的生命形式，人类则是在复杂的演化过程中崛起的生物。本章旨在探讨微生物与人类起源以及人类健康之间的密切关系，包括生命起源、病原微生物感染以及人体内微生物群落的形成等方面。 通过对这些关键主题的分析，我们将更好地理解微生物是如何塑造人类演化历程的，以及微生物和人类之间的相互作用是如何影响人类的健康和生态系统的。

一　微生物和生命起源

美国航空航天局（NASA）将生命定义为"能进行达尔文进化的自我维持的化学系统"。 微生物的出现标志着地球生命的诞生，这一过程发生在地球形成后相当长的一段时间内。 从加拿大魁北克努夫亚吉图克绿岩带的海底热泉沉积物中发现了化石化的微生物，这可能是地球上最古老的生命形式的推定证据，它们似乎在 37.7 亿~42.8 亿年前生活在热液喷口沉积物中，这段时期距离 44 亿年前冥古宙海洋形成并不久远。 虽然具体的时间线难以准确追溯，但根据化石记录和对古老微生物的研究，我们可以推测微生物的出现至少在 35 亿年前。 人类的演化则是在这个演化历程的某个阶段出现的。 两者在演化过程中共享了一部分遗传信息，反映了它们在地球生命演化历史中的共同性。

在地球形成初期，环境条件极为恶劣，包括高温、辐射等。 微生物作为最早的生命形式，成功适应并生存下来，为地球上其他生命形式的演化创造了条件。 人类的出现则是在这个演化历程的后期，同样需要适应这一复杂多变的环境。

微生物的主要类型

真 核 生 物	原 核 生 物	病 毒	亚病毒因子
真菌	细菌	DNA 病毒	卫星病毒（satellite virus）
原生生物	古菌	RNA 病毒	朊病毒

1 **共同的遗传物质**　微生物和人类尽管在形态、生活方式和生态适应性上存在显著差异，但在基因水平上，两者存在一些共同的遗传信息和生物化学机制。

微生物和人类都依赖一套复杂的基因调控机制来控制基因的表达。这包括启动子、转录因子和其他调控元件，它们共同参与基因的激活和抑制。虽然微生物和人类的基因调控系统可能有很大的差异，但它们在调控基因表达的基本原理上存在一些共通性。

绝大多数微生物和人类使用相似的遗传编码规则，即基因中的核酸序列翻译成氨基酸序列，并且细胞型微生物有一套与人类相似的细胞机器，如信使 RNA、转运 RNA、核糖体等。这是一种高度保守的生物化学机制，表明在生命演化的早期阶段，这种编码机制就已经形成。

2 **共同的生化反应**　微生物与人类在许多生化反应和代谢途径上有相似之处。这反映了它们在演化过程中经历了共同的生命过程，包括能量获取、代谢物质转化等。这些相似之处不仅是对它们共同演化历程的见证，也反映了它们在生命过程中共同的基本需求和策略。

为了生存，微生物和人类都需要获取能量。在这一过程中，它们采用了一些相似的能量获取策略，如利用碳水化合物、脂肪和蛋白质进行有氧呼吸或无氧发酵，有些微生物可以利用光合作用产生能量，如光合细菌。但病毒是一个例外，病毒自身无法产生能量，在感染宿主后，可以直接"劫持"宿主细胞的能量物质来进行复制、增殖等生命活动。这种相似的能量获取策略反映了它们在演化过程中对于能量获取的一致需求。

这种相似的能量获取策略具体表现在以下几个方面。

（1）碳代谢的相似性：主要为糖代谢，微生物和人类的细胞都参与糖代谢，将葡萄糖等碳水化合物转化为能量。 无论是通过糖酵解还是三羧酸循环，它们都有一些关键的生化反应。 氧化磷酸化是生物体内能量合成的关键过程。

（2）真核微生物和人类细胞依赖于线粒体等细胞器进行氧化磷酸化，将化学能转化为三磷酸腺苷（ATP）。 原核微生物则主要以无氧呼吸途径获取 ATP，这种相似性揭示了它们在维持细胞能量平衡方面的一致性。

（3）氮代谢的类似策略：氮是所有生物的重要组成部分，也是地球上所有生命体的主要营养成分。 微生物和人类都面临着处理氮的挑战，因此它们发展出了一些相似的氮代谢策略，如氮循环和尿素循环等。

（4）脂质代谢的一致性：脂质在细胞膜的构建和能量储存中扮演着重要角色。 微生物和人类体内都有脂质的合成和降解，都拥有一些相似的酶促反应。这种相似性反映了它们在维持细胞结构和功能方面的一致需求。

（5）共同的无氧代谢策略：在缺乏氧气的环境中，微生物和人类都需要采用无氧代谢策略，包括发酵等过程，通过这些过程产生能量。

③ **微生物与人类免疫系统的演化** 人体是许多微生物的自然栖息地，这些微生物（如肠道细菌与呼吸道病毒等）通常与宿主（人类）处于共生关系。 这些微生物有助于许多重要的生理过程的维持，如消化、营养物质的合成等，甚至影响免疫系统的发展和功能。 人类免疫系统的演化受到了微生物（特别是病原微生物）的强烈影响。 面对病原微生物的威胁，免疫系统逐渐演化出更加复杂和有效的防御机制，而人体的适应性免疫反应（如抗体的产生）是长期与病原微生物共存的结果，我们可以把病原微生物与宿主之间的关系看成"军备竞赛"，其中病原微生物试图逃避宿主免疫系统的检查，而宿主免疫系统则不断进化以识别和消灭病原微生物。 并且，有研究表明，现代生活方式，包括卫生条件的改善和抗生素的使用，虽然减少了某些疾病的发生，但可能影响免疫系统的正常发展和功能的发挥。 过度卫生的环境可能导致免疫系统没有机会"学习"如何有效

对抗微生物,从而影响其成熟和功能的发挥。

综上所述,微生物对人类免疫系统的演化起着关键作用。两者之间的互动是一种复杂的进化博弈过程,这一过程直接影响着人类的健康和抵抗疾病的能力。

4 人体内微生物群落的形成 人类在出生时就开始接触微生物,这是体内微生物群落形成的开始。自然分娩的婴儿会接触到母亲产道中的微生物,而剖宫产出生的婴儿肠道中存在更多与医院环境有关的细菌,包括肠球菌属(*Enterococcus*)、肠杆菌属(*Enterobacter*)、克雷伯菌属(*Klebsiella*)。几乎所有剖宫产的婴儿在出生后肠道中都没有拟杆菌属或水平极低。即使是出生9个月后,约60%的婴儿肠道中仍然没有这种细菌。这些早期的暴露对微生物群落的初始形成产生重要影响。

人乳中含有促进益生菌生长的成分,如人乳寡糖等。这些成分对婴儿肠道微生物群落的形成至关重要。随着婴儿开始摄入固体食物,其肠道微生物群落会变得更加复杂和多样化。

环境因素也会影响人体内的微生物群落,如家庭环境、卫生状况、接触的人和动物等都会影响个体的微生物群落形成。例如,宠物可以增加家庭环境中微生物的多样性,这可能有助于儿童体内微生物群落的多样化。研究显示,一个体重为70 kg、身高为1.7 m的标准参考人(reference man)身上的细菌/细胞比值平均为1.3,也就是说,一个标准参考人身上的细菌数量大约是3.9×10^{13}个。

此外,抗生素等药物的使用可以改变微生物群落,消除有益的或有害的细菌。

综上所述,人体内微生物群落的形成是一个受多种因素共同影响的动态过程,涉及遗传、环境、饮食、免疫和药物等多方面。这些微生物群落对人体健康和疾病有着深远的影响。

人类与微生物共同进化的证据

项　目	内　容
共同的遗传物质	微生物和人类在基因水平上存在一些共同的遗传信息和遗传学机制
共同的生化反应	能量获取、代谢物质转化等生化反应和代谢途径具有相似性
能量获取	微生物和人类都需要获取能量，如有氧呼吸或无氧发酵
氮代谢	共同的氮代谢策略，如氮循环和尿素循环
脂质代谢	共同的脂质合成和降解机制
无氧代谢	共同的无氧代谢策略，如发酵
免疫系统的演化	微生物对人类免疫系统的演化起着关键作用，病原微生物与宿主之间的"军备竞赛"
人体内微生物群落的形成	自然分娩与剖宫产对婴儿肠道微生物群落的影响，人乳、环境因素、药物使用对微生物群落的影响

⌒二 人类与病原微生物的长期博弈：历史上的生存之战

在地球漫长的历史中，人类与病原微生物之间一直在上演着一场关乎生存与进化的史诗战役。这场斗争不仅塑造了人类的生物学特征，也深刻影响了人类的社会和文化。

① **早期的接触：自然界的初次交锋** 早在人类文明出现之前，我们的祖先就已经开始了与病原微生物的斗争。这些原始的对抗，主要发生在人类为食物和领地与野生动植物竞争的过程中。病原微生物，如细菌、病毒及寄生虫，通过食物链和环境接触进入人类体内，导致各种疾病。

② **农业革命：疾病的培养皿** 农业革命发生在1万年前，是人类历史上的

一个转折点。 这一时期不仅出现了文明的萌芽，也为病原微生物的传播和进化创造了全新的条件，从而深刻影响了人类健康和社会结构。

在农业革命之前，人类以游牧生活为主。 随着农业的发展，人们开始定居，形成村落和城镇。 这种生活方式的改变带来了如下两个重要的后果。

(1) 人口密度的增加：人口的聚集导致了人与人之间的密切接触，为传染病的传播提供了便利条件。 如麻风病、天花等疾病，在人口密集的地区更容易暴发。

(2) 环境卫生问题：随着人口的集中，环境卫生往往无法得到有效管理。例如，由于缺乏适当的排水系统和垃圾处理机制，水源容易被污染，成为诸如霍乱和伤寒这类水传播疾病的温床。

农业革命也带来了大规模的农作物种植和家畜养殖。 这两者都与疾病传播息息相关。 家畜养殖导致人类与动物密切接触的机会大大增加，这为病原微生物的跨物种传播提供了机会。 许多严重的传染病，如牛痘和流感，都是由动物传给人类的。

③ 贸易和探索：病原微生物的全球之旅 随着航海和探险时代的来临，人类开始进行长距离的航行和贸易，这不仅连接了不同的文明，也将病原微生物带向了全球。 历史上许多著名的疫情，如黑死病和天花，就是通过这种方式在全世界传播的。 这些疾病对当时的社会和文化产生了巨大影响，改变了人口结构，甚至改写了一些地区的历史。

在哥伦布发现新大陆后，欧洲探险家带去了天花和麻疹等疾病，对美洲原住民造成了灾难性的影响。 非洲奴隶贸易不仅是人类历史上的悲剧，也是疾病传播的催化剂，如其促进了疟疾和黄热病在全世界的传播。

微生物对人类社会影响最深远的当属历史上的多次病毒大流行。 人类历史上的病毒大流行反映了传染病对社会、经济和文化的深远影响。 这些大流行也是人类与自然界相互作用的历史见证。 这些病毒包括天花病毒、流感病毒、人类免疫缺陷病毒（HIV）、埃博拉病毒、寨卡病毒、严重急性呼吸综合征冠状病毒

（SARS-CoV）、中东呼吸综合征冠状病毒（MERS-CoV）、新冠病毒（SARS-CoV-2）等。

列文虎克及其首次观察到的细菌形态（手绘）

1918 年，美国用以隔离治疗流感患者的"方舱医院"

4 **微生物与人类健康** 人体有数百万亿个微生物，构成了人体的微生态系统，这被称为人体微生物组。 这些微生物包括细菌、真菌和病毒，它们在人体的肠道、皮肤、口腔等部位都存在。 这些微生物在人体中发挥着重要的与促进健康相关的作用。

三 人体微生物

在日常生活中，人体与环境中数以万计的微生物相互接触，其中一部分定居在体表或体内，形成了人体微生物组。 人体的皮肤、口腔、鼻腔、肠道、排泄和生殖系统的黏膜上都存在着大量微生物，包括真菌、细菌、古菌和病毒。 据估计，人体微生物组约有微生物 5×10^{14} 个，而人体细胞总数是 10^{13} 个左右，人体微生物是人体细胞总数的数十倍。 人体微生物组中大部分是肠道微生物，这些微生物与人体形成互利共生关系，对维护人类的生命健康至关重要。

微生物的定植对于人体的发育至关重要。 出生前接触细菌等微生物对胎儿来说可能是致命的。 在九个月的子宫生活中，胎儿生长在一个几乎无菌的环境中。 由于胎儿无法摄取食物或进行呼吸，其需要从母体的血液中获取所需的一切，包括氧气和营养物质。 在出生过程中，婴儿在产道首次接触微生物，微生物开始定植，使婴儿具有全新的微生物组。 定植通常发生在黏膜处，黏膜由上皮细胞组成，这些紧密堆积的细胞与外部环境相连接，如泌尿生殖道、呼吸道和胃肠道黏膜上皮细胞。 口腔和胃肠道的黏膜通过胎儿进食和接触母体获得微生物，同样，皮肤表面很容易被许多种类的微生物定植。 产道来源与其他环境来源一起启动了皮肤、口腔、上呼吸道和胃肠道的微生物定植过程。 正常的微生物群不会在内部器官、血液、淋巴或神经系统中定植，若微生物在这些部位定植，则通常伴随着感染性疾病的发生。 人乳是婴儿获得微生物的主要来源之一，其包含了婴儿所需的营养物质和多种微生物。 人乳中微生物含量高达 $10^9/L$，常见的细菌群包括葡萄球菌、链球菌、棒状杆菌、乳杆菌、微球菌、丙酸杆菌和双歧杆菌等，这些微生物有助于婴儿免疫系统、消化系统的塑造，对于预防感染以及大脑发育起着重要作用。

具有代表性的人体正常菌群

身 体 部 位	常见的分类群
皮肤	鲍曼不动杆菌属（*Acinetobacter*）、棒状杆菌属（*Corynebacterium*）、肠杆菌属（*Enterobacter*）、克雷伯菌属（*Klebsiella*）、马拉色菌属（*Malassezia*）、微球菌属（*Micrococcus*）、丙酸杆菌属（*Propionibacterium*）、变形杆菌属（*Proteus*）、假单胞菌属（*Pseudomonas*）、葡萄球菌属（*Staphylococcus*）、链球菌属（*Streptococcus*）
口腔	链球菌属（*Streptococcus*）、乳杆菌属（*Lactobacillus*）、梭杆菌属（*Fusobacterium*）、韦荣球菌属（*Veillonella*）、棒状杆菌属（*Corynebacterium*）、奈瑟菌属（*Neisseria*）、放线菌属（*Actinomyces*）、念珠菌属（*Candida*）、二氧化碳嗜纤维菌属（*Capnocytophaga*）、埃肯氏菌属（*Eikenella*）、普雷沃菌属（*Prevotella*）、密螺旋体属（*Treponema*）、疏螺旋体属（*Borrelia*）
呼吸道	链球菌属（*Streptococcus*）、葡萄球菌属（*Staphylococcus*）、棒状杆菌属（*Corynebacterium*）、奈瑟菌属（*Neisseria*）、嗜血杆菌属（*Haemophilus*）
胃肠道	乳杆菌属（*Lactobacillus*）、链球菌属（*Streptococcus*）、拟杆菌属（*Bacteroides*）、双歧杆菌属（*Bifidobacterium*）、真杆菌属（*Eubacterium*）、消化链球菌属（*Peptostreptococcus*）、瘤胃球菌属（*Ruminococcus*）、梭菌属（*Clostridium*）、大肠埃希菌（*Escherichia coli*）、克雷伯菌属（*Klebsiella*）、变形杆菌属（*Proteus*）、肠球菌属（*Enterococcus*）、葡萄球菌属（*Staphylococcus*）
尿道	大肠埃希菌（*Escherichia coli*）、克雷伯菌属（*Klebsiella*）、变形杆菌属（*Proteus*）、奈瑟菌属（*Neisseria*）、乳杆菌属（*Lactobacillus*）、棒状杆菌属（*Corynebacterium*）、葡萄球菌属（*Staphylococcus*）、念珠菌属（*Candida*）、支原体属（*Mycoplasma*）、脲原体属（*Ureaplasma*）、分枝杆菌属（*Mycobacterium*）、链球菌属（*Streptococcus*）

人体内富含微生物所需的有机营养物质和生长因子，并提供有利于微生物

生长的 pH、渗透压和温度条件。 人体内部并不是统一的环境，身体的每个部位，如皮肤、呼吸道和胃肠道，在化学和物理上都与其他部位不同，提供了有利于某些微生物生长而阻止其他微生物生长的选择性环境。 因此，这些不同的身体环境各自支持不同的和具有区域特色的微生物群的生长。 例如，相对干燥的皮肤环境有利于革兰氏阳性链球菌和葡萄球菌等抗脱水微生物的生长，而大肠的缺氧环境则支持拟杆菌等专性厌氧菌的生长。 接下来介绍人体各个部位的微生物群落。

1 **皮肤微生物群落** 皮肤是人体最大的器官，成年人皮肤面积大约为 $2 \ m^2$。 人体皮肤上的微生物数量非常庞大且多样。 细菌的数量为 $10^7 \sim 10^9 / cm^2$，而皮肤上的真菌数量相对较少，通常每平方厘米皮肤上真菌为几百到几千个。皮肤微生物与宿主细胞之间存在复杂的相互作用。 它们参与调节免疫响应、合成有益的代谢产物，并对皮肤炎症和其他疾病状态产生影响。

此外，皮肤微生物群落可能会随着时间、季节、年龄和环境的变化而发生改变。 例如，气候的变化可能导致皮肤温度和湿度的变化，从而影响皮肤微生物的密度。 年龄也会对皮肤微生物群落产生影响：与成人相比，幼儿体内的微生物更为多样，同时携带的潜在致病性革兰氏阴性菌也更多。 个人卫生条件也对微生物群落产生影响：卫生条件较差的个体皮肤上的微生物密度通常较高。 区域性的改变，如水分含量的降低和 pH 变小，可能导致原本会在皮肤上定居的某些微生物无法生存。 因此，对皮肤微生物群落的研究有助于更全面地理解人体与微生物之间的动态平衡，以及微生物对皮肤健康和整体健康的潜在影响。 对特定部位微生物群落的深入了解不仅为皮肤疾病的研究提供了重要线索(如肘关节外侧的牛皮癣和肘关节内侧的特异性皮炎(湿疹))，同时也为了解微生物在皮肤生态系统中的角色提供了重要基础。 此外，抗生素的使用、卫生习惯的改善以及生活方式的变化可能会有选择性地改变皮肤微生物群落，并在一定程度上影响一些疾病的发病率。 这些研究对于推动微生物学领域的发展以及深入理解微生物与宿主之间的相互作用具有重要意义。

② **口腔微生物群落** 口腔是一个复杂的、异质的微生物栖息地，存在几种不同的微环境，微生物群落高度多样化。 唾液中含有微生物所需的营养物质，但由于这些营养物质的浓度很低，而且其中含有抗菌物质，因此不是很好的生长培养基。 特别是唾液中含有溶菌酶，这种酶可以切割细菌细胞壁肽聚糖中的糖苷键，使细菌细胞壁变弱并导致细胞裂解。 尽管这些抗菌物质具有活性，但食物颗粒和细胞碎片在牙齿和牙龈等表面提供了高浓度的营养物质，为广泛的局部微生物生长、组织损伤和疾病创造了有利条件。 例如，牙菌斑是一种由细菌形成的黏附在牙齿表面的薄膜。 如果牙菌斑没有得到适当的清理和预防，它就可能发展成牙结石，导致龋齿和牙周病。

牙齿由围绕在活牙组织（牙本质和牙髓）周围的磷酸钙晶体（牙釉质）矿物基质组成。 在生命的第一年（没有牙齿的时候），口腔中发现的细菌主要是耐氧厌氧菌，如链球菌和乳杆菌，以及少数需氧菌。 当牙齿出现时，新形成的牙齿表面迅速被厌氧菌定植，厌氧菌能在牙齿表面和牙龈缝隙的生物膜中适应性生长。

大多数口腔微生物组研究，特别是早期研究，使用 16S rRNA 基因扩增子测序，因此主要集中在对细菌的研究上。 结果显示，口腔中估计每毫升唾液中有数百万到数十亿个细菌，其中包括来自七个门的数百种细菌。 这七个门分别是放线菌门（Actinobacteria）、厚壁菌门（Firmicutes）、拟杆菌门（Bacteroidetes）、梭杆菌门（Fusobacteria）、变形菌门（Proteobacteria）、糖杆菌门（Saccharibacteria，TM7）和螺旋菌门（Spirochaetota）。 在人类口腔微生物组的宏基因组分析中，由于宏基因组学能够检测缺乏 16S rRNA 基因的生物体，从而大大扩展了已知的口腔微生物组。 已知的口腔微生物组含有大量的病毒，以及不太常见但有影响的分类群，如真菌、原生动物和古菌。 有研究显示，健康人每毫升唾液中含有大约 10^8 个病毒样颗粒，健康成人口腔中常见的病毒包括疱疹病毒科（Herpesviridae）、乳头瘤病毒科（Papillomaviridae）、指环病毒科（Anelloviridae）和环形病毒科（Redondoviridae），最丰富的噬菌体分类群是有尾噬菌体目（Caudovirales）。

口腔微生物群落在口腔健康中起着重要作用，因为三种较常见的口腔疾病，即龋齿、牙周病和口腔癌，都与微生物密切相关。 牙周病通常是由人体和微生物之间发生的炎症紊乱导致的。 人体和微生物之间平衡的破坏会导致炎症，最终发展为牙龈炎和牙周炎。 同时，口腔微生物群落和全身性疾病也存在一定的关系。 这些关联并不意味着口腔微生物群落是导致这些疾病的直接原因，而是表明口腔健康与全身健康之间存在复杂的相互作用。 维护良好的口腔卫生和进行定期的口腔检查对于减少口腔微生物群落的病理变化有一定的帮助，并可能有助于预防一些全身性疾病的发生。

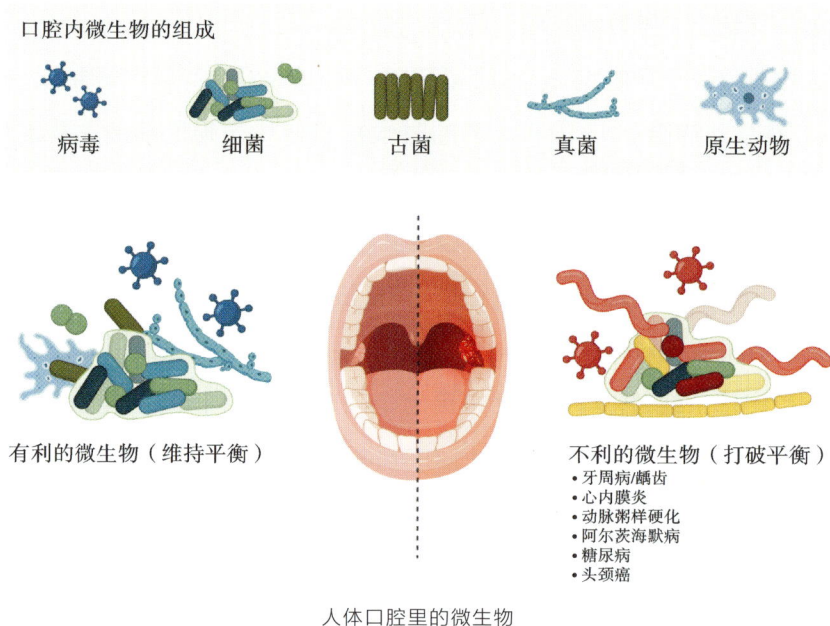

口腔内微生物的组成

病毒　　　　细菌　　　　古菌　　　　真菌　　　　原生动物

有利的微生物（维持平衡）　　　　不利的微生物（打破平衡）
- 牙周病/龋齿
- 心内膜炎
- 动脉粥样硬化
- 阿尔茨海默病
- 糖尿病
- 头颈癌

人体口腔里的微生物

③ **胃肠道微生物群落**　人体胃肠道由胃、小肠和大肠组成。 它们负责食物的消化和营养物质的吸收，而它们的黏膜表面被大量微生物定植，是人体微生物组中非常丰富的部分之一。 许多重要的营养物质都是由肠道微生物群落产生的。 从胃开始，消化道中混合了微生物（主要是细菌）和营养物质。 微生物对碳水化合物进行消化和发酵，产生维生素，为宿主提供必要的营养物质。 反过来，宿主为微生物的生存提供了生态位和营养。 这是由数百万年共同进化导致

的一种互惠关系，对维持身体健康起着关键作用。

胃肠道是连接口腔和肛门的管道，拥有约 $400 \ m^2$ 的表面积，是 $(4 \sim 5) \times 10^{13}$ 个微生物细胞的栖息地。 肠道中的细菌数量极其庞大，细菌细胞总数约为 3.8×10^{13} 个，大致与一个 $70 \ kg$ 人体内的细胞数量相当。 这些细菌属于多个不同的物种，构成了复杂的微生物群落。 胃肠道也是病毒定植最丰富的部位，平均每克肠内容物含有大约 10^9 个病毒颗粒，病毒组序列数据的分析表明，噬菌体在该群体中较为丰富，其中有尾噬菌体目（Caudovirales）和微小病毒科（Microviridae）占主导地位。 尽管微生物群落的组成在个体之间有所不同，甚至在个体内部都有显著波动，但定植于人体的微生物群落中存在核心的特征。 通过宏基因组学对其进行表征，可以为疾病的发病机制提供新的见解，并为预防和治疗肠道和全身性疾病提供新的途径。

胃是储藏和消化食物的器官，上接食管，下接十二指肠。 主要是将大块食物研磨成小块，将食物中的大分子降解成较小分子，以便于进一步吸收。 由于胃液呈高酸性（pH 约为 2），胃是微生物进入肠道的化学屏障。 然而，仍然有少量的微生物在这个恶劣的环境中定植。 胃微生物群落由几个不同的细菌分类群组成。 每个人体内都有一个独特的种群，但都含有几种革兰氏阳性菌，以及变形菌门、拟杆菌门、放线菌门和梭杆菌门的细菌。 幽门螺杆菌可在许多个体的胃壁上定植，并在易感人群中引起溃疡。

小肠是消化道最长的一部分，分为十二指肠和回肠两个不同的部位，它们由空肠连接。 紧邻胃的十二指肠酸性相对较高，其正常微生物群落与胃类似。 从十二指肠到回肠，pH 逐渐变大，酸性减弱，细菌数量增加。 在回肠下段，每克内容物中的微生物数量为 $10^5 \sim 10^7$ 个。 回肠为较为缺氧的环境，最为典型的微生物是纺锤状厌氧菌。

回肠连接盲肠，是小肠与大肠的连接部分。 结肠是介于盲肠和直肠之间的一段大肠。 在结肠中，原核生物以庞大的数量存在，许多细菌在这里定植，利用从食物中消化后获得的营养物质。 回肠中大多数为厌氧菌，如梭菌属

（*Clostridium*）和拟杆菌属（*Bacteroides*），当然也存在可进行有氧呼吸的厌氧菌，如大肠埃希菌，其会消耗剩余的氧气，使大肠变成严格的厌氧环境。 结肠中专性厌氧菌的总数是巨大的，每克内容物中专性厌氧菌有 $10^{10} \sim 10^{11}$ 个，拟杆菌和革兰氏阳性菌占细菌总数的 99％以上。 原生生物并不存在于健康人的胃肠道中，但如果摄入污染的食物或水，会引起胃肠道感染。

这些肠道微生物进行多种代谢反应，产生多样化的代谢产物。 这些代谢产物有些作为营养物质被人体吸收，有些则进入宿主细胞并与宿主细胞相互作用，从而影响免疫反应和疾病发生风险。 例如短链脂肪酸，其可作为微生物本身和肠上皮细胞重要的能量来源，同时还具有多种调节功能，影响宿主的生理和免疫系统。 又如多胺，如亚精胺和精胺，是一类多阳离子分子，几乎存在于所有生物细胞中，并对一系列生物学功能（包括基因转录和翻译、细胞生长和死亡）有至关重要的影响。 肠道微生物的代谢产物还包括多种维生素如维生素 B_{12} 和维生素 K。 这些必需的维生素不能由人类合成，也不存在于植物中，而是由肠道菌群产生并从结肠吸收。 此外，在肝脏中产生的类固醇从胆囊以胆汁酸的形式释放到肠道，在肠道中被微生物修饰，修饰后的生物活性类固醇化合物随后从肠道吸收。

肠道微生物的组成和丰度受许多因素的影响。 其中，饮食是主要因素之一，不同的饮食模式可以导致不同种类的肠道微生物相对丰度的变化。 高纤维、低脂肪的饮食通常与较为丰富的益生菌相关，而富含饱和脂肪和碳水化合物的饮食可能促使肠道有益微生物的减少。 抗生素的使用也会对肠道微生物产生显著影响，当口服抗生素时，它在抑制目标病原微生物生长的同时也会抑制正常菌群的生长，导致肠道中抗生素敏感细菌的丧失；这种改变通常会表现为排泄稀便或腹泻，并影响消化功能或引起疾病，这种干扰称为肠道微生态的失调。 当抗生素治疗结束后，正常的肠道菌群很快在人体中重建。 为了加速这一过程，可以通过给予益生菌来实现所需物种的肠道重新定植，这些菌群可以战胜病原微生物并提供理想的微生物代谢产物。 此外，年龄、生活方式和环境因素也会影响肠道微生物的组成，维持健康的饮食和生活方式是维护肠道微生物平衡的重要因素。

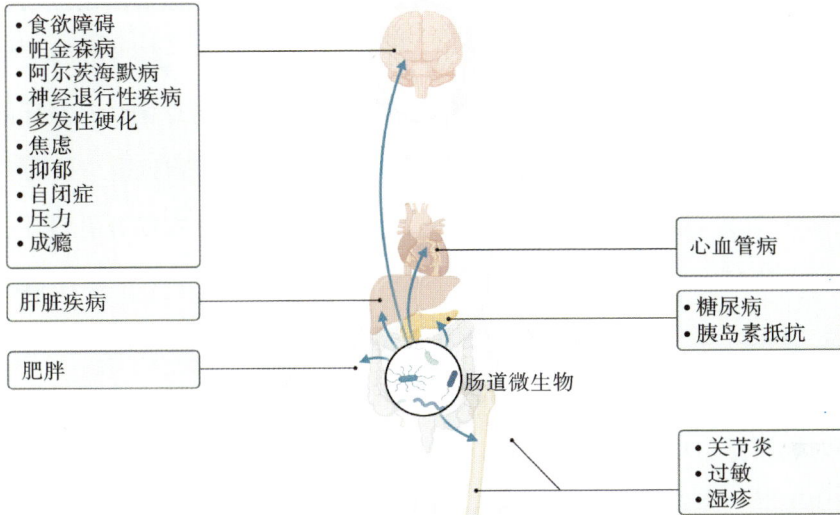

肠道微生物与人体疾病的关联

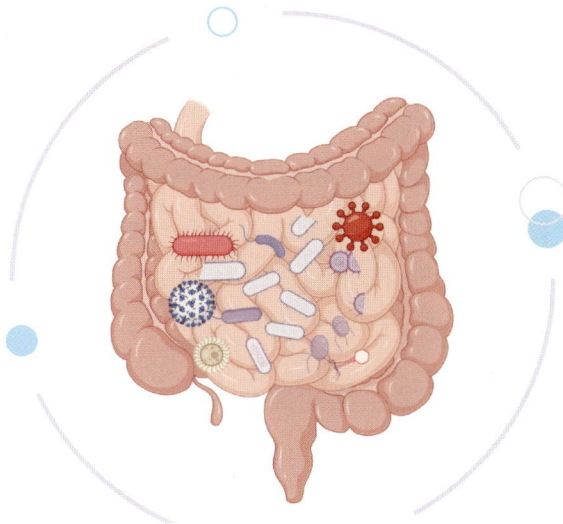

人体肠道内的微生物

4 **呼吸道微生物群落** 呼吸道是呼吸系统的一部分，以声门为界限，声门以上称为上呼吸道（包括鼻腔、喉和咽），声门以下称为下呼吸道（包括气管、支气管及其各级分支）。 在上呼吸道中，微生物生活在被黏膜分泌物浸湿的区域。
在呼吸过程中，细菌不断地从空气中进入上呼吸道，但大多数细菌被困在鼻腔和
口腔的黏液中，随着鼻腔分泌物被排出，或被吞咽。 然而，有少数微生物在呼
吸道黏膜表面定植，其中较常见的微生物包括葡萄球菌、链球菌、白喉杆菌和一
些革兰氏阴性菌。 潜在的病原微生物如金黄色葡萄球菌和肺炎链球菌可在健康
人体发现。 此外，呼吸道黏膜表面也有少量病毒。 这些微生物群落对呼吸道病
原微生物定植有一定的抵抗力，它们可以积极地将病原微生物排除在鼻咽生态
位之外。 例如，表皮葡萄球菌被证明可以通过分泌丝氨酸蛋白酶来抑制金黄色
葡萄球菌的定植。 此外，这些微生物群落通过与宿主免疫系统的相互作用，可
以增强对病原微生物定植的抵抗力。

健康人的下呼吸道通常没有常驻的微生物群落，当空气进入下呼吸道时，流
速降低，生物体就会在呼吸道壁上定居下来。 整个呼吸道的壁上排列着纤毛上
皮细胞，纤毛向上跳动，将细菌和其他颗粒物质推向上呼吸道，然后通过唾液和
鼻腔分泌物排出或被吞咽。 只有直径小于 $10\ \mu m$ 的颗粒才能到达肺部。 一些
病原微生物到达肺部就能引起疾病，最常见的是由某些细菌或病毒引起的肺炎。
呼吸道微生物在呼吸系统的正常功能和防御机制中扮演着关键的角色。 研究呼
吸道微生物有助于更好地理解与呼吸系统健康和疾病相关的微生物学和免疫学
过程。

四 人类活动与病原微生物的跨物种传播

病原微生物的跨物种传播，指的是病原微生物从一种生物体传播到另一种
生物体的过程，这已经成为一个全球关注的严重问题。 这种传播与人类活动密
切相关，事实上，人类活动在某种程度上加剧了这一传播的风险。

随着经济社会的发展，人类在生产和生活过程中产生的非自然界化学物质

大幅增加。 这些化学物质来源于矿产开采、冶炼、能源生产和消费，以及农业生产中使用的难降解高毒性农药。 未经充分处理的重金属（如铅、汞、镉）和高毒有机物（如甲拌磷、水胺硫磷）等直接排放到自然界，给生态系统造成严重威胁。 工业过程中产生的大气固体颗粒物，如 PM10 和 PM2.5 等含量的增加，会影响空气质量。 相比于较粗的大气固体颗粒物，PM2.5 直径更小、面积更大、活性更强，更容易附带有毒、有害物质等。 有研究表明细颗粒物的直径越小，进入呼吸道的部位越深。 例如，$10\ \mu m$ 直径的颗粒物沉积在上呼吸道，而 $2\ \mu m$ 以下直径的颗粒物可进入细支气管和肺泡。 这些颗粒物进入人体后，可能会对免疫系统的功能产生一系列不良影响，导致免疫系统对外来病原微生物的抵抗力下降，使人们更容易受到感染，且感染后病情可能更为严重。

近年来的研究发现，医疗卫生系统中产生的废水在很多情况下未经充分处理，直接与市政污水混合并流入污水处理厂。 这些含有抗生素的废水对微生物施加了生存压力，形成了一个筛选环境，使得具有抗生素抗性的微生物被筛选出来并逐渐壮大。 这种环境筛选意味着，随着时间的推移，越来越多的微生物将对常用抗生素产生抗性。 更为严重的是，当这些具有抗生素抗性的微生物传播给人类并导致疾病时，传统的抗生素治疗方法可能变得无效。 这是因为这些微生物已经产生了抗性，传统抗生素无法有效消灭它们。 这种情况不仅增加了疾病治疗的难度，还可能催生更强的耐药病原微生物。 如果环境中出现足够多的耐药病原微生物，那么简单的感染都可能再次变得致命，因为我们缺乏有效的治疗手段来对抗它们。

气候变化已经成为当今全球关注的中心问题，而人类的活动被认为是气候变化的主要推手。 自工业革命以来，人类的活动产生了大量的二氧化碳，特别是燃烧化石燃料和森林砍伐。 这些活动导致大气中的二氧化碳浓度迅速增加，形成了一层"温室毯"，使地球的温度逐渐上升。 气候变暖也可能为微生物提供一个全新的生存环境。 随着全球温度的上升，一些适应温暖环境的病原微生物可能会得到更好的生长和传播。 这意味着，这些病原微生物可能会在全球范围内更为广泛地传播，甚至可能在以前不适宜其生存的地方出现。 此外，气候变暖还导致了一些永冻土区域和冰川的融化。 这些地区长期以来都被冰雪覆盖，而在这些冰雪中，可能封存了许多古老的病毒和细菌。 这些病原微生物在冰冷的环境中被冰封，处于休眠状态。 然而，随着气候变暖，冰雪开始融化，这些被冰封的病原微生物也可能重新活跃起来。 对于人类社会而言，这些重新活跃的病原微生物可能会构成巨大的潜在威胁。 因为现代人类很可能对这些古老的病原微生物没有免疫力，它们的再次出现可能会导致新的疾病暴发。

随着人类文明的发展，人类对自然资源的利用也日益增多，森林、矿产、土地等资源的开发利用导致城市范围扩大和规模持续扩张。 而这种扩张，不可避免地使人类与野生动物的生存空间发生重叠，导致两者之间的接触愈发频繁。这种接触并不一定是刻意为之，而可能是在日常生活中不经意间发生的。 如：农民在农田中耕作时，可能会遇到前来觅食的野生动物；徒步者在树林中散步时，可能会与栖息在森林中的动物相遇；甚至在城市中，人们也可能与流浪的或逃逸的动物发生接触。 这些动物身上的病原微生物有可能传播到人类身上，引发新的疫情或疾病。 现代高流动性的社会特点，为病原微生物在人类之间的传播创造了条件。 以 2003 年的 SARS 疫情为例，果子狸被认为是 SARS 病毒的重要宿主。 在华南地区，由于人类与果子狸频繁接触，SARS 病毒从果子狸传播到人类身上，通过飞机、轮船等交通工具进一步扩散，最终导致了疫情的全球传播。

为了满足全球日益增长的食物需求，集约化养殖成了一种被广泛采用的养殖方式。 这种方式的特点是在有限的空间内饲养大量的动物，以使生产效率最大化并降低成本。 在集约化养殖中，动物被密集地饲养在狭小的空间里。 由于动物密度高，动物与动物之间的接触变得非常频繁。 这种紧密的接触容易导致疾病的快速传播。 一旦其中一只动物暴发疾病，疾病很快就会蔓延到整个养殖群体。除了动物与动物之间的接触，集约化养殖还增加了动物与人类之间的接触机会。养殖人员需要定期为动物喂食、清理等，这些活动都使得养殖人员与动物的接触十分密切。频繁的接触为病原微生物从动物传播到养殖人员提供了机会。而养殖人员可能成为病原微生物传播的桥梁，将动物体内的病原微生物带入人类社会。理论上讲，当病原微生物在大量宿主体内复制时，病原微生物的基因变异机会也会相应增加，从而可能会出现各种各样的变异株，变异株如能够在更多物种间传播，则宿主感染后会导致疾病的严重程度加深或者宿主对药物的敏感性降低等。这些变异株通过直接或间接接触传染给人类，也可以从人类传染给动物，甚至存在从人类传给动物，在动物身上变异后再次传染给人类的可能。

随着工业化进程的推进，非自然界化学物质在环境中不断增加。这些化学物质可能干扰生物体本身的正常生理功能，使它们更容易受到病原微生物的侵袭。此外，这些化学物质还可能直接对病原微生物产生影响，使其变异机会变多，导致其传染性增强或感染导致的疾病病情更重。气候变化和城市扩张为病原微生物跨物种传播提供了有利条件。随着全球气候变暖，一些原本生活在热带的病原微生物开始适应更广泛的地域，扩展其传播范围。城市扩张和森林砍伐使人类与野生动物的接触增多，为病原微生物从动物传播到人类创造了条件。这种跨物种传播可能预示着新的公共卫生威胁，因为人类往往缺乏对新病原微生物的免疫力。

在过去的几十年中，世界上已发生多次大规模的人类疫情。其中，SARS疫情就是由动物身上的冠状病毒变异并成功传播到人类中所引发的。有人推测引起新冠病毒感染疫情的病毒——SARS-CoV-2（新冠病毒）也可能来源于与SARS病毒相似的野生动物，如蝙蝠。

这些疫情不仅对人类的生命和健康造成了巨大的威胁，还对全球经济和社会带来了巨大的冲击。由于疫情的迅速传播，很多国家或地区不得不采取封锁城市、关闭边境、限制旅行和大型聚会等措施，这些都对全球经济活动造成了严重的影响。此外，这些疫情还加剧了社会的不平等现象。在疫情中，弱势群体，如老年人、低收入人群、慢性病患者等，往往更容易受到感染，并且获得医疗资源的机会也更少。这使得疫情不仅仅是一个健康问题，更是一个社会问题。

因此，病原微生物的跨物种传播是一个与人类活动密切相关的复杂问题。为了预防和控制这种传播，我们需要从多个角度去努力。尽管我们不能直接控制病原微生物与其他动物之间的相互作用，但我们可以控制自己的行为和活动，以减少对生态环境的破坏，降低与野生动物的接触风险，并提高畜牧业的管理水平和改善畜牧业的卫生条件。对于公共卫生领域，更重要的是要加强监测和预警，及时发现并应对新的疫情，确保人类的健康和生态安全。

参考文献

[1] DODD M S, PAPINEAU D, GRENNE T, et al. Evidence for early life in Earth's oldest hydrothermal vent precipitates [J]. Nature, 2017, 543(7643): 60-64.

[2] 康白. 论微生物的起源与进化 [J]. 医学与哲学, 1981(2): 5-9, 13.

[3] 周春燕, 药立波. 生物化学与分子生物学 [M]. 9版. 北京: 人民卫生出版社, 2018.

[4] 韩梅, 陈锡时, 张良, 等. 光合细菌研究概况及其应用进展 [J]. 沈阳农业大学学报, 2002, 33(5): 387-389.

［5］ KUYPERS M M M, MARCHANT H K, KARTAL B. The microbial nitrogen-cycling network ［J］. Nat Rev Microbiol, 2018, 16（5）: 263-276.

［6］ DE VOS W M, TILG H, VAN HUL M, et al. Gut microbiome and health: mechanistic insights ［J］. Gut, 2022, 71(5): 1020-1032.

［7］ 李凡，徐志凯. 医学微生物学 ［M］. 9 版. 北京: 人民卫生出版社，2018.

［8］ SHAO Y, FORSTER S C, TSALIKI E, et al. Stunted microbiota and opportunistic pathogen colonization in caesarean-section birth ［J］. Nature, 2019, 574(7776): 117-121.

［9］ 约翰斯顿. 人文地理学词典 ［M］. 柴彦威，等译. 北京: 商务印书馆，2004.

［10］ LI Y, CARROLL D S, GARDNER S N, et al. On the origin of smallpox: correlating variola phylogenics with historical smallpox records ［J］. Proc Natl Acad Sci U S A, 2007, 104(40): 15787-15792.

［11］ PENNINGTON H. Smallpox and bioterrorism ［J］. Bull World Health Organ, 2003, 81(10): 762-767.

［12］ Department of Veterans Affairs. Vocational rehabilitation and employment program-self-employment. Final rule ［J］. Fed Regist, 2010, 75(12): 3168-3170.

［13］ KING A. An uncommon cold ［J］. New Sci, 2020, 246(3280): 32-35.

［14］ MICHAELIS M, DOERR H W, CINATL J Jr. Novel swine-origin influenza A virus in humans: another pandemic knocking at the door ［J］. Med Microbiol Immunol, 2009, 198(3): 175-183.

［15］ TAUBENBERGER J K, MORENS D M. 1918 influenza: the mother of all pandemics ［J］. Emerg Infect Dis, 2006, 12(1): 15-22.

[16] ZHENG W, ZHAO W J, WU M, et al. Microbiota-targeted maternal antibodies protect neonates from enteric infection [J] . Nature, 2020, 577(7791): 543-548.

[17] SEKI D, MAYER M, HAUSMANN B, et al. Aberrant gut-microbiota-immune-brain axis development in premature neonates with brain damage [J] . Cell Host Microbe, 2021, 29(10): 1558-1572.

[18] WILLYARD C. How gut microbes could drive brain disorders [J] . Nature, 2021, 590(7844): 22-25.

[19] MARSTON H D, FOLKERS G K, MORENS D M, et al. Emerging viral diseases: confronting threats with new technologies [J] . Sci Transl Med, 2014, 6(253): 253ps10.

[20] CANI P D. Gut microbiota—at the intersection of everything? [J] . Nat Rev Gastroenterol Hepatol, 2017, 14(6): 321-322.

（郭德银　徐铁凤）

第四章

对微生物王国的认知
取决于技术

假如能有肉眼可视微生物的工具，

生活会显著不同

在显微镜下才能窥见的微观世界里，微生物悄无声息地编织着生命的奇迹。它们虽小，却无处不在，像一群隐形的精灵，在自然界中扮演着不可或缺的角色。 这些微小的生物体，长期以来一直是科学家探索的焦点，激发着科学家对生命奥秘的无限好奇。 截至 2024 年 7 月 19 日，美国国家生物技术信息中心（National Center for Biotechnology Information，NCBI）收录的物种信息已达古菌（archaea）1029 种、细菌（bacteria）26928 种、真核生物（eukaryote）544487 种、真菌（fungi）60746 种、绿色植物（viridiplantae）184665 种、病毒（virus）5814 种。这些数字是生命多样性的见证，是科学探索的里程碑，更是我们对这个奇妙世界认知不断拓展的表现。 随着各类科学技术的不断进步，这些数字还将继续增长，为我们揭示更多关于生命的秘密。

一　形态学时代：微观世界的启蒙

在显微镜问世之前，微生物的世界对人类来说是一个未被探索的神秘领域。人类的肉眼无法捕捉到这些微小生命的存在，直到安东尼·范·列文虎克（Antonie van Leeuwenhoek）的出现。 这位 17 世纪的荷兰博物学家和显微镜学家，利用自制的单透镜显微镜首次揭示了细菌、原生动物和鞭毛虫等微生物的存在，因此也被传记作家称为"原生动物学和细菌学之父"。 他的观察记录详细且准确，甚至包括了微生物的运动方式和形态特征。 这些发现不仅改变了人们对生命多样性的认识，还引发了一场科学革命，启发了后来的科学家，也为现代微生物学奠定了基础。

17 世纪，罗伯特·胡克（Robert Hooke）以其所著《显微图谱》（Micrographia），为世人进一步揭开了微观世界的神秘面纱，也是对蓝藻这一独特的微生物形态的首次详细描绘。 胡克的笔触细致入微，通过插图生动地呈现了蓝藻的形态和结构，让读者仿佛能透过文字触摸到这些微小生命体的轮廓。

在他的显微镜下，一块普通的软木塞变得不再平凡。 胡克放大了软木塞，揭示了其内部结构的秘密——那些像被围墙围住的平整小格子，或者更形象地说，是"孔"。 这些小格子实际上展示了木质的内部结构，可能与维管植物的特殊组织有关。 胡克的观察不仅揭示了自然界的奥秘，更激发了他的联想。 他将这些小格子比作修道院中僧侣居住的小房间，即"cellula"（拉丁文中关于隐藏和隐匿的词根 celare 的词源）。 胡克的这一联想，不仅为"细胞"一词的提出奠定了基础，也为细胞理论的发展开启了序幕。 虽然细胞理论的完整发展经历了 100 多年的时间，但胡克的观察和命名无疑是这一理论发展的重要起点。 在其所著的《显微图谱》中，胡克首次使用了"细胞"一词来描述他观察到的结构。

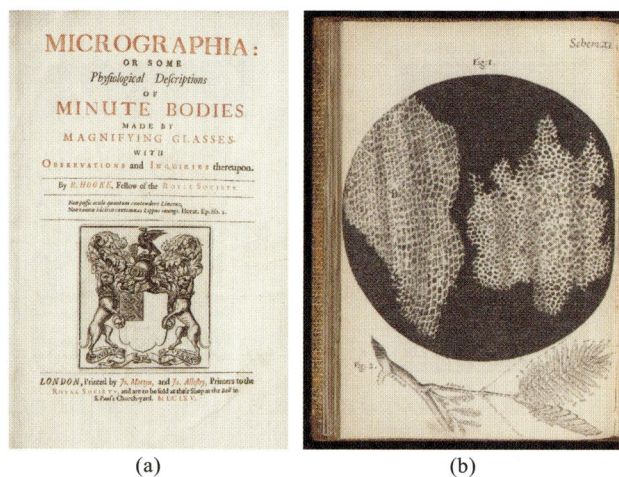

罗伯特·胡克在 1655 年所著的《显微图谱》

(a)《显微图谱》封面页，原始标题为 Micrographia: or Some Physiological Descriptions of Minute Bodies Made by Magnifying Glasses. With Observations and Inquiries Thereupon；(b)罗伯特·胡克在《显微图谱》中绘制的软木细胞结构图和一枝敏感植物

18 世纪，生物分类学的大门缓缓开启，科学家开始尝试根据观察到的特征对微生物进行分类。 卡尔·林奈（Carl Linnaeus），这位瑞典的博物学家，以其开创性的分类系统，为生物多样性绘制了一张详尽的地图。 林奈的贡献不仅在

于他创立了一种系统化的生物分类方法，更在于他提出了一种简洁而高效的命名规则——二项式命名法。 这种命名方法通过为每个物种提供一个由属名和物种名称组成的拉丁双字名称，为每个生物个体赋予了独一无二的标识。 随着林奈分类学的发展，生物学家开始更加细致地探索生物的形态特征。 形态学（morphology）作为生物学的一个分支，正是在这样的背景下应运而生的。 形态学这门学科专注于研究生物的大小、形状、结构，以及它们之间的相互作用。内部形态学（internal morphology）和外部形态学（external morphology）是形态学的两个主要分支，它们分别关注生物体的内部和外部特征，二者相互补充，为理解生物体的结构和功能提供了全面的视角。

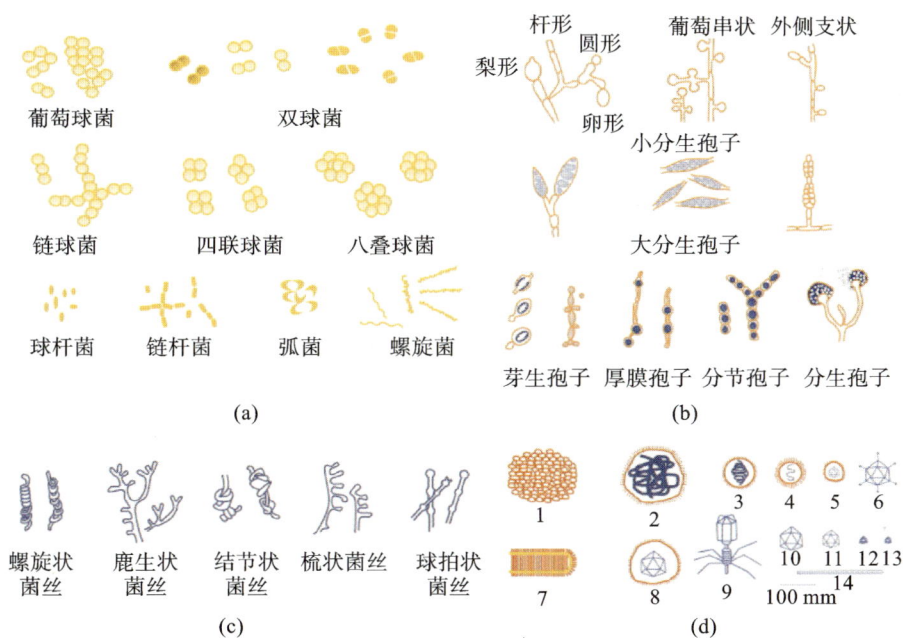

微生物的形态示例

(a)细菌的基本形状；(b)真菌孢子的形态；(c)真菌菌丝的形态；(d)病毒的形态和结构。

1.天花病毒；2.副黏病毒；3.正黏病毒；4.冠状病毒；5.刺突病毒科；6.腺病毒；7.子弹状病毒；8.疱疹病毒；

9.T2噬菌体；10.轮状病毒；11.乳头瘤病毒；12.小RNA病毒；13.小DNA病毒；14.烟草花叶病毒

不同类型的微生物有不同的形状和特征。 细菌的形态各异，有球形（如葡萄球菌）、杆形（如大肠埃希菌）、螺旋形（如螺旋体）等。 病毒的形态更加多样，有些像小球（如冠状病毒），有些呈棒状（如烟草花叶病毒），还有些有复杂的结构如"太空船"一样（如噬菌体）。 真菌可以是单细胞的，如酵母；也可以是多细胞的，如蘑菇。 它们通常有菌丝结构，形成复杂的网络。 原生动物如阿米巴有变形的形态，藻类如单细胞藻类则常呈现为长条状或球形。 显微镜的发明和形态学方法的建立，不仅使人类对微生物世界有了启蒙认识，而且开启了人类对于生命奥秘更加深入的探索之路。

二　微生物分离的时代：多样性的解锁

微生物分离技术是指从环境样本中分离和纯化特定微生物种类的方法。 这些技术的核心目标是从复杂的微生物群落中提取出单一的微生物，以便进行详细的研究和应用。 微生物分离技术在微生物学研究中至关重要，因为科学家可以通过这些技术准确地研究微生物的特性、行为和功能。 通过分离技术，科学家可以在控制的实验条件下观察微生物的生长、代谢和遗传特性，从而了解它们在自然环境中的角色。 这些技术不仅推动了基础科学研究的发展，还在医学、农业、工业和环境科学等领域具有广泛的应用。 例如，微生物分离技术可以帮助识别病原菌、开发新型抗生素、提高农业生产效率以及处理污染物。 在这一部分，我们将探索微生物分离技术的发展历程，了解这些技术如何一步步演变，以及如何为我们解锁微生物世界的多样性和复杂性。

长久以来，自然发生论（spontaneous generation）——一种认为生命可以自发地从无生命的物质中产生的理论——一直被广泛接受。 然而，这一理论在1861年遭遇了前所未有的挑战。 那一年，法国科学家路易斯·巴斯德（Louis Pasteur）设计了一个巧妙的实验。 他设计了一种颈部弯曲成S形的烧瓶（后人称之为"天鹅颈"烧瓶），在实验中他将富含营养的肉汤放入这种烧瓶中作为液体培养基，然后加热煮沸以杀死其中的微生物，静置观察其变化。 他观察发现，加热煮沸后的肉汤外观没有变化，他解释说是因为空气中试图进入烧瓶的微生物被困在了 S 形弯曲处，因而它们没有污染烧瓶中的液体。 而若将"天鹅颈"烧瓶的"天鹅颈"移除使其变成普通直颈瓶，或将"天鹅颈"烧瓶倾斜使其与外界空气接触，则肉汤中能观察到微生物生长。 这一发现使巴斯德获得了 1862 年巴黎科学院颁发的阿尔亨伯特奖。 在 1864 年后续关于该实验的一次演讲中，巴斯德更是提出："Omne vivum ex vivo（生命只来自生命）。"巴斯德的这一系列实验彻底驳斥了被广泛接受超过 2000 年的自然发生论，不仅使得科学家开始认识到微生物世界的复杂性和多样性，也为微生物学的进一步探索奠定了基石。

巴斯德在后续工作中，不仅证明了微生物能够将糖转化为酒精和其他有益产物，为酿造和食品工业带来了革命性的进展，还发现了空气中的细菌是导致食品变酸和变质的罪魁祸首。 在空气存在的条件下，这些细菌会将酒精转化为醋酸。 为了解决这一腐败问题，巴斯德发明了巴氏杀菌法——一种将啤酒、葡萄酒和牛奶加热到足以杀死大多数腐败细菌的温度的工艺。 巴氏杀菌法不仅有效延长了食品的保质期，而且降低了腐败和食物中毒的风险，这一方法一直被广泛沿用。 此外，巴斯德还与约瑟夫·李斯特（Joseph Lister）等科学家一起，提出了疾病的细菌理论，颠覆了我们对疾病成因的传统认知。 通过蚕实验和对炭疽病、狂犬病等的研究，巴斯德揭示了特定微生物与疾病之间的直接联系，为疾病的预防和治疗提供了新的视角。 巴斯德的工作为微生物分离技术的革命铺平了道路。 通过精心设计的实验，巴斯德展示了如何通过控制环境条件来分离和研究特定的微生物。 这一技术的发展，使得科学家能够从复杂的微生物群落中分离出单一的微生物种类，从而深入研究它们的特性和功能。

19 世纪末，微生物学界迎来了一位巨匠——罗伯特·科赫（Robert Koch）。他在 1876 年发表了一篇有关炭疽芽孢杆菌的论文，这篇论文标志着固体培养基

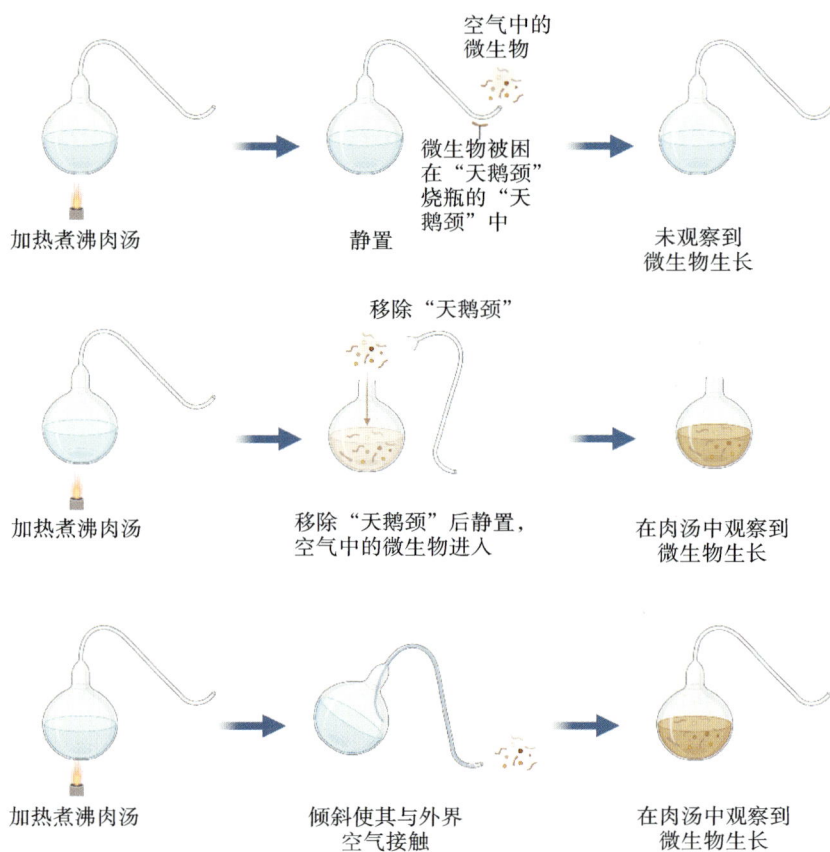

路易斯·巴斯德的"天鹅颈"烧瓶实验

的引入。这一创新极大地改变了细菌研究的方式，使得细菌的分离和纯培养成为可能。通过这种方法，科学家能够从复杂的微生物群落中分离出单个细菌物种，深入研究它们的特征和行为。1890年，科赫制定了一套被称为"科赫三原则"的标准：第一，疾病症状的表型必须与仅在致病菌株中发现的特定基因型相关联。第二，当相关基因失活时，该症状应不再出现。第三，当该基因重新激活时，症状应重新出现。这套标准为鉴定和识别传染病的病原微生物提供了一种可靠的方法。科赫应用这些原则，成功证明了炭疽芽孢杆菌是炭疽病的病原微生物。这一发现不仅得到了广泛认可，还经受住了其他科学家的独立验证，巩固了其科学基础。

科赫三原则的制定和固体培养基的引入共同为微生物分离技术奠定了基础。科赫展示了如何通过精心设计的实验条件，分离和研究特定的微生物。微生物分离技术的发展，使得科学家能够更加系统地研究微生物的特性和功能，从而推动了医学微生物学的进步。科赫的贡献在于不仅开创了新的研究方法，还为理解和控制传染病提供了强有力的工具。今天，我们仍然依赖这些基础技术和原则来应对新的微生物挑战，确保公共卫生和安全。科赫的工作无疑为现代医学的进步奠定了坚实的基础，使得我们的生活更加健康和安全。

随着微生物学的发展，科学家开始研制选择性培养基。这些培养基添加了特定的化学物质，可以抑制非目标微生物的生长，从而促进特定微生物的生长。例如，MacConkey 培养基用于分离肠道细菌，而 Sabouraud 培养基则用于分离真菌。抗生素也被用于微生物分离，因为抗生素可以抑制某些微生物生长，从而选择性地分离目标微生物。这种方法被广泛应用于临床微生物学和工业微生物学，用于筛选具有特定抗性或特性的微生物。稀释平板法则通过将微生物样本稀释后涂布在固体培养基表面，从而形成单独的菌落。这种方法可以有效分离混合样本中的单一微生物种类，被广泛应用于微生物数量的定量测定和纯培养。随着显微镜技术的发展，人们可以利用显微镜和微操纵设备，通过手动操作直接从样本中分离单个微生物。这种方法通常用于难以培养的微生物或需要精确分离的特定微生物的研究。

20 世纪末，分子生物学技术的发展带来了微生物分离和研究的新革命。通过解读微生物基因，科学家得以揭示这些微小生命的遗传密码，深入探究微生物的结构、功能以及演化历程。1998 年，Maiden 等首次提出了多位点序列分型（multilocus sequence typing，MLST）。MLST 利用细菌和真菌的核苷酸序列，通过分析 4～10 个管家基因（house-keeping gene）的内部保守区域，实现了对不同细菌的精细分型。相较于其他方法，MLST 具有更好的可重复性，可实现不同实验室结果的直接比较。 MLST 步骤简单，包括 DNA 提取、PCR 扩增、DNA 测序和分析。 而管家基因序列变异较慢，即使有些发生变异，仍能准确进行微生物鉴别和基因分型。

分子生物学发展至今，已有多项技术得到应用和进一步发展。 这些技术的不断演进为我们深入探索生命的奥秘提供了有力工具。 通过使用这些先进技术，科学家能够更精确、更深入地解读生物分子的结构、功能以及它们调控生命的过程。

三 微生物组学：微生物群落的全貌

在 20 世纪 80 年代之前，人们对微生物世界的探索还处于起步阶段。 科学家依靠着实验室中的培养分离、显微镜下的细致观察，以及一系列生化实验来鉴定这些微小生命。 这些传统方法虽然为我们积累了宝贵的数据，但它们的视野却极为有限。 在当时，人们所能培养和研究的微生物，不过是这个巨大世界中的冰山一角——不到 0.1%。 这个数字令人震惊，因为它意味着绝大多数的微生物仍然隐藏在它们神秘的面纱之后。 那些无法培养的微生物，可能是由于我们对它们的生长条件知之甚少，或者它们对环境的适应性远远超出了实验室的模拟能力。 这种局限性，虽然在一定程度上阻碍了人们对微生物世界的探索，但同时也激发了科学家的创造力和决心。 科学家开始寻求新的技术，如基因组学、代谢组学和单细胞分析等，以期绕过培养的难题，直接从环境样本中获取微生物的信息。

DNA 测序技术、组学尤其是微生物组学的发展，使得研究人员拥有了更强大的工具来研究微生物群体，特别是那些还没有能够培养出来的微生物群体。微生物组学着眼于整个微生物群落，通过对微生物的 DNA 进行测序，我们能够比较全面地了解微生物的遗传信息，能够更准确、更快速地识别和描述不同的微生物种类，能够揭示它们在生态系统中的相互作用和功能。测序技术和组学等生物信息学领域的发展标志着微生物学研究进入了新时代，这为人类更深入理解微生物的奥秘奠定了基础。

在 20 世纪 80 年代之前，微生物的鉴定主要依靠分离培养、显微镜观察和各种生化实验。然而，传统的分离培养方法存在很多限制，而且耗时、耗力。目前，还不能分离到自然环境中存在的大部分细菌。人们对微生物群落的认识受到了限制。分子生物学技术的发展，弥补了基于培养和分离方法的局限。DNA 测序技术和微生物组学的发展基本上解决了传统分离培养方法在分类学方面的局限问题。

测序（sequencing），简单来说就是确定 DNA 链中碱基的确切顺序。DNA 测序技术是一项关键技术，可以确定生物体的单个基因、较大基因区域（如基因簇或操作子）和整个基因组的序列。它被广泛应用于测定各种物种的基因组，包括人类、动植物和微生物。目前，第三代测序（third-generation sequencing，也称为长读长测序）技术正在积极发展中，能够产生较长的读数，对基因组学和生物学研究具有重要意义。然而，第三代测序仍面临数据错误率较高的挑战，尤其在进行下游分析时可能会有偏差，这是需要克服的技术问题之一。

组学（omics）是一系列以后缀-omics 结尾的生物学学科，包括基因组学、宏基因组学、转录组学、蛋白质组学、代谢组学、微生物组学等，旨在全面描述和量化生物分子的整体特征，从而揭示其对生物体结构、功能和动态的影响。微生物组指占据着具有明确定义的生理化学特性的栖息地的微生物群落。微生物组在形成动态微生态系统的同时，也与宿主的功能和健康密切相关。

人类身体内独特的微生物组合被称为微生物群。人类肠道约有 39 万亿个微生物，涵盖约 1000 个不同的物种，人类肠道微生物群是人类最大的微生物群。口腔微生物群是第二大微生物群，包含约 700 个不同的物种。这些微生物参与正常的生命过程，如营养物质的消化、维生素的产生和对有害细菌的免疫保护。

人体内的微生物群处于动态变化之中，受遗传、环境、疾病、生活方式和饮食等多方面因素的影响。

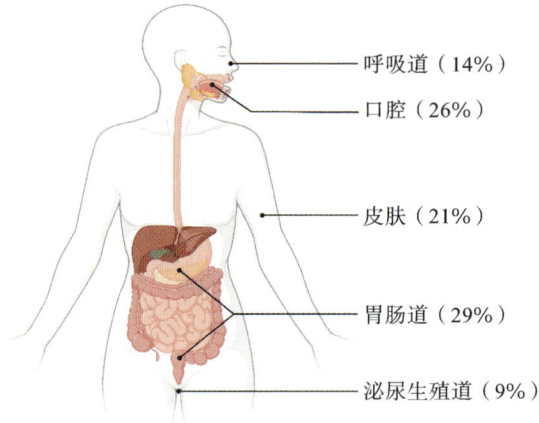

人体内的微生物群分布

人体内的微生物群分布广泛，在呼吸道、口腔、皮肤、胃肠道、泌尿生殖道、血液中均有分布，其中胃肠道约占 29％

　　测序技术为微生物组学的研究提供了强大的工具。 当前对微生物的鉴定和描述已经逐步发展到对其基因组的研究。 通过高通量测序技术，研究人员能够快速、准确地确定微生物的基因组，揭示生物体的遗传信息，使得对不同个体、物种甚至整个生态系统中微生物基因组的多样性进行更全面的研究成为可能，这不仅对微生物的鉴定和分类至关重要，还有助于理解微生物基因组的演化、适应性以及多样性的形成。 目前，已有多种具体的技术应用于微生物的识别和描述。

　　16S rRNA 和 23S rRNA 基因序列分析。 核糖体是一种广泛存在于生物体中的保守生物分子，原核生物的核糖体由两个亚基组成：分子量较大的大亚基 50S(由 23S rRNA 和 5S rRNA 组成)和分子量较小的小亚基 30S(16S rRNA)，这些序列的保守性使其成为微生物鉴定和系统发育研究的重要工具。 利用 DNA 测序技术和多个数据库的比对，可以进行细菌的准确鉴定。 虽然 23S rRNA 在类群鉴定中应用较少，但其仍然具有重要价值。 16S rRNA 测序技术虽然对于细菌鉴定效果显著，但为了更准确地鉴定微生物，除了应用 16S rRNA 测序技术外，还需要综合应用其他标志分析方法，如核心基因组分析等。 对于一些细菌，还需要分析其管家基因、毒力基因等。

利用 18S rRNA 和内在转录间隔区（ITS）序列鉴定真核生物。 真菌是许多植物、动物和人类疾病的致病因子，科学家通过对真菌基因组中的 18S rRNA 和 ITS 进行序列分析，成功对各类真菌物种进行了系统发育研究和分子鉴定。 18S rRNA 是真菌基因组中编码小亚基 rRNA 的序列，变异性较高。 但其变异性较高这一特性使得引物的设计更为可行，从而为鉴定和分类程序提供了更加理想的条件。 同时，ITS 位于编码小亚基的序列之间（18S rRNA、5S rRNA 和 28S rRNA 之间），相较于 18S rRNA，其序列在某种程度上表现出更高的变异性，更适合用于在物种水平上进行分类。

全基因组测序（whole-genome sequencing，WGS）技术的发展和成功应用是 DNA 测序领域的重大里程碑。 在 20 世纪 70 年代和 80 年代，化学测序法（Maxam-Gilbert 测序法）和桑格（Sanger）测序法等人工 DNA 测序方法的推出奠定了测序技术的基础。 随着需求的增加，测序方法逐渐转向更为迅速和自动化的方向，从而催生了 WGS 技术的诞生。 WGS 技术是一种能够鉴定生物基因组完整 DNA 序列的技术，能够提供更加丰富的数据，从而更全面地揭示微生物的特征。 全基因组鸟枪测序法和下一代测序（next generation sequencing，NGS）技术是目前广泛用于 WGS 的高通量测序方法。 最早采用 WGS 技术进行测序的微生物是流感嗜血杆菌。

单细胞测序技术是 NGS 技术的延伸，可用于深入研究单个细胞的核酸序列信息，提供高分辨率数据，帮助人们更全面地理解单个细胞在微环境中的功能。 在微生物研究中，单细胞测序技术成为获取微生物基因组序列的重要手段，尤其对于难以培养的微生物。 这一方法已应用于多种微生物组研究中。 单个单细胞步骤1：
DNA提取

步骤2：
文库制备

接头

DNA片段

DNA文库

DNA测序技术
常规工作流程

步骤3：
测序

步骤4：
数据分析

G A C T A G T C T G

1   核苷酸   10

FastQ

读数
比对

BAM

突变
识别

VCF

DNA 测序技术常规工作流程

在正式测序前，需要提取待测样本的 DNA 并按要求制备测序文库，根据实际需求使用不同的测序技术进行测序，然后对测序得到的数据进行深入分析

生物的基因组被称为单个扩增基因组（SAG）。 虽然单细胞测序面临数据完整性低、存在偏差等挑战，但随着计算机技术的进步，人们已经能从微生物组中获取近乎完整的基因组数据。 在细菌研究中，单细胞测序有显著优势，能解决传统方法中的一些问题，如难以捕获低丰度物种和细胞群体之间存在异质性的问题，有助于深入了解微生物组的多样性和功能特征。

四 挖掘微生物世界：从病毒到微生物组学

自 19 世纪 80 年代末首次发现病毒以来，病毒作为地球生态系统的一部分备受关注。 病毒虽然微小，却是地球上数量非常多的生物之一，一个细胞可能携带多种病毒，其基因和表型多样性均超过其他生物类群。 然而，病毒种类繁

多，且没有像细菌那样可使用一个分子对所有病毒进行分类的方法。 国际病毒分类委员会（ICTV）是病毒分类的权威学术组织。 数据显示，病毒包括 81 个目（order）、314 个科（family）、3522 个属（genus）和 14690 个种（species）（MSL39. v3，2024 年 6 月 25 日更新）。

随着测序技术（如 NGS 技术）的发展，病毒的发现也进入了宏基因组时代，病毒组学应运而生并崭露头角。 相比以往类似于在海洋中用鱼竿钓鱼的病毒发现方法，病毒组学则像是大型海洋捕捞船，其发现病原微生物的效率和广度都得到了革命性的提高。 其通过整合大规模病毒基因组测序数据，深入了解病毒的多样性、演化、传播途径以及与宿主相互作用等方面的信息。 这一研究范畴使人们能够更全面地了解不同病毒株之间的差异，有助于揭示病毒潜在的病原性和传播机制。 深入挖掘病毒基因组的信息，可在新发突发病毒感染的早期检测、预防、诊断和治疗以及病毒病原微生物的分子流行病学研究和耐药性测试等方面发挥关键作用。

获取微生物测序数据后，生物信息学分析方法成为进一步分析的关键工具，包括序列分析、蛋白质功能分析和结构分析等。 不同的分析流程和软件有不同的分析方式和算法效率。 研究人员通过不断创新，提出了多种独特的分析方法。 例如，施莽等开发了一套基于宏转录组的病原微生物发现和鉴定方法，这套方法在灵敏度、准确度、信息量和效率方面有显著优势，使得大规模本底调查成为可能。 这套方法已成功在 220 种无脊椎动物和 185 种脊椎动物中发现了 3000 多种全新病毒，重新定义了 RNA 病毒圈的范围。 基于高通量测序的微生物组学研究正在成为微生物发现和描述的重要手段。 随着技术的不断发展和测序成本的逐渐降低，微生物组学必将迎来更为广泛和深入的发展。 这一领域的进步将进一步拓展我们对微生物世界的认识，为科学研究和实际应用提供更多的可能性。

五　人工智能：微生物学的新视野

在过去的数十年中，高通量测序技术尤其是 NGS 技术和第三代测序技术的出现和广泛应用，使得微生物序列数据的获取成本大幅降低。这些海量数据所蕴含的丰富生物学信息，不仅为基因组学和微生物组学提供了宝贵资源，也为深入理解生命科学提供了新的契机。

然而，面对如此庞大的微生物序列数据，分析和解读仍然是一项重大挑战。传统的生物信息学方法，如序列比对和蛋白质结构预测，在海量数据面前显得力不从心。幸运的是，随着机器学习和深度学习等人工智能（artificial intelligence，AI）技术的发展，科学家找到了处理这些复杂数据的新途径。这些先进技术为解读微生物世界中的复杂信息提供了更强大、高效的工具，为深入和拓展研究微生物学打开了新的局面。

人工智能技术，特别是监督学习（supervised learning）、无监督学习（unsupervised learning）和深度学习（deep learning）技术，已经在微生物学中展现出巨大的潜力。例如，监督学习技术被广泛应用于微生物分类学中，其可以利用已知的基因组信息预测新分离物种的类别。无监督学习技术则帮助科学家识别微生物群体中的相似特征，从而更好地理解微生物间的相互关系。AlphaFold 在蛋白质结构预测上的成功，展示了人工智能技术在生命科学领域的巨大潜力。人工智能技术在微生物学中的应用不仅限于处理数据，还包括识别微生物图像和分析基因组序列。这些技术使得科研人员能够更高效地分析显微镜下图像和基因组数据，从而提高病原微生物鉴定和抗生素耐药性预测的准确性。

微生物图像识别是借助人工智能强化的显微镜进行的一项创新工作，它为微生物学家提供了一种高效且准确的方式来检查微生物样本。在透射电子显微镜（TEM）下图像中的人类巨细胞病毒（HCMV）和猫杯状病毒（FCV）的颗粒检测方面，基于深度学习卷积神经网络（CNN）的识别技术已经超越了传统计算方法。 这种技术不仅可用于单一病毒的检测，还可应用于对十几种结构和大小各异的病毒进行分类，包括形态相似的病毒，如腺病毒（AAV）和人肠病毒 71 型（EV71）。 研究发现，这种深度学习方法在 TEM 图像分类中取得了比人类专家更出色的结果。 这些深度学习模型的适应性极强，不仅可以轻松扩展到其他病毒颗粒，还可以适应不同病毒成熟阶段。 基于 CNN 的方法还可应用于基于血液培养的革兰氏染色分类中，涵盖了多种细菌形态，包括革兰氏阴性杆菌、成群的革兰氏阳性球菌和成链/成对的革兰氏阳性球菌。 在细菌物种数字图像数据集（DIBaS）中，基于 CNN 的方法通过显微镜下图像对 33 种不同细菌进行了高精度的分类。 除了可对病毒和细菌进行识别外，深度学习技术在寄生虫的检测和可视化方面同样显示出了显著的效果。 这些深度学习技术充分利用了微生物学家的专业知识，成功区分了疟原虫、弓形虫和巴贝斯虫（三者分别呈环形、香蕉形和梨形）。 人工智能技术为微生物图像识别领域的发展带来了新的可能性，为微生物学研究提供了更加先进和高效的工具。

微生物基因组序列分析识别。 人工智能技术对海量数据的包容性和可分析、可挖掘性彻底改变了微生物序列分析领域的格局。 通过数据驱动的算法检查大规模微生物信息数据集，能够快速、准确地识别人类分析难以捉摸的模式和异常现象。 与传统方法相比，这种模式识别的能力为微生物鉴定和分析带来了变革。 其速度更快、结果更可靠，尤其是在病原微生物鉴定方面，各类人工智能模型已经被证明是一种高效的工具，能够迅速而准确地分析临床样本中的病原微生物，这对于传染病的早期检测至关重要。 Fiannaca 等（2018）提出了一种基于深度学习的 16S 短序列分类鉴定方法，该方法在对 16S 序列和扩增子（AMP）数据进行分类方面表现良好。 结核分枝杆菌是一种具有复杂抗生素抗性演变的病原微生物，支持向量机（SVM）算法已被用来从大量经过抗生素抗性测试的结核分枝杆菌基因组中识别出已知和新的抗生素抗性基因。 深度学习

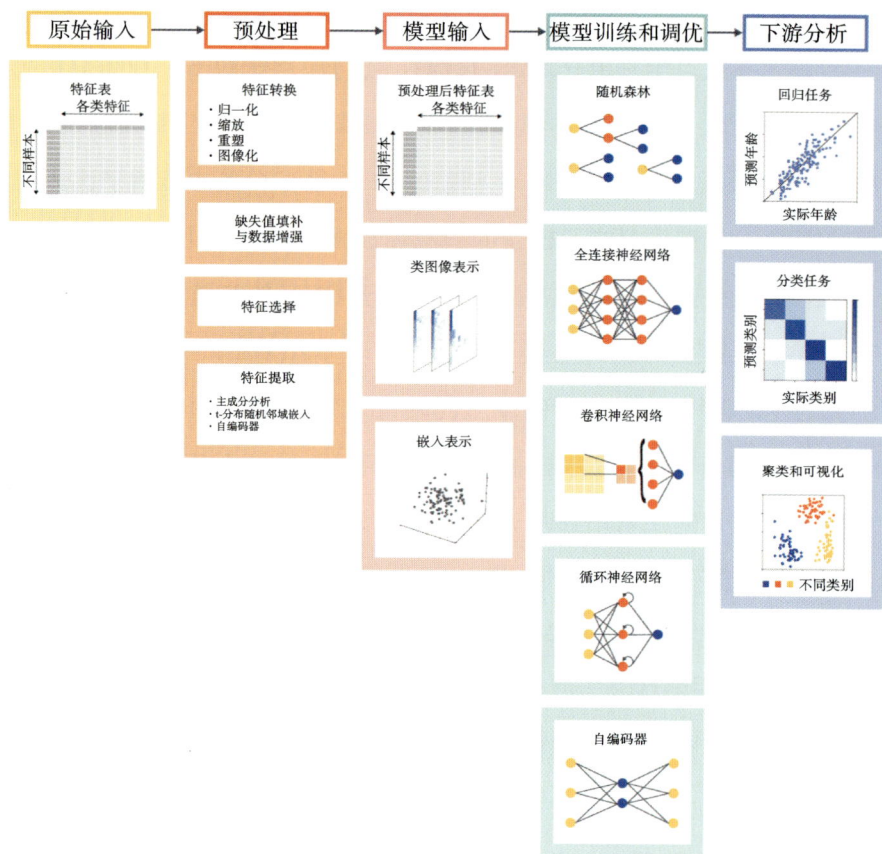

人工智能技术辅助进行微生物学分析的关键步骤

分析通常从描述微生物组功能或分类特征的特征表开始。在预处理步骤，可以对特征表进行转换、填充或增强等处理。预处理的结果可以是表格数据，或是表示样本特征信息的数值向量或矩阵。下一步是训练和调整机器学习或深度学习模型，如随机森林、全连接神经网络、卷积神经网络、循环神经网络和自编码器等。最后，模型得到的结果有助于阐明微生物组组成与连续（回归）或离散描述（分类、聚类和可视化）的表型之间的联系

DeepARG 模型，可用于监测废水和食品等环境源中的抗生素抗性基因。此外，宏基因组数据中的微生物序列的准确识别对于研究特定微生物至关重要，因此人工智能模型在这方面得到了广泛应用。Amgarten 等（2018）开发的 MARVEL 工具用于预测宏基因组学中的双链 DNA 噬菌体序列，而 Ren 等（2017）的 VirFinder 是一种基于 k-mer 的机器学习方法，用于病毒连续序列（contig）的识

别，避免了基于基因相似性的搜索。 VirSorter（Roux 等，2015）则通过参考依赖性和参考独立性来识别病毒信号，其性能在预测宿主基因组之外的病毒序列方面表现良好。 国内研究团队开发的 DeepMicrobes 程序利用深度学习框架对肠道微生物组进行训练，发现了炎症性肠病的潜在新特征。 该程序通过机器学习模型识别宿主范围特征，预测病原微生物的致病性，从而快速筛选潜在的致病性病原微生物。 结合机器学习和分子动力学模型，可以有效预测致病性病原微生物与宿主的结合性以及与特定受体的亲和性。 纽约州立大学石溪分校研究团队提出了一种预训练双向编码器 DNABERT，可对基因组 DNA 序列进行全面理解，在启动子、剪接位点和转录因子结合位点的预测中展现出出色的性能。 中山大学施莽团队开发的深度学习算法 LucaProt 在全球宏转录组中搜索 RNA 依赖性 RNA 聚合酶 RdRP 序列，结合序列和结构信息，成功检测了 180571 个 RNA 病毒物种。 这一研究标志着病毒发现的新时代的开始。

人工智能在微生物学中的运用还涵盖了病原微生物的早期监测、疫情暴发预测、趋势预测、实时监测、药物开发和精准医疗等多个方面。 随着人工智能技术的发展和训练数据的积累，模型性能不断提升，人工智能在微生物识别和鉴定领域的应用前景将会进一步拓展。 尽管人工智能在微生物学中取得了显著进展，但也面临挑战，如数据隐私和伦理问题。 为确保数据安全性和隐私性，研究人员需要制定严格的数据管理政策。 同时，算法的透明性和解释性也是亟待解决的问题。 确保算法的可解释性可以提高对模型决策的信任度，促进生物学家和临床医生更好地理解和应用人工智能技术。 未来，随着技术革新和微生物学研究的深入，人工智能在微生物学中的应用将更加全面和精准，不仅可在科学研究领域取得突破，还可在临床实践中为疾病的早期诊断和治疗提供可靠支持。 在迎接这一未来的同时，我们也需认真解决相关的伦理和法律问题，以确保技术应用的安全性和可持续性。

我们有理由相信，人工智能能够深刻影响微生物学的研究，随着大型语言模型(large language model，LLM)和更多高质量测序数据的积累，微生物的多样性、功能和相互作用将得到更全面的揭示，为人类健康、环境保护和经济发展带来更多的科学发现和创新应用。 在这个激动人心的时代，科学家将继续发挥创造力，拓展微生物学的边界，为人类健康和可持续发展贡献智慧和力量。

**参考
文献**

［1］ GILBERT J A，BLASER M J，CAPORASO J G，et al. Current understanding of the human microbiome［J］. Nat Med，2018，24(4)：392-400.

［2］ NIH HMP Working Group，PETERSON J，GARGES S，et al. The NIH Human Microbiome Project［J］. Genome Res，2009，19(12)：2317-2323.

［3］ SHI M，LIN X D，TIAN J H，et al. Redefining the invertebrate RNA virosphere［J］. Nature，2016，540(7634)：539-543.

［4］ SHI M，LIN X D，CHEN X，et al. The evolutionary history of vertebrate RNA viruses［J］. Nature，2018，556(7700)：197-202.

［5］ HERNÁNDEZ MEDINA R，KUTUZOVA S，NIELSEN K N，et al. Machine learning and deep learning applications in microbiome research［J］. ISME Commun，2022，2(1)：98.

［6］ FIANNACA A，LA PAGLIA L，LA ROSA M，et al. Deep learning

models for bacteria taxonomic classification of metagenomic data〔J〕. BMC Bioinformatics, 2018, 19(Suppl 7): 198.

〔7〕 ARANGO-ARGOTY G, GARNER E, PRUDEN A, et al. DeepARG: a deep learning approach for predicting antibiotic resistance genes from metagenomic data〔J〕. Microbiome, 2018, 6(1): 23.

〔8〕 AMGARTEN D, BRAGA L P P, DA SILVA A M, et al. MARVEL, a tool for prediction of bacteriophage sequences in metagenomic bins〔J〕. Front Genet, 2018, 9: 304.

〔9〕 REN J, AHLGREN N A, LU Y Y, et al. VirFinder: a novel k-mer based tool for identifying viral sequences from assembled metagenomic data〔J〕. Microbiome, 2017, 5(1): 69.

〔10〕 ROUX S, ENAULT F, HURWITZ B L, et al. VirSorter: mining viral signal from microbial genomic data〔J〕. PeerJ, 2015, 3: e985.

〔11〕 LIANG Q X, BIBLE P W, LIU Y, et al. DeepMicrobes: taxonomic classification for metagenomics with deep learning〔J〕. NAR Genom Bioinform, 2020, 2(1): lqaa009.

〔12〕 JI Y R, ZHOU Z H, LIU H, et al. DNABERT: pre-trained Bidirectional Encoder Representations from Transformers model for DNA-language in genome〔J〕. Bioinformatics, 2021, 37(15): 2112-2120.

〔13〕 Hou X, He Y, Fang P, et al. Using artificial intelligence to document the hidden RNA virosphere〔J〕. Cell, 2024, 187(24): 6929-6942.

〔14〕 SMITH W P, DAVIT Y, OSBORNE J M, et al. Cell morphology drives spatial patterning in microbial communities〔J〕. Proc Natl Acad

Sci U S A, 2017, 114(3): E280-E286.

[15] YOUNG K D. Bacterial morphology: why have different shapes? [J]. Curr Opin Microbiol, 2007, 10(6): 596-600.

[16] STEVENS K A, JAYKUS L A. Bacterial separation and concentration from complex sample matrices: a review [J]. Crit Rev Microbiol, 2004, 30(1): 7-24.

[17] DESAI M J, ARMSTRONG D W. Separation, identification, and characterization of microorganisms by capillary electrophoresis [J]. Microbiol Mol Biol Rev, 2003, 67(1): 38-51.

[18] JAVAEED A, QAMAR S, ALI S, et al. Histological stains in the past, present, and future [J]. Cureus, 2021, 13(10): e18486.

[19] KOLTER R. The History of microbiology—a personal interpretation [J]. Annu Rev Microbiol, 2021, 75: 1-717.

[20] QU K Y, GUO F, LIU X R, et al. Application of machine learning in microbiology [J]. Front Microbiol, 2019, 10: 827.

[21] SHELKE Y P, BADGE A K, BANKAR N J. Applications of artificial intelligence in microbial diagnosis [J]. Cureus, 2023, 15(11): e49366.

[22] GREENER J G, KANDATHIL S M, MOFFAT L, et al. A guide to machine learning for biologists [J]. Nat Rev Mol Cell Biol, 2022, 23 (1): 40-55.

[23] JIANG Y R, LUO J, HUANG D Q, et al. Machine learning advances in microbiology: a review of methods and applications [J]. Front Microbiol, 2022, 13: 925454.

[24] KUMAR R, EIPERS P, LITTLE R B, et al. Getting started with

microbiome analysis: sample acquisition to bioinformatics [J]. Curr Protoc Hum Genet, 2014, 82: 18. 8. 1-18. 8. 29.

[25] ZHANG Y, JIANG H, YE T Y, et al. Deep learning for imaging and detection of microorganisms [J]. Trends Microbiol, 2021, 29 (7): 569-572.

（施 莽 单永涛）

第五章

食品动物携带的病原微生物和
未知微生物

人类食用动物，

也食用或接触了动物携带的微生物

食品动物是指各种供人食用或其产品供人食用的动物。家畜主要有猪、牛、羊。家禽主要有鸡、鸭、鹅、鸽子、鹌鹑等。我国食品动物养殖规模大，生猪出栏量占全球的比例常年保持在 50% 以上，在全球稳居第一位。我国肉牛产业的发展成绩也十分突出，肉牛存栏量近年来保持 1 亿头左右。自 20 世纪 90 年代以来，我国绵羊、山羊的存栏量、出栏量、羊肉产量均居世界第一位，是世界上最大的羊肉生产国。我国是 14 亿人口的大国，每天需要消耗约 25 万吨肉、9 万吨禽蛋、10 万吨奶。畜牧业确保了国内食物供应稳定和安全，对增加农牧民收入、促进农牧区经济发展和共同富裕具有重要意义，是保障国家安全和建设农业强国的重要一环。

一些病原微生物（如非洲猪瘟病毒、口蹄疫病毒、禽流感病毒等）对猪、牛、家禽等食品动物的养殖带来严峻挑战。此外，由于在饲养和食用过程中，人与食品动物接触密切，部分人兽共患病病原微生物（如禽流感病毒、布鲁氏菌等），频繁引起人体感染。因此，对食品动物携带微生物的认识，一方面是基于畜牧业的需要，另一方面也具有重要的公共卫生意义。

家畜携带的微生物

（一）猪携带的重要病毒

1 **非洲猪瘟病毒：猪的死神镰刀** 非洲猪瘟病毒是非洲猪瘟病毒科非洲猪瘟病毒属的唯一成员。相比于其他病毒的基因组只有几千到几万个碱基，非洲猪瘟病毒是一种具有 17 万～19 万个碱基的超级大基因组的 DNA 病毒。该病毒可经口腔或鼻腔在猪群间接触性传播，也可在软蜱（特别是钝缘蜱）中增殖和传播。 非洲猪瘟疫情主要呈超急性型（即猪突然死亡），感染猪所在的养猪场短时间内几乎全群死亡，非洲猪瘟病毒堪称猪的死神镰刀。 1921 年，非洲肯尼亚首次报道了非洲猪瘟疫情，随后多个国家和地区先后出现疫情。 2018 年 8 月 3 日，中国确认首例非洲猪瘟病例。 随后，该病扩散到全国，几乎摧毁了我国的养猪业。"猪粮安天下"。 生猪养殖业不仅关系到养殖户的经济利益，也关系到肉类食品的稳定供应。 非洲猪瘟疫情造成猪肉价格高涨，严重影响国计民生。

虽然国内外多个单位对非洲猪瘟疫苗展开研究，技术路线有灭活疫苗、基因缺失减毒疫苗、亚单位疫苗、载体疫苗等。 但截至目前，对于非洲猪瘟还没有有效的疫苗防治，猪场的生物安全防控是当前的有效预防手段。 有趣的是，非洲疣猪携带非洲猪瘟病毒，但不发病。 这为研究该病毒的致病机制提供了一些线索。 该病毒主要通过蜱虫传播，但迄今为止，未在我国的蜱虫中检测到该病毒。 在家猪群体中，该病毒经口-鼻途径，通过感染动物的排泄物、分泌物进行传播，因此传播速度比经呼吸道传播的病毒慢得多。 虽然非洲猪瘟疫情早在我国出现之前就在俄罗斯出现，但我国没有做好防控预案，没有提前做好技术储备，导致疫情早期缺乏检测技术和试剂盒，缺乏扑杀资金，进而导致带毒生猪随运输流入全国各地市场。 另外，由于东北地区、河南等主要粮食产区的玉米等饲料产量大、价格低，为降低养殖成本，我国生猪产业长期以来实行"南猪北养"，即生猪在东北地区、河南养殖后，通过活猪运输的方式运到南方地区销售。 感染猪或其产品的跨地区运输或销售，导致了非洲猪瘟疫情在我国东北地区暴发后迅速蔓延至全国。 可能由于感染非洲猪瘟病毒后死亡的家猪没能得到彻底消毒、销毁，该病毒扩散到了野外，我国多个地区的野猪也感染了该病毒。我国野猪群体大、分布广，该病毒可以从野猪回传给家猪，这使得非洲猪瘟的净化难度急剧加大。 有研究者认为，接触性传播的病毒，客观上传播速度慢，使得净化成为可能。 西班牙和巴西不依赖于疫苗，通过网格化的生物安全防护和高频率检测成功清除了非洲猪瘟病毒。 这给我国的非洲猪瘟疫情防控提供了一定的借鉴。

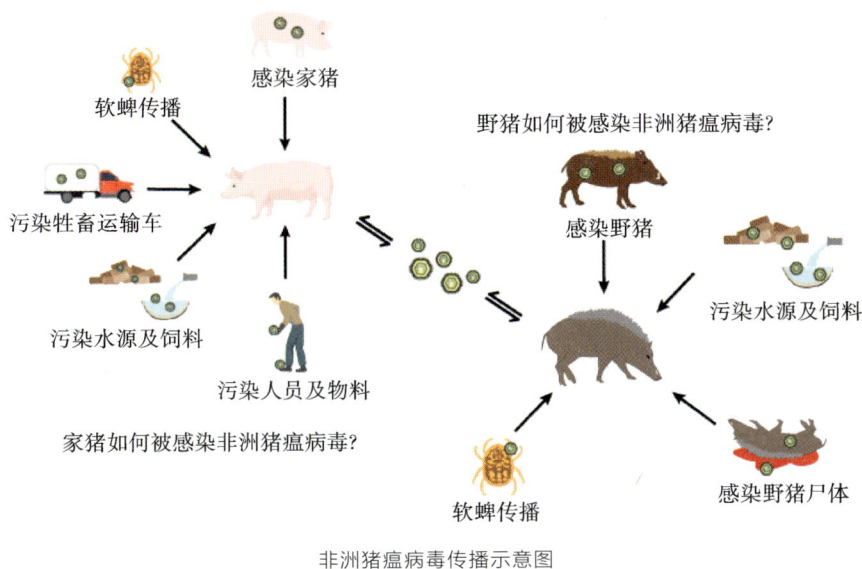

非洲猪瘟病毒传播示意图

2 **猪瘟病毒：我不是非洲猪瘟病毒的亲戚** 非洲猪瘟病毒和猪瘟病毒这两种病毒虽然中文名字都有"猪瘟"两个字，但没有任何亲缘关系。 非洲猪瘟病毒是 DNA 病毒，而猪瘟病毒为有囊膜的单股 RNA 病毒，属于黄病毒科瘟病毒属。 典型猪瘟主要表现为急性感染，伴有高热、精神沉郁和结膜炎等症状。高毒力毒株也会导致猪 100％死亡。 我国研发的猪瘟兔化弱毒疫苗（C 株）是世界上效果较好的猪瘟疫苗之一，欧洲多个国家使用该疫苗消除了猪瘟。 我国使用该疫苗也很好地控制了猪瘟疫情，感染发病病例罕见。 但由于我国周边邻国猪瘟一直流行，以及边境非法运输生猪等，与边境接壤的地区（如云南和广西）的养猪场仍然受到该病的威胁。 2021 年，农业农村部发布的《关于推进动物疫病净化工作的意见》将猪瘟列为重点净化病种。

3 **猪伪狂犬病毒：我也狂，但不是狂犬病毒** 狂犬病毒属于弹状病毒科狂犬病毒属的单股 RNA 病毒，而伪狂犬病毒是疱疹病毒科甲型疱疹病毒亚科的成员，是双链 DNA 病毒。 伪狂犬病毒与狂犬病毒一样，可进入三叉神经和嗅神

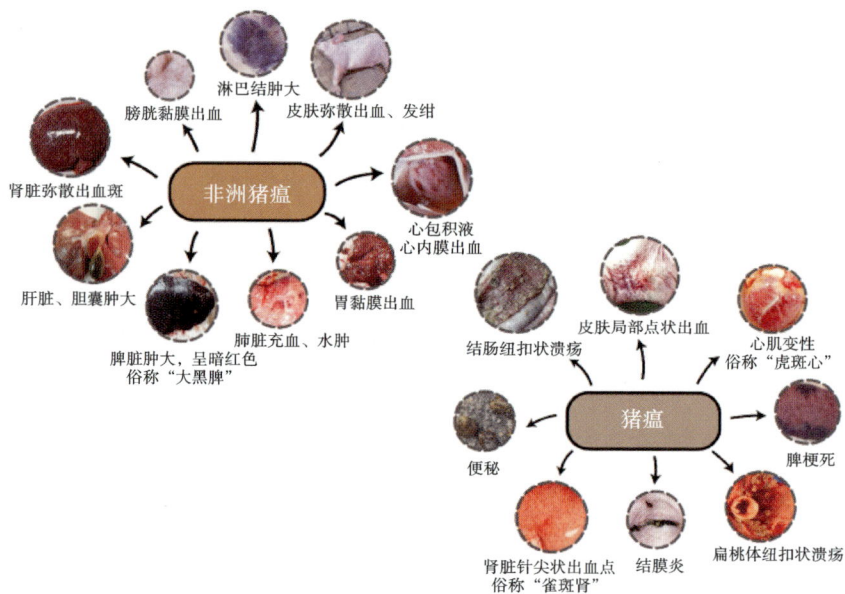

猪瘟与非洲猪瘟的病理症状比较图

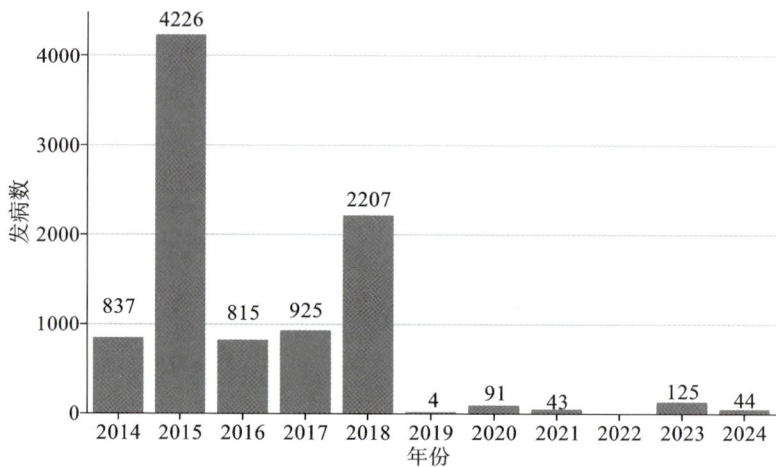

我国猪瘟疫情报告数量

（数据源自世界动物卫生组织）

经末梢，侵入中枢神经系统，导致严重的中枢神经紊乱。 猪伪狂犬病的临床症状类似于狂犬病，故用了"伪狂犬病"这一病名。 临床上，成年猪（除妊娠母猪外)一般为隐性感染,不出现临床症状,但感染猪可长期携带病毒;妊娠母猪感染后可致流产,产木乃伊胎和死胎;而乳猪感染后出现四肢乱划动的神经症状,死亡率可达 100%。 随着伪狂犬弱毒疫苗的广泛使用,该病整体上得到较好控制,但随着病毒变异,该病流行情况仍然严重。 据统计,我国猪群的伪狂犬病毒核酸阳性率高于 10%。

猪是伪狂犬病毒的天然宿主。 该病毒也可感染许多其他哺乳动物,包括牛、羊、犬、猫以及啮齿动物。 华南农业大学沈永义等发现华南虎野化训练过程中使用的野猪携带伪狂犬病毒,进而感染华南虎并导致其死亡,因此需要对野化训练所用的猪进行伪狂犬病毒检测。 通常认为,人对伪狂犬病毒不易感,但2017 年发现了多起人感染伪狂犬病毒的病例。 病例主要来自从事猪养殖、加工和售卖的人员。 因此,做好伪狂犬病的长期监测和净化,从而降低生猪的感染风险,对降低伪狂犬病毒由猪到其他宿主(包括人)的传播风险具有重要意义。

伪狂犬病毒(**PRV**)和狂犬病毒(**RABV**)的比较

(病毒颗粒图片来自公开发表的文献(Hulo 等,2011;Ye 等,2022))

扫码看视频

4 **猪圆环病毒:小病毒,大危害** 猪圆环病毒(PCV)为无囊膜、单股环状DNA 病毒,直径为 15~25 nm,是目前已知的能感染哺乳动物的较小病毒之一。 目前，猪圆环病毒可分为 4 种类型：PCV1～PCV4。 危害较大的是 PCV2。 该病毒首先感染淋巴组织，引起淋巴细胞耗竭和免疫抑制，从而导致免疫衰竭，细菌及其他病毒的混合感染随之而来。 因此猪感染该病毒后主要表现为免疫抑制和严重的细菌感染。 该病毒可通过口腔、眼分泌物、粪便、尿液、乳汁进行水平传播，也可通过胎盘、公猪精液等进行垂直传播。

可感染猪的几种主要病毒的颗粒大小示意图

PCV: 猪圆环病毒(15～25 nm); SFV: 猪瘟病毒(40～60 nm); PRRSV: 猪繁殖与呼吸综合征病毒(50～74 nm); PEDV: 猪流行性腹泻病毒(80～120 nm); PRV: 猪伪狂犬病毒(183 nm); ASFV: 非洲猪瘟病毒(175～215 nm)

5 猪繁殖与呼吸综合征病毒：蓝耳幽影　猪繁殖与呼吸综合征病毒为套式病毒目动脉炎病毒科成员，是猪繁殖与呼吸综合征(俗称猪蓝耳病)的病原微生物。 该病毒专嗜猪肺泡巨噬细胞，导致感染猪出现免疫抑制，猪群感染后，很容易继发感染其他病原微生物，给防控带来很大难度。 其以母猪流产、死胎、弱胎、木乃伊胎以及仔猪呼吸困难、败血症、高死亡率为主要特征。 感染猪的临床表现主要是个体出现急性病毒血症，耳朵发蓝，这也是"猪蓝耳病"名称的由来。 患病母猪可通过胎盘屏障传染给胎儿，导致流产、死胎。 自 20 世纪 80 年代末以来，猪蓝耳病在北美洲、欧洲和亚洲广泛流行。 1995 年该病传入我国后，由于当时技术水平低，迟迟难以鉴定病原微生物，当时称之为导致猪高热的"神秘猪病"。 之后，蓝耳幽影笼罩几乎全国所有的养猪场，很难找到病原微生物和抗体阴性的猪场。

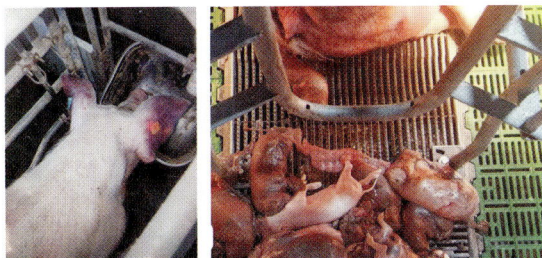

(a)　(b)

猪蓝耳病的主要特征性症状

（图片由华南农业大学郭春和提供）

(a)病猪耳朵发蓝；(b)感染母猪流产、产死胎

6 **猪流行性腹泻病毒：猪的冠状病毒**　猪流行性腹泻病毒（PEDV）属于冠状病毒，是单股正链 RNA 病毒。 感染猪的临床症状主要是水样腹泻和呕吐。所有日龄的猪均可感染发病，其中以乳猪受害最为严重，感染乳猪肠壁变薄，呈空泡状。 猪流行性腹泻死亡率极高，日龄越小，死亡率越高，最高可达 100%。由于猪流行性腹泻病毒损害了小肠上皮细胞，仔猪康复后也会表现为生长发育不良。 1971 年该病首发于英国，后在其他欧洲国家陆续发现。 可能由于引种，20 世纪 80 年代初我国陆续发生该病。 猪流行性腹泻一直是困扰我国养猪业的一个突出问题，是决定母猪场仔猪存活率的最大因素。

乳猪感染猪流行性腹泻病毒后，肠壁变薄，呈空泡状

（图片由华南农业大学马静云提供）

猪携带的重要细菌

1 猪丹毒丝菌：引起"打火印" 猪丹毒又称"打火印"，是由猪丹毒丝菌引起的一种急性、热性人兽共患传染病，属于农业农村部公布的二类动物疫病。 猪丹毒丝菌是一类小的革兰氏阳性菌，呈长丝状。 当猪吞入污染的食物和饮水时可感染此病。 猪丹毒丝菌可以轻易地通过扁桃体和其他淋巴组织进入机体，但侵入的部位不局限于这些区域。 病猪皮肤上出现疹块状红斑，呈深红色或黑紫色，形状为方形、菱形、圆形，突出于皮肤，开始时指压褪色，后期指压不褪色。 疹块中间苍白，界限明显，形似熔印，故称"打火印"或"鬼打印"。人类亦可感染，常表现为皮肤形成局部性红肿，即所谓类丹毒。

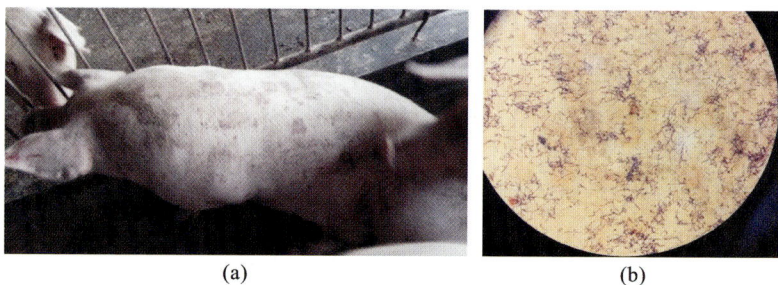

(a)   (b)

猪丹毒病

（图片由华南农业大学贺东生提供）

（a）病猪体表呈现"打火印"；（b）显微镜下观察菌体

2 猪链球菌：重要的人兽共患菌 猪链球菌是一种革兰氏阳性球菌，呈链状排列，无鞭毛，不运动，不形成芽孢，但有荚膜。 根据荚膜抗原不同，猪链球菌可以分为 35 种血清型，其中血清型 2 型最为常见，感染范围最广，也是毒力最强的血清型。 猪是该菌的主要传染源。 猪链球菌主要通过口鼻传播，也可通过气溶胶传播。 猪链球菌 2 型的荚膜脂多糖与细菌的黏附和侵袭有关，具有荚膜的菌株能抵抗吞噬，因此荚膜脂多糖在该菌致病中起重要作用，导致机体对猪链球菌的吞噬作用下降。 临床上病猪主要有化脓性脑膜炎和败血症、关节炎和关节肿大等特征。 人可以感染猪链球菌，但比较少见。 2005年四川暴发了人感染猪链球菌病疫情，引起200余人感染，之后零散感染时有发生。 人感染猪链球菌2型后通常表现为化脓性脑膜炎，伴有耳聋、运动功能紊乱，严重的病例发生中毒性休克综合征，导致多脏器衰竭及死亡。 猪链球菌病多发生于屠宰人员、养殖人员、生肉加工和销售人员中。 应加强对猪链球菌感染的监测，控制猪群感染，加大对猪产业从业人员的健康教育，防止人感染猪链球菌病的暴发。

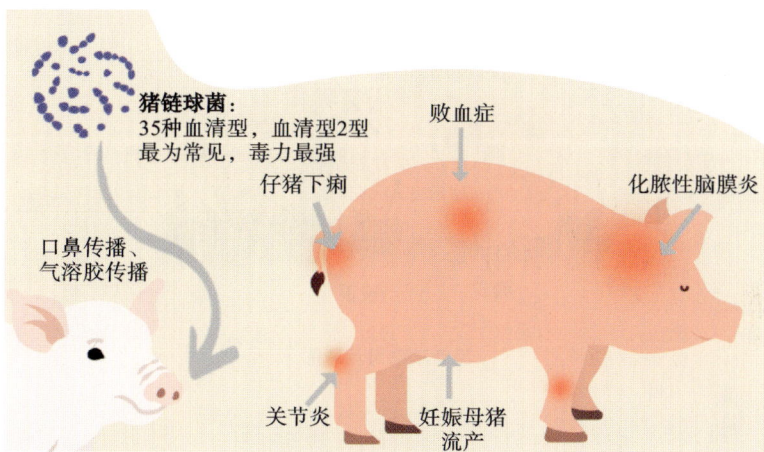

猪感染猪链球菌症状图

（三） 瘤胃微生物：反刍动物消化草料之谜

牛、羊是反刍动物，属于哺乳纲偶蹄目反刍亚目。 反刍俗称倒嚼，是指动物进食一段时间以后，将半消化的食物从胃里返回嘴里再次咀嚼。 它们的胃分为四个部分：瘤胃、网胃、瓣胃和皱胃，胃的前三个部分没有胃腺，总体作用是对食物进行发酵、过滤、磨碎以及对营养成分进行粗吸收，只有皱胃是分泌胃液的部分，相当于单胃动物的胃，又称真胃。瘤胃是胃的四个部分中最大的一个，约占胃容积的80％。瘤胃中栖息着多种多样的微生物（如细菌、真菌和原生动物），常见的细菌有纤维素消化菌、半纤维素消化菌、淀粉分解菌、产甲烷菌等，形成了一个十分复杂的微生物系统。这些微生物在瘤胃这个大发酵罐的环境中生长，能帮助反刍动物消化纤维素和合成大量菌体蛋白，最后进入皱胃（真胃）被全部消化，成为反刍动物的主要养料。从某种意义上来说，牛、羊等反刍动物虽然吃的是草，但是消化和吸收的其实是大量的细菌蛋白。

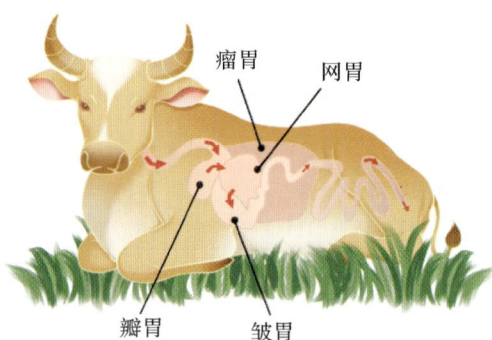

反刍动物胃示意图

（四）　反刍动物携带的有害细菌

1 炭疽杆菌：从家畜传染病到生化武器　炭疽杆菌属于需氧芽孢杆菌属，能引起羊、牛、马等动物及人类的炭疽病。牛、羊对炭疽杆菌高度敏感，感染后往往发展为迅速致命的败血症。死亡动物体腔中有暗色、凝固不良的血液是该病的一个显著特点。炭疽杆菌繁殖体抵抗力不强，但芽孢抵抗力强，在干燥的土壤中可存活数十年之久。病畜是主要传染源，若尸体处理不当，炭疽杆菌形成芽孢并污染土壤、水源和牧地，则可成为疫源地。 这也是有些地区多年没有病例，但大雨冲刷土壤后又出现病例的原因。 因此，对于患病动物尸体，应该进行无害化处理，不能简单挖坑深埋。 对于历史上出现过疫情的地区，由于当时技术条件差，很多动物尸体都是简单挖坑深埋，应该持续关注这些地区，以免疫情死灰复燃。

该菌由于生命力强、传染性强，具有高致病性，容易大规模培养，曾被恐怖分子用作生化武器。 第二次世界大战时，日本"731 部队"曾采用炭疽杆菌进行残忍的生化战争。 2001 年 9 月，美国发生利用含有炭疽杆菌的信件进行恐怖袭击的事件，导致 5 人死亡，20 余人被感染。 因此，对防范未来可能发生的与该菌有关的恐怖袭击不能掉以轻心，对相关诊断试剂、疫苗和药物要做好一定的储备。

2 **布氏杆菌："躲"到细胞内的绝技** 布氏杆菌（又称布鲁氏菌）为革兰氏阴性菌，与其他常见的细菌不一样，它是"三无人员"，无鞭毛、无芽孢、无荚膜，是一种能感染人和动物（主要是羊、牛、猪等）的人兽共患病病原微生物。该菌感染人、畜后可引起布鲁氏菌病（简称布病）。 临床上引起人体感染的主要是羊种布鲁氏菌，其致病性也是最高的。 一般细菌会被人体的免疫细胞攻击、消灭，而布鲁氏菌比其他细菌厉害之处就在于它是一种兼性细胞内寄生菌，能躲到人体自身的细胞内，从而躲避免疫细胞和抗生素的攻击，导致持续的感染，难以根治。 动物感染后主要引起母畜流产，公畜出现睾丸炎。 目前已经研发出针对布病的弱毒活疫苗，从 2017 年开始，接种该疫苗已被列入农业部动物疫病强制免疫计划。

人感染后可丧失劳动能力，影响性功能及生育能力，且反复发作，严重危害人体健康及生活质量。 患者表现为长期发热、多汗，出现关节炎、睾丸炎、附睾炎，孕妇可发生流产等。 由于该菌能进入人体细胞内，感染后难以治愈。 人类布病的传染源主要是患布病的家畜，特别是羊。 养殖人员、兽医、屠宰人员等接触病畜，可能会发生感染。 2010—2012 年，东北农业大学使用未经检疫的山羊进行实验，导致 28 名师生感染布鲁氏菌。 消费者接触和食用生肉和未灭菌鲜奶是感染布鲁氏菌的重要原因。 消费者图"新鲜"的饮食习惯，以及小养殖户众多的特点，容易导致部分未经检验检疫的肉、乳制品进入消费环节。 例如，小养殖户私自屠宰牲畜获取鲜肉，以及近年来出现的拉着奶羊走街串巷现挤现卖羊乳等方式，使人群感染布鲁氏菌的风险增高。 国家层面需要在养殖环节做好对布病的防控。 另外，考虑到小养殖户众多，难以对所有小养殖户做好布病的检疫和防控，可以在屠宰环节（如在屠宰场）做好检疫工作。 需要加大"定点屠宰"，推广"冷鲜肉"的工作力度。

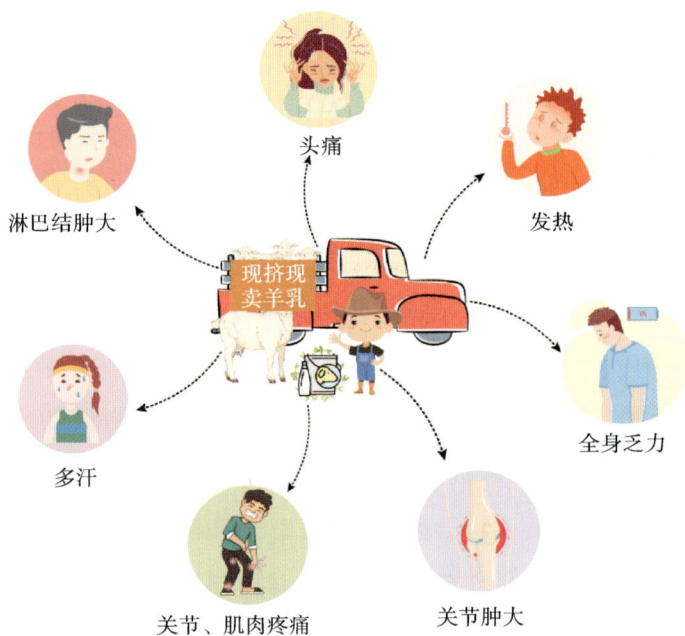

人感染布鲁氏菌后的症状

③ 结核分枝杆菌：抗生素出现之前的梦魇 结核分枝杆菌主要分三型：牛分枝杆菌（牛型）、结核分枝杆菌（人型）和禽分枝杆菌（禽型）。 结核分枝杆菌导致的肺结核传染能力强，传播范围广。 在抗生素被发现和结核病疫苗（卡介苗）被

发明之前，肺结核是人类的梦魇，是严重危害人类健康的重大传染病之一，也是目前唯一入围全球十大死因的单一传染病。 自古以来，有不少名人因结核病离世，如我国现代文学奠基人鲁迅先生、建筑学家林徽因，以及波兰著名作曲家肖邦等。 在很多文学作品中，也有与该病相关的描述。 如我国家喻户晓的名著《红楼梦》中林黛玉咯血、长期慢性消瘦等症状符合结核病特征。 近年来，随着结核分枝杆菌耐药性的增加，结核病对人类健康的威胁仍然居高不下。 世界卫生组织根据我国结核病信息监测系统新患者登记数以及死因监测系统的结核病死亡数据等，与中国疾病预防控制中心结核病预防控制中心的专家组共同测算分析而得：我国 2022 年估算的结核病新发患者数为 74.8 万，估算结核病发病率为 52/10 万。在 30 个结核病高负担国家中我国估算结核病发病数排第 3 位，占全球发病数的 7.1%。

牛结核病是由牛分枝杆菌引起的一种人兽共患的慢性传染病，我国将其列为二类动物疫病。 该病以组织器官的结核结节性肉芽肿和干酪样、钙化的坏死病灶为特征。 世界动物卫生组织（WOAH，原称 OIE）将其列为 B 类疫病。 牛结核病主要通过呼吸道传播，封闭条件下同圈传播的效率远高于开放条件下的传播效率。 人感染牛分枝杆菌的风险主要存在于饲养员、兽医等人群中。 对于普通大众来说，主要风险是食用未经巴氏消毒的生乳及乳制品。

全球结核病负担

	估算患者人数	估算死亡人数
新发患者	1060万 •12%儿童 •33%女性 •55%男性	130万 •16%儿童 •32%女性 •52%男性
其中，结核分枝杆菌/HIV双重感染	67.1万（6.3%）	16.7万
耐多药/利福平耐药结核病（MDR/RR-TB）	41万	

资料来源：世界卫生组织2023年全球结核病报告

全球结核病发病情况

（五）　反刍动物携带的重要病毒

口蹄疫病毒：口蹄生疮。

口蹄疫病毒（FMDV）属于小 RNA 病毒科口疮病毒属，是偶蹄类动物高度传染性疾病（口蹄疫）的病原微生物。偶蹄类动物（牛、瘤牛、水牛、牦牛、绵羊、山羊、猪）均易感。目前已知口蹄疫病毒有 7 个血清型：A、O、C、Asia-1、SAT-1、SAT-2、SAT-3。我国流行的口蹄疫病毒主要为 O 型。

易感动物可通过呼吸道、消化道、生殖道和伤口感染口蹄疫病毒。口蹄疫病毒通常以直接或间接接触（飞沫等）方式传播，通过人或犬、蝇、蜱虫、鸟等动物媒介，或经车辆、器具等被污染物传播。如果环境气候适宜，病毒可随风远距离传播。春季是牛口蹄疫流行的主要季节，新疆和西藏是牛口蹄疫的高发区，可能与边境地区放牧以及病毒随风传播，易受到邻国感染动物和非法跨境运输带毒动物的影响有关。

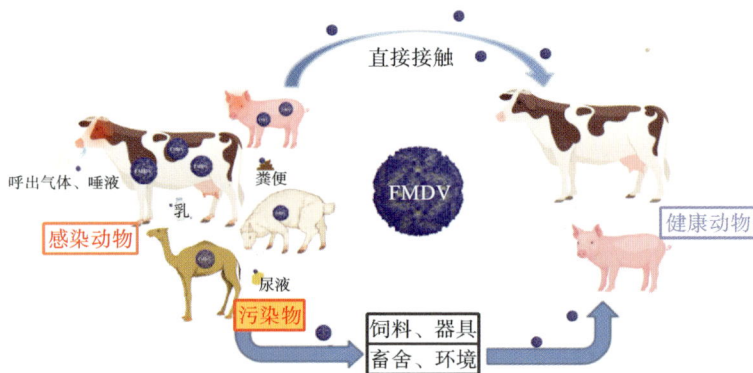

口蹄疫病毒传播示意图

⓶ 家禽携带的微生物

（一） 家禽携带的常见病毒

1 禽流感病毒：看我十八变 流感病毒可以分为甲、乙、丙、丁四个类型。 禽流感病毒属于甲型流感病毒，是正黏病毒科成员，基因组为分成 8 个节段的单股负链 RNA。 根据其表面抗原血凝素（HA）和神经氨酸酶（NA）的差异，HA 分为 18 种亚型（H1～H18），NA 分为 11 种亚型（N1～N11）。 每种毒株带有 8 个独立基因片段，两种毒株重配后理论上可以产生 256 种病毒（每种毒株有 8 个独立基因片段，两种有 2^8，也就是 256 种随机组合）。 由于频繁重配加上 RNA 病毒的高突变率，禽流感病毒不断变化产生新毒株，这使得禽流感的防控十分困难。

根据其对鸡的致病性的不同，禽流感病毒分为高致病性禽流感病毒和低致病性禽流感病毒。 到目前为止，高致病性禽流感病毒只有 H5 和 H7 亚型，其他亚型均为低致病性。 高致病性禽流感病毒可使鸡群在一夜间几乎全部死亡。 低致病性禽流感病毒（如在我国广泛流行的 H9N2），虽然不会引起鸡群大规模死亡，但会造成产蛋鸡的产蛋量严重下降，肉鸡和青年鸡的复合型呼吸道疾病发生率和死亡率升高、鸡群生长缓慢，给养禽业造成巨大的经济损失。

禽流感病毒主要在禽类传播，水禽是自然宿主和储存宿主，但病毒变异后会感染多种哺乳动物（包括人）。 人类中流行的甲型流感病毒主要有 H1N1 和 H3N2。 其中 H1N1 是 2009 年起源于北美洲的"猪流感"的病原微生物。 该病于 2009 年在北美洲出现后，迅速席卷全球，并在人群中固定，形成了季节性流感。 禽源性流感病毒也会感染人，主要为 H5Nx、H7N9，偶有 H9 和 H10 亚型感染人的病例发生。 禽流感病毒感染的主要途径是接触携带病毒的活禽或去过受污染的活禽市场。因此推行家禽定点屠宰、冷鲜配送，避免市民在活禽市场与活禽接触是减少人感染禽流感的行之有效的方法。而从家禽端防控禽流感病毒，从而减少禽流感病毒感染人是"人病兽防，关口前移"源头防控的有效方法。中国农业科学院哈尔滨兽医研究所陈化兰院士团队研发的 H5 和 H7 亚型禽流感病毒灭活疫苗，有效控制住了我国 H5 和 H7 亚型禽流感疫情，一方面保障了我国肉蛋产品的供应，另一方面从源头控制了禽流感病毒感染人的病例的发生。特别是 2013—2017 年我国暴发了 5 波 H7N9 感染人的疫情，感染了 1500 多人，死亡率接近 40%，引起了该病毒是否会广泛感染人群的担忧。2017 年，我国强制家鸡接种 H5/H7 二联禽流感疫苗后，鸡感染 H7N9 急剧减少，人感染的病例也随之消失，这说明源头防控是切实有效的方法。当前，禽流感防控是否应该使用疫苗存在争议。欧美国家通过监测和扑杀进行防控，但由于家禽没有接种疫苗，疫情发生后，大量家禽感染并被大量扑杀，肉蛋产品价格急剧波动。2024 年美国还出现了禽流感病毒 H5N1 跨种感染奶牛和人的疫情，引起了欧美国家对"不使用禽流感疫苗"观点的动摇。我国中小养殖户众多，而且水禽养殖量巨大，难以单纯依赖监测的方法对禽流感进行防控。广泛的监测(包括监测野生鸟类)和强制疫苗免疫，被实践证明为适合我国禽流感防控的有效策略。

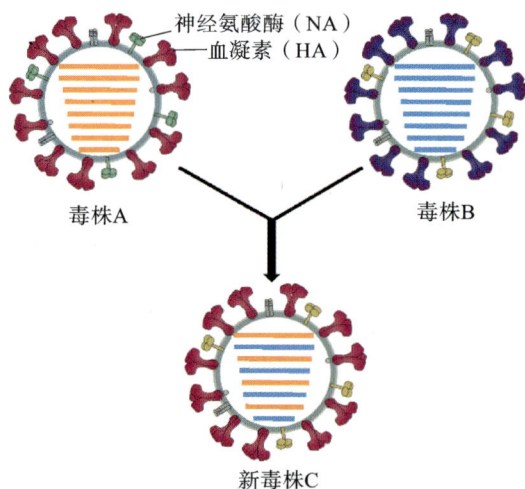

禽流感病毒重配产生新毒株的示意图

H5N1

H7N7,H3N8

H3N8,H3N2

天然宿主

H1N1,H3N2
H7N9,H5N1,H5N6
H9N2,H10N8,H7N7

H1N1,H1N2
H3N2,H4N6

禽流感病毒在各个物种间传播的示意图

② **马立克病毒：强制"劈叉"** 马立克病毒是一种细胞结合性疱疹病毒，可引起家禽恶性肿瘤。该病毒以著名的匈牙利兽医病理学家 Marek 的姓氏命名，他在 1907 年首次描述了该病毒在鸡中所引起的全身性多发性神经炎的症状。马立克病毒可以感染鸡、火鸡、山鸡和鹌鹑等，其中鸡最易感。感染鸡终身带毒，病毒不断从脱落的羽毛囊皮屑中排出，这是该病的传播难以控制的根本性原因。

鸡脚麻痹或瘫痪是感染该病毒的特征性症状，特别是一条腿伸向前方而另一条腿伸向后方，呈现"劈叉"姿势。病鸡多个内脏器官和皮肤形成肿瘤，渐进性消瘦，体重减轻，最后衰竭而死。多发于 2～5 月龄的鸡。目前对 1 日龄雏鸡接种疫苗，已经基本控制了鸡马立克病的大规模流行，但是由于病毒变异、疫苗保存条件极高（需要液氮保存）容易造成疫苗失活等，免疫失败的情况时有发生，导致该病仍然时有流行，尤其是在规模化养鸡场中，一旦发病可以引起大批鸡群死亡，造成严重的经济损失。

③ **新城疫病毒：扭头"观天"** 新城疫病毒属于副黏病毒科。鸡、鸭、鹅、鸽子、鹌鹑、火鸡等禽类均易感，其中以鸡最易感。自 1927 年首次分离到

感染马立克病毒的鸡，腿呈现"劈叉"姿势，内脏布满肉眼可见的肿瘤块

（图片由广东温氏大华农生物科技有限公司提供）

新城疫病毒后，其引起的新城疫已经流行了近百年的时间。 病鸡嗉囊中有液体充盈，将病鸡倒提，会有大量酸臭气味液体从口腔内流出。 病鸡食欲降低，羽毛凌乱，粪便呈黄绿色或黄白色。 部分病鸡出现神经症状，站立不稳，头颈向侧方扭转观天。 新城疫传播速度快，死亡率高，是目前严重危害我国养禽业、必须通过疫苗进行防控的重大动物疫病之一，属于我国二类动物疫病。 我国目前针对鸡新城疫主要是使用新城疫疫苗进行预防。

④ **传染性支气管炎病毒：鸡的冠状病毒** 传染性支气管炎病毒是单股正链 RNA 病毒，属冠状病毒属，可引起鸡的传染性支气管炎（简称鸡传支）。 与猪的冠状病毒主要靠粪-口途径传播不同，传染性支气管炎病毒最常见的传播途径是空气传播，主要感染鸡的呼吸道，病鸡会出现气喘、咳嗽、腹泻等症状。 具有肾致病性的毒株会引起肾脏损伤或者肾炎。 小于 2 周龄的雏鸡感染后，会对生殖系统产生影响，出现"假母鸡"的表现。

⑤ **禽白血病病毒** 禽白血病是由逆转录病毒科的禽白血病病毒引起的禽

感染新城疫病毒的鸡呈现扭头观天的姿势

类肿瘤性疾病，可以造成免疫器官损伤，导致严重的免疫抑制，可在世界范围内各种鸡群中发生。禽白血病首次报道于1868年，从那时起，该病就已经出现流行趋势。在过去的几十年里，禽白血病病毒的感染与传播给全球家禽养殖业造成了巨大的经济损失，是世界范围内重要的禽病之一。该病毒通过垂直传播，因此主要通过净化种鸡场来实现对该病毒的控制。

（二）　家禽携带的细菌

沙门菌：食源性细菌疾病第一"凶手"。

沙门菌在家养和野生动物中广泛存在，多见于食品动物（如禽类、猪和牛）和宠物（包括猫、犬、鸟类和龟等）。禽沙门菌病是由沙门菌属的一种或多种沙门菌所引起的疾病，包括鸡白痢、禽伤寒、禽副伤寒。禽沙门菌对不同日龄的鸡均有易感性，尤其对雏鸡和产蛋鸡危害较大，造成产蛋鸡发生卵黄腹膜炎，降低其生产性能，引发其他疾病。

沙门菌是常见的食源性致病菌。 根据世界卫生组织的统计数据，每年约有1.15亿人因感染沙门菌患病，其中37万人因此死亡。 根据中国疾病预防控制中心的数据，在中国，由细菌引起的食源性疾病事件中，沙门菌感染占比为70%～80%，每年感染达9000多万人次。 人感染后的症状一般有发热、头痛、恶心、呕吐、腹痛和腹泻。 人类沙门菌病的发病一般是由于食用了被污染的动物源性食品（主要是蛋、肉和奶）。 但其他食物，包括被粪便污染的绿色蔬菜，也与沙门菌的传播有关。

三 野生动物携带的微生物

除了猪、牛、羊等家畜，鸡、鸭、鹅等家禽之外，野生动物同样携带大量的微生物。 超过70%的新发传染病是由野生动物传染给人的，而家养动物或者驯养的野生动物在这个过程中又起到适应和"放大"病毒的作用。 20世纪70年代中期以来，除少数年份未有报道外，全球每年都会出现一种或一种以上的新发、再发传染病。 近年来就暴发了SARS、MERS、新型冠状病毒感染三种冠状病毒疫情，其中果子狸和单峰驼分别被认为是SARS和MERS冠状病毒的中间宿主。 穿山甲被发现携带了类新型冠状病毒和类MERS冠状病毒。 源自蝙蝠的亨德拉病毒感染马、尼帕病毒感染猪后再感染人。

新发、再发传染病不仅影响人类健康，还影响畜牧业健康养殖。 例如，严重威胁生猪养殖的非洲猪瘟病毒源自非洲疣猪；严重威胁家禽养殖的多起禽流感疫情大多源自野鸟禽流感病毒。 2017年1月在华南地区首次发现的源自蝙蝠的猪急性腹泻综合征冠状病毒（SADS-CoV）在短短4个月内造成广东省4个猪场

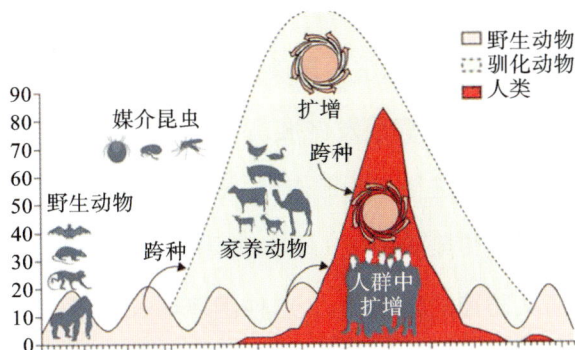

病原微生物从野生动物扩散到人类的示意图

（在 **Karesh** 等，**2012** 原图的基础上修改）

将近 25000 只仔猪剧烈呕吐、腹泻、严重脱水并死亡。

野生动物携带的病原微生物传播给家养动物和人的根源在于人类活动，如狩猎、野生动物贸易、栖息地退化和城市化，促进了野生动物与人类的密切接触，从而增加了病毒传播的风险。 随着我国经济发展，户外旅游活动增加，客观上也增加了人类与野生动物接触的机会。 例如，近年来旱獭就成为西藏旅游人群最喜欢近距离接触的"网红"动物。 但是该动物除了携带鼠疫耶尔森菌之外，徐建国团队还发现其携带着几乎所有种类的致病性大肠埃希菌，包括产志贺毒素大肠埃希菌。 虽然野生动物携带的病原微生物可能对养殖业和人类公共卫生具有一定的威胁，但是野生动物是生态系统不可或缺的一环，不能因为其携带病原微生物就对其"赶尽杀绝"。 那如何进行有效防控呢？ 徐建国团队率先提出反向病原学：①发现、分离、命名新的微生物；②评估新发现微生物的潜在致病性或者公共卫生意义；③提出未来可能引起新发突发传染病疫情的新发现微生物目录；④研究检测、诊断、治疗、防控的技术、方法、措施、策略等；⑤预防发生或早期扑灭疫情，确保不发生重大新发突发传染病疫情。 不言而喻，开展反向病原学研究，可变被动为主动，预防重大传染病疫情的发生。

世界卫生组织认为，下一轮大流行"X疾病"只是时间问题，但全球对新的大流行疾病的准备并不充足。比尔·盖茨也屡次发出预警：我们应该"像预备战争那样严肃地为下一次传染病暴发做准备"。传染病的防控策略是以预防为主，找到传染源对切断传染途径起关键作用，这也是控制传染病最优先的环节。然而，我们对于新发突发传染病疫情，基本都是等疫情暴发后仓促溯源、紧急应对，极易错过早期源头防控的窗口期。这种困境与长期以来对动物携带的病原微生物本底调查不足有极大关系。例如，MERS疫情于2012年暴发，而该病的病原微生物实际上早在19世纪80年代就在单峰驼中传播和演化，但在MERS疫情暴发之前，我们对该病毒一无所知。对自然宿主及媒介的病毒本底认识有限，极大地制约了我们对新发、再发传染病的预警能力和相关防控措施的制订。基于反向病原学，进行长期、系统的动物病原微生物本底调查是实施"人病兽防，关口前移"的基础，是应对新发传染病的关键。运用传统方法鉴别病毒和细菌等病原微生物时需要对病原微生物进行培养、分离和鉴定。对于新病原微生物，由于不清楚是哪种类别，建立培养和分离方法需要耗费很长时间，严重阻碍了我们对新病原微生物的认识。近年来，不依赖于病原微生物培养的新一代高通量测序技术，如宏病毒组测序技术，使得大规模阐明动物病原微生物成为可能。

四 食品动物携带的微生物

微生物多种多样，不用谈微生物而色变。其实动物携带的大多数微生物是有益的，如乳酸菌和双歧杆菌等益生菌可以辅助动物对食物进行消化和吸收，提高饲料的转化率；也可以合成多种维生素，还可以抑制病原微生物的生长和繁殖，促进动物健康。微生物还在动物免疫系统的发育、炎症抑制等方面起到很大的作用。 有研究表明，不论是婴儿还是动物幼崽，接触母体微生物对其免疫系统的发育至关重要。 当前由那些对宿主有益的益生菌或益生菌的促生长物质制成的微生态制剂，已广泛应用于饲料、医药保健和食品等领域。 在饲料工业中广泛应用的有植物乳杆菌、枯草杆菌等，在食品中广泛应用的有乳酸菌、双歧杆菌、肠球菌和酵母菌等。 在医疗领域，也有利用益生菌移植来治疗肠道紊乱等疾病的报道。

有害微生物会抑制机体生长，影响动物对食物的消化和吸收，导致动物生病乃至死亡。 食品动物是人类饮食中蛋白质的重要来源。 人类与食品动物接触频繁，许多病毒、细菌等可共同感染食品动物和人类。 食品动物养殖和屠宰环节是微生物感染人的主要风险环节。 养殖场工人、兽医和屠宰场工人直接暴露于畜禽携带病原微生物的环境中，若未采取必要的个人防护或消毒隔离措施，均可成为高危易感人群。 以 H9N2 禽流感病毒为例，只有零星的该病毒感染人的病例，但据研究，高达 30％的养殖场工人体内有该病毒的抗体，即曾感染该病毒。对于这部分有害微生物，采用严密的监测手段，以及合理的防控措施完全可以进行有效控制。

参考文献

［1］ AI J W, WENG S S, CHENG Q, et al. Human endophthalmitis caused by pseudorabies virus infection, China, 2017 ［J］. Emerg Infect Dis, 2018, 24(6): 1087-1090.

［2］ ASLAM M, ALKHERAIJE K A. The prevalence of foot-and-mouth disease in Asia［J］. Front Vet Sci, 2023, 10: 1201578.

［3］ CADENAS-FERNÁNDEZ E, ITO S, AGUILAR-VEGA C, et al. The role of the wild boar spreading African Swine Fever Virus in Asia: another underestimated problem［J］. Front Vet Sci, 2022, 9: 844209.

［4］ CHATHURANGA K, LEE J S. African Swine Fever Virus（ASFV）: immunity and vaccine development［J］. Vaccines（Basel）, 2023, 11（2）: 199.

［5］ CHEN J, YANG X L, SI H R, et al. A bat MERS-like coronavirus circulates in pangolins and utilizes human DPP4 and host proteases for cell entry［J］. Cell, 2023, 186(4): 850-863. e16.

［6］ CUI X Y, FAN K W, LIANG X H, et al. Virus diversity, wildlife-domestic animal circulation and potential zoonotic viruses of small mammals, pangolins and zoo animals［J］. Nat Commun, 2023, 14（1）: 2488.

［7］ GONZALEZ V, BANERJEE A. Molecular, ecological, and behavioral drivers of the bat-virus relationship［J］. iScience, 2022, 25（8）: 104779.

［8］ GUAN Y, ZHENG B J, HE Y Q, et al. Isolation and characterization of viruses related to the SARS coronavirus from animals in southern China［J］. Science, 2003, 302(5643): 276-278.

［9］ HEMIDA M G, PERERA R A, Al JASSIM R A, et al. Seroepidemiology of Middle East respiratory syndrome（MERS）coronavirus in Saudi Arabia（1993）and Australia（2014）and characterisation of assay specificity [J]. Euro Surveill, 2014, 19 (23): 20828.

[10] HUANG X Y, CHEN Q, SUN M X, et al. A pangolin-origin SARS-CoV-2-related coronavirus: infectivity, pathogenicity, and cross-protection by preexisting immunity [J]. Cell Discov, 2023, 9(1): 59.

[11] HULO C, DE CASTRO E, MASSON P, et al. ViralZone: a knowledge resource to understand virus diversity [J]. Nucleic Acids Res, 2011, 39(Database issue): D576-D582.

[12] JOHNSON C K, HITCHENS P L, PANDIT P S, et al. Global shifts in mammalian population trends reveal key predictors of virus spillover risk [J]. Proc Biol Sci, 2020, 287(1924): 20192736.

[13] JONES K E, PATEL N G, LEVY M A, et al. Global trends in emerging infectious diseases [J]. Nature, 2008, 451(7181): 990-993.

[14] KAN B, WANG M, JING H, et al. Molecular evolution analysis and geographic investigation of severe acute respiratory syndrome coronavirus-like virus in palm civets at an animal market and on farms [J]. J Virol, 2005, 79(18): 11892-11900.

[15] KARESH W B, DOBSON A, LLOYD-SMITH J O, et al. Ecology of zoonoses: natural and unnatural histories [J]. Lancet, 2012, 380 (9857): 1936-1945.

[16] KSIAZEK T G, ERDMAN D, GOLDSMITH C S, et al. A novel coronavirus associated with severe acute respiratory syndrome [J]. N Engl J Med, 2003, 348(20): 1953-1966.

[17] LAM T T, WANG J, SHEN Y, et al. The genesis and source of the

H7N9 influenza viruses causing human infections in China [J]. Nature, 2013, 502(7470): 241-244.

[18] LIANG X H, CHEN X Y, ZHAI J Q, et al. Pathogenicity, tissue tropism and potential vertical transmission of SARSr-CoV-2 in Malayan pangolins [J]. PLoS Pathog, 2023, 19(5): e1011384.

[19] LIU S, JIN D, LAN R T, et al. *Escherichia marmotae* sp. nov., isolated from faeces of *Marmota himalayana* [J]. Int J Syst Evol Microbiol, 2015, 65(7): 2130-2134.

[20] LIU Z G, LIU Q L, WANG H F, et al. Severe zoonotic viruses carried by different species of bats and their regional distribution [J]. Clin Microbiol Infect, 2024, 30(2): 206-210.

[21] LU S, JIN D, WU S S, et al. Insights into the evolution of pathogenicity of *Escherichia coli* from genomic analysis of intestinal *E. coli* of *Marmota himalayana* in Qinghai-Tibet plateau of China [J]. Emerg Microbes Infect, 2016, 5(12): e122.

[22] MOKILI J L, ROHWER F, DUTILH B E. Metagenomics and future perspectives in virus discovery [J]. Curr Opin Virol, 2012, 2(1): 63-77.

[23] OGUZIE J U, MARUSHCHAK L V, SHITTU I, et al. Avian influenza A(H5N1)virus among dairy cattle, Texas, USA [J]. Emerg Infect Dis, 2024, 30(7): 1425-1429.

[24] RAHMAN M T, SOBUR M A, ISLAM M S, et al. Zoonotic diseases: etiology, impact, and control [J]. Microorganisms, 2020, 8(9): 1405.

[25] SABIR J S, LAM T T, AHMED M M, et al. Co-circulation of three camel coronavirus species and recombination of MERS-CoVs in Saudi Arabia [J]. Science, 2016, 351(6268): 81-84.

[26] SHEHATA M M, GOMAA M R, ALI M A, et al. Middle East respiratory syndrome coronavirus: a comprehensive review [J]. Front Med, 2016, 10(2): 120-136.

[27] SHI J S, DENG G H, MA S J, et al. Rapid evolution of H7N9 highly pathogenic viruses that emerged in China in 2017 [J]. Cell Host Microbe, 2018, 24(4): 558-568. e7.

[28] SMITH G J, VIJAYKRISHNA D, BAHL J, et al. Origins and evolutionary genomics of the 2009 swine-origin H1N1 influenza A epidemic [J]. Nature, 2009, 459(7250): 1122-1125.

[29] TONG S X, LI Y, RIVAILLER P, et al. A distinct lineage of influenza A virus from bats [J]. Proc Natl Acad Sci U S A, 2012, 109 (11): 4269-4274.

[30] TONG S X, ZHU X Y, LI Y, et al. New world bats harbor diverse influenza A viruses [J]. PLoS Pathog, 2013, 9(10): e1003657.

[31] WANG M, YAN M Y, XU H F, et al. SARS-CoV infection in a restaurant from palm civet [J]. Emerg Infect Dis, 2005, 11(12): 1860-1865.

[32] WU F, ZHAO S, YU B, et al. A new coronavirus associated with human respiratory disease in China [J]. Nature, 2020, 579(7798): 265-269.

[33] XIANG D, PU Z Q, LUO T T, et al. Evolutionary dynamics of avian

influenza A H7N9 virus across five waves in mainland China, 2013-2017 [J]. J Infect, 2018, 77(3): 205-211.

[34] XIAO K P, ZHAI J Q, FENG Y Y, et al. Isolation of SARS-CoV-2-related coronavirus from Malayan pangolins [J]. Nature, 2020, 583 (7815): 286-289.

[35] YE C Y, ZHU X P, JING H Q, et al. *Streptococcus suis* sequence type 7 outbreak, Sichuan, China [J]. Emerg Infect Dis, 2006, 12(8): 1203-1208.

[36] YE G Q, LIU H Y, ZHOU Q Q, et al. A tug of war: pseudorabies virus and host antiviral innate immunity [J]. Viruses, 2022, 14 (3): 547.

[37] YU H J, JING H Q, CHEN Z H, et al. Human *Streptococcus suis* outbreak, Sichuan, China [J]. Emerg Infect Dis, 2006, 12(6): 914-920.

[38] ZAKI A M, VAN BOHEEMEN S, BESTEBROER T M, et al. Isolation of a novel coronavirus from a man with pneumonia in Saudi Arabia [J]. N Engl J Med, 2012, 367(19): 1814-1820.

[39] ZHANG X, LUO T T, SHEN Y Y. Deciphering the sharp decrease in H7N9 human infections [J]. Trends Microbiol, 2018, 26(12): 971-973.

[40] ZHOU P, FAN H, LAN T, et al. Fatal swine acute diarrhoea syndrome caused by an HKU2-related coronavirus of bat origin [J]. Nature, 2018, 556(7700): 255-258.

[41] 陈尧贵, 张熠, 贾胜军, 等. 鸡沙门氏菌病研究进展 [J]. 中国畜禽种

业，2023，19（9）：136-142.

[42] 崔健.鸡新城疫病原学及疫苗研究进展［J］.中国畜牧业，2015（7）：50-52.

[43] 侯雪霞.猪流行性腹泻流行趋势与防控［J］.北方牧业，2024（4）：37.

[44] 高巧梅.鸡马立克氏病的病因和防控措施［J］.现代农村科技，2024（4）：87-88.

[45] 关佳宁.牛结核病诊断与防控的研究进展［J］.现代畜牧兽医，2024（2）：83-87.

[46] 黄国廷，杨礼.猪高热病的发病原因与防控措施［J］.现代农村科技，2023（10）：75-76.

[47] 梁雪晨，高亚东，李曲文.福建省36株人源猪链球菌分离株病原学特征分析［J］.中国人兽共患病学报，2024，40（2）：161-165，170.

[48] 刘洋.动物伪狂犬病毒在我国的流行［J］.新农业，2022（6）：60.

[49] 宋霜，姜鹏语，王成立，等.牛羊布鲁氏杆菌病及其综合防控［J］.畜牧兽医科技信息，2023（10）：98-100.

[50] 王华，王君玮，徐天刚，等.非洲猪瘟流行病学和诊断方法的研究进展［J］.中国兽医科学，2008，38（6）：544-548.

[51] 王静.西班牙与巴西非洲猪瘟防控经验［J］.中国畜牧业，2020（16）：51-53.

[52] 王清华，任炜杰，包静月，等.我国首例非洲猪瘟的确诊［J］.中国动物检疫，2018，35（9）：1-4.

[53] 王颖，缪发明，陈腾，等.中国首例非洲猪瘟诊断研究［J］.病毒学报，2018，34（6）：817-821.

[54] 杨梦，王鹏，徐晓倩，等.江西省人感染猪链球菌病原学和基因组特征

分析［J］. 中国人兽共患病学报，2023，39(4): 358-363.

［55］ 邹兴启，李芳韬，刘业兵. 我国猪瘟流行现状及净化之路［J］. 中国猪
业，2024，19(1): 47-52.

（沈永义　沈雪娟）

该章节得到 广东省重点领域研发计划(项目号 2022B1111 040001)的资助。

第六章

野生动物携带的病原微生物和
未知微生物

野生动物是多种病原微生物的自然储存库

一　野生动物：自然界中庞大的病原微生物储存库

野生动物是微生物的自然宿主，是微生物在大自然中的"蓄水池"。它们携带种类丰富的微生物，长期以来与寄生在它们体内的微生物共同繁衍、协同进化。科学家通过代表性动物宿主的病毒检测结合统计学分析模型，预估全球5000多种哺乳动物和1万余种鸟类共携带大约167万种尚未发现的病毒。有的研究人员考虑到一些病毒可能为多种不同的动物宿主所共有，通过测算，他们认为哺乳动物携带大约4万种病毒，其中潜在的人兽共患病毒约1万种。除病毒外，存在于野生动物中的病原微生物还包括细菌、真菌等，而每一种病毒或细菌在野生动物中还可能存在多样的基因型、血清型和毒株。因此，野生动物携带病原微生物的丰富程度可能远超我们目前的认知。虽然一些源自野生动物的微生物会传播到人群并造成新发传染病疫情，但对于自然界而言，这些微生物并非凭空产生的，而是和它们的野生动物宿主一样，是组成地球生态系统的一部分。

我国拥有独特而丰富的物种资源，是北半球生物多样性最高的国家。种类繁多的野生动物与复杂的地理生态环境意味着我国的野生动物中也携带着大量未知微生物。我国现有陆生脊椎动物近3000种，其中哺乳动物近700种，约占全球总数的12％；鸟类1400多种，约占全球总数的13％。按照美国哥伦比亚大学和生态健康联盟等机构的测算方法，我国野生的陆生脊椎动物可能携带接近17万种病毒。未知细菌的种类同样繁杂，我国科学家利用宏基因组分类分析方法，推测仅在青藏高原地区的野生兽类中就存在1万～3万种未知细菌。由此看来，我国多样化的野生动物种群构成了一个庞大的病原微生物储存库。

二 野生动物携带的微生物：已发现的只是冰山一角

随着人们逐渐意识到野生动物相关病原微生物与人类疾病之间的联系，世界各国在野生动物微生物监测与病原调查方面的投入不断加大。另外，高通量测序技术及组学分析技术（如宏基因组分析、宏转录组分析等）快速发展，为在野生动物中寻找未知病原微生物提供了利器。近十年来，全球研究人员在野生动物微生物组调查和新病原微生物发现等研究领域取得显著进展，在蝙蝠、啮齿动物、鸟类等各类野生动物体内发现并鉴定了大量未知病毒等微生物，在野生动物中新发现的微生物数量和种类呈现爆发式增长。我国科学家建立的动物源和媒介传播病毒数据库 ZOVER（database of zoonotic and vector-borne viruses）目前收录了超过 25000 条蝙蝠病毒和 19900 多条啮齿动物病毒的基因序列及相关数据信息，这些病毒包括 30 多个病毒科的成员，涵盖了感染脊椎动物的大部分病毒科。我国科学家于 2023 年发表的一项关于病毒组研究的报道显示，仅在湖北和浙江两省 4 处地点的蝙蝠、啮齿动物和鼩鼱这几类动物中就发现了 500 多种新病毒。

尽管人们正以前所未见的速度刷新对未知微生物世界的认知，但现有的野生动物微生物调查在地域范围、时间跨度、动物种类等方面还存在明显的局限性。在亚洲、非洲、南美洲等生物多样性高度丰富的地区，由于受到技术、资金等方面的制约，关于当地野生动物微生物的研究鲜有报道。此外，目前的大部分研究以病毒调查为主，对野生动物携带的细菌、衣原体、真菌等微生物的了解较为匮乏。如果把蕴藏于野生动物种群的微生物比作一座广袤的冰川，目前我们已发现的微生物仅仅是冰山一角，我们对我国乃至全球野生动物携带微生物的本底数据的掌握仍然严重欠缺。

三　野生动物中发现的新型微生物：认识远远不足

虽然在野生动物中发现的新型微生物越来越多，但是大多数研究工作仅局限于宏基因组分析、基因组测序分析等基因层面，并未进一步通过细胞实验和动物感染实验等病原学实验对这些新型微生物进行深入、系统的研究。对于在野生动物中发现的大部分未知微生物，我们了解的只是皮毛，虽然获得了它们的全基因组序列等遗传信息，但关于人是否对其易感、其是否致病、是否可能发生有效传播等生物学特性知之甚少，对这些新型微生物在野生动物宿主中的流行特征、传播规律也缺少了解。以蝙蝠冠状病毒为例，目前在蝙蝠中发现的冠状病毒达 28 个病毒种，然而只有 SARS 相关冠状病毒、MERS 相关冠状病毒、HKU4 等少数几种蝙蝠冠状病毒有实验动物致病性等方面的研究数据。我们虽然认识了很多新的野生动物微生物，但对它们只有一知半解，不清楚这些新面孔是否对公众健康有潜在威胁。这些知识缺口使得我们无法对未知微生物引起人类疾病的风险进行准确的预判，阻碍了对未来新发传染病疫情的有效预警和预防。

四　野生动物与病原微生物

微生物的世界纷繁庞杂，是自然界生物多样性的重要组成部分。有的微生物功劳显赫，发挥着维持生态环境和动植物生命机能等重要作用，也有一些微生物是危害人和动植物健康的"敌人"，能使宿主出现不同严重程度的疾病。病毒、细菌、真菌等各类微生物中都有一定比例的病原微生物，有的病原微生物感染机体会造成急性疾病甚至快速导致机体死亡，有的则在人或动物体内造成慢性感染或潜伏感染。近年来，疫源野生动物携带病原微生物的跨种传播是全球新发、再发传染病的主要原因之一。作为人类新发病原微生物的自然宿主，野生动物可以长期携带病原微生物而不表现出明显症状，这些病原微生物一旦突破宿主之间的屏障传播到人类，则可能引起传染病疫情。在各类野生动物中，蝙蝠、啮齿动物、鼩鼱、非人灵长类动物、野生鸟类等被认为是人兽共患病病原微生物极其重要的来源。本章将分别对这几类野生动物携带的病原微生物进行举例介绍。

1 **蝙蝠：飞行的病毒库** 蝙蝠是翼手目动物的统称，是唯一能够持续飞行的哺乳动物。目前已知的蝙蝠达 1400 多种，占据哺乳动物种类总数的 20% 以上，分布于除南极洲以外的各大洲。多样的物种、广泛的分布、独特的生活习性和生理机制使得蝙蝠成为多种病毒的储存库。尽管蝙蝠携带大量病毒，但只有少部分病毒可能跨种传播到人和其他动物。蝙蝠携带的与人类疾病相关的病毒主要包括冠状病毒、丝状病毒、副黏病毒和狂犬病毒这几类。

（1）**蝙蝠携带的冠状病毒**：冠状病毒因病毒粒子的外观形似皇冠而得名，感染人或动物后可引起严重程度不一的呼吸道或消化道疾病。21 世纪以来，严重急性呼吸综合征（severe acute respiratory syndrome，SARS，又称"非典型肺炎"）、中东呼吸综合征（Middle East respiratory syndrome，MERS）和新型冠状病毒感染（简称新冠病毒感染）这三种由新发冠状病毒引起的急性呼吸道传染病先后暴发流行，对人类健康造成了严重危害。

我国在 2003 年和 2020 年分别遭受了 SARS 和新冠病毒感染疫情的冲击，这两种疾病的病原微生物——SARS 冠状病毒（SARS-CoV）和新型冠状病毒（SARS-CoV-2）的亲缘关系较为接近，在分类学上同属 SARS 相关冠状病毒（SARS-related coronavirus，SARSr-CoV）这一个病毒种。研究人员在亚洲、欧洲和非洲等地的多种菊头蝠中发现了 SARSr-CoV，该病毒拥有和 SARS-CoV 或 SARS-CoV-2 类似的基因组序列，其中一些病毒属于 SARS-CoV 或 SARS-CoV-2 的近亲，表明蝙蝠是这一类冠状病毒的自然宿主。

我国科学家曾经从一处洞穴采集的菊头蝠粪便样本中分离到三株与 SARS-CoV 高度同源的 SARSr-CoV。 在负责结合宿主细胞受体的刺突蛋白上，这些病毒与 SARS-CoV 的序列相似度最高达到 96％，这种高度相似性使得它们可以通过与 SARS-CoV 相同的功能受体——人血管紧张素转换酶 2（ACE2）入侵细胞。 科学家通过多年监测，在这处洞穴的蝙蝠中发现了 SARS-CoV 的天然基因库。 若将 SARS-CoV 的基因组比作一套积木，那么组成积木的各个零部件都能在这些蝙蝠的 SARSr-CoV 中找到，提示 SARS-CoV 的祖先毒株可能通过蝙蝠 SARSr-CoV 之间的基因重组产生。 以上这些科学发现为认识 SARS-CoV 的蝙蝠起源提供了关键线索。

菊头蝠是 **SARS** 相关冠状
病毒的自然宿主
（图片由广东省科学院动物研究所
张礼标研究员提供）

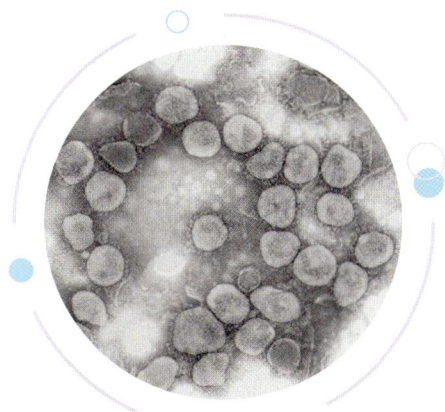

在蝙蝠粪便样本中分离到与 **SARS-CoV**
近似的 **SARSr-CoV**

新冠病毒感染疫情发生后，研究人员在从老挝、柬埔寨等东南亚国家采集的蝙蝠样本中发现了与 SARS-CoV-2 近似的冠状病毒。 其中老挝蝙蝠携带的冠状病毒 BANAL-52 与 SARS-CoV-2 的全基因组相似度达到 96.8％，是目前已知最接近 SARS-CoV-2 的冠状病毒。 这些证据显示 SARS-CoV-2 的祖先毒株可能也和蝙蝠有关。

MERS 冠状病毒（MERS-CoV）是一种流行于沙特阿拉伯等中东国家的高致病性新发冠状病毒，致死率比 SARS-CoV 和 SARS-CoV-2 更高。 在中东地区，单峰驼是人感染 MERS 的直接源头。 除骆驼外，研究人员在中国、欧洲和非洲等地的蝙蝠中也发现了与 MERS-CoV 相似、属相同病毒种的冠状病毒，称为 MERS 相关冠状病毒（MERS-related coronavirus, MERSr-CoV），其中一些 MERSr-CoV 已被证实能通过结合与 MERS-CoV 相同的 DPP4 受体入侵宿主细胞。 与骆驼携带的 MERS-CoV 相比，蝙蝠携带的 MERSr-CoV 与人携带的 MERS-CoV 的亲缘关系更远一些，因此蝙蝠 MERSr-CoV 并非 MERS-CoV 的直接祖先，而是进化上较原始的祖先。 目前的观点认为，MERS-CoV 的祖先毒株在很早之前从蝙蝠跨种传播到骆驼，在骆驼中经历了多年的进化，随着非洲、中东地区等地骆驼的贸易和迁徙演化出不同的支系，在中东地区骆驼中流行的 MERS-CoV 演化产生了更强的感染人类的能力，最终由骆驼传播到人。

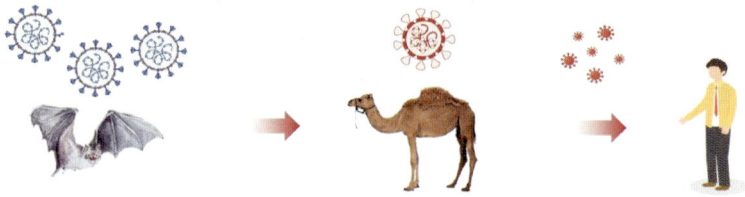

MERS-CoV 的跨种传播链

蝙蝠是冠状病毒的重要自然宿主，这些冠状病毒也成为近年来人兽共患冠状病毒研究的热点。 有研究证实，一些在蝙蝠中新发现的 SARSr-CoV、MERSr-CoV 以及 HKU4 冠状病毒毒株能与人源性细胞受体结合，能感染表达人源性受体的转基因小鼠并对其致病，表明这些病毒可能持有撬开感染人类大门的钥匙，具备传播到人的潜在风险。

（2）**蝙蝠携带的丝状病毒**：丝状病毒是一类外观呈线状或者杆状的 RNA 病毒，这类病毒包括多个杀伤力极强、名声显赫的成员，如埃博拉病毒、马尔堡病毒等烈性病毒。 在电子显微镜下观察，埃博拉病毒等丝状病毒身姿苗条纤细，宛如中国古代的"如意"，但实则是不折不扣的"杀手"。 埃博拉病毒与马尔堡病毒这两种丝状病毒曾在非洲国家多次引起严重出血热疫情，对人类和非人灵长类动物等都具有很高的致死率，令当地群众闻而生畏，对当地公众健康和物种保护造成重大威胁。

蝙蝠被认为是多种丝状病毒的自然储存宿主。 研究人员在加蓬、刚果（金）、赞比亚等国的果蝠中检测到扎伊尔型埃博拉病毒的抗体，并在加蓬和刚果（金）的三种果蝠中检测到了埃博拉病毒核酸。 2000 年刚果（金）暴发马尔堡出血热，研究人员在一处矿洞的埃及果蝠体内检测到了马尔堡病毒 RNA 和病毒抗体。 2008 年，数名欧美游客在到访乌干达一处洞穴后出现出血热症状，研究人员从该洞穴捕获的埃及果蝠体内成功分离出马尔堡病毒，并发现与感染患者的马尔堡病毒基因序列高度一致，证实埃及果蝠是马尔堡病毒的自然储存宿主。此外，多个研究团队在肯尼亚、加蓬等其他非洲国家的果蝠样本中也检测到马尔堡病毒。

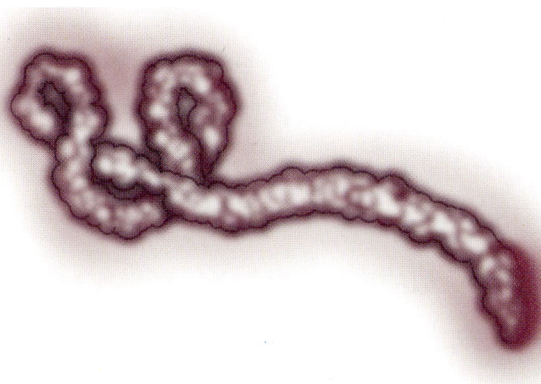

埃博拉病毒粒子形态结构

除了已知能引起人类疾病的马尔堡病毒和几种埃博拉病毒外，在非洲、欧洲和中国的蝙蝠中还发现了 Lloviu 病毒、勐腊病毒、德宏病毒等丝状病毒科的其他成员。 初步实验数据显示其中一些新型丝状病毒具有潜在的跨种感染风险，但目前仍缺乏关于这些丝状病毒致病性的研究证据。

（3）**蝙蝠携带的副黏病毒**：副黏病毒是一个规模较大的病毒家族，包括腮腺炎病毒、麻疹病毒等被我们熟知的病毒。 近些年来，尼帕病毒作为一种高致病性的副黏病毒多次崭露头角。 这种病毒感染人以后可造成致死性脑炎和呼吸道疾病，且缺少有效的疫苗和治疗手段，被列为生物安全等级四级的病原微生物。

尼帕病毒这个不速之客于 1998 年在马来西亚的一个养猪场首次被发现，疫情暴发后蔓延至邻国新加坡，共造成大约 280 人感染，百余人死亡。 孟加拉国自 2001 年起长期出现尼帕病毒感染散发疫情，死亡率超过 70％。 最近几年，印度南部的喀拉拉邦也多次遭受尼帕病毒感染疫情"光顾"。 在对病毒溯源的过程中，研究人员在马来西亚的小狐蝠和柬埔寨的莱莉狐蝠尿液中分离到了尼帕病毒，说明狐蝠是尼帕病毒的自然宿主。 此外，孟加拉国、柬埔寨、印度尼西亚、巴布亚新几内亚等国也报道了蝙蝠感染尼帕病毒的血清学证据。 这些研究结果表明尼帕病毒和与其近似的副黏病毒广泛分布于亚洲热带地区的蝙蝠中。在马来西亚的疫情中，蝙蝠携带的尼帕病毒可通过猪等中间宿主传播至人群；而在孟加拉国等地，尼帕病毒则是因为当地人饮用被蝙蝠尿液、唾液等污染的棕榈树汁而直接从蝙蝠传播到人。 由于蝙蝠栖息地的丧失，狐蝠的活动范围出现在一些热带国家的城市郊外，与人类的接触机会逐渐增多，这些因素导致尼帕病毒周期性地感染人类和家畜。

除尼帕病毒及与其类似的亨德拉病毒外，科学家在蝙蝠体内还发现了大量新型副黏病毒，其与已知的致病性副黏病毒存在很大的差异，暂时还无法推断这些未知病毒是否可能跨种感染人类并引发疾病。

（4）**蝙蝠携带的狂犬病毒**：狂犬病毒感染人后可引起致死性高达 100％的中枢神经系统疾病。 我们通常提及的狂犬病毒指的是经典狂犬病毒（rabies virus，RABV），而广义上的狂犬病毒其实是弹状病毒科（Rhabdoviridae）狂犬病毒属

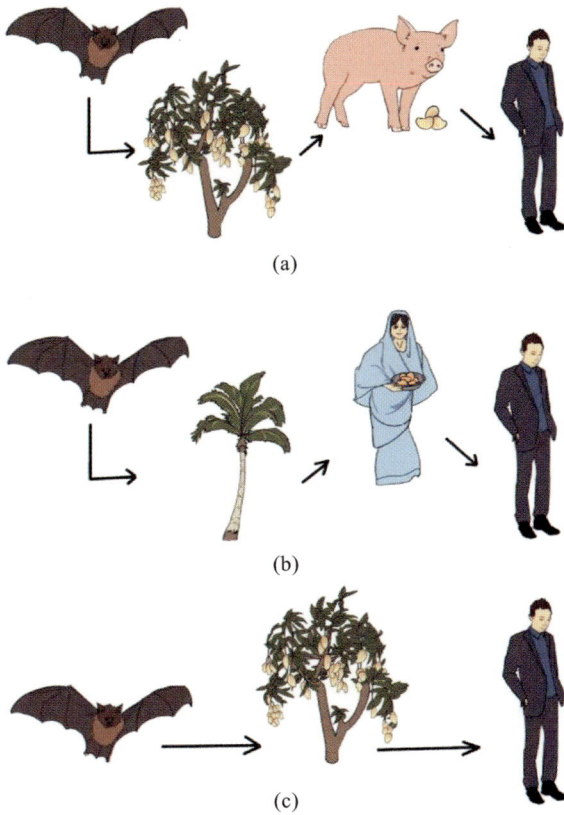

不同国家的尼帕病毒感染疫情存在不同的传播路线

(a)马来西亚：以猪作为中间宿主传播；(b)孟加拉国：饮用被蝙蝠尿液、唾液等污染的棕榈树汁会导致人类

感染尼帕病毒；(c)印度喀拉拉邦发生的尼帕病毒感染疫情存在由食果蝙蝠直接传染给人类的可能性

(*Lyssavirus*)成员的总称，除了 RABV 外还包括多种在蝙蝠等野生动物中发现的其他狂犬病毒。 在狂犬病毒属的 17 种病毒中，有 15 种与蝙蝠相关。

人被蝙蝠咬伤后可能感染狂犬病毒。 在美洲，蝙蝠源性 RABV 是狂犬病流行的主要原因，在当地感染 RABV 的病例大多与吸血蝙蝠密切相关。 美洲之外的地区没有吸血蝙蝠分布，而食虫蝙蝠和食果蝙蝠极少主动攻击人类，因此与蝙蝠相关的狂犬病只有零星报道。 例如，非洲的杜温哈格病毒（Duvenhage virus）共引起过 3 起人类死亡病例。 乌克兰、芬兰等国曾报道数起与欧洲蝙蝠狂犬病毒 1 型和欧洲蝙蝠狂犬病毒 2 型有关的人狂犬病病例。 2007 年，俄罗斯远东地区一名女孩遭蝙蝠咬伤嘴唇，一个月后死于狂犬样症状，随后该病例被确认与一种名为伊尔库特病毒（Irkut virus）的狂犬病毒感染有关。

除病毒外，蝙蝠还可以传播真菌类病原微生物。 研究人员调查发现，蝙蝠生活的洞穴生境中含有一些对人类健康构成潜在威胁的致病真菌，如能导致人类呼吸系统疾病的肺囊菌。 因此，深入蝙蝠洞穴的风险暴露人群，如从事采矿工作的人员、洞穴探险人员等需要做好防范。

2 **啮齿动物：鼠鼠我啊，病菌好多** 啮齿动物是哺乳动物中种类最多、数量最为庞大的一类，占据全球哺乳动物种类总数的 40%，其中我们通常说的"老鼠"就有好几百种。 高度的物种多样性造就了啮齿动物体内丰富的病毒、细菌等微生物群落。 由于啮齿动物的物种数量几乎是蝙蝠的两倍，其携带的人兽共患病病原微生物的种类比蝙蝠还要多。 与蝙蝠相比，啮齿动物在城市、乡村和野外都有分布，与人类接触的频率更高，成为多种人兽共患病的源头，"老鼠"也因此成为知名害兽。 早在中世纪，由啮齿动物造成的人类传染病就有发生。 时至今日，啮齿动物特别是鼠类携带的病原微生物依旧是公众健康的潜在威胁。

（1）**啮齿动物携带的汉坦病毒**：汉坦病毒是啮齿动物传播的重要的人兽共患病毒之一，引起人类疾病的汉坦病毒均属于哺乳动物汉坦病毒亚科。 按照国际病毒分类委员会最新报道，这一亚科包括 4 个属的 47 种病毒。 不同种类的汉坦病毒感染人体后主要引起肾综合征出血热（hemorrhagic fever with renal syndrome，HFRS）和汉坦病毒心肺综合征（Hantavirus cardiopulmonary syndrome，HCPS）这两种严重疾病。 HCPS 主要发生于美洲，而 HFRS 主要流行于亚洲和欧洲，在我国通常被称为"流行性出血热"，是我国长期面临的一项公共卫生问题。 不同类型的汉坦病毒感染人体后的致病机制类似，即通过改变凝血功能、舒张血管、破坏毛细血管屏障功能而导致出血和器官损伤，致死率可达 35%～50%。

汉坦病毒具有丰富的遗传多样性。 在进化的历史长河中，汉坦病毒与它们的自然宿主啮齿动物表现出共进化的关系，即每一种汉坦病毒都以一种特定的鼠种作为其自然宿主。 例如，在欧亚大陆引起 HFRS 的汉滩病毒（Hantaan virus，HTNV）、首尔病毒（Seoul virus，SEOV）、普马拉病毒（Puumala virus）和多布拉伐病毒（Dobrava virus）分别以黑线姬鼠（*Apodemus agrarius*）、褐家鼠（*Rattus norvegicus*）、河堤田鼠（*Myodes glareolus*）和黄喉姬鼠（*Apodemus flavicollis*）作为主要宿主。 近年来新发现的新型汉坦病毒种类迅速增多，人们所了解的汉坦病毒宿主范围不断扩大，在很多新的鼠种中发现了汉坦病毒新种，在鼩鼱、鼹鼠和蝙蝠中也发现了多种原来未知的汉坦病毒。

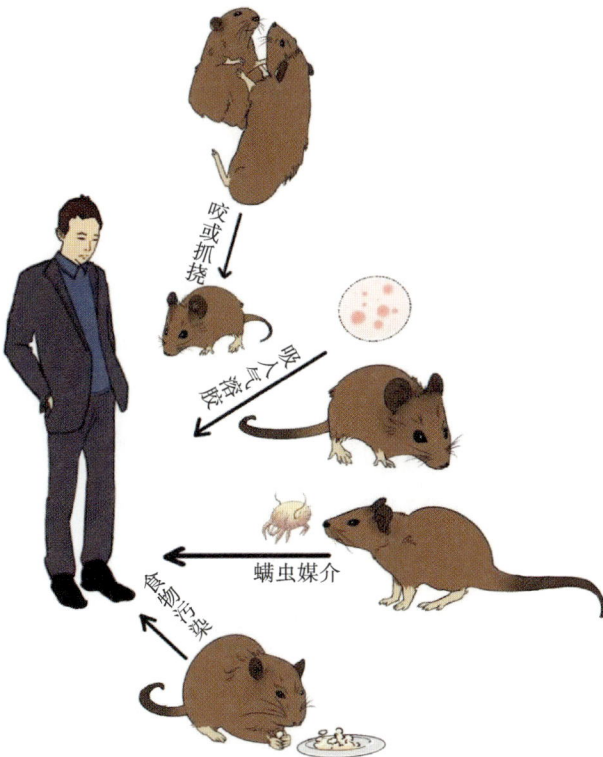

汉坦病毒在鼠类之间以及从鼠到人的传播途径

国内已报道的可以引起 HFRS 的只有 HTNV 和 SEOV 两种汉坦病毒，主要传染源为黑线姬鼠和褐家鼠，前者主要引起黑龙江、浙江、安徽、四川、宁夏等地区的野鼠型 HFRS 流行，后者则常引起吉林、内蒙古、河北、江西等地区的家鼠型 HFRS 局部暴发，另外还有一些省份为两者共同形成的混合型流行区。 人可能通过吸入携带汉坦病毒的鼠类排泄物、分泌物形成的气溶胶感染病毒，也可能由于误食被鼠类污染的食物而感染，革螨和恙螨也可作为汉坦病毒由鼠传播到人的媒介。

（2）啮齿动物携带的沙粒病毒：沙粒病毒是源自啮齿动物的另一大类对人类致病的病毒，大多数沙粒病毒以特定的某种或几种啮齿动物作为其自然宿主。拉沙病毒（Lassa virus，LASV）是沙粒病毒中知名度最高的成员，感染人体后能引起急性出血热疾病，在以尼日利亚为首的西非国家长期流行，每年可造成约 30 万人感染，对当地居民健康造成了不小的危害。 分布在非洲的一种名为多乳鼠（*Mastomys natalensis*）的鼠类可谓是拉沙病毒行走的培养皿，具有很高的带毒率。 在南美洲，当地的鼠种和非洲不同，携带的沙粒病毒也不一样。 胡宁病毒、马丘波病毒、瓜纳瑞托病毒和萨比亚病毒这几种沙粒病毒分别在阿根廷、玻利维亚、委内瑞拉和巴西等国引起过严重的出血热疾病。

我国并非沙粒病毒传统的自然疫源地，但近年来陆续有一些关于新型沙粒病毒的报道。 温州病毒于 2013 年在浙江温州地区的啮齿动物中首次被发现，此后在山东、广东、海南、江西和新疆等多地的啮齿动物样本中也检测到温州病毒的不同变异株。 在青海玉树地区的高原鼠兔中则发现另一种名为高原鼠兔病毒的新型沙粒病毒。 尽管目前没有明确证实这些新型沙粒病毒引起人类疾病的案例，但在江西、青海等地能在一些临床患者血清中检测到温州病毒或高原鼠兔病毒特异性抗体，这些证据提示这些病毒可能也具有感染人的风险。

（3）鼠疫耶尔森菌：鼠疫是由鼠疫耶尔森菌感染引起的一种烈性传染病，这种古老的疾病在历史上多次造成大规模疫情，如欧洲中世纪毁灭性的"黑死病"

瘟疫，在近代也曾重创我国。 目前，鼠疫是我国法定传染病中仅有的两种甲类传染病之一，位列传染病防治等级的最高级。 鼠疫耶尔森菌能感染 200 多种野生啮齿动物，主要宿主是旱獭、沙鼠、田鼠等。 跳蚤是鼠疫的主要传播媒介，软蜱、革蜱等其他吸血节肢动物也可能携带鼠疫耶尔森菌。

我国是鼠疫自然疫源地多样性较高的地区之一。 旱獭、地松鼠、沙鼠等啮齿动物鼠疫宿主均在我国栖息分布。 以旱獭为例，这种相貌呆萌的小动物体内可能暗藏着鼠疫耶尔森菌这个"凶器"，主要分布于四个自然疫源地，包括青藏高原喜马拉雅旱獭鼠疫自然疫源地、天山山地灰旱獭-长尾黄鼠鼠疫自然疫源地、帕米尔高原长尾旱獭鼠疫自然疫源地和呼伦贝尔高原蒙古旱獭鼠疫自然疫源地。 旱獭鼠疫可通过跳蚤等媒介叮咬、接触染疫动物、呼吸道飞沫及食用含有病菌的未煮熟的肉类等途径传播。 我国旱獭鼠疫疫源地的鼠疫主要传播途径是接触传播（如通过宰杀、剥皮等方式直接接触染疫动物时，细菌经手部伤口进入人体）、染疫跳蚤叮咬传播或肺鼠疫患者的人际传播。 身处鼠疫自然疫源地附近、与野生动物有密切接触的牧民或野外工作人员属于鼠疫的风险暴露人群，其感染概率高于普通人群。

③ **鼩鼱：不要搞错，我不是老鼠**　由于外形和老鼠相似，鼩鼱常被人们误认为是老鼠的近亲，然而这种动物与鼠类等啮齿动物的关系实际上相距甚远。与鼠类的相似之处在于鼩鼱也是一类携带多种病原微生物的小型野生兽类。 鼩鼱的数量相对于蝙蝠和啮齿动物较少，目前在鼩鼱中发现的病原微生物种类总数也远远不及蝙蝠和啮齿动物。 然而，最近的一项野生动物病毒组调查研究结果显示，鼩鼱携带病毒的多样性超出了我们原有的认知。 单一物种的鼩鼱能携带比单一物种的蝙蝠和啮齿动物更多的病毒，平均每种鼩鼱能携带 48.3 种病毒，在斯氏缺齿鼩鼱这种单一宿主中甚至发现了约 150 种病毒。

在欧洲，鼩鼱是博尔纳病毒（Borna virus）的自然宿主，这种病毒可以跨种感染人类并造成严重的脑炎等神经系统疾病。 2022 年，我国河南、山东两省报道

鼩鼱是另一类携带多种病原微生物的小型野生兽类

（图片由中国科学院昆明动物研究所杨兴娄研究员团队提供）

了由一种名为琅琊病毒的新型副黏病毒引起的新发传染病疫情，患者主要症状为发热、乏力、咳嗽、肌肉酸痛，并伴有血小板减少和肝功能受损。溯源研究显示鼩鼱是琅琊病毒的自然宿主，然而未发现不同患者之间存在密切接触史或共同暴露史，提示这次琅琊病毒感染疫情可能是由彼此独立的跨种传播事件造成的散发疫情。这种由鼩鼱传播的新病毒的人际传播能力也尚不明确。

4 非人灵长类动物：人类的近亲　非人灵长类动物是与人类亲缘关系最近的哺乳动物，紧密的进化关系使得人类与非人灵长类动物对病原微生物的易感性较为类似。与其他野生动物相比较，感染非人灵长类动物的病原微生物更容易突破种属屏障感染人类。近30年来在人群中广泛传播和流行的人类免疫缺陷病毒（HIV）是非人灵长类动物来源的新发病毒，它源自流行于中西部非洲黑猩猩、大猩猩、非洲绿猴等非人灵长类动物中的猴免疫缺陷病毒（simian immunodeficiency virus，SIV）。SIV 存在多个种系，在过去几十年到一百年间，发生了多次 SIV 从非人灵长类动物向人类的跨种传播，SIV 逐步演变成在人群中有效传播的 HIV。 猴 B 病毒是一种自然存在于猕猴中的疱疹病毒，对健康的猕猴很少致命，感染人后却可能引起严重疾病，致死率达 70%～80%。 2021年北京一名从事非人灵长类动物繁育及实验研究的人员在解剖病死猴之后出现发热和神经症状并最终死亡，为我国报道的首例人感染猴 B 病毒的跨种传播事件。 此外，近年来引起全球大流行的猴痘病毒虽然以啮齿动物作为自然宿主，但非人灵长类动物也是其重要的易感宿主。

在另一些情况下，非人灵长类动物是病原微生物从蝙蝠等自然宿主跨种传播到人的桥梁。 它们通过源自自然宿主的偶然"溢出"事件而感染病原微生物，再将病原微生物传播给人类，成为新发突发传染病疫情暴发最直接的动物来源。 埃博拉疫情便是案例之一。 非洲发生的数次埃博拉疫情的首例患者都是在接触、处理埃博拉病毒感染致死的黑猩猩、大猩猩等非人灵长类动物之后而感染病毒。 在一些养殖业落后的地区，特别是非洲、东南亚等热带雨林地区，人类对非人灵长类动物的狩猎活动依然存在，非人灵长类动物来源的病原微生物可能通过这些活动感染人类，造成疾病的暴发流行。

5 **食肉目动物：与人类社会有很多交集的重要病原微生物宿主** 经典狂犬病毒（RABV）是食肉目动物传播的主要的病原微生物。 虽然在上文中我们提到蝙蝠是 RABV 的自然宿主，但包括家养犬在内的食肉目动物是 RABV 最主要的携带者和传播者。 在我国发生的狂犬病病例中，90%以上患者的传染源为家养犬或流浪犬。 除了家养犬外，狐狸、狼、鼬獾、貉、浣熊等食肉目野生动物的狂犬病毒感染案例也有报道，这些动物的活动可能增加了狂犬病毒在野外的传播风险，狂犬病毒可能由这些野生动物传播到家畜并进一步传播到人。

除狂犬病毒外，食肉目动物还是其他一些新发病原微生物的中间宿主，在人兽共患病的发生与传播过程中扮演了重要角色。 例如，研究证明食肉目动物是多种新发冠状病毒的潜在宿主。 在 2003 年我国暴发的 SARS 疫情中，广东市场上的果子狸是 SARS-CoV 的直接感染源，被认为是 SARS-CoV 从自然宿主蝙蝠传播到人的"跳板"。 最近一项针对我国野味动物的病毒组调查在野生果子狸样本中发现了与蝙蝠 HKU8 冠状病毒相关的病毒序列，提示这种蝙蝠携带的冠状病毒也可能跨种传播到果子狸。

果子狸是 **SARS-CoV** 可能的中间宿主

食肉目动物与人类之间的接触非常广泛。 水貂等毛皮动物具有重要经济价值，在一些地区有规模化养殖。 貉、黄鼬等是我国城市里的常见野生动物。 果子狸、獾等则常被作为野味动物出售，我国也曾有养殖化的果子狸以供应市场。以上这些动物与人群之间可能存在较为密切的接触，为它们携带的病原微生物的跨种传播创造了条件。

6 **穿山甲：稀有的物种，不可忽视的传染源** 穿山甲是一种罕见的野生动物，知名度却并不低。 穿山甲的鳞片被一些人认为具有良好的调理功效，传统医学将其作为药物使用的历史可追溯到几百年前。 然而由于高昂的利润和大量的偷猎贩运，穿山甲已经成为濒危物种。 最近几年，穿山甲在病原微生物和新发传染病研究领域也开始"出圈"。 我国研究人员曾在广东、广西两地海关截获的走私自境外的穿山甲体内发现了与 SARS-CoV-2 相似的两种冠状病毒，其中从广东海关截获的穿山甲体内分离到的冠状病毒与 SARS-CoV-2 的基因组序列相似度达到 90％以上，刺突蛋白的受体结合区域与 SARS-CoV-2 仅有一个氨基酸差异。 后续实验结果揭示从穿山甲体内分离到的这两种与 SARS-CoV-2 相似的冠状病毒可以感染表达人 ACE2 受体的转基因小鼠并引起相关症状。 除了与 SARS-CoV-2 相关的冠状病毒外，科学家最近还报道了穿山甲携带一种与蝙蝠 HKU4 冠状病毒近似的冠状病毒，这些发现表明穿山甲可能是蝙蝠携带的多种冠状病毒的中间宿主，并且其携带的病毒株具有跨种感染人的潜在风险。

7 **野生鸟类：禽流感的重要源头** 虽然与哺乳动物相比，鸟类携带对人致病的病原微生物的比例更低，但鸟类仍是一些人兽共患病病原微生物的容器和载体。 鸟类具备特有的长距离飞行能力，野生鸟类的跨区域性活动和季节性迁徙更是在疾病的传播过程中起到了重要作用。 在鸟类传播的病原微生物中，流感病毒是引起人类传染病疫情风险最高，对人类社会影响最大的一类。

流感病毒是一类在动物和人群中长期流行的重要呼吸道病原微生物，具有易传播、变异速度快等特点。 在已知的几类流感病毒中，甲型流感病毒的宿主范围最为广泛、危害最为严重，每年可导致全球 10 亿左右的人感染发病。 按照病毒表面抗原血凝素（HA）和神经氨酸酶（NA）的差异，甲型流感病毒又进一步分为 18 个 HA 亚型和 11 个 NA 亚型。 野生鸟类是甲型流感病毒的自然宿主，目前已从至少 100 种野生鸟类中分离出流感病毒，即禽流感病毒。 尽管许多野生鸟类携带流感病毒，但湿地和水生环境中的水禽构成了禽流感病毒主要的自然储存库。

已知能对人类致病的禽流感病毒主要有 H3（H3N8）、H5（H5N1、H5N6 和 H5N8）、H7（H7N2、H7N3、H7N4、H7N7 和 H7N9）、H6（H6N1）、H9（H9N2）和 H10（H10N3、H10N4、H10N5、H10N7 和 H10N8）等亚型，其中以高致病性 H5 和 H7 亚型禽流感病毒的威胁较大。 2003—2022 年，包括中国、越南、柬埔寨、印度尼西亚、埃及等在内的 20 多个国家共记录了 800 多例人感染 H5N1 禽流感病毒病例，其中 400 余例死亡。 2013—2017 年，我国华东地区暴发了 5 波人感染 H7N9 禽流感病毒疫情。 监测数据显示，H7N9 禽流感病毒的 HA 和 NA 基因片段可能在暴发前由东亚迁徙路线的野生鸟类传播给了长三角地区的家禽。 虽然禽流感病毒通常不会在人群中持续传播，不直接引起人类流感大流行，但野生鸟类源性或禽源性流感病毒基因片段均参与了历次引起大流行的流感病毒毒株的形成。

鸟类迁徙的特性是野生鸟类禽流感病毒长距离传播的主要驱动因素。 野鸭等野生水禽在感染禽流感病毒之后仍然能够长距离迁徙而不出现明显症状，并能通过粪便长时间排泄病毒。 迁徙路线上不同种群鸟类共享湿地水域，存在时空交集和接触机会，使得病毒在种群间扩散和传播，也促成病毒通过不同种群扩散至其他区域。

虽然野生鸟类携带丰富的流感病毒亚型，然而由于野生鸟类和人类之间的接触面不大，禽流感病毒直接从野生鸟类传播到人的情况并不常见。 人感染禽流感的传染源主要为携带病毒的家禽或感染病毒的病死家禽，包括活禽市场上贩卖或农村地区散养的家禽。 可感染人的许多禽流感病毒含有野生鸟类源性病毒毒株的基因片段，病毒首先由野生鸟类传播到与其有接触的家禽，在家禽中进行混合重配产生新型毒株，然后由家禽传给人。 此外，以猪为代表的家养哺乳动物在流感病毒演化与传播过程中的地位也很关键。 这些动物可能成为流感病毒的混合器，将包括野生鸟类和家禽源性流感病毒、猪流感病毒、人流感病毒在内的不同来源流感病毒的基因片段进行重配，产生比禽流感病毒更适应人类且

流感病毒从动物到人的传播和演化链条

不同颜色的病毒表示流感病毒可能在新的宿主中发生重配和演化，产生新的毒株

现有疫苗无法有效预防的新型流感病毒毒株，甚至造成新的流感疫情大流行。

五　野生动物源性病原微生物的跨种传播链条

　　纵观最近几十年发生的源自野生动物的人类新发突发传染病，我们可以发现野生动物携带的病原微生物从自然宿主传播到人类的链条具有一些普遍的规律。如上文中提到的蝙蝠传播的冠状病毒、丝状病毒、副黏病毒以及野生鸟类传播的流感病毒等，这些病原微生物中很多不是直接由蝙蝠或者野生鸟类传播到人类的，而是经过了某种作为中间宿主的其他动物。该中间宿主可能是非人灵长类动物、果子狸、穿山甲等其他野生动物，也可能是猪、犬、马、鸡、鸭等家畜或家禽。一方面，中间宿主与人类的接触机会远远高于蝙蝠、野生鸟类等自然宿主；另一方面，一些蝙蝠、野生鸟类携带的病原微生物并不能有效地感染人或在人群中持续传播，但有些病原微生物在感染中间宿主后，可能会发生适应

性进化和突变，导致其感染人类的能力得到提升，在中间宿主体内的复制水平也大大高于自然宿主。 从这方面来看，中间宿主相当于是野生动物源性病原微生物的"适配器"或"放大器"，这些病原微生物在中间宿主这个中转站"升级"之后，传播到人的风险便增加了。

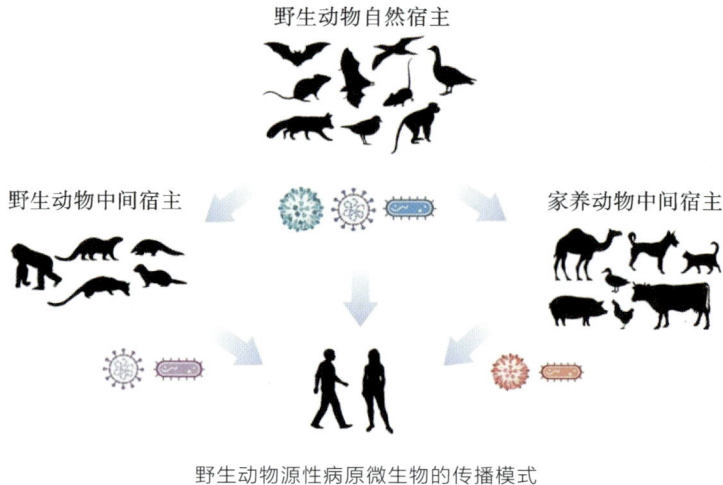

野生动物源性病原微生物的传播模式

虽然很多野生动物源性病原微生物经由中间宿主传播，但是同时也有相当数量的野生动物携带的病原微生物本身对人类就具有很强的感染能力和致病性，特别是当人类生活环境存在暴露风险时，病原微生物很可能就会直接从野生动物传播到人，如啮齿动物传播的多种高致病性病原微生物，以及蝙蝠携带的尼帕病毒、马尔堡病毒多次直接传播到人。

（六） 病原微生物为何从野生动物传播到人？

很多病原微生物原本只是悄无声息地存在于野生动物中，与人类井水不犯河水，但近年来为什么它们出现在人类社会的频率越来越高？ 这其中有病原微生物本身的原因，有气候变化等自然环境的影响，还与社会经济发展、人类行为等人为因素相关。

病原微生物和它们的野生动物自然宿主共存于自然界中，有着漫长的共进化历史，但是它们并非亘古不变，而是持续地发生着演化和变异，产生新的基因型和突变株。有的基因突变可以使病原微生物获得感染其他动物甚至是人类的能力，让它们变得不那么安分，一旦机会来临便可能从野生动物跨种传播到人，造成人类新发传染病的暴发。

气候变化是野生动物病原微生物跨种传播的催化剂。全球气候变化会造成一些野生动物栖息范围和迁徙规律的改变。例如，厄尔尼诺、干旱等气候异常现象可能致使蝙蝠等野生动物的食物来源出现短缺，迫使其进行迁徙。这些动物新的分布区域可能与人类生活区域重合，为病原微生物的传播提供了契机。鼠类的种群密度对气温、降水等气候因素非常敏感，充沛的降水和秋冬季气温的升高能为越冬的鼠类提供充足的食物来源，促进了种群繁殖，也为鼠传疾病的发生埋下了隐患。

在很多情况下，野生动物源性病原微生物的传播与人类活动密切相关，并非野生动物主动进犯人类社会，而是人类首先侵害了野生动物。随着社会经济的发展，人类活动范围急剧扩张，一些地区的土地被过度开垦，森林快速流失，野生动物的自然栖息地遭到破坏，原本远离人类的野生动物被迫和人类的生活圈产生了交集，使得野生动物携带的病原微生物跨种传播到人成为可能。一些地区当前仍存在消费、食用野生动物的现象，在捕猎野生动物及从市场到餐桌的过程中，病原微生物可能完成从动物到人的传播并成为点燃一次疫情的导火索。另外，生态旅游、户外探险等活动日渐兴起，也增加了人类直接或者间接接触到野生动物及其携带的病原微生物的机会。当在野外偶遇野生动物，特别是旱獭这种看似人畜无害的动物时，有的"驴友"会把它们当作"萌宠"，忍不住和它们进行亲密接触，然而这种接触实则为野生动物体内某些病原微生物的传播创造了条件。

七　保护野生动物就是保护我们自己

　　了解野生动物病原微生物跨种传播的规律和风险因素，我们便能更好地知晓如何预防源自野生动物的新发传染病。　人类对野生动物的侵害是一些新发传染病发生的罪魁祸首，因此，加强对野生动物及其栖息地的保护、杜绝滥食野生动物的陋习、取缔野生动物交易等举措能构筑野生动物源性新发传染病防控的第一道防线，是从源头上遏制野生动物源性病原微生物跨种传播造成人类疾病的关键。　虽然有些野生动物源性病原微生物对人类健康构成潜在威胁，但大多数野生动物并非恶意传播疾病的"魔鬼"。　相反，蝙蝠、野生鸟类和一些啮齿动物在地球生态系统中发挥着独特的作用。　我们大可不必妖魔化这些野生动物，而是应该保持对大自然的敬畏，不去过多地侵扰野生动物，与野生动物保持一定的距离，在野生动物暴露环境下进行户外活动或野外作业时做好个人防护，这样既有利于野生动物的生存，也保护了人类自身的健康。

　　从事微生物研究的科研工作者和公共卫生部门，则应该针对病原微生物的野生动物宿主做好持续性主动监测工作，一方面密切监测重点已知病原微生物的流行、变异与传播，另一方面从浩瀚的野生动物微生物海洋中发掘未知病原微生物，评估新型病原微生物的潜在风险。　通过这一系列研究及时发现可能造成人类传染病疫情的野生动物源性病原微生物，并开展诊断方法和药物、抗体等防治手段的前瞻性研究，以此实现新发传染病的提早发现和提前应对，保障公众健康。

参考
文献

［1］ CARROLL D, DASZAK P, WOLFE N D, et al. The global virome project［J］. Science, 2018, 359(6378): 872-874.

［2］ CARLSON C J, ZIPFEL C M, GARNIER R, et al. Global estimates of mammalian viral diversity accounting for host sharing［J］. Nat Ecol Evol, 2019, 3(7): 1070-1075.

［3］ ANTHONY S J, EPSTEIN J H, MURRAY K A, et al. A strategy to estimate unknown viral diversity in mammals［J］. mBio, 2013, 4(5): e00598-13.

［4］ 秦天, 阮向东, 段招军, 等. 开展野生动物微生物研究应对未来新发传染病［J］. 疾病监测, 2021, 36(3): 209-213.

［5］ LETKO M, SEIFERT S N, OLIVAL K J, et al. Bat-borne virus diversity, spillover and emergence［J］. Nat Rev Microbiol, 2020, 18 (8): 461-471.

［6］ ZHOU S Y, LIU B, HAN Y L, et al. ZOVER: the database of zoonotic and vector-borne viruses［J］. Nucleic Acids Res, 2022, 50 (D1): D943-D949.

［7］ RUIZ-ARAVENA M, MCKEE C, GAMBLE A, et al. Ecology, evolution and spillover of coronaviruses from bats［J］. Nat Rev Microbiol, 2022, 20(5): 299-314.

［8］ GE X Y, LI J L, YANG X L, et al. Isolation and characterization of a bat SARS-like coronavirus that uses the ACE2 receptor［J］. Nature, 2013, 503(7477): 535-538.

［9］ TEMMAM S, VONGPHAYLOTH K, BAQUERO E, et al. Bat coronaviruses related to SARS-CoV-2 and infectious for human cells ［J］. Nature, 2022, 604(7905): 330-336.

［10］ HU B, ZENG L P, YANG X L, et al. Discovery of a rich gene pool of bat SARS-related coronaviruses provides new insights into the origin of SARS coronavirus［J］. PLoS Pathog, 2017, 13(11): e1006698.

［11］ ANTHONY S J, GILARDI K, MENACHERY V D, et al. Further evidence for bats as the evolutionary source of middle east respiratory syndrome coronavirus［J］. mBio, 2017, 8(2): e00373-17.

［12］ CORMAN V M, ITHETE N L, RICHARDS L R, et al. Rooting the phylogenetic tree of Middle East respiratory syndrome coronavirus by characterization of a conspecific virus from an African bat［J］. J Virol, 2014, 88(19): 11297-11303.

［13］ AZHAR E I, EL-KAFRAWY S A, FARRAJ S A, et al. Evidence for camel-to-human transmission of MERS coronavirus［J］. N Engl J Med, 2014, 370(26): 2499-2505.

［14］ GUAN Y, ZHENG B J, HE Y Q, et al. Isolation and characterization of viruses related to the SARS coronavirus from animals in southern China［J］. Science, 2003, 302(5643): 276-278.

［15］ HAYMAN D T, EMMERICH P, YU M, et al. Long-term survival of an urban fruit bat seropositive for Ebola and Lagos bat viruses［J］. PLoS One, 2010, 5(8): e11978.

［16］ TOWNER J S, AMMAN B R, SEALY T K, et al. Isolation of genetically diverse Marburg viruses from Egyptian fruit bats［J］. PLoS Pathog, 2009, 5(7): e1000536.

［17］ LUBY S P. The pandemic potential of Nipah virus［J］. Antiviral Res, 2013, 100(1): 38-43.

［18］ KARUNARATHNA S C, HAELEWATERS D, LIONAKIS M S, et al. Assessing the threat of bat-associated fungal pathogens［J］. One Health, 2023, 16: 100553.

［19］ KRUGER D H, FIGUEIREDO L T, SONG J W, et al. Hantaviruses—globally emerging pathogens［J］. J Clin Virol, 2015, 64: 128-136.

［20］ LUO X L, LU S, QIN C, et al. Emergence of an ancient and pathogenic mammarenavirus［J］. Emerg Microbes Infect, 2023, 12 (1): e2192816.

［21］ HE Z K, WEI B Q, ZHANG Y J, et al. Distribution and characteristics of human plague cases and Yersinia pestis isolates from 4 marmota plague foci, China, 1950—2019［J］. Emerg Infect Dis, 2021, 27(10): 2544-2553.

［22］ YANG R F. Plague: recognition, treatment, and prevention［J］. J Clin Microbiol, 2017, 6(1): e01519-17.

［23］ CHEN Y M, HU S J, LIN X D, et al. Host traits shape virome composition and virus transmission in wild small mammals［J］. Cell, 2023, 186(21): 4662-4675. e12.

［24］ ZHANG X A, LI H, JIANG F C, et al. A zoonotic Henipavirus in febrile patients in China［J］. N Engl J Med, 2022, 387(5): 470-472.

[25] WANG Z N, YANG L, FAN P F, et al. Species bias and spillover effects in scientific research on Carnivora in China [J] . Zool Res, 2021, 42(3): 354-361.

[26] TU C, FENG Y, WANG Y. Animal rabies in the People's Republic of China [J] . Rev Sci Tech, 2018, 37(2): 519-528.

[27] HE W T, HOU X, ZHAO J, et al. Virome characterization of game animals in China reveals a spectrum of emerging pathogens [J] . Cell, 2022, 185(7): 1117-1129. e8.

[28] LAM T T, JIA N, ZHANG Y W, et al. Identifying SARS-CoV-2-related coronaviruses in Malayan pangolins [J] . Nature, 2020, 583 (7815): 282-285.

[29] OLSEN B, MUNSTER V J, WALLENSTEN A, et al. Global patterns of influenza a virus in wild birds [J] . Science, 2006, 312 (5772): 384-388.

[30] PHILIPPON D A M, WU P, COWLING B J, et al. Avian influenza human infections at the human-animal interface [J] . J Infect Dis, 2020, 222(4): 528-537.

[31] LIU D, SHI W F, SHI Y, et al. Origin and diversity of novel avian influenza A H7N9 viruses causing human infection: phylogenetic, structural, and coalescent analyses [J] . Lancet, 2013, 381(9881): 1926-1932.

（胡　犇　杨兴娄　陈建军）

第七章

宠物携带的病原微生物和
未知微生物

关心宠物，
首先要关心宠物携带的微生物

经济的发展及城市化进程的加快不仅改变了人们的物质生活，更对人们的精神文化生活产生了深远的影响，使得宠物在人类社会中扮演着越来越重要的角色。宠物不仅是我们亲密的伙伴，更是家庭重要的成员。然而，宠物亦有可能成为病原微生物的"温床"，对人类与宠物的健康造成重要影响，这逐渐引起人们的关注。历史上，传染病曾对人类造成了巨大的威胁，如中世纪的黑死病，而在现代社会，宠物也可能成为某些病原微生物的宿主或传播媒介，宠物疾病的防控逐渐成为大众关注的焦点，正确认识和防范宠物携带的病原微生物，尤其是一些新型和未知微生物，对保障人类和宠物的健康至关重要。在本章中，我们将深入探讨宠物携带的主要病原微生物和未知微生物，包括其传播途径、临床表现及预防措施等，旨在提高人们对宠物疾病的认识和关注度，保障宠物与人类的共同健康。

一 人间大瘟疫黑死病的暴发

回首中世纪，黑死病的暴发成为人类历史上最为惨烈的疫情。黑死病实际上是由鼠疫耶尔森菌引起的，患者身体上会出现许多黑斑，是黑死病得名的缘由。而在当时的科技与医疗水平下，患黑死病的百姓几乎无治愈的可能。1337年，以英国国王爱德华三世率军进攻法国为标志的英法百年战争拉开帷幕，1347年蒙古军攻打黑海港口城市卡法（也就是现今的乌克兰城市费奥多西亚），在历史学者眼中，这正是这场瘟疫肆虐的起源。当卡法沦陷后，原本生活在卡法的意大利人纷纷返回家乡，而潜伏在他们身上的鼠疫耶尔森菌就从意大利迅速蔓延至西欧、北欧、波罗的海地区及俄罗斯等地。因此在1348—1356年的近10年间，黑死病席卷了整个欧洲大陆，夺走了西欧60%人口的生命，英法双方招募不到足够的士兵而被迫停战。

在黑死病肆虐的时代，那些身着厚重黑色长袍、戴着鸟嘴面具的医生成为一道独特的风景。 他们穿梭在街头巷尾，提着香薰灯笼，手持木棍，尽管面具遮掩了他们的面容，但他们的使命却无比清晰——挨家挨户地检查患者与死者，标记感染者的房屋。 这些医生虽然用黑色长袍和鸟嘴面具把自己包裹得严严实实，但这种诡异的装扮反而加重了恐慌的氛围。

在当时，黑死病的症状令人胆寒，无数人因此选择逃离家乡，虽然"鸟嘴医生"对自己进行了严密的防护，但医学知识的匮乏导致疫区医生的死亡率居高不下。 然而，即便面临着如此恐怖的局面，"鸟嘴医生"依然义无反顾地投身于灾区行医，正是在这样的环境中，新的医学思想开始萌芽，医学界的先驱们开始探索疾病的本质，为后世的医学发展奠定了坚实的基础。 在黑死病的阴霾下，医学之光依然闪耀，"鸟嘴医生"成为那个时代的神秘逆行者与传奇。

二 犬瘟热病毒引发的犬界瘟疫

随着人类社会的进步，我们的生活方式也发生了翻天覆地的变化，宠物在人类生活中扮演着重要的角色，它们不仅是我们的伙伴，更是我们家庭的一员。养宠物已经成为现代社会的一种常态，犬作为犬科动物中最早被人类驯化的一种动物，经多年驯化后，逐渐成为人类最忠诚、最亲密的动物朋友。 欧睿数据显示，2022 年全球饲养宠物犬、猫的数量达 9.3 亿只左右，其中宠物犬约 5.08 亿只，宠物猫约 4.22 亿只。 我国饲养的宠物也以犬、猫为主。《2023—2024 年中国宠物行业白皮书（消费报告）》数据显示，我国宠物猫数量达到 6980 万只，宠物犬数量为 5175 万只。

随着人类对宠物的护理与医疗越来越重视，宠物界的医学之光——宠物医生应运而生。 然而，宠物医生和"鸟嘴医生"一样，也面临着宠物界的疾病挑战。 养宠物如今已成为很多家庭的常态，但随之而来的是疾病对宠物生命的威胁，其中危害较大的疾病之一就是犬瘟热，其被称为幼犬甚至是毛皮动物养殖业

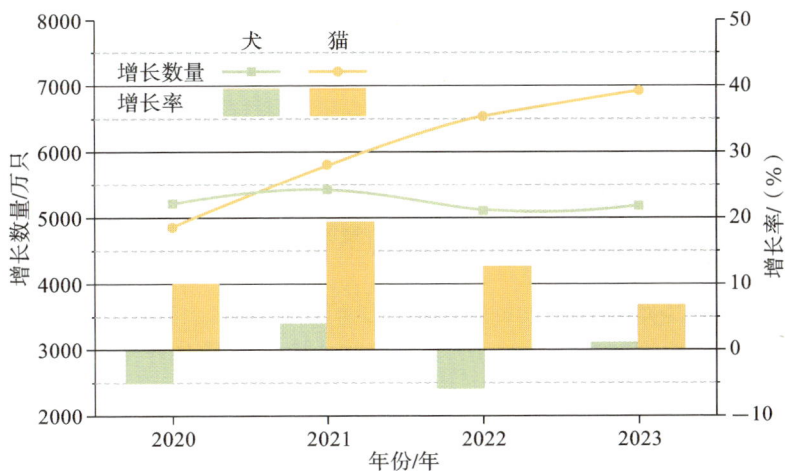

我国犬、猫饲养数量变化趋势

和野生动物保护领域的"头号杀手"。

令人闻风丧胆的犬瘟热是古老的传染病之一，又称狗瘟，由犬瘟热病毒（canine distemper virus，CDV）感染引起。 CDV 是一种有外壳包裹的单链 RNA 病毒，属于副黏病毒科麻疹病毒属，在显微镜下观察其大多呈球体。 犬瘟热这一疾病最早发现于 18 世纪后期，1905 年卡尔（Carre）将分离的滤过性致病因子接种到动物中而复制出病例，认为该病的病原微生物可能是病毒，所以该病又称 Carre 氏病。 经过了数十年，Dunkin 和 Laidlaw 两位科学家利用完全隔离饲养的犬只和易感性最高的雪貂进行人工感染实验，最终确定了病原微生物正是病毒。

CDV 的自然感染宿主主要是犬科、猫科、鼬科、浣熊科等动物。 CDV 传染性极强，感染了 CDV 的犬只无论是处于潜伏期还是发病期都可以通过空气传播病毒，如果犬只尚未进行免疫，与感染了该病毒的犬只接触将会有极大的感染风险。 病毒首先会入侵犬只淋巴系统并散至全身，随后进入血液，主要对呼吸系统、消化系统及中枢神经系统产生影响。 感染犬只可能会出现懒散无力、食欲不振，然后逐渐出现体温升高、流鼻涕但鼻镜干燥、眼屎增加、腹泻等消化道、

犬瘟热引起狗狗流鼻涕

犬瘟热的主要症状

呼吸道症状，同时还可能有脚垫逐渐增厚并发生龟裂的皮肤症状，如不及时进行治疗，病情加重，则可能导致失明、癫痫、瘫痪甚至死亡。犬瘟热是致死率非常高的疾病，即使是成年犬也有高达50％的死亡率，但如果犬只出现了上述症状，病情危重也不要轻易放弃，及时送往医院进行对症治疗也有康复的希望。

由此可见，最重要的预防手段正是免疫接种。定期接种疫苗可以有效提高犬只的免疫力，从源头上降低感染风险，及时完成犬瘟热病毒疫苗的接种对于保护犬只健康至关重要。此外，新生幼犬应尽早摄入足够的初乳，通过母体进行被动免疫也是一种行之有效的预防手段。

三 猫瘟病毒引发的猫界瘟疫

虽然 CDV 的自然感染宿主中猫科赫然在列，但 CDV 对家猫却没有影响，家猫面临着另一种疾病——猫瘟。只要是养猫的人家，或多或少都听说过猫瘟，猫瘟有各种不同的称谓，但猫瘟的学名其实是猫泛白细胞减少症（feline panleukopenia），是由猫泛白细胞减少症病毒（feline panleukopenia virus，FPLV）感染引起的。该病毒属于细小病毒科细小病毒属，又称猫瘟病毒、猫细小病毒或猫传染性肠炎病毒。在 panleukopenia 这一单词中，pan 意为全部，leuko 和 penia 均源于希腊语，分别代表白细胞和缺乏，panleukopenia 这一单词完美诠释了猫瘟的致病机制——猫瘟会让猫体内的白细胞大量减少甚至消失。

众所周知，白细胞能够保护机体免受病原微生物入侵，但白细胞的断崖式减少会大大削弱幼猫本就不多的免疫力，这对免疫系统尚未成熟的幼猫无疑是致命一击。

白细胞急剧减少后机体的免疫系统功能大大减弱，病原微生物乘虚而入，猖獗繁殖，感染猫普遍会出现发热、呕吐、腹泻、脱水与败血症等症状。但是许多疾病都可能导致家猫出现这些症状，所以还需要结合血常规检查结果中的白细胞计数等指标及 PCR 检查结果进行判断。但在胚胎期就发生感染的幼猫多会发生小脑发育不全，从而出现各种神经症状。家猫通常是在未注射疫苗的情况下接触了病猫的分泌物或排泄物而感染该病毒。

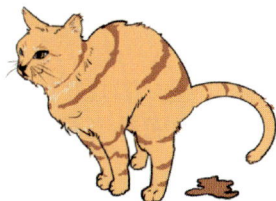

猫瘟引起以下症状

腹泻

呕吐

家猫罹患猫瘟后常出现
呕吐、腹泻等症状

猫瘟与犬瘟热一样，并无灵丹妙药可用，仍是以对症治疗与支持疗法为主要治疗手段，给家猫的免疫系统争取恢复时间。同样的，最可靠的预防猫瘟的手段也是疫苗接种，核心疫苗（即家猫必须接种的疫苗）——猫三联疫苗是针对三种病毒开发的疫苗，其中就包括猫瘟病毒，无论是接种灭活疫苗还是弱毒疫苗，在刺激机体产生可靠免疫力的条件下，都可以很好地保护家猫免受感染。但如果环境中可能存在猫瘟病毒，则需要对环境进行彻底消毒，让猫瘟病毒无处遁形。

四 上呼吸道的双重夹击：猫疱疹病毒与猫杯状病毒

虽然猫瘟病毒具有极强的传染性及致死率，但通过上述介绍我们已经了解到如何预防它——接种猫三联疫苗。实际上，猫瘟病毒并不是家猫唯一的威胁，还有另外两种常见的感染家猫的病毒：猫疱疹病毒（FHV）和猫杯状病毒（FCV）。在家猫中十分常见的上呼吸道感染（upper respiratory tract infection, URTI），也有一个广为人知的称谓——猫鼻支，可以简单理解为家猫"感冒"了，但上呼吸道感染对家猫的危害可能比我们想象的要严重得多，有90％的上呼吸道感染正是由FHV与FCV引起的，这两种病毒也可以通过接种猫三联疫苗进行预防。

FHV又称猫鼻气管炎病毒，它是引发猫鼻支的首要元凶，除了能够感染家猫外，对其他猫科动物同样具有感染性，也有研究人员在犬只中发现了该病毒的踪迹。几乎所有被FHV感染的猫都会发病，它的侵袭手法丝毫不含糊，2023年末有研究发现，该病毒能够附着在易感细胞上，通过受体介导进入细胞，或许这是猫鼻支发病率高达100％的原因之一，但病猫死亡率与猫的年龄、免疫状况甚至品种有关。FHV主要侵袭幼猫，幼猫感染后精神状态逐渐不佳，随后发热、厌食、打喷嚏、眼部或鼻部出现分泌物等，其中最典型的症状是出现疱疹性角膜溃疡。若引发继发性细菌感染，则可能出现严重的全身症状，猫最终会走向死亡。易感成年猫也难以幸免，感染后也会出现上述典型症状。如果是孕猫感染，则可能会流产或产死胎。如家猫已出现角膜溃疡及其他典型症状，可以进行荧光素钠染色检查，使用钴蓝光或伍德灯观察家猫角膜染色情况，如果出现黄绿色荧光，则有很大概率感染了FHV。

但如果家猫在感染FHV病愈后看起来活泼健康，一切如常，也不要掉以轻心，因为FHV还有一个特点——感染了该病毒的家猫即使痊愈也会终身带毒。FHV可能大部分时间沉睡在家猫的三叉神经节中，家猫处于潜伏性感染状态，因此多猫家庭、收容所、救助机构和猫舍中的猫群会面临更高的感染风险。

臭名昭著的FCV同样是猫上呼吸道感染的罪魁祸首之一。FCV属于杯状病毒科水疱性病毒属的RNA病毒，又称卡里西（Calici）病毒，其因表面有许多杯状凹陷而得名。外表形似马蜂窝的FCV就像马蜂窝中的马蜂一般，悄然无声地潜伏在家猫周围，伺机而动，同样可以感染几乎所有猫科动物。 1957 年，Fastier 等从新西兰一只家猫的消化道中分离出 FCV，这是最早发现 FCV 的证据，但据推测该病毒可能早已存在。 感染 FCV 的家猫有部分症状与 FHV 感染相似，都可能出现发热、打喷嚏、鼻部出现分泌物等，但除了上述症状外，FCV 感染更多情况下会引起口腔溃疡、多关节炎或轻微肺炎，所以家猫可能有厌食、流口水、站立不稳等症状。 感染

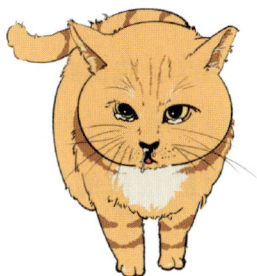

猫咪"感冒"可能由猫疱疹病毒引起！！

眼鼻分泌物增多是主要症状之一

眼部或鼻部出现分泌物是家猫感染 FHV 后的常见症状

过 FCV 的家猫痊愈后虽然不会 100％ 终身带毒，但仍有很大概率成为"无症状感染者"，等家猫免疫力下降时 FCV 则继续兴风作浪，同时感染其他家猫，所以在猫群中 FCV 感染与 FHV 感染一样普遍。

FCV 在宿主的免疫压力下极易发生突变而产生多样性毒株，其中最为危险和致命的 FCV 变异株是猫杯状病毒高致病性毒株（VS-FCV），最早于 1998 年由 Pedersen 等在美国加利福尼亚州患有严重血管炎和弥漫性皮下水肿的病死猫中首次分离到。 该毒株可以引起猫的严重急性致命的全身性疾病（virulent systemic disease，VSD），感染该毒株的家猫出现全身性症状，死亡率极高，更应引起宠物主人的重视。

由于感染 FHV 和 FCV 的家猫症状相似，难以分辨，所以临床上多使用特异性与灵敏性较高的 PCR 进行病原检测。 对于大多数家猫而言，上呼吸道感染其实是一种自愈性疾病，但对于出现急性症状的家猫，在感染 FHV 与 FCV 后可以采用支持疗法，如症状十分严重，则需要使用抗生素控制继发性细菌感染。

通过上述介绍，我们深刻认识到猫瘟病毒、猫疱疹病毒（FHV）和猫杯状病

毒（FCV）对家猫健康的严重威胁。但幸运的是，通过接种猫三联疫苗能够极大地减轻上述病毒感染导致的一系列症状，当然接种疫苗也绝非万全之策，并不能百分百预防感染，所以除了及时接种疫苗外，保持良好的卫生习惯及定期为家猫进行体检对保障家猫健康都是非常重要的。

五　幼犬的致病威胁：犬细小病毒

　　猫瘟病毒（FPLV）和犬瘟热病毒（CDV）虽然在命名上十分相似，但二者在病毒分类学中的地位却天差地别。当提及猫瘟病毒时，我们往往会联想到它的别称——猫细小病毒，该病毒属于细小病毒科细小病毒属，这种病毒已伴随猫科动物存在了许多年，不仅可以感染各种猫科动物，甚至还能感染浣熊、狐狸等。然而，在1977—1978年，欧洲、美国与澳大利亚6～12周龄的幼犬中出现了一种会引发剧烈呕吐与腹泻的传染病，澳大利亚的Kelly和加拿大的Thomson等科学家随后分离出了病原微生物，经鉴定认为这是一种类似于猫瘟病毒的新型细小病毒，猫瘟病毒通过变异改变自身的衣壳蛋白基因，以适应在新宿主（犬）体内的生存，通俗地说，猫瘟病毒正是犬细小病毒（CPV-2）的"祖先"。CPV-2感染最终于1978年暴发，在短短一年内世界各地有数万只犬被这一新型病毒感染，且死亡率高达80%，在当时这个病毒犹如死神一般，所到之处片甲不留，兽医们也束手无策。在1978年后的数年间，科学家不断探索研究，发现不仅是犬，狼、狐狸等常见犬科动物也都可以携带与传播该病毒，其中幼犬最易感，感染率高达100%，致死率为10%～50%。

　　我们已经了解到，感染CPV-2的犬只会出现严重腹泻及呕吐的症状，虽然犬瘟热也会引起呕吐、腹泻，但两者的表现有所不同。犬瘟热引发的腹泻与呕吐较轻微，而CPV-2感染可引起急性出血性腹泻，粪便呈暗红色且有腥臭味。由于严重腹泻，犬只会极度脱水，导致眼球凹陷，黏膜苍白，称为肠炎型，但只要发现症状后及时送医，治愈率较高，宠物主人无须过分担忧。临床上还有一种更加凶险但较为罕见的心肌炎型，病来如山倒，犬只大多突然死亡或者出现严重呼吸困难后死亡。要诊断犬只是否感染CPV-2，除了观察临床症状外，应用CPV试纸条进行检测是更为快速、精准的诊断方法。

犬细小病毒引起狗狗急性出血性腹泻

粪便呈暗红色，有腥臭味

感染 **CPV-2** 后犬只的主要症状

最好的预防措施依然是及时接种疫苗，所有的联苗都提供对 CPV-2 的防护。如果犬只已感染过 CPV-2 且病愈，顽强的 CPV-2 仍会残留在环境与各种用具中，需要对犬只的生活环境进行彻底清洁与消毒。

六 宠物中的冠状病毒

如果家中的犬只发生了腹泻且粪便呈暗红色，混有血液，那它一定是感染了CPV-2 吗？实际情况并非如此，导致犬只"一泻千里"的病原微生物并不只是CPV-2，也可能是犬冠状病毒找上门！犬冠状病毒（canine coronavirus，CCV）同样是幼犬杀手，2～6月龄的幼犬最易感，死亡率约为 50%。幼犬感染后同样会出现腹泻症状，但粪便形态与颜色多样，形态可呈粥样或水样，混有黏液或少量血液，颜色可能为红色、暗褐色或黄绿色，腹泻严重时同样会导致脱水。

犬冠状病毒与 2019 年末出现的新型冠状病毒（SARS-CoV-2）虽同属于冠状病毒科冠状病毒属，但这两种病毒在自然宿主、引起的症状等方面都大相径庭。在过去的几年中，新型冠状病毒在全球范围内迅速传播，席卷世界各地，感染与死亡人数之多世所罕见，全球恐慌不断蔓延，引发了严重的经济、政治及公共卫生危机等。 在新型冠状病毒感染疫情肆虐期间，涌现出各种各样的说法，其中"宠物也会感染并传播新型冠状病毒"，让许多宠物遭受了灭顶之灾。 但宠物是否真的会感染新型冠状病毒，成为传播新型冠状病毒的媒介呢？

据报道，一些动物的确能够感染新型冠状病毒，但这种情况相对少见，而且大多数动物仅表现出轻微的症状。 据世界动物卫生组织（WOAH）的数据，截至2021年1月，一共有400多只动物被报告感染了新型冠状病毒，其中感染数量最多的是水貂，其次是大家熟知的伴侣动物——犬、猫。 2020年末有研究发现水貂养殖场中的新型冠状病毒能够从人类传播给水貂，在水貂体内发生适应性变异后又传播给人类。 继水貂后，2022年《柳叶刀》杂志首次报道了叙利亚仓鼠（商品名为金丝熊）这一宠物，能够将新型冠状病毒传播给主人，并进一步导致人与人之间的传播。 除此之外，目前没有证据能够证实其他宠物能够传播新型冠状病毒给人类。

因此，与宠物亲密接触时，我们仍需要采取适当的预防措施，但不必过于惊慌，更不应该对可能感染新型冠状病毒的宠物持有赶尽杀绝、彻底否定的态度。总的来说，尽管宠物感染新型冠状病毒的可能性相对较低，但对于宠物中的新型冠状病毒，我们仍需要深入研究。 科学家正在努力了解新型冠状病毒在宠物之间甚至是宠物与人之间的传播途径、致病能力和潜在风险，以及用何种手段预防。 武汉大学病毒学国家重点实验室主任蓝柯在接受《环球时报》记者采访时表示，有必要建立并完善针对与人类活动范围重合的动物防控监测体系。 在这个过程中，我们也应该持续关注相关的科学研究成果，做好宠物与自身防护工作，为宠物和我们的健康保驾护航。

七　致命恐惧的传播：狂犬病毒

在犬、猫中与新型冠状病毒相比，我们更应关注另一种更为常见且致命的病毒——狂犬病毒。 这是一种令人闻风丧胆的人兽共患病原微生物，主要侵害恒温动物的脑神经而引发脑炎。 狂犬病又名疯狗病、恐水症，因患者发病后常表现出狂暴行为、对水极度恐惧等症状而得名。 被犬、猫、猴等动物咬伤者都有患狂犬病的风险。 狂犬病的死亡率极高，一旦发病，几乎无法治愈，截至2016年，在出现狂犬病症状后仍幸存下来的仅有14人。

狂犬病在全球范围内都是一个严重的公共卫生问题，特别是在亚洲、非洲等发展中国家，占所有病例的95%，世界上有30亿人仍生活在有狂犬病的国家。 中国作为狂犬病疫区之一，尚未完全消除这一威胁。 狂犬病毒主要存在于感染动物的唾液和神经组织中，通过咬伤伤口传播给人类。 据统计，全球绝大多数人类狂犬病病例是由犬咬伤引起的。 尽管人与人之间直接传播的情况较为罕见，但仍需警惕器官移植等特殊情况下的传播风险。 2015年，湖南一名原本健康的2岁患儿疑似接触过狂犬但没有接种狂犬病疫苗，出现发热、失眠和躁动等症状后送医，但血清狂犬病毒抗体检测为阴性，诊断为病毒性脑炎。 该患儿脑死亡后检测符合器官捐献和移植条件，其肾脏和肝脏被移植给三例患者，移植后两个月内这三例患者先后因下肢疼痛、恐水、唾液过多、肺炎和胸闷窒息等症状入院且死亡，受体患者虽无疑似狂犬接触史，但狂犬病毒抗体检测阳性，所以推测是通过器官移植感染狂犬病毒而致死。

我们常看到一些被动物咬伤者在几年甚至十几年后出现狂犬病的报道，这是因为狂犬病的潜伏期在人和人之间有着较大的差异，根据以往的记录，为4天到数年不等，但通常为1~2个月。 在这段时间内，病毒在患者体内悄然繁殖，一旦发病，往往为时已晚。 因此，预防狂犬病至关重要，一旦被宠物咬伤或抓伤，我们应立即采取相应措施。 目前采用的主要方式仍然是疫苗接种，在病毒侵染到神经细胞之前就让机体产生抗体将它们消灭掉。 狂犬病疫苗于1885年由法国化学家和微生物学家路易·巴斯德(Louis Pasteur)在一名被疯犬咬伤的9岁儿童体内试用成功。 现在的疫苗已经改进成人二倍体细胞狂犬病疫苗狂犬病毒导致患者"恐水"

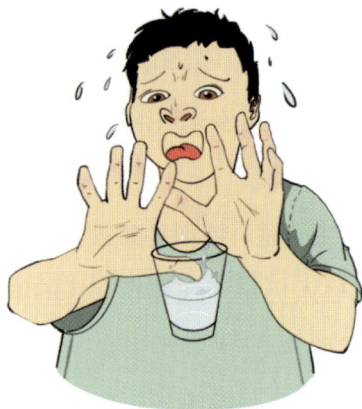

人被咬伤后，在狂犬病后期会出现恐水症状

（HDCV），具有较高的安全性，根据接触程度的不同，预防措施也有所区别。轻微的接触，如被动物舔触但皮肤未破损，只需注意清洁消毒即可。若出现皮肤破损或黏膜污染等情况，则应尽快接种疫苗，并注射狂犬病免疫球蛋白，同时对伤口进行局部处理。

世界卫生组织、美国疾病控制与预防中心推荐的 10 日观察法在非狂犬病疫区具有一定的指导意义。然而，在中国大陆地区，由于犬只疫苗接种率较低，特别是在农村地区，野犬数量众多且管理不善，推广这一方法存在一定难度。因此，我们在日常生活中更应提高警惕，加强宠物管理，定期为宠物接种疫苗，避免与不明来源的动物接触。

八　宠物口中的微生物：你不知道的其他威胁

狂犬病的臭名昭著往往会让我们忽视其他可能通过宠物咬伤或抓伤传播的病原微生物。犬、猫咬伤会传播多杀巴斯德菌、二氧化碳嗜纤维菌、动物溃疡伯杰氏菌……被犬咬伤后人被细菌感染的概率为 3％～20％，而对于猫来说，这一比例可能高达 50％，因此养猫者更应该严加防范。

健康犬、猫的口腔中含有巴斯德菌属的细菌，这是一类兼性厌氧菌。这个菌属以科学家路易·巴斯德的名字命名，以纪念他首先确认禽霍乱的元凶是多杀巴斯德菌。他不仅是我们熟知的"巴氏消毒法"的发明者，还是大名鼎鼎的"微生物学之父"。巴斯德菌属细菌中较常引起人类感染的就是多杀巴斯德菌。

人感染多杀巴斯德菌后一般会出现肿胀、蜂窝织炎、伤口流出带血分泌物等症状。 感染还可能扩散到患处附近的关节，并导致被感染的关节肿胀发炎。 一旦发生感染，抗生素治疗是十分必要的，氯霉素、青霉素、四环素、大环内酯类药物都能很好地杀灭巴斯德菌属的细菌。

二氧化碳嗜纤维菌（*Capnocytophaga canimorsus*）是另一种值得注意的可通过宠物传播给人类的病原微生物。 与巴斯德菌属细菌一样，二氧化碳嗜纤维菌是犬科动物和猫科动物正常牙龈菌群中的共生细菌，但可引起人类疾病。*Canimorsus* 这个种名来自拉丁词 *canis* 和 *morsus*，分别意为"狗"和"咬"，可见该菌主要通过犬咬伤传播，还可以通过舔舐甚至与动物近距离接触而发生感染。 大约 26% 的犬口腔中携带这种共生细菌，主要危害中老年人；超过 60% 的患者年龄在 50 岁或以上。 此外，与犬科动物和猫科动物相处时间较长的人也面临较高的风险，包括兽医、饲养员、宠物主人等。 同时，有某些既往病史者感染风险会增加。 值得注意的是，酗酒的人更容易感染这种细菌，约占所有犬二氧化碳嗜纤维菌感染者的 24%，这些易感人群应当格外小心。 被犬、猫咬伤后应立刻用盐水冲洗并服用含有 β-内酰胺酶抑制剂的抗生素。

（九） 猫抓病揭秘：巴尔通体

被猫抓伤之后另一种病原微生物可能会悄悄进入人们身体，那就是"猫抓病"的病原微生物——汉赛巴尔通体（*Bartonella henselae*）。 虽然疾病的名字是"猫抓病"，但是犬、猫咬伤、抓伤都会导致汉赛巴尔通体的传播。 人们在感染后 3~14 天内可能会感到疲倦、头痛或发热，出现受伤部位无痛性肿块或水疱，以及疼痛和淋巴结肿大，这种淋巴结肿大现象主要出现在腋下且只出现于一侧。患猫抓病的大多数病例是良性病例且该病具有自限性，但淋巴结肿大可能在其他症状消失后持续数月。 无论是否接受治疗，该病通常会在一个月内自然消退。 然而，猫抓病的骇人之处并不在于其本身的症状，而是在于其能够导致严重的神经系统或心脏后遗症，如脑膜脑炎、脑病、癫痫发作或心内膜炎。 与汉赛巴尔通体感染相关的心内膜炎死亡率极高。 另外，猫抓病还会造成眼部的病变。 帕里诺氏眼腺综合征是猫抓病最常见的眼部表现，它是一种肉芽肿性结膜炎，伴有耳附近淋巴结肿大。 尤其是免疫力低下患者，容易感染与汉赛巴尔通体相关的其他疾病，引起血管性皮肤病变，延伸至骨骼或存在于身体的其他部位。

为什么猫更容易携带汉赛巴尔通体呢？ 首先，猫是其自然宿主，幼年猫的血液中就存在这种病原微生物，因此幼年猫比成年猫更容易传播疾病。 此外，跳蚤是猫中传播汉赛巴尔通体的主要载体，有活性的汉赛巴尔通体会通过猫蚤（*Ctenocephalides felis*）的粪便排出。 猫可以通过食用含有汉赛巴尔通体的猫蚤粪便而感染。 其他昆虫（如蜱、蜘蛛）都能作为载体传播病原微生物。 因此，养猫者应该注意定期给猫驱虫，保持环境卫生，避免昆虫滋生，处理猫粪便后应彻底洗手。 不要在手上有伤口时碰触流浪猫，触摸后注意手部清洗和消毒。

猫抓病在世界范围内都有分布，但它是一种未报告的人类疾病，因此有关该病的公共卫生数据不充分。 地理位置、当前季节和与猫相关的因素（如接触猫和跳蚤感染的程度）都是影响人群中猫抓病患病率的因素。 猫抓病在春、秋季这样的温暖季节更容易发生，春、秋季属于成年猫的繁殖季节，更多的幼年猫出生增加了易感动物的基数。 一旦出现相关症状，可以去医院进行血液检查以明确诊断。 由于猫抓病属于自限性疾病，因此治疗以支持疗法为主。 虽然一些专家建议不要对患有轻至中度疾病的免疫功能正常的人进行猫抓病治疗，但由于存在传播疾病的可能性，我们仍建议使用抗生素对所有患者进行治疗。 首选的抗生素是阿奇霉素，其能够应用于妊娠人群，没有致胎儿畸形的危险性。 多西环素是治疗汉赛巴尔通体感染并伴有视神经炎的首选药物，因为它能够充分渗透眼睛组织和中枢神经系统。

在此，提醒大家被犬、猫咬伤或抓伤之后不是打了狂犬病疫苗就能够避免所

猫咪抓伤也不可小觑！！

免疫力低下患者出现血管瘤

猫咪可能携带汉赛巴尔通体，
通过抓伤感染人类

免疫力低下患者腋下淋巴结肿大

猫抓病引起的主要症状

有疾病的发生，还需要注意通过伤口感染的其他众多病原微生物。 应该立即挤出伤口处的污血（绝不能用嘴去吸伤口处的污血），然后用浓度 20％的肥皂水与清水反复冲洗至少 15 min。 如伤口较深，可用干净的牙刷、纱布和浓肥皂水反复刷洗伤口，并及时用清水冲洗，该过程至少要持续 30 min。 用 2％碘酒或75％酒精涂擦伤口，用干净的纱布覆盖在伤口上。 不需包扎和涂软膏，保持伤口开放。 及时就医，接种疫苗，依据情况接受抗生素治疗。 尽管宠物是我们的忠实伙伴，但在与它们互动时我们仍需保持警惕，以防可能传播的传染病。

十 宠物体内潜伏的寄生虫：弓形虫与利什曼原虫

除了可以通过咬伤或抓伤将病原微生物传播至人类外，宠物的粪便、尿液等排泄物中可能含有大量细菌、病毒和寄生虫等，如果不及时清理，很容易污染家庭环境。 其中，弓形虫（*Toxoplasma gondii*）作为一种人兽共患寄生虫在猫中最为常见，全世界约有 30％的人口感染了弓形虫。 猫科动物作为弓形虫唯一的终末宿主，主要通过摄入含弓形虫包囊或卵囊的食物而感染，其粪便中排出的弓形虫卵囊，可以感染所有恒温动物，包括鸟类和人类，污染环境和水体，引发大范围感染。 在终末宿主体内，弓形虫会完成肠内期的发育。 虫体定植在肠上皮细胞内发育增殖形成卵囊后破坏上皮细胞回到肠腔，卵囊随猫的粪便排出体外。进入环境中的卵囊经过 2～4 天发育为具有感染性的成熟卵囊，对其他易感动物产生威胁。 从虫体定植到排出卵囊的过程需要 7～20 天，具体时间因猫而异。作为弓形虫唯一的终末宿主，猫在感染过程中产生抗体，抗体产生后便不再向外排出卵囊。 中间宿主大多通过食入被感染性卵囊或组织包囊污染的生的或未煮熟的肉类、蔬菜、水果而被感染。 极小概率下，弓形虫也可经口、鼻、眼结膜或破损的皮肤、黏膜感染人体。 苍蝇、蟑螂、蚯蚓等可以作为传播弓形虫卵囊的媒介。

免疫功能正常者感染后大多表现为隐性感染，仅出现轻微的流感样症状，而免疫功能低下者感染则会引起严重的后果：孕妇首次感染弓形虫会导致流产，产弱胎、畸胎、死胎等，新生儿患有先天性弓形虫病；接受器官移植的患者和免疫抑制者也易继发弓形虫病。 弓形虫可感染各种免疫细胞并利用它们穿过血脑屏障，迁移渗透到大脑引起一系列症状，如脑炎、眼病、神经障碍、行为改变等。一些研究认为弓形虫病与精神分裂症和其他精神疾病有关。 弓形虫可以通过"精神控制"操纵被感染者的行为，进而达到繁殖的目的。 日内瓦大学的研究人员做了一项有趣的研究，这项研究表明刚地弓形虫感染会让老鼠更渴望探索，并消除了对捕食者（不仅仅是对猫）的恐惧，胆大、好奇的小鼠更有可能外出而被吃掉，每当它被吃掉时弓形虫都会被传播下去。"聪明的寄生虫"侵入宿主大脑激发一种免疫反应，使宿主向捕食者靠近，但又不足以立即杀死宿主，从而帮助自身传播。

另一种"聪明的寄生虫"利什曼原虫在犬中较为常见，由白蛉传播，在巨噬细胞内增殖，破坏巨噬细胞又刺激巨噬细胞大量增殖，同时浆细胞大量增殖，造成机体损伤。 犬是利什曼原虫的重要保虫宿主，人及狼、狐狸和其他鼠类也易

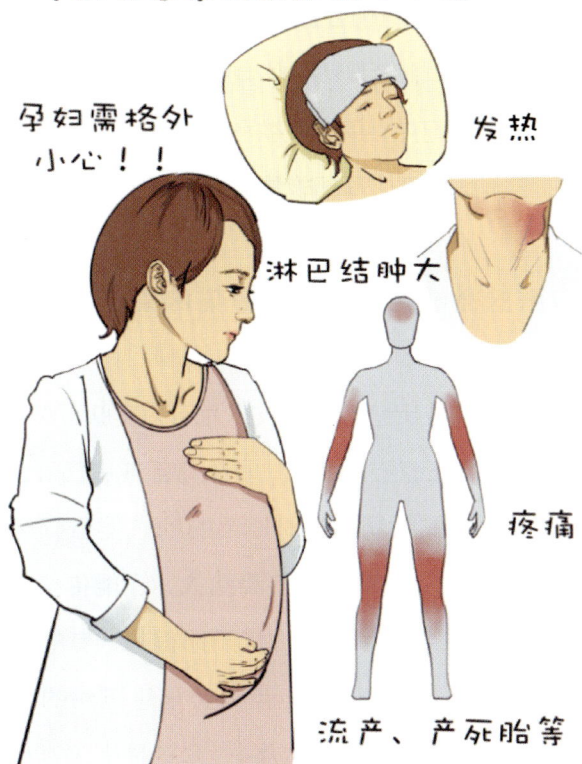

弓形虫感染可能造成以下症状

孕妇需格外小心！！

发热

淋巴结肿大

疼痛

流产、产死胎等

人感染弓形虫可能出现发热、疼痛和淋巴结肿大等流感样症状

感染。 利什曼原虫是细胞内寄生的鞭毛虫，生活史中有前鞭毛体和无鞭毛体 2 个时期，白蛉叮咬犬或其他保虫宿主时，吸入血或组织内的无鞭毛体原虫经过 3～7 天，在白蛉消化道内发育形成前鞭毛体，当感染前鞭毛体的白蛉再叮咬人或其他宿主时，前鞭毛体通过白蛉的喙进入，在人或脊椎动物的网状内皮系统（巨噬细胞）内寄生形成无鞭毛体，如此循环，完成其生活史。 犬感染利什曼原虫后，潜伏期从数周、数月到 1 年以上不等，多数犬感染后呈隐性带虫状态，一般无明显症状。 少数犬出现皮肤损害症状，被毛粗糙失去光泽，甚至脱落。 脱毛处有皮脂外溢麸糠样鳞屑或因皮肤增厚形成结节，结节破溃后形成溃疡。 皮肤病变多见于头部，耳、鼻及眼周围较为明显，其他部位也可出现。 寄生于人

体内的利什曼原虫有 4 种，即杜氏利什曼原虫、热带利什曼原虫、巴西利什曼原虫及墨西哥利什曼原虫。 不同利什曼原虫感染的临床表现不同，杜氏利什曼原虫寄生在内脏，引起黑热病，患者发热、体重减轻、疲劳、脾大和肝大；热带利什曼原虫寄生在皮肤巨噬细胞内，引起皮肤利什曼病；墨西哥利什曼原虫也导致皮肤溃疡，如果发生在耳廓，可使耳部软骨被破坏而导致耳轮残缺。

十一　小猫皮肤的微妙挑战：通过爱猫传染猫癣

猫癣是猫中常见的传染性皮肤病，也被称为猫的皮肤真菌病，多由小孢子菌感染引起，感染初期一般会在家猫的面部、耳朵背部或者四肢上出现一小块掉毛的地方，仔细看还会有灰色的鳞屑，有时掉毛的地方能看到结痂，形状多为圆形，严重时会有肉芽肿形成。 猫癣极易传染给人，还能传染给犬，是一种非常顽固的皮肤病。 大部分患猫癣的家猫，治疗周期很长，有的家猫甚至会终身携带真菌。 猫癣主要通过直接接触传染。 当人类与患猫癣的家猫进行亲密接触时，真菌就有可能通过皮肤接触传染给人类。 尤其是当人类皮肤存在破损或免疫力下降时，感染风险会进一步增加。 此外，猫癣也可以通过间接接触传播，如接触被感染猫使用过的玩具、床铺或地板等物品。 人类患猫癣时通常表现为圆形或环形的红色斑块，边缘有明显的鳞屑。 这些斑块可能会出现在身体的任何部位，但通常出现在手臂、腿部和面部等暴露部位。 猫癣的症状可能会持续数周至数月，甚至可能导致皮肤感染和其他并发症。 为了预防猫癣传染，我们可以采取一些措施。 首先，与患猫癣的家猫保持距离，避免亲密接触。 其次，定期清洁和消毒家猫的生活环境，包括玩具、床铺和地板等。 保持个人卫生也非常重要，尤其是与家猫接触后要及时清洗双手。 如果不幸患上猫癣，应该及时就医，按时服药，保持皮肤清洁，避免与他人共用个人物品，以免传染给他人。

十二 仓鼠、鹦鹉、蛇、蜥蜴等异宠带来的健康挑战

仓鼠近年来越来越受到宠物爱好者的喜爱。它们身形小巧、动作敏捷，又极具个性，成为众多家庭的新宠。在与仓鼠玩耍的同时也需要提防一些人鼠共患的病原微生物，如淋巴细胞性脉络丛脑膜炎病毒。该病毒在世界多地的啮齿动物中流行，小家鼠或仓鼠可终身携带病毒，而且可随尿液、粪便、精液及鼻腔分泌物排出体外。淋巴细胞性脉络丛脑膜炎（lymphocytic choriomeningitis, LCM）是由淋巴细胞性脉络丛脑膜炎病毒（LCMV）引起的人和多种动物共患的病毒性疾病。人类感染病例数可能被严重低估。最常见的感染原因是吸入或食入被感染小家鼠或仓鼠的尿液、粪便或体液污染的粉尘或食物。多数患者无症状或症状轻微，一些患者出现流感样症状，少数患者可出现无菌性脑膜炎，妊娠期间感染可能导致胎儿畸形，包括脑积水、脉络膜视网膜炎和智力障碍，妊娠早期发生感染可能导致胎儿死亡。

养鸟，作为一种传统的爱好，始终受到一部分人的热衷，然而近年来一些关于鹦鹉热病例的报道引发了社会的广泛关注。鹦鹉热又称鸟热，由鹦鹉热衣原体感染所引起，这些衣原体主要在多种鸟类之间传播，偶然由带菌动物传染给人。鹦鹉热曾在全球20多个国家暴发流行，尤其是欧洲国家和美国。近几年，我国北京、浙江、安徽、广东等地也陆续有零星散发病例出现。被感染的鸟类可能完全没有症状，也可能死亡。常见表现有食欲不振、眼睛红肿、呼吸困难、腹泻、粪便不成形等。鹦鹉热衣原体侵入人体后，潜伏期一般为5~14天。患者的临床表现缺乏特异性，常见发热、寒战、头痛、肌肉酸痛、干咳、呼吸困难等；也可累及肺外器官，出现胃肠道反应；危及生命的情况较为少见。鹦鹉热很少直接在人与人之间传播，是典型的动物源性传染病，其主要的传染源为患病禽鸟及其分泌排泄物，主要通过呼吸道和接触进行传播。

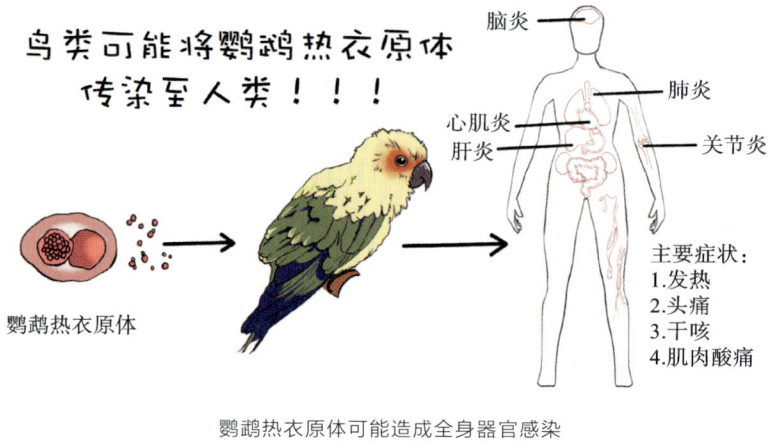

鹦鹉热衣原体可能造成全身器官感染

爬行动物（如蛇和蜥蜴）因其独特的外形和行为而成为越来越多宠物爱好者的选择。 然而，养爬行动物也面临着一些健康挑战，其中病原微生物感染是比较常见的问题，可引起爬行动物口腔炎、呼吸道感染和皮肤感染，表现为进食困难、口腔有异味、张口呼吸、流鼻涕以及皮肤红肿、溃烂、鳞片脱落、不完全脱皮等。 有些病原微生物不仅会影响爬行动物，还可能影响人类，如沙门菌、钩端螺旋体、单孢子虫等。 蜥蜴和蛇可能成为病原微生物携带者而无明显症状。人在感染后可能会出现腹泻、腹痛、恶心、呕吐等症状，免疫力低下者症状更为严重。 如果被爬行动物咬伤，建议立即进行局部消毒护理，同时要检查是否需要接种破伤风疫苗。 如果伤口较深，建议对原发性伤口进行闭合，并且长期监测身体状况。

十三 宠物携带的未知微生物

宠物能够携带的病原微生物远不止上面提到的这些，还存在许多目前未知的威胁。 就目前已知的这些病原微生物来说，它们十分多样，包括人们已知的几乎所有微生物的类别，如细菌、真菌、病毒、寄生虫等。 它们在宠物体内分布的范围广泛，包括口腔、皮肤、肠道等多个部位。 因此，宠物的口腔、粪便，甚至空气中都会潜藏着这些微生物。 它们数量巨大、种类庞杂，往往让宠物和宠物主人防不胜防。 微生物为了更好地生存而不断进化，出现了越来越多的未知微生物。 其中，支气管败血波氏杆菌在发现的早期被认为主要在动物中出现，很少感染人类，因此人们对这类病原微生物并未充分重视。 然而，在 2003 年洛杉矶儿童医院的 4 例肺囊性纤维化病例中，就有 2 例是由于与宠物犬接触而发生感染的。 2011 年日内瓦大学医院对 15 年间 8 例确诊支气管败血波氏杆菌的病例进行回顾性研究发现，其中 3 例有与猫接触的经历。 尽管支气管败血波氏杆菌感染在人类中仍然是一种罕见的临床疾病，但对于免疫力低下的人群（如儿童、老年人、慢性病患者），其依然是一种来自宠物的巨大威胁。 在面对这些未知的甚至是人们了解不深的微生物时，不能保证现有药物和治疗手段能够对它们"严防死守"。 定期清洁和消毒、避免接触传染源、定期体检、合理饮食等都能在一定程度上预防它们对宠物主人和宠物的伤害。 总之，宠物携带的未知微生物是一个复杂且多变的领域，需要引起人们足够的重视和关注。

在当今社会，人与宠物的关系越来越密切，宠物的健康和卫生问题也备受关注。 为了确保我们与宠物的共同生活环境安全、健康，我们必须采取一系列有效的措施来预防疾病的传播。 首先，卫生清理工作是至关重要的。 保证宠物的居住环境干净整洁，定期清理宠物的粪便和垃圾，可以有效减少细菌、病毒等病原微生物的滋生和传播。 定期更换宠物的饮用水和食物，保持食具的清洁卫生，也是预防疾病的重要一环。 其次，我们要避免环境传播疾病。 宠物疾病有时会通过空气、水源等环境介质传播给人类。 因此，我们应该注意保持室内通风，避免让宠物在脏乱的环境中活动，要注意与宠物接触后的个人卫生，如勤洗手、更换衣物等，以减少病原微生物在人类和宠物之间的传播。 另外，我们要注意宠物的行为变化，一旦发现宠物出现异常症状，如食欲不振、精神萎靡等，应该立即采取措施，如及时带宠物去医院检查，以避免病情恶化。 对于疑似患有传染病的宠物，应该及时送往专业宠物医院进行治疗，并在家中进行隔离，避免病原微生物传播给其他宠物和人类。同时，我们也要遵循宠物医生的建议，按时给宠物接种疫苗，提高其免疫力，预防疾病的发生。除了及时治疗患病宠物外，预防也是非常重要的，可以通过定期带宠物去医院进行体检，及时发现并治疗潜在的健康问题。此外，我们也可以通过合理饲养、科学饮食等方式，提高宠物的身体素质，增强其抵抗力。最后，我们要尽量减少宠物的野外暴露史。野外环境中存在着许多未知的风险，包括病毒、寄生虫等病原微生物。因此，我们应该避免让宠物在野外长时间活动。

总之，做好卫生清理、避免环境传播、及时治疗患病宠物并做好隔离、注重预防以及尽量减少野外暴露史，是保障宠物和人类健康的重要措施。我们应该时刻关注宠物的健康状况，为宠物提供一个安全、健康的生活环境。同时，我们也要加强自身的卫生意识，与宠物和谐相处，共同营造一个美好的家园。

参考文献

[1] 张乐.黑死病：欧洲中世纪之殇 [J] .中国经济评论，2020(1)：82-85.

[2] 李忠生，王智群，冯秀娟.犬瘟热病毒检测技术的研究进展 [J] .中国工作犬业，2014(3)：14-18.

[3] KRAMER J W，EVERMANN J F，LEATHERS C W，et al. Experimental infection of two dogs with a canine isolate of feline herpesvirus type 1 [J] . Vet Pathol, 1991, 28(4)：338-340.

[4] SYNOWIEC A, DĄBROWSKA A, PACHOTA M, et al. Feline herpesvirus 1 (FHV-1) enters the cell by receptor-mediated endocytosis [J]. J Virol, 2023, 97(8): e0068123.

[5] 周光荣. 猫角膜溃疡临床调查及分析 [D]. 泰安: 山东农业大学, 2022.

[6] FASTIER L B. A new feline virus isolated in tissue culture [J]. Am J Vet Res, 1957, 18(67): 382-389.

[7] PEDERSEN N C, ELLIOTT J B, GLASGOW A, et al. An isolated epizootic of hemorrhagic-like fever in cats caused by a novel and highly virulent strain of feline calicivirus [J]. Vet Microbiol, 2000, 73(4): 281-300.

[8] CARMICHAEL L E. An annotated historical account of canine parvovirus [J]. J Vet Med B Infect Dis Vet Public Health, 2005, 52(7-8): 303-311.

[9] 赵建军, 闫喜军, 吴威. 犬细小病毒: 从起源到进化 [J]. 微生物学报, 2011, 51(7): 869-875.

[10] 王居平, 吴玄光, 向瑞平, 等. 犬细小病毒病的诊断技术 [J]. 中国预防兽医学报, 2004, 26(4): 316-320.

[11] OUDE MUNNINK B B, SIKKEMA R S, NIEUWENHUIJSE D F, et al. Transmission of SARS-CoV-2 on mink farms between humans and mink and back to humans [J]. Science, 2021, 371(6525): 172-177.

[12] YEN H L, SIT T H C, BRACKMAN C J, et al. Transmission of SARS-CoV-2 delta variant (AY. 127) from pet hamsters to humans, leading to onward human-to-human transmission: a case study [J]. Lancet, 2022, 399(10329): 1070-1078.

[13] MANOJ S, MUKHERJEE A, JOHRI S, et al. Recovery from rabies, a universally fatal disease [J] . Mil Med Res, 2016, 3：21.

[14] ALM R A, JOHNSTONE M R, LAHIRI S D. Characterization of *Escherichia coli* NDM isolates with decreased susceptibility to aztreonam/avibactam：role of a novel insertion in PBP3 [J] . J Antimicrob Chemother, 2015, 70(5)：1420-1428.

[15] CHEN S L, ZHANG H, LUO M L, et al. Rabies virus transmission in solid organ transplantation, China, 2015-2016 [J] . Emerg Infect Dis, 2017, 23(9)：1600-1602.

[16] GAASTRA W, LIPMAN L J. *Capnocytophaga canimorsus* [J] . Vet Microbiol, 2010, 140(3-4)：339-346.

[17] LION C, ESCANDE F, BURDIN J C. *Capnocytophaga canimorsus* infections in human：review of the literature and cases report [J] . Eur J Epidemiol, 1996, 12(5)：521-533.

[18] RIDDER G J, BOEDEKER C C, TECHNAU-IHLING K, et al. Role of cat-scratch disease in lymphadenopathy in the head and neck [J] . Clin Infect Dis, 2002, 35(6)：643-649.

[19] KLOTZ S A, IANAS V, ELLIOTT S P. Cat-scratch disease [J] . Am Fam Physician, 2011, 83(2)：152-155.

[20] FLORIN T A, ZAOUTIS T E, ZAOUTIS L B. Beyond cat scratch disease：widening spectrum of *Bartonella henselae* infection [J] . Pediatrics, 2008, 121(5)：e1413-e1425.

[21] FOIL L, ANDRESS E, FREELAND R L, et al. Experimental infection of domestic cats with *Bartonella henselae* by inoculation of

Ctenocephalides felis（Siphonaptera：Pulicidae）feces ［J］. J Med Entomol, 1998, 35(5)：625-628.

［22］ MASCARELLI P E, MAGGI R G, HOPKINS S, et al. *Bartonella henselae* infection in a family experiencing neurological and neurocognitive abnormalities after woodlouse hunter spider bites ［J］. Parasit Vectors, 2013, 6：98.

［23］ CHOMEL B B, BOULOUIS H J, BREITSCHWERDT E B. Cat scratch disease and other zoonotic *Bartonella* infections ［J］. J Am Vet Med Assoc, 2004, 224(8)：1270-1279.

［24］ WINDSOR J J. Cat-scratch disease: epidemiology, aetiology and treatment ［J］. Br J Biomed Sci, 2001, 58(2)：101-110.

［25］ ROLAIN J M, BROUQUI P, KOEHLER J E, et al. Recommendations for treatment of human infections caused by *Bartonella* species ［J］. Antimicrob Agents Chemother, 2004, 48(6)：1921-1933.

［26］ ELSHEIKHA H M, MARRA C M, ZHU X Q. Epidemiology, pathophysiology, diagnosis, and management of cerebral toxoplasmosis ［J］. Clin Microbiol Rev, 2020, 34(1)：e00115-e00119.

［27］ CALERO-BERNAL R, GENNARI S M. Clinical toxoplasmosis in dogs and cats: an update ［J］. Front Vet Sci, 2019, 6：54.

［28］ WANG Z D, LIU H H, MA Z X, et al. *Toxoplasma gondii* infection in immunocompromised patients: a systematic review and meta-analysis ［J］. Front Microbiol, 2017, 8：389.

［29］ BOILLAT M, HAMMOUDI P M, DOGGA S K, et al.

Neuroinflammation-associated aspecific manipulation of mouse predator fear by *Toxoplasma gondii* [J]. Cell Rep, 2020, 30(2): 320-334. e6.

[30] LAMBERTON P H, DONNELLY C A, WEBSTER J P. Specificity of the *Toxoplasma gondii*-altered behaviour to definitive versus non-definitive host predation risk [J]. Parasitology, 2008, 135(10): 1143-1150.

[31] KAMHAWI S. Phlebotomine sand flies and *Leishmania* parasites: friends or foes? [J]. Trends Parasitol, 2006, 22(9): 439-445.

[32] SUNDAR S, SINGH B. Understanding *Leishmania* parasites through proteomics and implications for the clinic [J]. Expert Rev Proteomics, 2018, 15(5): 371-390.

[33] JIMÉNEZ A V, CABEZAS D C O, DELAY M, et al. Acoustophoretic motion of *Leishmania* spp. parasites [J]. Ultrasound Med Biol, 2022, 48(7): 1202-1214.

[34] BANETH G, NACHUM-BIALA Y, ADAMSKY O, et al. *Leishmania tropica* and *Leishmania infantum* infection in dogs and cats in central Israel [J]. Parasit Vectors, 2022, 15(1): 147.

[35] ROSSI M, FASEL N. The criminal association of *Leishmania* parasites and viruses [J]. Curr Opin Microbiol, 2018, 46: 65-72.

[36] BOEHM T M S A, MUELLER R S. Dermatophytosis in dogs and cats-an update [J]. Tierarztl Prax Ausg K Kleintiere Heimtiere, 2019, 47(4): 257-268.

[37] FRYMUS T, GRUFFYDD-JONES T, PENNISI M G, et al. Dermatophytosis in cats: ABCD guidelines on prevention and management [J]. J

Feline Med Surg, 2013, 15(7): 598-604.

[38] MORIELLO K. Feline dermatophytosis: aspects pertinent to disease management in single and multiple cat situations [J]. J Feline Med Surg, 2014, 16(5): 419-431.

[39] PENCOLE L, SIBIUDE J, WEINGERTNER A S, et al. Congenital lymphocytic choriomeningitis virus: a review [J]. Prenat Diagn, 2022, 42(8): 1059-1069.

[40] BONTHIUS D J. Lymphocytic choriomeningitis virus injures the developing brain: effects and mechanisms [J]. Pediatr Res, 2024, 95 (2): 551-557.

[41] STEWARDSON A J, GRAYSON M L. Psittacosis [J]. Infect Dis Clin North Am, 2010, 24(1): 7-25.

[42] NI Y Y, ZHONG H H, GU Y, et al. Clinical features, treatment, and outcome of psittacosis pneumonia: a multicenter study [J]. Open Forum Infect Dis, 2023, 10(2): ofac518.

[43] WOODWARD D L, KHAKHRIA R, JOHNSON W M. Human salmonellosis associated with exotic pets [J]. J Clin Microbiol, 1997, 35(11): 2786-2790.

[44] HEFFELFINGER R N, LOFTUS P, CABRERA C, et al. Lizard bites of the head and neck [J]. J Emerg Med, 2012, 43(4): 627-629.

[45] NER Z, ROSS L A, HORN M V, et al. *Bordetella bronchiseptica* infection in pediatric lung transplant recipients [J]. Pediatr Transplant, 2003, 7(5): 413-417.

[46] WERNLI D, EMONET S, SCHRENZEL J, et al. Evaluation of eight

cases of confirmed *Bordetella bronchiseptica* infection and colonization over a 15-year period [J]. Clin Microbiol Infect，2011，17（2）: 201-203.

[47] CHOMEL B B. Emerging and re-emerging zoonoses of dogs and cats [J]. Animals(Basel), 2014, 4(3): 434-445.

（马士珍　陈丝雨　汪　洋）

第八章

吸血昆虫携带的病原微生物
和未知微生物

被虫咬一口，叮一下，
可带入何种微生物？

吸血昆虫是可以传播病原微生物的一类节肢动物，包括蚊、蠓、蚤、蜱、螨、白蛉、虻、蚋等。其由于特殊的吸血习性，成为我们已知的疟疾、登革热、寨卡病毒感染、丝虫病、克里米亚-刚果出血热、黑热病、鼠疫等重大和新发突发传染病的媒介。但是，吸血昆虫携带的微生物远不止我们目前已经发现的传染病病原微生物，未知微生物的种类远远超乎我们的想象。被吸血昆虫咬一口，还极有可能带入源自野生动物的新型微生物。因此，我们必须提前了解吸血昆虫携带的微生物本底，以应对未来可能发生的虫媒传染病，在其传播和扩散之前，主动采取阻断措施，避免或减少对人类健康的危害以及经济损失。

一 吸血昆虫主要种类及可能携带的病原微生物和未知微生物

吸血昆虫是一类可以通过叮咬传播传染病的节肢动物，主要包括蚊、蜱、螨、虱、蚤、蠓、蚋、虻和白蛉等，世界各地均有分布。吸血昆虫可通过吸血将病毒和细菌等病原微生物传播给人类引起各种疾病。虫媒传染病占全球全部传染病的 17% 以上，影响广泛且深远。吸血昆虫中可能还存在很多未知的微生物。人们从 70 种节肢动物的宏转录组测序数据中，发现了 112 种新的负链 RNA 病毒，且分布在系统发生树的各个分支，提示节肢动物可能是病毒起源和进化的核心。根据各领域不同种类虫媒微生物研究进展，初步估算吸血节肢动物携带的未知微生物在 40000 种以上。

总体来讲，根据公开网站 Species 2000(http://www.sp2000.org.cn/)(截至 2024 年 4 月 8 日)和《中国病媒生物名录与地理分布》(徐保海)，我国现有蚊虫 413 种，传播的已知病原微生物 300 余种，预测未来可再发现 100～200 种新型病毒。我国蜱种类至少 125 种，截至 2023 年，NCBI 数据库收纳了我国蜱传病毒序列约 3700 条，隶属于 360 余种病毒。对携带病原微生物数量最多的长角血蜱的参考数据进行拟合后发现，我国蜱传新型病原微生物数量至少为 2218 种。

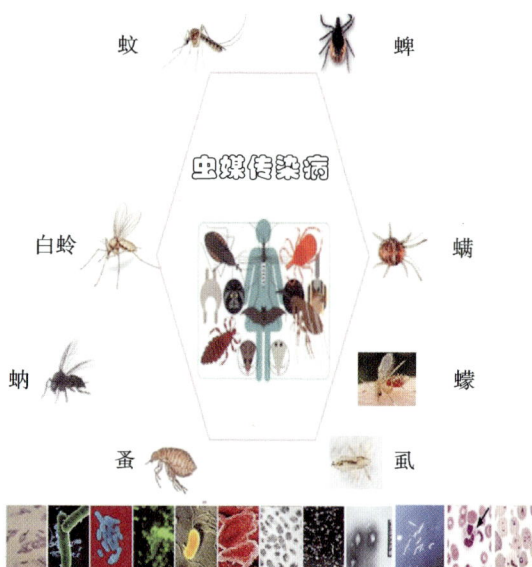

蚊　　　蜱

白蛉　　　螨

蚋　　　蠓

蚤　　　虱

虫媒传染病

传播虫媒传染病的主要吸血昆虫

目前我国记录的蚤类有 659 种（亚种），寄生于 3000 余种宿主动物体表中，携带的已知微生物至少有 970 种。根据宿主多样性、蚤类寄生方式多样性、种群分布与迁移及其他外寄生虫共同叮咬吸血的影响，蚤类感染和传播的病原微生物应超过 5000 种。我国记录的蠓亚科有 501 种。目前从吸血蠓虫中分离鉴定的病毒有 6 科 10 属。基于宏基因组测序，仅云南省采集的蠓中就检测到 350 种病毒。根据蠓种类与分布数据推测，全国范围内蠓携带的微生物种类应超过 5250 种。我国已记录的恙螨有 576 种、革螨有 500 多种，恙螨中存在至少 25 种非东方体属的病原微生物。对云南恙螨进行初步宏基因组测序发现，其携带至少 500 种细菌；关于恙螨携带病毒及革螨携带未知微生物的研究尚未开展，亟待补充。我国已记录的蚋有 300 多种，微生物研究相对较少，根据相关医学昆虫微生物携带情况推算，蚋携带病毒至少 200 种，携带细菌至少 5000 种。我国记录的虻有 467 种，传播的疾病主要有马传染性贫血、锥虫病、兔热病和炭疽等；最近对 5 种虻的 16S rDNA 进行高通量测序，共检测到 1000 余种细菌，根据推测，虻体内细菌数量应在 5000 种以上。 目前我国已确认有 57 种白蛉，基于山西部分地区样本的微生物组研究已发现 60 多种新型病毒；国际病毒分类委员会新公布的数据显示白蛉病毒属含 60 种病毒，未来估计在我国可获得具有培养特性的白蛉携带病毒 5～10 种，自然界白蛉携带的新型病毒基因组至少为 100 种。

二 蚊虫携带病原微生物的多样性及其传播风险

（一）蚊虫携带和传播的病原微生物所致新发突发传染病现状与趋势

目前全世界已记录的蚊虫有 3 亚科（巨蚊亚科、按蚊亚科、库蚊亚科），35 属，3900 余种和亚种。 其中伊蚊属、库蚊属和按蚊属 3 个属的蚊虫种类超过半数。 蚊虫在全世界均有分布，中国已发现 413 种。 蚊虫传播的病原微生物主要包括寄生虫、细菌和病毒，其中病毒为 300 余种。 近些年来，多种新发和再发蚊传病毒病在国际上流行，引起广泛关注。

1 **蚊传病毒及其传染病的复杂多样、分布广泛** 目前全世界已经从蚊虫中分离到的病毒，占重要吸血昆虫（如蚊、蜱、蠓、白蛉等）传播的虫媒病毒的 60％以上。 已经发现 100 余种蚊传病毒可以引起人和动物疾病，导致发热、出血和脑炎等，对人类和动物健康带来巨大威胁，也造成了巨大的经济和社会负担，是全世界关注的重要传染病。

2 **蚊传病毒在自然界长期循环往复** 蚊虫既可以起到病毒扩增作用，同时也是病毒传播的"桥梁"。 蚊传病毒在自然界的存在需依靠蚊虫—病毒—宿主动物的循环，缺一不可。 为达到最大的病毒扩增和传播效率以维持物种存在的目的，蚊传病毒已经形成一定的蚊虫媒介和适应宿主动物的生态规律。 如造成巨大公共卫生负担的登革病毒、黄热病毒、寨卡病毒、基孔肯亚病毒的媒介是伊蚊（埃及伊蚊/白纹伊蚊），而西尼罗病毒和乙脑病毒的主要传播媒介为库蚊（尖音库蚊和三带喙库蚊）。 在宿主方面，伊蚊传播病毒的主要宿主动物为非人灵长类动物（如猿、大猩猩等），而库蚊传播的西尼罗病毒的主要宿主动物为鸟类，猪则是乙脑病毒最主要的宿主动物。

③ **已知蚊传病毒的异地出现和跨种传播**　数十年对我国虫媒病毒地域分布的调查结果显示，乙脑病毒分布于我国东南部地区（胡焕庸线以东地区）。2009 年，在我国西藏（墨脱）地区采集的三带喙库蚊中发现乙脑病毒，当地健康人和家养猪存在乙脑病毒中和抗体阳性，提示这一地区成为乙脑病毒新的自然疫源地。 我国西北部地区（如新疆、青海）目前未发现乙脑病毒在自然界的存在。 随着交通、货物运输等人类活动和自然界鸟类迁徙等的增加，乙脑病毒从我国东部地区传播到西部地区的可能性也增加。 此外，已经在我国新疆南部地区采集的尖音库蚊标本中分离到西尼罗病毒，并证明当地存在由西尼罗病毒引起的成人病毒性脑炎的流行。 但是，我国内地广大地区尚未发现西尼罗病毒及相关疾病。 我国东部地区每年夏季出现的大量病毒性脑炎患者，是否与西尼罗病毒感染有关，也需要进行长期监测。

④ **人群虫媒病毒多先在蚊虫中发现**　许多新型或未知的蚊传病毒首先在自然界蚊虫中被发现。 例如，2022 年在澳大利亚出现的乙脑疫情，成为全球关注的公共卫生事件。 实际上 2021 年已经在当地蚊虫中检测到乙脑病毒的存在。又如，2015 年韩国发现了一例由罕见基因型乙脑病毒感染引起的成人型乙脑病例。 但其实早在 2009 年韩国自然界中就已发现多种蚊虫携带该病毒。 这提示对蚊虫种类和蚊虫携带的病毒进行调查研究是早期发现新型蚊传病毒的好方法。

⑤ **新发和再发蚊传疾病流行的规模在增加，有全球化趋势**　近年来，新发蚊传疾病的出现和再发蚊传疾病呈现全球化趋势，对人类和动物健康构成了巨

大威胁。 埃及伊蚊除了传播黄热病毒外，还可以传播登革病毒、基孔肯亚病毒、寨卡病毒和马雅罗病毒等。 由于贸易的增加和全球化进程的加剧，埃及伊蚊的活动范围在扩大。 1970 年以前，只有 9 个国家经历过严重的登革热疫情，而现在登革热已经在亚洲、非洲和北美洲的 100 多个国家流行。 寨卡病毒于 1947 年首次在非洲被发现，2015 年在南美洲出现寨卡病毒感染的暴发流行，约 200 万人感染。 埃及伊蚊传播的基孔肯亚病毒一直在东南亚和非洲南部地区呈地方性流行。 2005—2006 年，基孔肯亚病毒在印度洋群岛流行，人们还发现白纹伊蚊也成为基孔肯亚病毒传播的媒介。 自 2015 年以来，基孔肯亚病毒入侵美洲，造成了数百万人感染。 以库蚊传播为主的西尼罗病毒和乙脑病毒所引起的感染也呈现跨地区流行趋势。 1999 年，可以引起神经系统感染的新型西尼罗病毒开始入侵美国并在美洲大陆大范围流行，造成美国约 700 万人感染。 欧洲和亚洲地区也多次发生西尼罗病毒性脑炎的流行。 1935 年首先在日本发现并在亚洲地区流行的乙脑，2022 年在南太平洋的澳大利亚出现暴发流行，使得乙脑成为在亚洲和太平洋地区流行的跨地区性蚊虫传播病毒性脑炎，引起国际社会的极大关注。

蚊传病毒引起的疾病属于自然疫源性疾病，不会在地球上消灭，这是由于传播病毒的蚊虫及哺乳动物是维持地球生态平衡的重要因素，不仅种类多而且分布广，不可能完全被消灭。 世界卫生组织在 2000 年就预测，人类今后 100 年内所面临的严重的传染病，除了艾滋病和结核病外，就是被忽略的热带病。 其中蚊传病毒性疾病是被忽略的热带病中最重要的病种。 由于全球气候变暖，平均气温升高，蚊虫的分布范围和丰度发生变化，使得各种蚊虫的活动范围扩大，原本在温带流行的蚊虫逐渐向高纬度地区扩散，其携带的病原微生物也随之扩散，并向人口聚集的城市靠近。 此外，全球运输系统的快速增长、城市化以及人类活动使蚊虫向宿主动物传播病毒的机会增加。 随着病毒基因组的变异，会出现更适应自然环境的"病毒变异株"，从而出现新的蚊传病毒或者重新出现已有的病毒。 有研究预测蚊传病毒性疾病在未来 10 年内还会发生 3～5 次世界范围的流行，对人类健康构成更大威胁。

6 **岛屿蚊媒新病毒的特点** 蚊虫传播的病原微生物对人类公共卫生构成了巨大威胁，而蚊虫传播的病毒之间的复杂关联在很大程度上仍然未知。 岛屿蚊媒新病毒呈现一些新特点。 例如，我国海南岛蚊虫病毒组鉴定和监测研究，为预防病毒传播和已存在的虫媒病毒的预警提供了重要线索。 该研究在海南采集了 15 种蚊虫，共检出已知病毒 57 种，其中新病毒 39 种。 结果表明，大部分病毒组在不同地点的同一蚊种中持续存在，相对小区域内的物种特异性病毒组受病毒种间竞争和食物来源的限制，而大地理区域的病毒组可能受蚊虫与当地环境因素之间的生态相互作用的控制。 RNA 病毒在生态系统中的获取和传播依赖于地方性环境关联和蚊虫物种屏障，以上研究结果说明病毒动力学取决于蚊虫与环境之间的相互作用。

7 **全国不同地域蚊虫病毒组的病毒多样性及其影响因素** 研究人员对 2018—2021 年采集的来自我国不同栖息地的 2438 只蚊虫个体进行宏转录组测序，鉴定出 393 种蚊虫相关病毒，其中 63% 为潜在新种，包括 3 种潜在致病虫媒病毒新物种。 这一发现大大拓展了已知蚊虫病毒的多样性。 同时研究发现了蚊虫病毒组的一些构成特征及驱动因素。 哺乳动物丰度高、温度相对较低、降水较多的地区可能是蚊传病毒广泛存在的热点地区；气候和蚊虫种类是影响病毒组组成的重要因素。 蚊虫种群间的病毒共享取决于个体基因相似性，而不是种群之间遗传差异的平均水平。 我们更应关注由人类活动与气候变化等因素影响的蚊虫迁移所导致的病毒的跨区域传播。

（二） 我国蚊传微生物种类的估计及潜在风险

我国蚊虫传播的微生物大致分为寄生虫、细菌和病毒三类。

1 **蚊传寄生虫** 疟原虫和丝虫是在我国长期存在的蚊传寄生虫病病原微

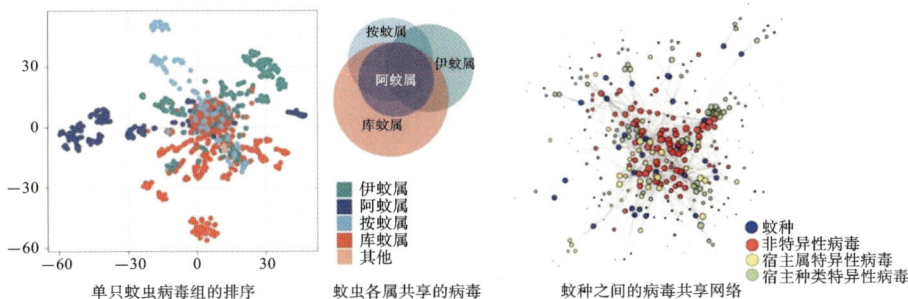

单只蚊虫病毒组的排序   蚊虫各属共享的病毒   蚊种之间的病毒共享网络

蚊虫病毒组的构成特征

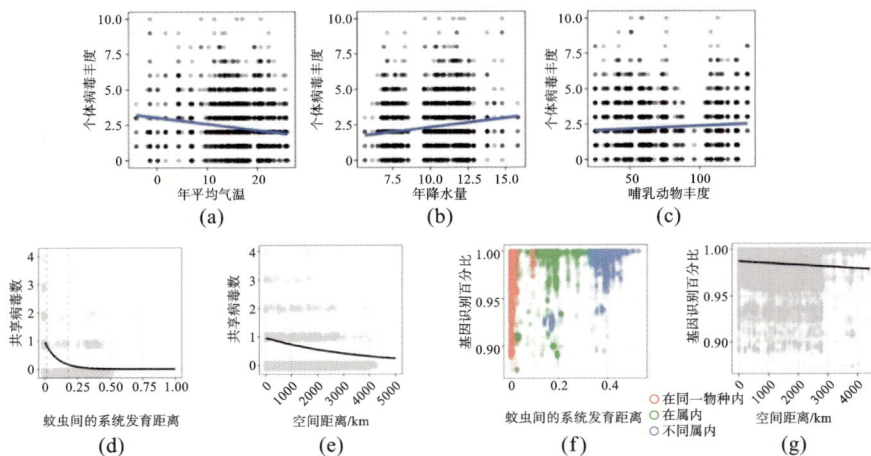

蚊虫病毒多样性和共享病毒的影响因素

生物,相关疾病为我国法定报告传染病。 疟疾是低纬度热带地区国家重要的由蚊虫传播的寄生虫病,为我国法定报告乙类传染病。 我国流行的丝虫主要为班氏丝虫和马来丝虫,分别由库蚊和中华按蚊传播,两者生活史相似。 历史上丝虫病流行于我国北方至海南岛的广大区域,目前我国已经宣布消除丝虫病。 目前我国仅发现以上两种蚊传寄生虫病病原微生物,除非自然界寄生虫与蚊虫之间发生新的物种跨越,否则,除了输入性寄生虫病外,短时间内我国大概率不会出现疟原虫和丝虫以外的新的蚊传寄生虫病病原微生物。

2 **蚊传细菌** 细菌种类繁多，包括球菌、杆菌、螺旋菌及一些胞内寄生菌等，但目前尚未发现通过蚊虫叮咬而传播球菌、杆菌等细菌而引起感染的病例。近年来，在我国云南等地自然界采集的蚊虫标本中发现了大量立克次体目（胞内寄生菌）病原微生物，包括无形体、埃立克体、立克次体和沃尔巴克氏体，以及其他一些共生菌，提示立克次体目病原微生物在自然界蚊虫中广泛存在，需要加强人、动物由蚊虫叮咬而引起的立克次体感染的相关研究和防控。此外，在相同水生环境中采集的蚊卵、幼虫和蛹中也发现了螺旋菌等病原微生物的核苷酸序列信息，提示其在蚊虫体内存在垂直传播的可能性。总体而言，除非自然界细菌和蚊虫之间出现新的物种跨越，否则，我国短时间内可能不会出现通过蚊虫传播而感染人、动物的细菌性病原微生物。

3 **蚊传病毒种类的估计** 截至 2023 年 4 月，已从我国自然界采集的各种蚊虫中使用动物分离法或者组织细胞培养法分离到 9 属 34 种可以培养复制的"活病毒"。在我国采集的 18 种库蚊中，从 6 种库蚊标本中分离到 25 种病毒（分属于披膜病毒科、布尼亚病毒科、黄病毒科和呼肠孤病毒科）；在采集的 15 种按蚊中，从 4 种按蚊标本中分离到 11 种病毒；在采集的 9 种伊蚊标本中分离到 11 种病毒；在采集的 2 种阿蚊标本中分离到乙脑病毒等 5 种病毒。在三带喙库蚊中分离到 11 种病毒，淡色库蚊中分离到 5 种病毒，中华按蚊中分离到 5 种病毒，刺扰伊蚊中分离到 5 种病毒，骚扰阿蚊中分离到 5 种病毒。但是，我国地域广阔，地理气候条件特殊，蚊虫种类达 300 余种。以上蚊传病毒的标本采集点大多集中于我国东南部地区，且覆盖度有限。在我国北部和西北部地区开展的蚊传病毒调查较少。因此，很有可能会在我国分离到新的蚊传病毒。此外，通过海陆空运输工具等输入我国的蚊虫标本及海外感染的患者标本中可能会分离到新的病毒等。据此估计，我国在今后的调查研究中还会分离到 20～30 种新的蚊传病毒。

我国蚊虫中分离的病毒及其蚊虫媒介

序号	病毒类别	蚊虫类别			
		库蚊属	按蚊属	伊蚊属	阿蚊属
	黄病毒科				
	黄病毒属				
1	乙脑病毒	+	+	+	+
2	西尼罗病毒	+	−	−	−
3	登革病毒 1	−	−	+	−
4	登革病毒 2	−	−	+	−
5	登革病毒 3	−	−	+	−
6	登革病毒 4	−	−	+	−
7	寨卡病毒	+	+	+	+
8	朝阳病毒	+	−	−	−
9	库蚊黄病毒	+	−	−	−
10	坦布苏病毒	+	−	−	−
	披膜病毒科				
	甲病毒属				
11	盖塔病毒	+	+	+	+
12	辛德毕斯病毒	+	+	−	−
13	辛德毕斯样病毒	−	+	−	−
14	基孔肯亚病毒	−	−	+	−
15	罗斯河病毒	+	−	−	−
	布尼亚病毒科				
16	塔希纳病毒	+	−	+	−
17	Cat Que 病毒	+	−	−	−
18	Manzanilla 病毒	+	−	−	−
19	阿卡斑病毒	+	−	−	−
20	巴泰病毒	−	+	−	−
21	OYA 病毒	+	−	−	−
22	艾比湖病毒	+	−	−	−

续表

序号	病毒类别	蚊虫类别			
		库蚊属	按蚊属	伊蚊属	阿蚊属
	呼肠孤病毒科				
	东南亚十二节段 RNA 病毒属				
23	版纳病毒	＋	＋	＋	－
24	辽宁病毒	＋	＋	＋	－
25	Kadipiro 病毒	＋	＋	－	＋
26	芒市病毒	＋	－	－	－
	环状病毒属				
27	云南环状病毒	＋	－	－	－
28	西藏环状病毒	－	＋	－	－
29	封开病病毒	＋	－	－	－
	弹状病毒科				
30	阿蚊弹状病毒	－	－	－	＋
	质型多角体病毒属				
31	Cypo 病毒	＋	－	－	－
	细小病毒科				
32	浓核病毒属	＋	＋		
	Toti 病毒科				
33	阿蚊 toti 病毒				
	Tymo 病毒科				
34	Tymo 病毒（CuTLV）	＋	－	－	－
	合计	24	11	11	5

近些年对在我国不同地区自然界采集的蚊虫标本进行病毒组分析发现了大量新的病毒基因信息。对 2005—2015 年在中国 15 省采集的包括库蚊、按蚊、伊蚊、阿蚊等蚊虫在内的共 11 万只蚊虫，分批进行病毒基因组的深度测序分析，已发现 16 个病毒科的病毒基因组序列信息，用 PCR 技术从原始标本中扩增出 59 种特异性病毒基因序列，包括已经分离培养出的 5 种虫媒病毒，此外还含

有多种哺乳动物病毒、昆虫病毒和植物病毒。 2013—2017 年在云南省 15 个采集点共采集到约 30 万只蚊虫和蠓虫，对每 100 只蚊虫和 200 只蠓虫为一组进行研磨处理，并进行基因测序，最终发现 22 个病毒科的病毒，包括弹状病毒科、泛布尼亚病毒科和正黏病毒科等。

以上研究结果提示我国蚊虫中存在大量新的病毒基因组序列信息，这些病毒基因组序列存在于蚊虫体内，可能正孕育着新的病毒，或者在蚊虫体内已经形成病毒颗粒，只不过尚未被分离出。 由于尚未获得可以在组织细胞中分离培养的病毒分离物，因此很难推测其生物学表型及其对人和动物的感染性，但是，这些基因组序列信息的存在很可能会使蚊虫体内发育出新的病毒种、新的病毒科等。 随着科学技术的进步，我国蚊虫体内的病毒基因组序列信息可能还会被陆续发现，预测未来可能再发现 50～100 种。

（三） 蚊传病毒性疾病的主动应对措施

蚊传病毒性疾病可引起世界范围的公共卫生危害，受到全世界的关注。 世界各国科学家利用生态学、流行病学、气候学等构建数学模型，用于预测新发和再发蚊传病毒性疾病的流行时间、地点和范围等，以期达到预测和预警目的。然而截至目前，尚无比较准确的对蚊传病毒性疾病流行进行预测的方法。 鉴于此，提高反应能力是应对新发和再发蚊传病毒性疾病流行的最好办法。 任何新发和再发蚊传病毒性疾病的病原微生物在被鉴定之前都属于"未知蚊传病毒"，对任何未知病毒的鉴定都需要多学科合作完成，因此对"未知蚊传病毒的发现和确认"也是一种挑战。 未知蚊传病毒的发现和确认包括流行病学的确认、患者临床表现的确认、病毒种类及其致病性的确认、蚊虫种类及其生态习性的确认，以及宿主动物种类和生活习性的确认等。 对新出现病毒的快速检测和鉴定是预防疾病传播非常重要的一环。

1 **加强对未知蚊传病毒种类的调查**　由于蚊传病毒种类多、分布广，且由于气候变暖、人群流动、货物运输的国际流动等，蚊传病毒在全世界的分布范围快速扩大，蚊虫的迁飞也使得蚊虫携带的病毒之间出现重组、重配而孕育出新的病毒，以及新的致病性病毒。这些病毒均可以作为未知病毒或者新病毒而在各地出现。为此，加强对蚊虫携带病毒的主动调查十分必要，以主动发现新病毒或者未知病毒。我国从蚊虫标本中分离到数十种病毒，其中一些病毒具有基因检测试剂和抗体检测试剂等商业化的检测试剂。但是还有很多病毒分离物缺少商用的、规范化的检测试剂。有些重要的病毒（如西尼罗病毒）的检测仅有基因检测试剂，缺少抗体（如 IgM 抗体、IgG 抗体）检测试剂。而西尼罗病毒感染引起的病毒血症水平低且维持时间短，因此基因检测具有难度。国外主要依靠西尼罗病毒 IgM 抗体检测方法对患者进行检测，而我国缺少类似检测试剂，成为在临床上确诊或者排除西尼罗病毒感染的难点（虽然中和试验可以检测但是无法做到对西尼罗病毒感染的快速检测）。为此需要加强我国已经分离到的蚊传病毒的检测试剂的研究。种类齐全的检测试剂对于新的、未知的蚊传病毒的快速检测和鉴定具有重要意义。目前尚未找到一种可以预警或者预测新病毒出现的技术。实时监测人和动物感染后的蚊传病毒种类，是主动发现蚊传病毒的有效方法，可以发现一些对人和动物具有致病性、处于萌芽状态的蚊传病毒。主动调查既可以了解已知病毒与人和动物疾病的关联，还可以早期发现对人和动物致病的蚊传病毒，早期发现新发蚊传病毒对人和动物的公共卫生危害，减轻疾病负担。既然动物是蚊传病毒的扩增宿主（甚至是储存宿主），未知蚊传病毒（新发病毒）的发现也需要从动物入手开展研究。

2 **加强蚊传病毒与人和动物疾病关系的研究**　我国已经从蚊虫标本中分离到大量病毒，如乙脑病毒、西尼罗病毒、登革病毒、寨卡病毒等，并已经明确其对人和动物的致病性，然而有些病毒（如西藏环状病毒、辽宁病毒等），虽然在我国分布广泛，但是尚未确定其对人和动物的致病性以及疾病负担等。 为此要注意采集患者或者患病动物标本，特别是双份血清（急性期和恢复期）标本进行病原学和相关抗体的检测，以明确这些病毒与人和动物疾病的关系。 只有将我国已经发现的蚊传病毒的致病性弄清楚，一旦发现新的蚊传病毒性疾病流行，才能比较容易地区分是新发蚊传病毒还是未知蚊传病毒。

③ **关注我国家养动物中流行的蚊传病毒性疾病**　我国已经在蚊虫中发现多种可以引起大型家养动物疾病的蚊传病毒，如阿卡斑病毒、鹿流行性出血热病毒、蓝舌病病毒等，但是尚未发现这些病毒在我国家养动物中大规模流行，为此要关注这些病毒所引起的疾病的流行。 注意从患病动物中采集标本，并对家养动物感染的病原微生物进行监测。 还要注意输入性蚊传病毒对我国家养动物感染的威胁，发现国际新出现的蚊传病毒。

坦布苏病毒（Tembusu virus，TMUV）最早于 1955 年在马来西亚采集的蚊虫标本中分离到，此后四十余年未见报道。 1999—2002 年在泰国和马来西亚采集的蚊虫和病禽标本中分离到该病毒。 2010 年我国东南沿海地区的主要蛋鸭养殖区福建、山东、浙江、上海和江苏等地陆续暴发一种以蛋鸭、种鸭产蛋量骤然大幅下降为主要特征、以出血性卵巢炎为主要病变特征的急性传染病，随后几个月内迅速蔓延至我国内陆地区。 在我国华北和华东地区，当年约有 1.2 亿只蛋鸭和 1500 万只肉鸭发病，经济损失达数十亿元。 研究人员从感染鸭标本中分离到一种新的黄病毒，即鸭坦布苏病毒。 2010 年以后，我国大陆地区每年暴发由该病毒感染引起的鸭或鸡等禽类疾病流行，造成了巨大的经济损失，引起国内外极大的社会关注。 这是我国首次发现的对家禽致病的新型黄病毒，同时也是坦布苏病毒在国际引起的导致禽类养殖业损失最大的流行病疫情。 对从蚊虫和禽类中分离的病毒进行基因组分子遗传进化分析，结果显示，蚊虫传播和引起禽类疾病的坦布苏病毒明显分为两个进化分支，而其结构基因（E）氨基酸突变与该病毒长距离传播有关。

4 蚊传病毒防控的思路和新策略 蚊传病毒众多，导致诸多烈性传染病，由于缺乏疫苗和特效药物，传统防治手段主要为对症治疗。另外，针对媒介的治理也是大量使用杀蚊剂，以及其他的一些物理方法。杀虫剂可能对环境产生不良影响，导致其他有益昆虫死亡；蚊虫还很可能快速进化出耐药性。因此，采用基于生态学的绿色环保型阻断措施非常重要。

（1）调节宿主气味，阻断蚊传病毒传播：人体气味是调控蚊虫行为的关键因素。清华大学程功教授团队研究发现，通过调控皮肤微生物，重塑感染者的气味，可影响蚊虫的嗅觉感知。宿主气味的改变是导致感染宿主吸引蚊虫的决定性因素。小鼠在感染蚊传病毒后，会大量释放一种具有挥发性且可有效激活蚊虫嗅觉神经系统的小分子——苯乙酮，从而增强蚊虫对感染小鼠的行为趋向。通过收集登革热患者的气味，研究人员发现患者对埃及伊蚊表现出更强的吸引力，且在登革热患者的气味中，苯乙酮含量显著高于健康志愿者。进一步的研究发现，人体或动物释放的苯乙酮主要来源于体表的皮肤共生微生物，登革病毒及寨卡病毒感染可导致宿主皮肤表面芽孢杆菌属细菌的丰度明显上升，而芽孢杆菌具有代谢产生大量苯乙酮的能力。至此，研究人员揭示了蚊传病毒感染者吸引蚊虫叮咬的原因：病毒感染提高了人体皮肤中特定细菌的比例，显著提高了感染者的苯乙酮释放能力，从而提高了蚊虫对感染宿主的行为趋向。同时，研究人员还发现，向被登革病毒及寨卡病毒感染小鼠饲喂一种维生素 A 衍生物——异维甲酸（一种在临床中广泛使用的皮肤病治疗药物），可抑制感染宿主皮肤中芽孢杆菌的增殖，抑制被感染的宿主释放苯乙酮。据此，研究人员提出了防治蚊传病毒性疾病的新策略：在流行疫区，对感染者广泛补充维生素 A 或相关药物，重塑感染者皮肤微生物挥发的气味，大幅降低蚊传病毒传播循环效率，阻断蚊传病毒的快速传播。

（2）以菌治蚊——阻断蚊传病毒流行新招：2024 年，清华大学程功教授团队在《科学》杂志发表了题为"一种天然定植的伊蚊肠道共生菌阻断蚊媒黄病毒传播"的论文，再次为阻断蚊传病毒流行提供了新招。

蚊传病毒作为蚊虫的"肠道病毒"，必然与蚊虫肠道中的微生物发生复杂的相互作用。前期研究发现，在常见的白纹伊蚊及埃及伊蚊的肠道中定植有一种 *Rosenbergiella* 属细菌，可显著抑制蚊虫通过叮咬吸血感染登革病毒及塞卡病毒。*Rosenbergiella*_YN46 菌通过分泌葡萄糖脱氢酶快速酸化吸血蚊虫肠道，从而重塑肠道微环境，大幅降低蚊虫对病毒的易感性。在野外，他们发现该种共生菌在非登革热流行地区的蚊虫肠道中有很高的定植率，在登革热流行地区则存在高度负相关；通过后续现场干预实验，向蚊虫滋生水体中加入 *Rosenbergiella*_YN46 菌，孵化出的蚊虫感染登革病毒的比例大幅下降，为解决世界性公共卫生难题提供了新思路和新策略。

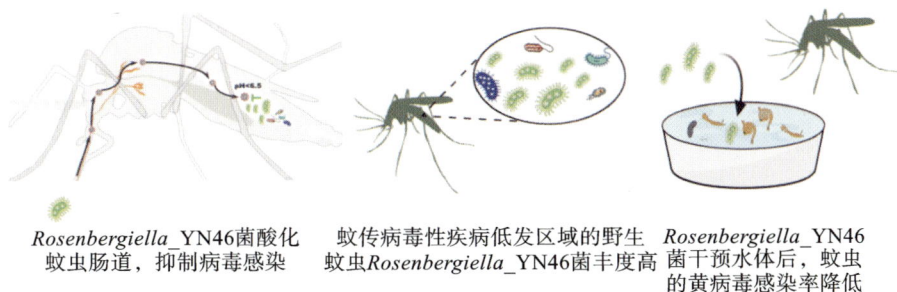

*Rosenbergiella*_YN46菌酸化蚊虫肠道，抑制病毒感染　　蚊传病毒性疾病低发区域的野生蚊虫*Rosenbergiella*_YN46菌丰度高　　*Rosenbergiella*_YN46菌干预水体后，蚊虫的黄病毒感染率降低

*Rosenbergiella*_YN46 菌抑制登革热流行的发现和干预新策略

三　蜱类携带病原微生物的多样性及其传播风险

（一）蜱类携带微生物概述

与蚊、蚤、螨等其他生物媒介相比，蜱具有更为独特的医学意义和更为重要

的媒介作用，是全球第二大传染病传播媒介。目前，世界上确认的蜱类约 900 种，我国目前记录的蜱有 9 属 125 种，其中包括硬蜱 111 种和软蜱 14 种。蜱可同时携带 2 种或 2 种以上的病原微生物，如病毒、细菌、原虫（如巴贝斯虫）等，且蜱在叮咬吸血过程中能将这些病原微生物传播给宿主（人类、家畜和野生动物等），造成健康损害。目前，蜱可传播的病原微生物导致约 50 种疾病，如蜱传脑炎、莱姆病、斑点热、回归热等。蜱可寄生于各类陆地脊椎动物中，包括哺乳动物、爬行动物、鸟类等，有些种类侵袭人类，从而传播人兽共患病，危害人类和动物健康，并对畜牧业产生影响。目前，人们已经在 200 多种蜱中发现了 220 余种病原微生物，其中超过 100 种病原微生物与人类疾病有关。近些年，由于生活环境的变化、城镇化速度的加快、气候和生态环境的改变，以及全球对蜱媒病研究的深入，人们陆续发现了很多新蜱媒病，导致人类和动物出现严重的疾病，甚至死亡，引起研究人员的广泛关注。

（二）　新发突发蜱传病毒的多样性及其威胁

蜱传病毒属于虫媒病毒（arbovirus），在与蜱的长期共同进化中逐渐适应蜱的生理机能，而且蜱传病毒在无脊椎动物和脊椎动物的不同宿主环境中均可以感染和繁殖。羊跳跃病病毒（louping ill virus）于 18 世纪在苏格兰绵羊中被发现，80 多年前被证实是蜱传病毒，属于黄病毒属，是较早的蜱传病毒。目前，全球至少有 160 种被命名的病毒是由蜱传播的，至少包括 2 目 9 科 12 属及一些未分类的病毒，分别为内罗病毒科（Nairoviridae）、白纤病毒科（Phenuiviridae）、周布尼亚病毒科（Peribunyaviridae）、尼亚米病毒科和弹状病毒科（Rhabdoviridae），以及正黏病毒科（Orthomyxoviridae）、呼肠孤病毒科（Reoviridae）、黄病毒科（Flaviviridae）和非洲猪瘟病毒科（Asfarviridae）。目前，全球能引起人类疾病的蜱传病毒至少有 5 科 15 种病毒，包括内罗病毒科、白纤病毒科、黄病毒科、正黏病毒科、呼肠孤病毒科和近年新发现的松岭病毒（Songling virus，SGLV）。

近年来，我国发现的蜱传病毒有 10 余种，其中对人或动物具有致病性的蜱传病毒包括大别班达病毒（引起发热伴血小板减少综合征）、蜱传脑炎病毒（TBEV）、非洲猪瘟病毒（African swine fever virus，ASFV）、克里米亚-刚果出血热病毒（Crimean-Congo hemorrhagic fever virus，CCHFV）、荆门蜱虫病毒（Jingmen tick virus，JMTV）、阿龙山病毒（Alongshan virus，ALSV）以及松岭病毒（SGLV）等，这些病毒损害人类和家畜健康，对社会经济可造成巨大损失。1965 年，在我国新疆首次发现出血热，即克里米亚-刚果出血热。该病以高热、出血为典型特征，主要分布于新疆和青海，病死率为 30%～50%。2010 年，首次在我国发现发热伴血小板减少综合征，以急性发热、血小板和白细胞减少为主要临床表现，并逐渐在 25 个省发现该病，病死率为 12%～30%。2010 年，在我国湖北荆门发现一种节段性病毒，即 JMTV，之后人们于 2018 年从广西的爪哇花蜱中分离出 JMTV，随后证实了其对人的致病性。近些年，国内学者在我国东北地区有蜱叮咬史的发热患者中成功分离到 ALSV 和 SGLV。2019 年，蔡祥龙等首次在吉林的日本血蜱中检测到蜱传新型黄病毒——恩格耶病毒（NGOV）。我国蜱类分布广泛，由于气候变化、城镇化速度的加快以及自然生态的改变等，蜱传病毒所致的疾病逐渐增加，又因其通常难以诊断，无有效疫苗，故而严重威胁人类健康，急需对其进行深入研究。

关于蜱传病毒，科学家经过高通量测序，在北美洲、南美洲、欧洲等的各种蜱中发现了很多新 RNA 病毒。例如，2017 年 Rafal Tokarz 等在美国的肩胛硬蜱、变异革蜱等中分别发现了劳雷尔湖病毒（Laurel Lake virus）、变异革蜱弹状病毒 1（American dog tick rhabdovirus 1）及美洲花蜱罗达病毒（Lone star tick nodavirus）等 24 种新病毒。John 于 2017 年在北欧的蓖麻硬蜱中发现 Bronnoya virus 等 9 种新病毒。2018 年 William Marciel de Souza 等在巴西南部的微小扇头蜱中发现 Guarapuava tymovirus-like 1 等 3 种新蜱病毒。我国对 30 个省市

148 个采样点的蜱种(6 个硬蜱属和 2 个软蜱属)开展高通量测序分析研究,发现了 724 种 RNA 病毒,包括 59 个 RNA 病毒科,其中 501 种与已知病毒种的依赖于 RNA 的 RNA 聚合酶(RdRp)的基因同源性<90%,为潜在新病毒。 这些发现揭示了蜱携带病毒的广泛多样性。

(三) 其他类型新发突发蜱媒病原微生物及其危害

蜱传细菌和原虫也是重要的蜱传病原微生物。 在蜱传细菌中,90%属于螺旋体目和立克次体目,主要有伯氏疏螺旋体(*Borrelia burgdorferi*)、宫本疏螺旋体(*Borrelia miyamotoi*)、无形体(*Anaplasma*)、立克次体(*Rickettsia*)、埃立克体(*Ehrlichia*),这些细菌均是人兽共患病病原微生物,经蜱叮咬均可传播给人类和动物,导致相应的疾病,如莱姆病、回归热、立克次体病和埃立克体病。 还有其他一些蜱传细菌和原虫,如柯克斯体(*Coxiella*)、巴尔通体(*Bartonella*)、巴贝斯虫(*Babesia*)和泰勒虫(*Theileria*)等,均会引起人和动物不同严重程度的疾病。 蜱传细菌引起的疾病会产生不同严重程度的临床表现。 例如,莱姆病典型表现是环形红斑和牛眼症,并且会损害神经系统,广泛分布于亚洲、欧洲和北美洲等国。 我国已在新疆、云南、内蒙古和山东发现了不同基因型的莱姆病病例。 由立克次体、无形体和埃立克体所引起的疾病会有不同的症状,包括发热、头痛、恶心呕吐、皮疹、焦痂、白细胞和血小板减少、消瘦等。 我国从 1982 年以来,已经发现了至少 21 种斑点热群立克次体、3 种无形体、3 种埃立克体、6 种基因型的伯氏疏螺旋体和 11 种巴贝斯虫。 其中可导致人类感染的有 8 种斑点热群立克次体、3 种无形体、1 种埃立克体、1 种新埃立克体、4 种伯氏疏螺旋体和 3 种巴贝斯虫。 在我国,蜱传斑点热、莱姆病、巴贝斯虫病分别由至少 27 种、40 余种和 13 种蜱类传播。 蜱传细菌和原虫由蜱类携带而传播至世界各地,未来范围将不断扩大,因自然生态的改变和人类活动的变化,将会有越来越多的蜱传细菌和原虫被发现，会对宿主（家畜、人和野生动物）产生不同程度的危害，轻度症状可能是过敏反应、发热、浑身不适等，重度症状包括高热不退、昏迷不醒、神经炎症和多器官衰竭等，因难以诊断、误诊或延误治疗可能会危及生命。总之，对蜱传细菌和原虫进行流行病学调查，以监测其感染率及动态变化，发现新发蜱病原微生物，增加对蜱传细菌和原虫性疾病的了解，公共卫生意义重大。我国蜱种丰富且分布广泛，蜱传病原微生物多种多样，仍有很多未被发现的蜱传病原微生物等着我们去探索。

（四）　蜱类携带未知微生物的估算

目前在蜱类中发现的新病毒数量仍在快速增长中，蜱传病毒的多样性仍然被严重低估。截至 2023 年 10 月，NCBI GenBank 数据库收纳了自 2011 年在中国发现的病毒序列 3000 余条，覆盖数十种常见蜱与 300 多种病毒。其中发现病原微生物数量最多的长角血蜱，共有 881 条序列 92 种病毒。对长角血蜱的提交序列数量与新发病原微生物进行饱和性分析（即基于观测法，在系统已达到其最高容量或极限状态时进行数据收集和分析，其原理在于通过重复观测系统在饱和状态下的运行情况来评估系统的性能，饱和状态是指系统无法再接收或处理更多负载的状态），发现曲线顶部逐渐平缓，进一步分析文献后发现，现有研究的采样范围也覆盖全国。课题假设长角血蜱采样已经饱和，拟合了长角血蜱的饱和曲线。对于其他蜱种，研究认为饱和曲线的形态与长角血蜱相似，利用各蜱种已有数据校正饱和曲线，并进一步估算了在增加病毒序列时所能达到的最大新发病原微生物数量，初步估计 9 个蜱种的潜在新发病原微生物数量为 2218 种以上，部分蜱种的实际观测数据与拟合饱和曲线如下图所示，据此推断，我国 125 种蜱携带的微生物在 25000 种以上。

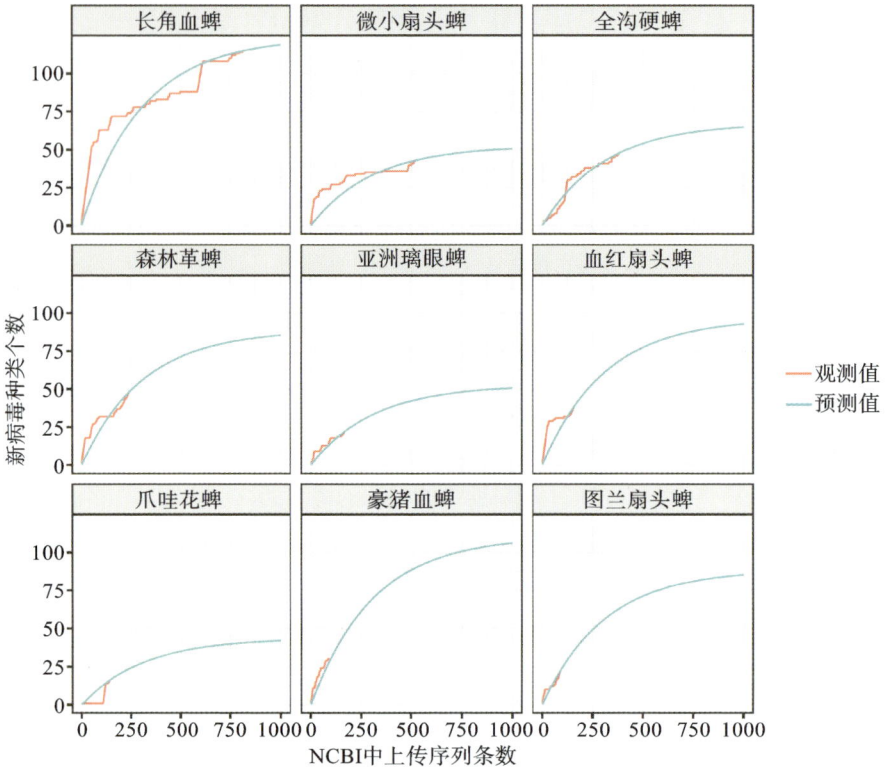

基于长角血蜱等 9 个蜱种携带微生物的预测饱和曲线

（五）　蜱传播微生物的能力及风险分析

为了进一步评估蜱携带病原微生物的遗传基础，我们利用比较基因组学方法，分析了软蜱和硬蜱的免疫系统功能基因构成，发现蜱特别是硬蜱在相关通路上有明显扩张。 在三大免疫信号通路 TOLL、IMD 与 JAK-STAT 通路中，TOLL 通路在蜱中较保守，在软蜱和硬蜱中 TOLL 通路的大多数基因可被识别出来，只有 GNBP 和 DIF 两个基因缺失。 胞壁多肽识别蛋白基因（PGRP）是 TOLL 通路中的病原识别蛋白，软蜱基因组中仅发现一个编码 PGRP 的基因，而硬蜱携带 3～7 个同源基因，硬蜱相关功能扩张提示硬蜱受到的病原微生物选择压力较大，可能携带多种病原微生物。 在抗病毒 RNA 沉默通路中，Argonaute-2 蛋白是 RNA 诱导沉默机制的中心蛋白组分。 我们发现硬蜱中 Argonaute-2 家族显著扩张。 在软蜱中，存在 3～4 个 Argonaute-2 基因，而硬蜱则有 4～17 个同源基因。 在补体系统中，TEP 家族是补体系统的中心效应分子，分为四个主要的进化群组。 免疫通路中功能基因的扩张一般被认为与其进化过程或生活环境中面临的复杂病原环境相关，本研究提示：蜱类特别是硬蜱生活环境中病原微生物复杂，可能携带多种病原微生物。

四 蚤类携带病原微生物的多样性及其传播风险

（一） 蚤及蚤媒传染病概述

蚤类分布于世界各地，世界上已确认的蚤类约 18 科 252 属 2213 种，我国目前记录的蚤类有 4 总科 10 科 74 属 659 种（亚种）。 我国地理及生态环境多样，物种丰富，适合蚤类生存，新的蚤种仍不断被发现。 蚤类携带的微生物繁多。 1 种蚤类可同时携带 2 种或 2 种以上病原微生物，其中某些病原微生物会对人、动物的健康造成损害。 目前已明确蚤类传播的病原微生物可导致约 30 种疾病，如鼠疫耶尔森菌、巴尔通体、钩端螺旋体、伤寒立克次体、回归热螺旋体等。

（二） 蚤传病原微生物的多样性及危害

1 **蚤传病毒的多样性及危害** 已知且确定的蚤传病毒至少包括 2 目 7 科 10 属，如犬细小病毒、猫白血病病毒、黏液瘤病毒、僵尸病毒、黄病毒科的蚤荆门病毒、正黏病毒科的 Lestrade virus、呼肠孤病毒科的 Hudson virus、楚病毒科（Chuviridae）的 Culvertonvirus、白纤病毒科的 Browner virus 等。 目前全球能引起人类疾病的蚤传病毒至少有 5 科 8 种，包括内罗病毒科、白纤病毒科、黄病毒科、正黏病毒科和呼肠孤病毒科等。 这些蚤传病毒对人类的威胁不容小觑。

2 **蚤传细菌的多样性及危害** 除了熟知的鼠疫耶尔森菌引起鼠疫传播外，蚤类携带的细菌也同样具有广泛的多样性，这与蚤类的多样性及其宿主动物的栖息生境多样性密切相关。 目前已知的蚤类携带的细菌分属于放线菌门、拟杆菌门、厚壁菌门和变形菌门，丰度随蚤的种类呈现明显差异性。 研究较多的是引起猫抓病的巴尔通体、蚤传或鼠传伤寒立克次体。 近年来，猫立克次体（*Rickettsia felis*）已成为与蚤类密切相关的新发传染病病原微生物。 国内花蠕形蚤中检测到暂定巴布瑞立克次体（*Candidatus Rickettsia barbariae*）；人蚤、印鼠客蚤等多种蚤中检测到沃尔巴克体、沃兽巴尔通体等。

3 **蚤类携带寄生虫及原虫的多样性及威胁** 蚤类中潜蚤属的穿皮潜蚤可进入人体皮肤，引起穿皮潜蚤病，该病多出现在非洲及南、北美洲地区，在治疗上有一定的难度。 此外，蚤类引起的绦虫病主要危害宠物、家畜及其他经济动物，同时也有感染人群（如儿童等）的风险。 宏微生物组研究表明，多种蚤类携带有锥虫、钩鞭毛虫、无膜鞭毛虫等。 这些寄生虫或原虫对人类健康的潜在威胁值得高度关注，尤其是它们所导致的免疫水平变化对蚤传疾病防控的影响。

（三） **蚤传病原微生物多样性的前瞻性估计**

1 **宿主动物的多样性** 蚤类为专性吸血的外寄生虫，大约 70% 寄生于啮齿动物，还寄生于蝙蝠、鼩鼱等鼠形动物，以及哺乳动物、鸟类、爬行动物等。这些宿主动物的多样性不仅拓展了蚤类的生态适应能力，也使得蚤类感染和传播的病原微生物具有广泛的多样性。这些宿主动物携带了多种病原微生物，涵盖病毒、细菌、真菌、原虫等。鼠类中广泛存在的汉坦病毒、淋巴细胞性脉络丛脑膜炎病毒、肝炎病毒等能否通过蚤类传播值得深入研究。此外，鼩鼱、蝙蝠等还携带有冠状病毒、尼帕病毒、辛德比斯病毒、亨尼帕病毒、马尔堡病毒、拉沙病毒以及狂犬病毒等，这些病毒对蚤类的感染性及蚤类传播这些病毒的能力有待探索。

2 **蚤类寄生方式的多样性** 当前 2000 余种蚤因适应不同的宿主动物及其栖息生境，在协同进化过程中，形成了多样化的寄生方式。蚤类对宿主动物的寄生随宿主动物的生活习性及其生境而发生特化。有的在宿主动物洞穴生境专性生存，与洞穴生境密切关联，故而携带的病原微生物与生境范围的生态因子密切相关，如印鼠客蚤中鼠疫耶尔森菌的毒力因子与该蚤种分布区域土壤中的钙、铁含量密切相关。而蝠蚤中携带的病毒种类和载量则与蝙蝠洞穴的复杂程度和蝙蝠的群落多样性指数关系密切，这些因素都影响着蚤类感染和携带病原微生物的多样性，对蚤类病原微生物的溢出、流行发挥着不可忽视的影响。

3 **种群分布及迁移对蚤传疾病流行的影响** 尽管蚤类的主动迁移能力不强，但蚤类的宿主动物具有一定的迁移能力。因而，在蚤类宿主动物觅食、求偶、迁飞的过程中，蚤类的种群组成、群落结构也发生着明显变化，蚤类的种群分布呈现出一定的时空特异性。因此，充分关注蚤类的种群分布和群落结构，探讨蚤类的种群分布和迁移对蚤传疾病暴发流行的影响也是当前有效监测和控制蚤传疾病的重要方向。

4 **其他吸血昆虫与蚤类共同叮咬吸血的影响** 蚤类对宿主动物的寄生并不是孤立存在的，在蚤类寄生的同时，其他一些吸血昆虫，如蜱、螨、虱、蝇、蚊、蛉、蚋等也同样对宿主动物进行叮咬吸血。这些吸血昆虫的共同叮咬吸血，不仅可导致宿主动物感染或携带更多种病原微生物，同时也可以直接或间接将其他吸血昆虫所携带的病原微生物传播至蚤类，使得一些原本不存在于蚤类的病原微生物，通过蚤类感染和传播，对人类和家畜健康造成巨大威胁，如蜱传脑炎病毒、狂犬病毒、荆门蜱虫病毒、蓝舌病病毒、出血热病毒等。

（四） 蚤类携带和传播病原微生物的种类估算

我国已知的蚤类有 659 种（亚种），可寄生于 3000 余种宿主动物，从常见蚤种携带病原微生物的检测结果来看，蚤类携带的病原微生物主要包括病毒、细菌、立克次体、真菌、原虫这五大类，其中，病毒已知 2 目 7 科 10 属 180 余种，细菌则包括 4 门 9 属 230 余种（如杆菌、动性球菌、志贺菌、微球菌、链霉菌、巴尔通体、大肠埃希菌、假单胞菌、红假单胞菌、沙雷菌、葡萄球菌等），立克次体（如柯克斯体、无形体等）400 余种，真菌（如放线菌、变形菌）等 120 余种。 寄生虫则包括锥虫、鞭毛虫、球虫等 40 余种。 因此，已知的蚤类传播的病原微生物已超过 1000 种，其中对人致病的病原微生物为 600 余种。 如果考虑到宿主动物及其他吸血昆虫携带病原微生物的影响，蚤类感染和传播的病原微生物将达到 5000 余种，对人致病的病原微生物种类也将大幅上升，成为影响人类健康的重要威胁。

五 吸血蠓携带病原微生物的多样性及其传播风险

（一） 吸血蠓种类及其分布情况

蠓虫属于双翅目长角亚目蠓科（Ceratopogonidae），俗称 "小咬" "墨蚊"。 通常将能叮刺人及牛、马、绵羊等动物的蠓虫总称为吸血蠓。 雌蠓具有吸血习性，为传播疾病的重要媒介。 蠓虫在世界范围内广泛分布且种类繁多，世界已知的蠓科昆虫有 5 亚科 133 属超过 6502 种，其中吸血蠓有 4 属 1764 种，包括澳蠓属 10 种、细蠓属 173 种、蠛蠓属 182 种、库蠓属 1399 种。 吸血库蠓是重要的医学昆虫，不仅可以通过叮咬对人、畜等产生直接骚扰性危害，还可以通过吸血活动传播多种病原微生物，如细菌、病毒及寄生虫，并引起相应的疾病。

库蠓属是目前已知吸血蠓中种类最多、数量最庞大、分布最广、与人畜关系最密切的属，包括 35 个亚属 1399 种，约占全球现存吸血蠓种的 79.3%。 我国库蠓属目前记录的有 12 个亚属约 480 种。 这类蠓虫兼吸人和动物血液，传播疾病的种类多，对人、动物的健康威胁大。

（二）　吸血蠓携带和传播的已知微生物

1 **吸血蠓携带和传播的已知病毒**　目前从吸血蠓中分离鉴定的病毒有 6 科 10 属，包括黄病毒属、正内罗病毒属、正布尼亚病毒属、水疱性病毒属、暂时热病毒属、Hapavirus 属、Tibrovirus 属、环状病毒属、Seadornavirus 属、甲病毒属。 其中影响比较大的病毒包括蓝舌病病毒、非洲马瘟病毒、施马伦贝格病毒、版纳病毒、赤羽病病毒、牛流行热病毒、水疱性口炎病毒、沃勒尔病毒等。 常见吸血库蠓携带的病原微生物及其对人、动物的致病性如下表所示。 吸血库蠓传播病毒的方式主要是水平传播。 在吸食感染病毒的血液后，病毒颗粒必须感染中肠上皮细胞，在中肠上皮细胞内增殖，从中肠逃逸后病毒还要穿过几个感染屏障到达传播病毒的器官（如唾液腺和卵巢），才能传播到下一个宿主（或垂直传播）。 近些年新发现的蠓传病毒主要包括布尼亚病毒属、呼肠孤病毒科等。

吸血库蠓携带的常见病原微生物及对人、动物的致病性

病原微生物种类		对人的致病性	对动物的致病性	主要报道地区
正布尼亚病毒属	赤羽病病毒	—	牛、绵羊及山羊(赤羽病)	非洲、亚洲、澳大利亚
	施马伦贝格病毒	—	牛、羊感染	欧洲
	舒尼病毒	—	绵羊、牛、山羊胎儿、马(神经系统疾病)和马新生儿(先天性关节炎-脑脊液综合征)	非洲
	沙门达病毒	—	母牛、母羊(致畸)	非洲
	艾诺病毒	—	牛(流产、死胎、小脑发育不全及关节挛缩)	亚洲、澳大利亚
内罗毕病毒属	克里米亚-刚果出血热病毒	是	牛、绵羊、山羊、骆驼等大动物为主	非洲、亚洲、欧洲
	内罗毕羊病病毒	—	绵羊和山羊(出血性肠胃炎)	非洲
黄病毒属	以色列火鸡脑膜炎病毒	—	鸭(鸭病毒性脑炎)	非洲、亚洲
环状病毒属	蓝舌病病毒	—	绵羊(为主)、山羊(蓝舌病)	非洲、亚洲(含中国)、澳大利亚
	非洲马瘟病毒	—	马(非洲马病)	非洲、亚洲、欧洲

续表

病原微生物种类		对人的致病性	对动物的致病性	主要报道地区
环状病毒属	北澳蚊病毒	—	袋鼠（袋鼠猝死综合征）	澳大利亚
	沃勒尔病毒	是	袋鼠、家畜、野生反刍动物、马、蝙蝠、树懒、鸟	澳大利亚
	沃里戈病毒	—	袋鼠（非化脓性脉络丛炎，视网膜变性与视神经继发性退化）、家畜、野生反刍动物、蝙蝠、树懒、鸟	澳大利亚
	卡西欧村病毒	—	牛、水牛（亚临床感染）	澳大利亚
	布宜普克里克病毒	—	牛、水牛（亚临床感染）	澳大利亚
	鹿流行性出血热病毒	—	白尾鹿（鹿流行性出血热）	—
东南亚十二节段RNA病毒属	版纳病毒	是（病毒性脑炎）	牛、猪	亚洲（含中国）
水疱性病毒属	水疱性口炎病毒	—	马、牛、猪和鹿等（水疱性口炎）	南美洲、北美洲

续表

病原微生物种类		对人的致病性	对动物的致病性	主要报道地区
暂时热病毒属	牛流行热病毒	—	牛（牛流行热）	澳大利亚、非洲、亚洲
甲病毒属	东方马脑炎病毒	是（流行性脑炎）	马（东方马脑脊髓炎）	欧洲、亚洲、澳大利亚、南美洲、北美洲
伊丽莎白金菌	脑膜脓毒性伊丽莎白金菌	是（细菌感染）	—	澳大利亚

注："—"表示不详。

（1）正布尼亚病毒属：

①蜱传奥罗普切病毒：奥罗普切病毒（OROV），属于正布尼亚病毒属的 Simbu 血清群，是一种在南美洲发现的主要由库蠓传播的病毒，可引起奥罗普切热，该病是南美洲仅次于登革热的由节肢动物传播的第二大病毒性疾病。自 1955 年首次发现该病毒以来，已诊断超过 50 万例病例，疾病传播的地理范围最北可至美国。目前尚没有针对 OROV 感染的特异性抗病毒治疗。我国已经在云南的库蠓中发现了类 OROV，需高度警惕其潜在的危害。

②蜱传赤羽病病毒和施马伦贝格病毒：依靠库蠓作为媒介在反刍动物宿主之间传播。赤羽病病毒（AKAV）在亚洲、澳大利亚和非洲的大部分地区流行，能诱发反刍动物异常妊娠病程和胎儿畸形。赤羽病病毒最初是从蚊虫中分离的，但不能证实其媒介能力。目前的研究表明，库蠓是赤羽病病毒的主要媒介，根据地理区域的不同，媒介库蠓种类也有差异。施马伦贝格病毒（SBV）于

2011 年底在德国-荷兰边境地区被发现，目前在大多数欧洲国家流行，主要感染反刍动物，在成年动物中引起轻度、短暂的疾病，能诱发严重的胎儿畸形。此外，还有一些 Simbu 血清群的病毒可能具有感染鸟类或其他哺乳动物的能力，如 Oya 病毒（OYAV），该病毒是 2000 年从马来西亚疑似被尼帕病毒感染的猪中首次分离出来的一种正布尼亚病毒属病毒，随后在东南亚和我国的蚊和蠓中分离到该病毒。近期研究表明，Oya 病毒库蠓新分离株与我国四川蚊来源的 Oya 病毒亲缘关系最近；该病毒可感染蚊、人、鼠、猴和猪等多种来源的细胞系，对乳鼠和 C57BL/6 成年小鼠具有高致死性，且 C57BL/6 成年小鼠出现多器官病理损伤；云南猪群中 Oya 病毒中和抗体阳性率较高。需要进一步对 Oya 病毒及其在自然界中的传播媒介和储存宿主进行系统调查研究。

（2）呼肠孤病毒科：目前已从全世界库蠓属中分离出 50 多种病毒，其中大多数病毒属于呼肠孤病毒科，如非洲马瘟病毒、蓝舌病病毒（BTV）等。我国在 29 个省检出 BTV 抗体，传播或潜在传播 BTV 的库蠓分布在除北京、天津、香港、澳门以外的所有省（自治区、直辖市）。

2　吸血蠓携带和传播的已知原虫　库蠓也是多种寄生虫病的主要媒介，包括家禽住白细胞原虫病、盘尾丝虫病（onchocerciasis）、常现丝虫病、链尾丝虫病等。家禽住白细胞原虫主要由卡氏住白细胞原虫经库蠓等吸血昆虫叮咬家禽传播引起，卡氏住白细胞原虫的生活史分为无性生殖和有性生殖两个阶段，有性生殖在终末宿主库蠓体内进行，生成有侵袭力的孢子并出现在库蠓的唾液内，库蠓再次吸血后将孢子侵入禽体，并开始裂体生殖，引起禽群发病。盘尾丝虫病是由颈盘尾丝虫引起的一种畜类寄生虫病，在我国引起该病流行和传播的媒介昆虫，以不显库蠓为主。三种曼森属丝虫也可经库蠓传播并引起相应丝虫病，威胁人类健康。此外，库蠓还是血液变形虫属寄生虫的主要媒介，这种病原微生物主要感染禽类，是研究较广泛的鸟类血液寄生虫之一。

3 **吸血蠓携带和传播的已知细菌**　共生菌指那些与宿主形成长期稳定互惠关系的微生物，通常在宿主体内特定的部位定值，并能通过垂直传播或水平传播在不同个体或种群间传播。目前已知在库蠓体内存在着多种共生菌。其中较为常见和重要的是沃尔巴克体、螺旋体和立克次体等。这些共生菌一般寄居在库蠓的卵巢、精巢、血淋巴或肠道中，并通过卵子或精子进行垂直传播。这些共生菌对库蠓有不同程度的影响，包括影响其性别比例、产卵量、存活率、抗病原微生物能力等。此外，尽管缺乏相关的传播病原微生物能力的证据，但在欧洲和我国东南沿海野外采集的库蠓中能够检出某些病原菌（如巴尔通体、立克次体、土拉弗朗西斯菌），值得进一步关注和探索。

（三）　蠓携带未知微生物的估算

1 **蠓虫新种的发现**　自 1917 年 Malloch 倡议开展蠓虫研究以来，每年都有大量的新种被报道。我国蠓类大体显示出南北、东西蠓类群落概貌，表现出蠓虫种类由北向南、由西向东逐渐增加的趋势。我国地理环境复杂多样，对许多地区的不同自然环境中蠓虫种类的研究尚待加强，很多省份未进行过系统调查，可能存在着大量我国独有的蠓虫，对蠓虫种类和种群数量的监测和探索对于蠓传病原微生物的进一步发现有着重要意义。

2 **我国吸血蠓携带病原微生物的研究进展**　全世界已发现 17 种库蠓可以传播虫媒病毒，我国已发现 9 种，已经证实库蠓可以携带和传播蓝舌病病毒、乙脑病毒、版纳病毒、西藏环状病毒等虫媒病毒。其中版纳病毒和西藏环状病毒为我国独有的虫媒病毒。2018 年一项对云南省采集的蠓进行的宏基因组测序研究显示，在蠓中检测到 41 个病毒科，其中包含至少 10 种重要的致病病毒（如赤羽病病毒、蓝舌病病毒等），并发现了许多新型病毒，包括黄病毒科的 21 种分节段病毒，单荆病毒纲的 180 种病毒和布尼亚病毒目的 130 种病毒。 近年专家在舟山岛采集的库蠓中发现了 6 种新病毒，其中包括 1 种在系统发育上与 Oya 病毒较为接近的正布尼亚病毒属病毒。 有研究借助深度学习等新技术，在库蠓宏基因组测序产生的未能比对到已知物种的"darkmatter"数据中也预测到部分类似于新病毒的序列，在"darkmatter"数据中这种类似于新病毒的序列占一定的比例。 以上结果提示我国蠓可能携带多种虫媒病毒，且肯定包括我国蠓独有的病毒，对我国蠓传播的新病毒的研究还有很大的空间。

有研究曾用传统的分离鉴定方法对库蠓体内的可培养细菌进行研究，共鉴定出 12 个细菌属。 但绝大多数微生物的种类至今仍不能通过分离的方式进行研究。 分离培养结果不能反映节肢动物体内细菌的真实情况及微生物之间的相互关系。 近年来，基于细菌 16S rRNA 基因可变区的二代测序技术已经非常成熟，能够更精确地检测出库蠓等节肢动物体内微生物的相对丰度。 根据宏基因组测序和流行病学调查结果，综合推测全国范围内蠓携带的微生物种类超过 5250 种，其中病毒超过 2800 种，细菌超过 700 种，古菌超过 650 种，真核、原生生物超过 1100 种。

六 其他吸血昆虫携带的病原微生物

（一）吸血螨携带的微生物

吸血螨主要包括恙螨和革螨。 我国已记录的恙螨种类达 576 种，其中 6 种已被证明是恙虫病的有效传播媒介。 我国记载的革螨已达 500 多种，绝大部分种类携带的微生物本底不清。

1 **恙螨的医学意义** 恙螨是恙虫病的唯一传播媒介，医学意义较大。 其中恙虫病是由恙螨叮刺传播恙虫病东方体（Ot）所引起的自然疫源性疾病，全球各地分布广泛。 目前至少在 35 种恙螨中检测到恙虫病东方体的存在，有超过 20 种不同的恙虫病抗原性菌株被报道，其中 Kato、Karp 和 Gilliam 菌株对人类毒性更高。 我国秋冬型恙虫病的主要基因型为 Kawasaki 型，此外还存在 Karp 型、类 Fuji 型、SDM1 和 SDM2 型、Yongchon 型、Kuroki 和 Youngwhorl 型和 Kato 型。 另有一些研究表明，恙螨中存在至少 25 种非东方体属的病原微生物，如伯氏疏螺旋体属（*Borrelia* spp.）、嗜吞噬细胞无形体（*Anaplasma phagocytophilum*）、巴尔通体属（*Bartonella* spp.）、立克次体属（*Rickettsia* spp.）。 目前的研究认为，在已知和未知的恙螨种类中存在汉坦病毒（Hantavirus）和大别班达病毒（Dabie bandavirus），目前尚缺乏强有力的证据表明大别班达病毒可以通过恙螨传播，也有可能是从恙螨吸食的宿主成分中检测到的。

近期有研究对云南鼠体表采集的恙螨开展了基于宏基因组测序的微生物多样性分析，初步结果显示，恙螨可能携带 500 种左右的细菌。 这些结果提示，恙螨中仍存在大量的未知微生物，其分类、地位、功能都不明确，需要进一步探究。

2 **革螨的医学意义** 革螨是另一种重要的医学螨类。 革螨的生活方式和行为方式因种类不同而异，多数革螨营自由生活，与医学没有直接关系；少数革螨营体内或体表寄生生活，其中体表寄生革螨可寄生于哺乳动物、鸟类、爬行动物、两栖动物甚至其他节肢动物体表。 国内学者有充足的证据表明革螨可以携带并传播汉坦病毒，引起肾综合征出血热，其他相关病原微生物未见报道。

3 **吸血螨携带的微生物研究前景** 目前，全世界已知的恙螨种类超过 3000 种，其中 6 种已被证明是恙虫病的主要有效传播媒介，分别是地里纤恙螨、小板纤恙螨、微红纤恙螨、吉首纤恙螨、高湖纤恙螨和海岛纤恙螨。 此外，有部分流行病学证据和实验室传播证据表明，我国恙螨还存在 10 种以上的潜在传播媒介。 然而，绝大多数关于恙螨携带病原微生物的研究集中于细菌。这是由于恙螨独特的体形(个体极其微小，肉眼很难分辨)和吸食方式，导致采用无偏倚的研究方法探究恙螨携带的病原微生物非常困难，且迄今为止没有无偏倚的病毒组和真菌组分析，亟待进一步开展。 全世界共报道革螨亚目螨类超过 8000 种，但关于其携带未知微生物的研究尚未开展。 随着微生物组学、宏基因组学的飞速发展，我们应加快脚步，深入研究重要医学螨类携带的未知微生物，为未来有可能发生的新发螨媒疾病的预防提供科学支撑。

（二） 蚋携带的微生物

蚋科(Simuliidae)隶属于双翅目长角亚目。 截至 2022 年，全世界已知蚋科昆虫 2000 余种，中国已知 300 多种。 蚋为全变态昆虫，生活史包括卵、幼虫、蛹和成虫 4 个阶段，常产卵于干净流水中的水草与树的枝叶上，成虫栖息于野草上及河边灌木丛中。 蚋叮咬人畜可引起严重的皮肤病变，此外还可传播多种病原微生物，主要有线虫(如盘尾丝虫、曼森线虫等)、原虫(如住白细胞虫、锥虫)、病毒(如水疱性口炎病毒等)。 蚋传播的人类疾病主要是盘尾丝虫病、曼森线虫病。 其中盘尾丝虫病是黑蝇传播疾病中对人类影响最大的疾病，是由盘尾丝虫引起的感染性疾病，主要影响皮肤和眼睛，可致盲，因而又称"河盲症"。盘尾丝虫病流行于非洲、中美洲、南美洲及阿拉伯半岛(包括也门和沙特阿拉伯)等地区，仅在非洲就有 4000 多万例患者，其中 200 万人因此病致盲。 家畜在被蚋叮咬感染盘尾丝虫后 6~12 个月开始大量死亡。 欧式曼森线虫在南美洲等热带雨林地区至少被 5 种蚋所传播，其中在委内瑞拉有 80% 的居民感染欧式曼森线虫。 研究最多的黑蝇传播虫媒病毒是水疱性口炎病毒，通常感染牲畜，但也有人兽共患事件的报道。 关于该类昆虫微生物组的研究还未见报道。 根据其他相关医学昆虫微生物携带情况推算，蚋携带的病毒约 100 种，而携带的细菌可达到 1000 种。 这些微生物可能通过蚋叮咬传播给人类和动物，给公共卫生安全带来潜在的威胁。

（三）　虻携带的微生物

虻（tabanid fly）是一类重要的吸血昆虫，隶属于节肢动物门（Arthropoda）、昆虫纲（Insecta）、双翅目（Diptera）、短角亚目（Brachycera）、虻科（Tabanidae），世界上共有 126 属 4500 多种，我国发现 400 多种，广泛分布于我国东北、华北、华东各地。 虻科昆虫种群复杂，可携带多种微生物，通过叮咬传播多种人兽共患病病原微生物，但对这些昆虫携带微生物情况的研究相对较少，亟须开展相关研究。

虻广泛分布于世界各地，通过叮咬传播多种人兽共患病，严重危害人类健康和公共卫生安全。 为了觅食和吸血，虻可以追赶人和动物达 2 km，拥有极强的飞行能力，飞翔速度可为 45～62 km/h。 虻血餐来源复杂（包括人、长颈鹿、牛、马、野猪等），因此，虻具有很强的疾病传播能力。 根据文献报道，虻传播的病原微生物主要有病毒（马传染性贫血病毒、猪霍乱病毒、块状皮肤病病毒）、细菌（炭疽芽孢杆菌、布鲁氏菌、土拉弗朗西斯菌、无形体等）、寄生虫（巴贝斯虫、泰勒虫、丝虫等）。 在我国传播的疾病主要有马传染性贫血病、锥虫病、兔热病、炭疽等，而由虻传播给人类的罗阿丝虫病在非洲国家最为严重。 2012 年有研究报道了一名中国男子在加蓬共和国被虻叮咬阴茎后感染了罗阿丝虫病并导致不育症。 2018 年欧洲一名 48 岁女性的肩膀被虻叮咬而感染土拉弗朗西斯菌，出现红斑结节样病变等多种并发症，经过长达 1 个月的治疗才得以痊愈。最近，有研究以黄虻、瘤虻、土灰虻和土耳其麻虻 4 种虻为研究对象，利用 16S rDNA 高通量测序分析方法，分析 4 种虻的不同器官的菌群携带情况。 结果发现 4 种虻的中肠、马氏管、卵巢共检测到 20 个门 46 个纲 119 个目 224 个科 503 个属的细菌，4 种虻的中肠、马氏管和卵巢之间的共有操作分类单元（operational taxonomic unit，OTU）分别为 1008 个、1027 个、1051 个、1104 个、1161 个，均占各种虻的 80% 以上，表明每种虻的细菌以共有菌群为主。 传统分离培养方法共培养出细菌 258 株 39 种，以杆菌属和球菌属为主。 总之，在 4 种虻样本中共检测到了 1338 种细菌，包括 20 个门 224 个科 503 个属，80% 是共有种类，20% 是不同虻的特异种类。 我国有 400 多种虻，考虑到 7 个动物地理区系，推测虻体内细菌种类应该在 5000 种以上。

（四） 我国白蛉携带的微生物

全世界报道有 1009 种白蛉，我国已经发现约 60 种，我国北起内蒙古、吉林，南至海南，东起沿海各省，西至新疆维吾尔自治区的广大地域均有白蛉分布。 已知我国白蛉可传播的病原微生物包括寄生虫和病毒。

1 **白蛉传播的寄生虫种类** 目前在我国白蛉仅传播一种寄生虫——利什曼原虫，其可以导致黑热病。 未见白蛉传播其他寄生虫。 如果寄生虫与白蛉之间不发生较大跨种传播，我国不会出现新的经白蛉传播的寄生虫。

2 **白蛉传播的已知病毒和分离到的白蛉传播的病毒** 国内外研究结果显示已经发现 39 种以白蛉为传播媒介的病毒，其中包括很多可以引起人类发热、出血或者脑炎等疾病的病毒，如引起病毒性脑炎的托斯卡纳病毒（Toscana virus，TOSV）等。 目前白蛉传播病毒及相关疾病流行区域主要为意大利、希腊、土耳其等地中海沿岸国家。 白蛉和白蛉所传播病毒还可以随着人群的移动、货物的运输，甚至动物的迁徙等传播到异地并在当地流行，成为当地的新发

门水平

科水平

(a)

(b)

(c)

(d)

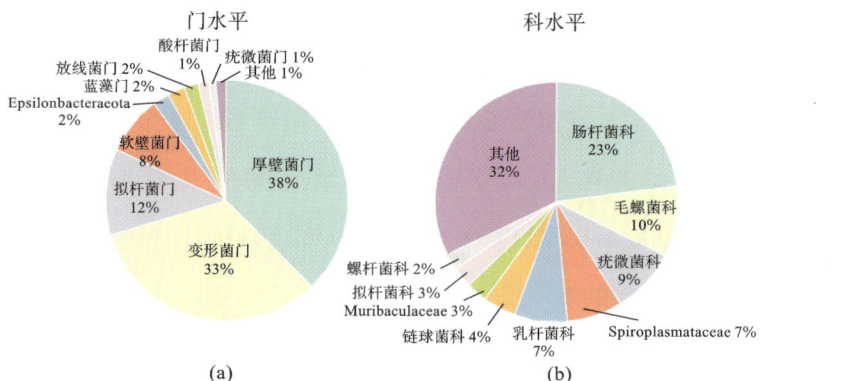

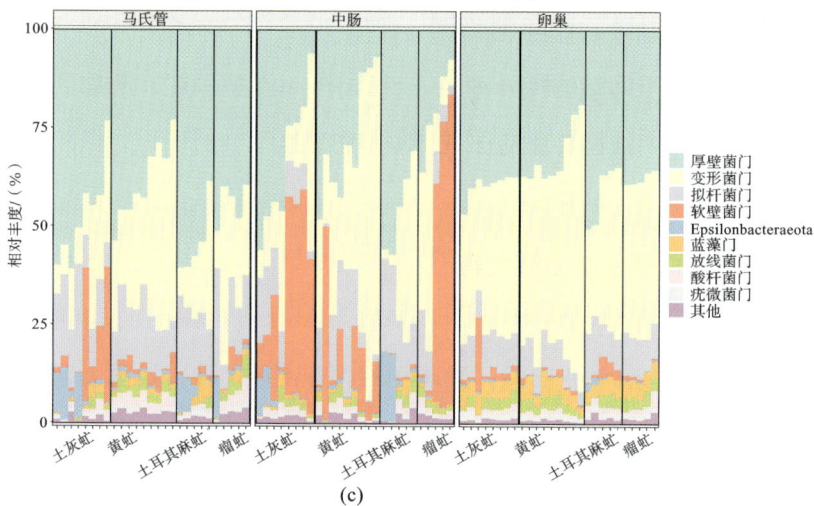

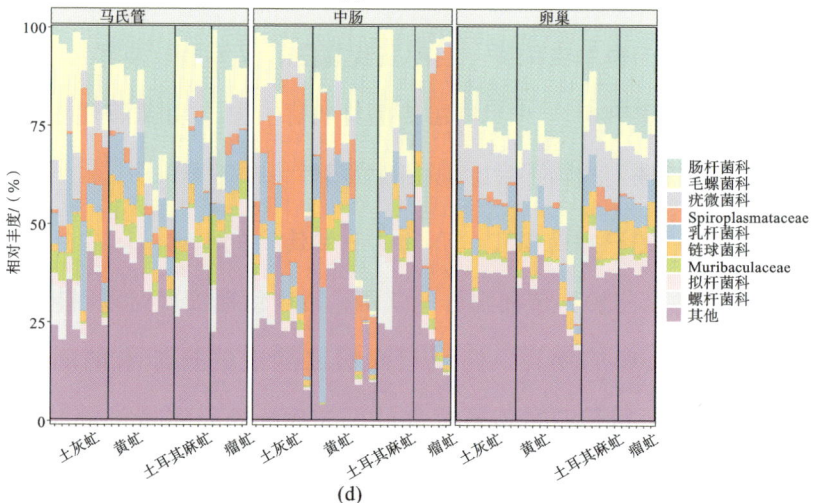

基于 16S rDNA 高通量测序的虻的细菌多样性

白蛉

白蛉传播的黑热病（利什曼原虫病）

传染病，可见，白蛉携带的病毒及相关感染是病毒学研究的重要课题，更是公众关注的公共卫生问题。我国在 20 世纪 30 年代即有对白蛉种类的调查研究，但是对在自然界采集的白蛉所制成的标本进行病毒分离工作长期未见报道。2018年以来从我国山西省自然界采集的白蛉标本中分离到 Wuxiang 病毒（Wuxiang virus，WUXV）和 Hedi 病毒（Hedi virus，HEDV），血清流行病学研究发现其可感染人和动物，填补了我国在白蛉携带病毒方面的研究空白。HEDV 与裂谷热病毒 RNA 聚合酶氨基酸同源性达 63.52%，但是完全独立于目前已经发现的253 株裂谷热病毒，形成独立的进化分支。鉴于白蛉在我国广泛分布，在其他地区采集的白蛉标本中分离到白蛉病毒的可能性很大，估计在我国白蛉标本中还可以分离到 10~15 种白蛉病毒。

3 **基于高通量测序获得的我国自然界白蛉携带的病原微生物** 有研究从我国山西省中部和南部 4 个县采集白蛉标本，基于文库构建和高通量基因组序列测定，发现标本中至少含有 87 种病原微生物，其中 70 种是新物种。RNA 病毒包括 15 个超群，其中包括 66 种新病毒；DNA 病毒包括 Adintovirida 和细小病毒科病毒；细菌包括不动杆菌、假单胞菌、立克次体和沃尔巴克氏菌等；真核微生物主要为利什曼原虫，还发现了一种锥虫科（Trypanosomatidae）新成员。上述结果提示我国白蛉可以携带的病原微生物具有多样性。

2020 年，国际病毒分类委员会(ICTV)公布白蛉病毒属(*Phlebovirus*)隶属于白纤病毒科(Phenuiviridae)。新公布的白蛉病毒属含有 60 种病毒，根据病毒首次分离地区来看，美洲地区共有 37 种、非洲地区共有 11 种、亚洲地区共有 8 种、欧洲地区共有 4 种。从传播媒介来看，新公布的白蛉病毒属病毒中有 37 种病毒以白蛉为传播媒介、5 种以蚊虫为传播媒介、1 种以蜱为传播媒介(在日本)，其余 17 种病毒传播媒介不详。我国广大地域均有白蛉分布，但目前仅仅在山西省开展了白蛉携带病毒的研究。但可以肯定的是我国其他地区白蛉中也会存在多种病毒及其相关感染，估计在我国可以获得具有可培养特性的白蛉携带病毒 5～10 种，还可以发现白蛉携带的新病毒基因组信息达 100 种之多。

同一健康(**one health**)理念

总之，吸血昆虫传播疾病的历史悠久，虫媒传染病占全球全部传染病的 17% 以上，影响深远。尤其是蚊虫、蜱类和跳蚤等，严重威胁着人类健康，甚至在历史上曾拥有比武器更强的效力，改变了新旧大陆人口和文化分布格局。开展虫媒携带的未知微生物风险论证研究，了解其可能引发的传染病风险，提出新的策略和措施，是关乎人类传染病第三次重大转变发展趋势预测及应对的重要范畴，是构建"人类健康命运共同体"的必然需求，是塑造"同一个地球、同一健康"的必然需求。系统开展医学虫媒病原组研究，是未来弄清其病原微生物的先手棋。我们需要开展顶层设计、突破技术瓶颈、积累资源库、打造共享平台，为切实提升未来传染病主动防控能力提供关键支撑。

参考
文献

[1]　LI C X, SHI M, TIAN J H, et al. Unprecedented genomic diversity of RNA viruses in arthropods reveals the ancestry of negative-sense RNA viruses [J]. Elife, 2015, 4: e05378.

[2]　鞠皓.大庆市五种虻不同组织器官的细菌多样性分析及分离鉴定 [D]. 大庆：黑龙江八一农垦大学，2024.

[3]　殷启凯，付士红，王环宇，等.我国蚊传虫媒病毒及蚊传虫媒病毒病现状及展望 [J].中国热带医学，2024，24(4): 478-485.

[4]　LU Z, FU S H, CAO L, et al. Human infection with West Nile Virus, Xinjiang, China, 2011 [J]. Emerg Infect Dis, 2014, 20 (8): 1421-1423.

[5]　LIU Q, CUI F, LIU X, et al. Association of virome dynamics with mosquito species and environmental factors [J]. Microbiome, 2023, 11 (1): 101.

[6]　PAN Y F, ZHAO H L, GOU Q Y, et al. Metagenomic analysis of individual mosquito viromes reveals the geographical patterns and drivers

of viral diversity [J]. Nat Ecol Evol, 2024, 8(5): 947-959.

[7]　DU J, LI F, HAN Y L, et al. Characterization of viromes within mosquito species in China [J]. Sci China Life Sci, 2020, 63 (7): 1089-1092.

[8]　ZHANG H, ZHU Y B, LIU Z W, et al. A volatile from the skin microbiota of flavivirus-infected hosts promotes mosquito attractiveness [J]. Cell, 2022, 185(14): 2510-2522.

[9]　ZHANG L M, WANG D X, SHI P B, et al. A naturally isolated symbiotic bacterium suppresses flavivirus transmission by *Aedes mosquitoes* [J]. Science, 2024, 384(6693): eadn9524.

[10]　ZHANG Y K, ZHANG X Y, LIU J Z. Ticks(Acari: Ixodoidea) in China: geographical distribution, host diversity, and specificity [J]. Arch Insect Biochem Physiol, 2019, 102(3): e21544.

[11]　BARTÍKOVÁ P, HOLÍKOVÁ V, KAZIMÍROVÁ M, et al. Tick-borne viruses [J]. Acta Virol, 2017, 61(4): 413-427.

[12]　SHI J M, HU Z H, DENG F, et al. Tick-borne viruses [J]. Virol Sin, 2018, 33(1): 21-43.

[13]　MA J, LV X L, ZHANG X, et al. Identification of a new orthonairovirus associated with human febrile illness in China [J]. Nat Med, 2021, 27(3): 434-439.

[14]　NI X B, CUI X M, LIU J Y, et al. Metavirome of 31 tick species provides a compendium of 1, 801 RNA virus genomes [J]. Nat Microbiol, 2023, 8(1): 162-173.

[15]　FANG L Q, LIU K, LI X L, et al. Emerging tick-borne infections in mainland China: an increasing public health threat [J]. Lancet Infect

Dis, 2015, 15(12): 1467-1479.

[16]　虞以新.中国蠓科昆虫［M］.北京: 军事医学科学出版社，2006.

[17]　李苏胜，王静林.中国动物虫媒病毒主要传播媒介库蠓种类及其分布［J］.中国热带医学，2022，22(6): 505-511.

[18]　ENATSU T, URAKAMI H, TAMURA A. Phylogenetic analysis of *Orientia tsutsugamushi* strains based on the sequence homologies of 56-kDa type-specific antigen genes［J］. FEMS Microbiol Lett, 1999, 180(2): 163-169.

[19]　TOM A, KUMAR N P, KUMAR A, et al. Interactions between Leishmania parasite and sandfly: a review［J］. Parasitol Res, 2023, 123(1): 6.

[20]　ERGUNAY K, AYHAN N, CHARREL R N. Novel and emergent sandfly-borne phleboviruses in Asia Minor: a systematic review［J］. Rev Med Virol, 2017, 27(2): e1898.

[21]　SASAYA T, PALACIOS G, BRIESE T, et al. ICTV virus taxonomy profile: *Phenuiviridae* 2023［J］. J Gen Virol, 2023, 104(9): 001893.

[22]　胡欢，陆家海.基于同一健康策略应对新发及再发传染病［J］.中山大学学报(医学科学版)，2022，43(5): 705-711.

（江佳富　梁国栋　常巧呈

曹务春）

第九章

青藏高原野生动物存在未知
微生物和病原微生物

似乎与喜马拉雅山脉的形成有关

2010 年 4 月，我国青海玉树地区发生了 7.1 级强震。 鉴于玉树处于青藏高原喜马拉雅旱獭鼠疫自然疫源地核心区，科学家们担忧地震可能导致旱獭提前结束冬眠并加剧活动，进而引发鼠疫疫情。

为了防范震后疫情风险，中国疾病预防控制中心迅速向传染病预防控制所下达防控任务。 由于当地疾病控制实验室已在地震中损毁，传染病预防控制所紧急调派移动生物安全实验室进驻玉树，即刻开展防疫工作。

鼠疫防控的重要策略之一是监测野生动物异常死亡情况。 对发现的死亡动物样本实施即时检测，一旦检出鼠疫耶尔森菌阳性，立即采取公共卫生措施。玉树政府所在地结古镇海拔约 3700 m，全境平均海拔高达 4400 m，高寒缺氧的自然环境下，人类活动密度远低于旱獭种群密度。 高原防疫工作需特别应对双重挑战：既要克服高原反应对人员身体的极限考验，又要深入野外开展疫源调查。 防疫队伍常年在溪涧旁扎营驻守，通过系统灭獭逐步缩小疫源地范围，构筑人獭接触隔离带。 因此，可以说鼠疫防控是所有传染病防控中最艰苦的。

正是这次玉树抗震防疫，开启了我们对青藏高原野生动物及其携带未知微生物和病原微生物的认识。

一 全球第三次鼠疫大流行可能来源于青藏高原喜马拉雅旱獭

鼠疫是由鼠疫耶尔森菌（Yersinia pestis，简称鼠疫菌）引发的自然疫源性疾病，在人类历史上曾发生过三次鼠疫全球性大流行。 第一次大流行（541—767 年）史称查士丁尼瘟疫，经地中海沿岸扩散至北非、欧洲大陆及不列颠群岛，累计致死人数逾亿。 第二次大流行（1347 年—18 世纪）即著名的黑死病，疫源起于亚洲，沿古代丝绸之路传至地中海港口，最终席卷亚、欧、非三大洲，呈现周期性暴发特征。 第三次大流行则始于 19 世纪 50 年代的云南地区，经分子流行病学研究证实，1894 年通过香港传播至全球，波及亚洲、欧洲、美洲和非洲的多个国家和地区，范围广、持续时间长、影响深远。

基因组学研究为溯源提供了关键证据。鼠疫菌是由假结核耶尔森菌演化出来的，由分支 0、1、2 单系演化谱系构成。2010 年杨瑞馥团队通过分析 133 株鼠疫菌的 2326 个单核苷酸多态性（SNP），揭示了新的谱系亚结构：在节点 N07 处，分支 0 同时分化出分支 1、2、3、4，形成显著的"大爆炸"多歧结构。研究支持"鼠疫多次自中国及周边扩散"假说：系统发育树最深分支 0.PE7 仅在中国分离获得。中国菌株呈现显著的地理聚类与宿主属相关性。值得注意的是，最深分支 0.PE7 仅见于青藏高原；中国西部及南部多数菌株分离点毗连古代"丝绸之路"与"茶马古道"交汇区，提示鼠疫可能起源于青藏高原及其邻近区域，并沿商路通过人类活动在啮齿动物种群间传播。那么，鼠疫是如何传到全国各地，乃至全世界的呢？如果是这样，我们不能不考虑青藏高原形成的历史。

二 喜马拉雅山脉形成的假说

有假说认为，喜马拉雅山脉曾经是海洋。科学考察发现，我国喜马拉雅山地区有大量古老的海洋生物化石。喜马拉雅山脉的形成与板块运动密切相关。大约在 4000 万年前，印度洋板块开始持续向北漂移。至 2000 万年前，该板块与亚欧板块发生剧烈碰撞，印度次大陆随之俯冲至亚欧板块之下。在此地质过程中，碰撞前缘的地壳物质遭受强烈挤压作用，引发大规模褶皱变形与垂向隆升，最终塑造出全球海拔最高的喜马拉雅山脉。现代大地测量数据显示，两大板块至今仍以每年 5.08 cm 的速度持续汇聚，这种构造应力使得喜马拉雅山脉持续抬升。作为该山系的最高峰，珠穆朗玛峰目前仍保持着年均约 1.27 cm 的隆升速率。

三 青藏高原野生动物携带的微生物大多是未知的

微生物是肉眼看不到的，因此，我们不清楚世界上到底有多少微生物存在。传统微生物学主要依靠培养和鉴定来了解微生物，特别是未知微生物。 但是，培养基是有选择性的，只有那些被培养基允许的微生物才能够生长。 大量的微生物尚未培养出来，其中一部分是现有技术不能够培养出来的。

随着高通量测序技术的不断发展以及培养组学的进步，微生物分离鉴定的方法也在不断进步。 这大大提高了人们对微生物种类的认识。 笔者和西班牙微生物学家 RAMON 合作，发展了基于 16S rRNA 基因全长序列高通量测序的宏分类学方法，引入了分类发生学单元（operational phylogenetic unit，OPU）的概念。 为了研究人体、动物或者环境标本中的未知细菌，笔者实验室建立宏分类学方法，利用三代高通量测序获得近似 16S rRNA 基因全长序列，采用系统发生操作单元分析策略。 因为所有细菌都有 16S rRNA 基因，可以通过研究 16S rRNA 基因全长序列，对所有细菌进行分类，找到其系统发生学位置。 也就是说，从理论上讲，可将所有细菌分类为 OPU，分类到"种"水平。

每个 OPU 都可以看作是至少一个种或者一个属等高级分类学单位的概念。根据 16S rRNA 的高通量数据，可初步给出某一个或某一种动物所携带的细菌的 OPU。 其中，一部分可划归为已知种；剩下的 OPU，可依据其在系统发生树上的位置，了解其分类学位置，包括种、属等。

也就是说，从理论上讲，可使用所有细菌的 16S rRNA 基因全长序列，构建一个全细菌系统发生树。 将未知细菌的 16S rRNA 基因全长序列，与全细菌系统发生树的 16S rRNA 基因全长序列进行比对，可"定位"其系统发生学位置，即细菌分类学位置。

使用宏分类学方法，我们发现，青藏高原野生动物携带的微生物绝大多数是

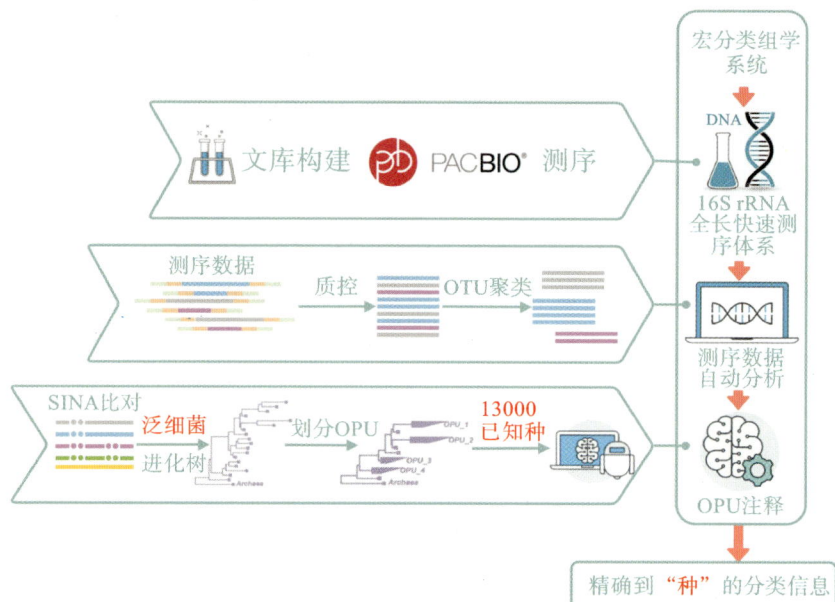

细菌宏分类学原理

未知微生物,是重要资源,可能具有巨大的经济价值,有待进一步开发。当然,其中一部分可能是病原微生物,具有医学和生物安全意义。这些事实在很长一段时间内都被忽略了,这可能需要我国组织更科学、更全面的资源调查。

四 青藏高原重要的野生动物

1 喜马拉雅旱獭(*Marmota himalayana*) 喜马拉雅旱獭为青藏高原特有种。在中国分布于青海、西藏、甘肃、四川、云南等地。穴居,栖息于海拔2500～5200 m高山草原山地的阳坡、斜坡、阶地、谷地及山麓平原等,洞穴多筑在阳坡温暖而干燥的环境中。其为群栖动物,在日间活动,晨昏活跃,以草芽、根、茎和叶为食,并在冬季冬眠。喜马拉雅旱獭最重要的特点是其为鼠疫菌最主要的储存宿主,具有重要的传染病预防控制意义。喜马拉雅旱獭鼠疫自然疫源地位于青藏高原。

　　自然疫源地是指自然界中某些野生动物体内长期保存某种传染性病原微生物的地区。 在自然疫源地内，某种疾病的病原微生物可以通过特殊媒介感染宿主，长期在自然界循环，不依赖人而延续其后代，并在一定条件下传染给人，在人与人之间流行。 自然疫源地学说是苏联学者巴甫洛夫斯基最早提出的，是我国鼠疫防控的理论基础。 一旦某鼠疫自然疫源地的动物间发生了鼠疫，人类发生鼠疫的危险性就很大，需要采取措施。 如果某地出现了老鼠大量死亡的现象，但不是鼠疫自然疫源地，那么，原则上不可能发生鼠疫，因为动物中没有鼠疫菌存在。

　　预防和控制鼠疫的关键在于切断从野生动物到人或畜禽的传播链条。 我国过去有 12 块鼠疫自然疫源地。 经过国家、地方鼠疫防控人员的努力，近年来仍然活跃的只有内蒙古高原长爪沙鼠鼠疫自然疫源地、松辽平原达乌尔黄鼠鼠疫自然疫源地、青藏高原喜马拉雅旱獭鼠疫自然疫源地。 1949 年以来，我国绝大多数鼠疫感染和死亡病例与喜马拉雅旱獭有关。

　　使用宏分类学方法，在喜马拉雅旱獭粪便标本中发现了 412 个 OPU。 其中，只有 116 个（28.2%）为已知细菌，其余为未知的。 在 116 个已知为细菌的 OPU 中，有 51 个具有医学意义，已有报道这些 OPU 可引起人或动物的疾病，包括致病性大肠埃希菌、变异梭杆菌、牛链球菌、粪肠球菌、小肠结肠炎耶尔森菌、表皮葡萄球菌、产气荚膜梭菌等。

　　我们研究了 120 余只喜马拉雅旱獭的粪便标本，发现从中分离的所有肠道大肠埃希菌菌株都携带毒力基因，对人类具有潜在的致病性。 重要的是，喜马拉雅旱獭大肠埃希菌携带了 1 个古老的毒力基因库，因为这些大肠埃希菌菌株的 8 个关键毒力基因的等位基因，在进化上，比其他来源的大肠埃希菌毒力基因的等位突变更早。 此外，还分离到最古老的大肠埃希菌菌株。

　　有意思的是，从临床标本中分离的致病性大肠埃希菌大多对抗生素耐药。

（中国疾病预防控制中心传染病预防控制所　纪勇　摄影）

可是，从喜马拉雅旱獭中分离的大肠埃希菌对所有测试的 23 种抗生素都敏感，包括青霉素类、β-内酰胺类、头孢类、碳青霉烯类、氨基糖苷类、四环素类、氟喹诺酮类、萘啶酸、甲氧苄啶-磺胺甲噁唑、氯霉素和呋喃妥因等。 所以说，喜马拉雅旱獭大肠埃希菌不是经人群污染的。 采样地人口密度较低（1.43 人/千米^2），从采样点到最近的人类居住村的距离为 10～15 km 可间接验证这一点。

从临床标本中分离到的致病性大肠埃希菌中，大多数菌株携带的毒力基因是特异性的，临床实验室可依据毒力基因，将分离的大肠埃希菌鉴定为肠产毒性大肠埃希菌（enterotoxigenic *E. coli*，ETEC）、肠侵袭性大肠埃希菌（enteroinvasive *E. coli*，EIEC）、肠致病性大肠埃希菌（enteropathogenic *E. coli*，EPEC）、肠集聚性大肠埃希菌（enteroaggre gative *E. coli*，EAEC）、产志贺氏毒素大肠埃希菌（Shiga toxin-producing *E. coli*，STEC）等。

相比之下，大多数喜马拉雅旱獭大肠埃希菌携带两类或多类毒力基因，是杂合子。 在临床上，基于 1 个或几个毒力基因将大肠埃希菌鉴定为某种类别的致病性大肠埃希菌非常简单。 但我们的研究结果显示，喜马拉雅旱獭大肠埃希菌的毒力基因很复杂。 在进化为可感染人类的病原微生物的过程中，这些致病性大肠埃希菌可能失去了特定致病性所不需要的毒力基因。

我们发现，喜马拉雅旱獭大肠埃希菌携带了许多毒力基因，并存在可能导致人类疾病的混合致病形式。 我们还发现了两株新的大肠埃希菌菌株，属于2个群，比所有其他群分化更早。 有研究在12个致病性大肠埃希菌谱系中，发现8个致病性大肠埃希菌谱系与1个或多个喜马拉雅旱獭大肠埃希菌菌株有着非常近的共同祖先。 这些发现为致病性大肠埃希菌的进化起源提供了新的思考。

此外，还有研究在喜马拉雅旱獭中发现了喜马拉雅型蜱传脑炎病毒、小双节RNA病毒（picobirnavirus，PBV）、冠状病毒等。 喜马拉雅型蜱传脑炎病毒可能来源于青藏高原喜马拉雅旱獭。 蜱传脑炎是一种由黄病毒属中蜱传脑炎病毒（tick-borne encephalitis virus，TBEV）引起的中枢神经系统急性传染病。 TBEV在自然界通过蜱、野生哺乳动物和野生鸟类传播。 TBEV在世界范围内分布广泛，分为欧洲型（Eu-TBEV）、西伯利亚型（Sib-TBEV）和远东型（FE-TBEV），其中远东型脑炎症状重，死亡率为$5\%\sim35\%$，而欧洲型死亡率为1%。 中国分离株分属于两个亚型，以远东型为主。 近年，我们实验室在青藏高原的喜马拉雅旱獭中发现了两株新的TBEV毒株，并将其命名为喜马拉雅型蜱传脑炎病毒（Him-TBEV），属于新的且非常古老的TBEV谱系。 使用贝叶斯分子钟方法推测，大约在2469年前，蜱传脑炎病毒在喜马拉雅地区首先分化出Him-TBEV，进一步分化出Sib-TBEV，最后分化出其他东部TBEV亚型。 FE-TBEV和Sib-TBEV向东推进传播至俄罗斯和中国东北地区。 目前，在青藏高原喜马拉雅旱獭中发现的Him-TBEV，其蜱媒传播媒介和可能的人类感染途径亟待评估。 一些研究在青藏高原地区的某些野生动物和昆虫体内检测到了与TBEV相似的病毒基因序列，为Him-TBEV可能来源于青藏高原的假设提供了支持。

我国科学家从喜马拉雅旱獭中分离到一种新的肝炎病毒，将其命名为喜马拉雅旱獭肝病毒（*Marmota himalayana* hepatovirus，MHHAV）。 MHHAV 与甲型肝炎病毒的遗传关系非常密切，表现出嗜肝性。 其在形态和结构上与甲型肝炎病毒相似，密码子使用偏倚的模式也与甲型肝炎病毒一致。 系统发育分析表明，MHHAV 可与已知的甲型肝炎病毒归为一组，形成一个独立的分支。 抗原位点分析表明，MHHAV 对其他动物甲型肝炎病毒具有新的抗原特性。 对 MHHAV 和灵长类甲型肝炎病毒的进一步进化分析得出，它们的最近共同祖先估计存在于 1000 年前。

我们实验室使用高通量测序方法，在喜马拉雅旱獭中发现了大量的 PBV，包括 274 个片段 1 序列和 56 个片段 2 序列。 根据系统发育分析结果，我们提出了九种 PBV 类型：C1：GⅠ、C2：GⅣ、C4：GⅠ、C4：GⅤ、C5：GⅠ、C7：GⅠ、C8：GⅣ、C8：GⅤ 和 C8：GⅡ。 出乎意料的是，我们还检测到 4 个未分段的 PBV 基因组，并通过 PCR 和重新测序进行了确认。 研究提示，PBV 最早是 1 个片段。 那么，它是如何进化成 2 个片段的呢？ 我们假设了一种由 6 bp 直接重复序列 GAAAGG 介导的机制，描述了 PBV 从 1 个片段进化为 2 个片段，即双节段病毒的过程。

2 **高原鼠兔**（plateau pika，*Ochotona curzoniae* Hodgson） 高原鼠兔的形态酷似兔，大小像鼠，耳短而圆。 其属于兔目、鼠兔科、鼠兔属。 高原鼠兔主要栖居在高山草甸和草原，是青藏高原特有种、优势种。 其主要分布于青藏高原及与其毗邻的尼泊尔、锡金等地，在我国分布于青海、甘肃南部、四川西北部和西藏。

在青藏高原的高山草甸和草原上，弱小的高原鼠兔有挖洞筑窝的习性，与许多动植物存在相互依存的关系，对维护青藏高原的生态系统稳定具有重要作用。高原鼠兔数量巨大，也是草原上大多数中小型肉食动物和几乎所有猛禽的主要捕食对象。 高原鼠兔的洞穴可以为许多小型鸟类和蜥蜴提供赖以生存的地方。

高原鼠兔一度被看作有害动物。 有意思的是，在青藏高原喜马拉雅旱獭鼠

（中国疾病预防控制中心传染病

预防控制所　纪勇　摄影）

高原鼠兔洞

疫自然疫源地的高原鼠兔中，未能分离到鼠疫菌。

高原鼠兔粪便携带多种未知细菌，主要是尚未培养的细菌。 我们实验室研究了 105 只高原鼠兔的粪便菌群。 使用宏分类学方法，发现和鉴定了 618 个 OPU，包括 215 个已知种（相对丰度为 27.43％）、226 个潜在的新物种（相对丰度为 12.47％），以及尚未培养的 177 个 OPU（相对丰度为 60.10％）。 也就是说，从数量上讲，高原鼠兔的粪便菌群中 62.6％为未知细菌；从分类学角度讲，高原鼠兔的粪便菌群中 65.2％为未知细菌。 已知细菌包括一些致病菌，如空肠弯曲菌、鲍曼不动杆菌、链球菌等。

有意思的是，在高原鼠兔粪便标本中，我们发现了大量尚未培养的细菌。通过对宏基因组样本进行测序和重组数据，我们重建了 109 个种级的高质量物种水平基因组箱（species-level genome bins，SGBs）。 也就是说，虽然我们没有分离到菌株，但是获得了这些细菌 95％的基因组信息。 可以依据基因组分析，对尚未分离的细菌进行分类，包括一些潜在的益生菌。

我们从高原鼠兔中分离到一种沙粒病毒，并将其命名为高原鼠兔病毒（plateau pika virus，PPV）。 沙粒病毒是一类对人类健康具有严重危害的重要病原微生物，许多哺乳动物沙粒病毒与人类疾病相关，其中拉沙病毒（Lassa virus，LASV）、胡宁病毒（Junin virus，JUNV）、马秋波病毒（Machupo virus，MACV）、瓜纳瑞托病毒（Guanarito virus，GTOV）以及萨比亚病毒（Sabia virus，SABV）等可引起严重疾病，属于烈性病毒，需要在 BSL-4 级实验室操作。

啮齿动物是沙粒病毒的自然宿主和传播者。绝大多数沙粒病毒拥有特定的啮齿动物宿主，而宿主的分布决定了病毒的分布。根据其抗原性、系统发育和地理分布，哺乳动物沙粒病毒可分为旧世界（old world，OW）和新世界（new world，NW）两个群。OW 沙粒病毒主要来自非洲，NW 沙粒病毒主要来自美洲。淋巴细胞脉络丛脑膜炎病毒（lymphocytic choriomeningitis virus，LCMV）属于 OW 沙粒病毒，其因宿主是全世界广泛分布的小家鼠（minus musculus）而成为全球广泛分布的沙粒病毒。在亚洲，已报道的与人类疾病相关的沙粒病毒只有 LCMV 和温州病毒（Wenzhou virus，WENV）。

我们通过对青海玉树四个县采集的高原鼠兔粪便进行宏病毒组分析，发现了大量与沙粒病毒序列同源的片段，并获得了全基因组序列。进化树分析表明，我们发现的 PPV 是一种独立于 OW 群和 NW 群之外的全新沙粒病毒。通过沙粒病毒与宿主共进化分析，以及进化时间推算，我们发现 PPV 的分化时间大约在 8000 万年前，明显早于 OW 群和 NW 群（3000 万年前）。因此，我们将 PPV 所处的新分支命名为远古群（ancient group）。

我们利用兔肾细胞系从高原鼠兔的肺、肝组织中成功分离到 PPV 毒株。对干扰素缺陷小鼠颅内注射 PPV 时有致病性。基于建立的免疫学检测方法，我们在青海玉树 335 名不明原因发热患者的血清中检测到 PPV 特异性抗体，这提示 PPV 可能引起过疫情，具有公共卫生意义。WENV 和 PPV 的相关发现，表明哺乳动物中沙粒病毒的存在范围比人们以前认为的更为普遍。沙粒病毒在我国乃至亚洲的分布可能更广泛。

　　我们在高原鼠兔中还发现了一种新的 α 冠状病毒，将其命名为高原鼠兔冠状病毒（plateau pika coronavirus，PPCoV）。 其在高原鼠兔粪便样本中的阳性率为 4.5％。 系统发育分析表明，PPCoV 与啮齿动物 α 冠状病毒关系最密切。 此外，我们在高原鼠兔中还发现了禽流感病毒。

　　③ 藏羚羊（*Pantholops hodgsonii*）　藏羚羊是我国重要珍稀物种之一，国家一级保护动物。 目前世界上藏羚羊分布区域占地面积约 100 万 km^2，主要集中在我国西藏、青海、新疆三地，其中西藏的藏羚羊分布区域占地面积近 70 万 km^2，约占世界藏羚羊分布区域总占地面积的 70％。 作为青藏高原独特的土著物种之一，它们栖息于海拔 3700～5500 m 的高山草甸、草原和高寒荒漠地带，在长期适应高原环境的过程中，它们逐渐形成了耐低氧、耐高寒和耐低能量食物等特性，这为科学家研究野生动物适应极端环境提供了理想的动物模型。

　　20 世纪初，青藏高原上分布着大约 100 万只藏羚羊。 由于大量偷猎，藏羚羊在 20 世纪末濒临灭绝，种群数量在 1999 年仅剩 7.5 万只，不足原先的十分之一。 近年来，西藏加大了对藏羚羊的保护，使西藏藏羚羊种群数量从 1999 年的 7 万只增加到目前的 30 万只以上。

　　我们实验室在海拔 4500 m 左右的可可西里国家级自然保护区采集了 100 余份藏羚羊的粪便样本，使用宏分类学技术策略，分析 16S rDNA 基因全长序列，鉴定了 757 个 OPU，包括 144 个已知种、256 个潜在新物种和 103 个已知谱系内的高分类单元。 144 种已知种（细菌）的序列仅占总读数的 0.12％，在单个动物中的丰度也很低，读数不到 0.51％。 其中，55 种已知种（细菌）具有医学意义。 这些种（细菌）已被报道与人类或其他动物疾病有关，包括致病性大肠埃希菌、猪链球菌、肺炎克雷伯菌等。 目前在藏羚羊中已经发现了多种病毒，包括 PBV。

　　④ 藏原羚（*Procapra picticaudata*）　藏原羚是青藏高原特有物种，是典型的高山寒漠动物，环境适应性强，抗病能力强。 其栖息于海拔 3000～5750 m 的

高山草甸、亚高山草原草甸及高山荒漠地带。它们主要以莎草科、禾本科植物为食，同时也常到湖边、山溪饮水，主要的摄食时间为清晨和傍晚，但在食物条件差的冬春季节，也会在白天进行觅食活动。藏原羚表现为成群型分布的特点，最经常的集群形式是2～9头为一群，这可能是藏原羚的最优集群规模。

（中国疾病预防控制中心传染病
预防控制所　阚飚　摄影）

（中国疾病预防控制中心传染病
预防控制所　阚飚　摄影）

我们实验室对14份藏原羚粪便进行培养，分离了5010株菌株，分离到假结核耶尔森菌、粪肠球菌、肺炎克雷伯菌、鲍曼不动杆菌、气性坏疽荚膜梭菌等22个与医学相关的致病菌。有意思的是，我们还分离到萎蔫短小杆菌（*Curtobacterium flaccumfaciens*）。这是《中华人民共和国进境植物检疫危险性病、虫、杂草名录》规定的一类植物病原微生物。同时，我们也分离到乳酸乳球菌等益生菌。

5　秃鹫（*Aegypius monachus*）　秃鹫被称为"草原上的清洁工"，在中国分布很广，在西藏的数量最多，属于青藏高原常见且主要的凶禽。它们以大型动物尸体和其他腐烂动物为主食，偶尔袭击猎食小型动物。它们常单独活动，也成小群争抢食物，一般3～5只成一小群，最大群可有10多只。在藏民眼里秃鹫不仅不丑陋，还是让死者灵魂安息的特殊使者。 秃鹫食用含有大量细菌、病毒的腐肉却大多不生病，奥妙在于秃鹫拥有一个强大的胃，可令其"百毒不侵"。 秃鹫胃酸的酸性比人类的胃酸高 10 倍，能够大量消灭摄入的病原微生物。

金雕

(中国疾病预防控制中心传染病预防控制所 阚飚 摄影)

我们实验室采集了 9 只秃鹫粪便标本，涵盖青藏高原 3 个秃鹫物种（胡兀鹫、喜马拉雅秃鹫、黑兀鹫），发现了 313 个种（OPU）水平的细菌，其中 102 个OPU 为已知细菌种，50 个为尚未被描述的细菌种，161 个为尚未培养的细菌种。 也就是说，在秃鹫粪便中发现的细菌种类 67.4% 是未知细菌。 在 102 个已知细菌种中，有 45 个是已有文献报道的人类致病菌或引起过人类疾病暴发的细菌。 在 50 个尚未被描述的细菌种中，23 个属于包含致病菌的细菌种。 在所有313 个 OPU 中，只有 6 个 OPU 存在于所有秃鹫样本中。

秃鹫肠道菌群中丰度最高的是烈性致病菌产气荚膜梭菌（*Clostridium*

perfringens)。 产气荚膜梭菌在所有秃鹫样本中所占比例高达 30.8％，在个别秃鹫样本中占比可达 70％左右。 我们从秃鹫肠道样本中分离培养得到百余株产气荚膜梭菌，证明秃鹫是产气荚膜梭菌的重要宿主。

那么，秃鹫为什么需要产气荚膜梭菌呢？ 产气荚膜梭菌可产生 α 毒素、胶原、透明质酸酶、溶纤维酶和脱氧核糖核酸酶等，侵入机体后，可引起肌肉大片坏死，病变迅速扩散、恶化；分解糖类产生大量气体，使组织膨胀分解和明胶液化，从而产生硫化氢，使伤口发生恶臭。 可能的解释是，秃鹫需要产气荚膜梭菌把尸体变成营养物质。 产气荚膜梭菌是秃鹫必需的，是秃鹫的核心菌群。 但是，对人类来说，该菌是致病性的。

五　青藏高原野生动物未知微生物评估

哺乳动物是病原微生物最重要的储存宿主。 青藏高原巨大的海拔差、丰富多样的气候，构成了多样的生境，其复杂的地理环境以及独特的气候也形成了青藏高原独特的生物多样性。 据报道，青藏高原有 1763 种脊椎动物。 其中，哺乳动物物种数量超过 300 种。 在此栖息的有蹄类物种占全国的 42％。 有些动物是青藏高原的特有物种。

美国哥伦比亚大学等机构的研究人员在孟加拉国采集的近 2000 份印度狐蝠（*Pteropus giganteus*）的样本中，发现了 55 种病毒，其中 50 种是新病毒。 据此计算，全球目前共有哺乳动物 5488 种，假定平均每种哺乳动物携带的病毒数量类似，那么哺乳动物大约携带 30 万种病毒。 需要注意的是，上述研究只涵盖了 9 个病毒科。 哺乳动物体内实际存在的病毒数量可能更多。 青藏高原有 1763 种脊椎动物，按照上述策略估算，可能携带 10 万种病毒。

我们发现藏羚羊粪便标本携带 757 个 OPU，包括 144 个已知种、256 个潜在新物种、103 个已知谱系内的高分类单元和 254 个远离已知参考序列的未知高分类单元，只占 16S rRNA 序列数的 0.12％。 也就是说，藏羚羊粪便标本中

99.88％的细菌是**未知细菌**。 我们发现喜马拉雅旱獭粪便标本携带 412 个 OPU。 其中，只有 116 个（28.2％）为已知细菌，其余为未知的。

据此估计，青藏高原每种野生动物携带的细菌种类为 400～800 种，其中 80％左右是未知细菌，有待进一步分离、鉴定、命名、研究。《青藏高原珍稀野生动物》中记载，青藏高原有 318 种野生动物，包括兽类 40 种、鸟类 165 种、爬行类 37 种、两栖类 32 种、鱼类 44 种。 如果参考喜马拉雅旱獭、藏羚羊、高原鼠兔的研究结果估计，青藏高原野生兽类可能存在 1 万～3 万种未知细菌。

青藏高原野生动物携带有大量微生物。 从分类学角度看，其中绝大部分是未知微生物，也就是说我们并不知道这些未知微生物的分类学位置，更不用说生物学意义和医学意义。 因此，那些具有重要医学意义、公共卫生意义及生物学意义的未知微生物，有待进一步开发和研究。

参考文献

［1］ CHEN C X, SUN L N, HOU X X, et al. Prevention and control of pathogens based on big-data mining and visualization analysis ［J］. Front Mol Biosci, 2021, 7: 626595.

［2］ MORELLI G, SONG Y J, MAZZONI C J, et al. *Yersinia pestis* genome sequencing identifies patterns of global phylogenetic diversity ［J］. Nat Genet, 2010, 42(12): 1140-1143.

［3］ WANG C S, ZHAO X X, LIU Z F, et al. Constraints on the early uplift history of the Tibetan Plateau ［J］. Proc Natl Acad Sci U S A,

2008, 105(13): 4987-4992.

[4]　MENG X L, LU S, YANG J, et al. Metataxonomics reveal vultures as a reservoir for *Clostridium perfringens* [J] . Emerg Microbes Infect, 2017, 6(2): e9.

[5]　BAI X N, LU S, YANG J, et al. Precise fecal microbiome of the herbivorous tibetan antelope inhabiting high-altitude alpine plateau [J] . Front Microbiol, 2018, 9: 2321.

[6]　LU S, JIN D, WU S S, et al. Insights into the evolution of pathogenicity of *Escherichia coli* from genomic analysis of intestinal *E. coli* of *Marmota himalayana* in Qinghai-Tibet plateau of China [J] . Emerg Microbes Infect, 2016, 5(12): e122.

[7]　LUO X L, LU S, JIN D, et al. *Marmota himalayana* in the Qinghai-Tibetan plateau as a special host for bi-segmented and unsegmented picobirnaviruses [J] . Emerg Microbes Infect, 2018, 7(1): 20.

[8]　YU J M, LI L L, ZHANG C Y, et al. A novel hepatovirus identified in wild woodchuck *Marmota himalayana* [J] . Sci Rep, 2016, 6: 22361.

[9]　ZHU W T, YANG J, LU S, et al. Beta-and novel delta-coronaviruses are identified from wild animals in the Qinghai-Tibetan plateau, China [J] . Virol Sin, 2021, 36(3): 402-411.

[10]　DAI X Y, SHANG G B, LU S, et al. A new subtype of eastern tick-borne encephalitis virus discovered in Qinghai-Tibet Plateau, China [J] . Emerg Microbes Infect, 2018, 7(1): 74.

[11]　PU J, YANG J, LU S, et al. Species-level taxonomic characterization of uncultured core gut microbiota of plateau pika [J] . Microbiol Spectr, 2023, 11(3): e0349522.

[12] LUO X L, LU S, QIN C, et al. Emergence of an ancient and pathogenic mammarenavirus [J]. Emerg Microbes Infect, 2023, 12 (1): e2192816.

[13] ZHU W T, YANG J, LU S, et al. Discovery and evolution of a divergent coronavirus in the plateau pika from China that extends the host range of alphacoronaviruses [J]. Front Microbiol, 2021, 12: 755599.

[14] YAN Y, GU J Y, YUAN Z C, et al. Genetic characterization of H9N2 avian influenza virus in plateau pikas in the Qinghai Lake region of China [J]. Arch Virol, 2017, 162(4): 1025-1029.

（罗雪莲　李振军　卢　珊　徐建国）

第十章

海洋存在巨量未知微生物和病原微生物

海洋覆盖了地球表面的 71%，在这片浩瀚的水域中，微生物群落构成了一个庞大而复杂的网络，其多样性和重要性远超我们的想象。 本章将带领读者探讨海洋微生物的神秘世界，揭示其在地球生态系统和人类社会中的关键作用。 首先，本章将介绍海洋微生物圈的概况，分析海洋微生物在全球氮循环、光合作用等生态过程中所扮演的角色。 通过对海洋微生物基因组数据的解析，我们将深入了解海洋微生物的空间分布、生物合成途径以及其在海洋沉积物中的功能。 其次，本章将探讨海洋微生物的多样性，包括细菌、古菌、原生生物、真菌和病毒等，分析这些微生物在不同生态位中的分布及生态功能。 此外，本章还将探讨人类活动对海洋微生物地球化学循环的影响，包括气候变化、污染、抗生素抗性基因的传播等问题。 这些影响不仅改变了海洋微生物的生态平衡，也引发了潜在的疾病风险。 最后，我们将关注海洋生物携带的病原微生物及其对人类健康的潜在威胁，探讨海洋哺乳动物、鱼类、甲壳类和软体动物等与微生物疾病之间的关系，揭示海洋微生物在疾病传播和生态失衡中的作用。 通过本章的深入探讨，读者将全面了解海洋微生物的神秘世界及其在地球生态系统中的重要性，并认识到保护海洋环境和微生物多样性的紧迫性和必要性。

一 海洋存在特殊的微生物

（一） 海洋微生物圈概况

微生物在海洋中的生物量为 $10^4 \sim 10^6 \ mL^{-1}$，代谢速率高、环境复杂度大，为其丰富的基因多样性提供了基础。 统计分析发现，海洋微生物在海洋沉积物中发挥了重要作用，在全球氮循环、光合作用等方面发挥了关键作用。

在海洋这片广袤的水域中，微生物群落构成了一个庞大而神秘的网络。 自

19 世纪末详细研究海洋微生物世界以来，科学家们一直在不断探索海洋微生物在地球生态系统中的关键作用，以及对人类社会的重要作用。

海洋样本的基因测序表明，超过 2/3 的海洋微生物群落 DNA 不能与已知物种相关联，因为大多数微生物目前无法在实验室环境中生长。这意味着全球海洋微生物群中存在着丰富的、未知的生物多样性。海洋微生物组学数据库（OMD，https：//microbiomics.io/ocean/）涵盖 40％～60％的海洋宏基因组数据，可用于进一步挖掘其生物合成基因簇的多样性和新颖性。

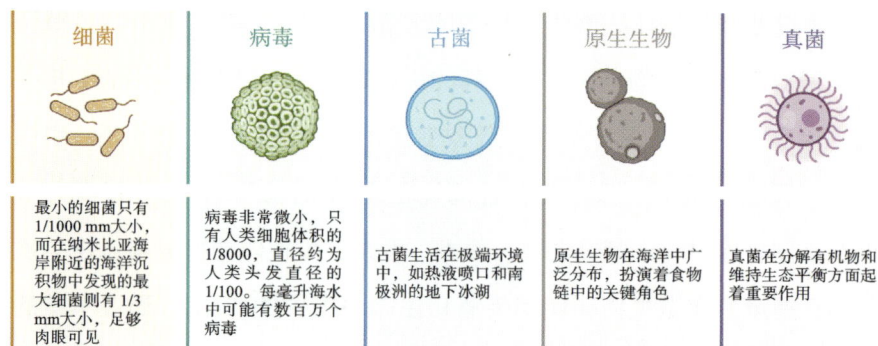

细菌	病毒	古菌	原生生物	真菌
最小的细菌只有 1/1000 mm 大小，而在纳米比亚海岸附近的海洋沉积物中发现的最大细菌则有 1/3 mm 大小，足够肉眼可见	病毒非常微小，只有人类细胞体积的 1/8000，直径约为人类头发直径的 1/100。每毫升海水中可能有数百万个病毒	古菌生活在极端环境中，如热液喷口和南极洲的地下冰湖	原生生物在海洋中广泛分布，扮演着食物链中的关键角色	真菌在分解有机物和维持生态平衡方面起着重要作用

1 海洋微生物的空间分布 海洋微生物的空间分布是海洋微生物学的一个重要研究方向。海洋沉积物包括好氧和厌氧微生物生态系统，在漫长的地质时间里以极低的可利用能量通量为生存基础。然而，海洋沉积物微生物群落的分类多样性和空间分布在全球范围内存在不确定性。这也提示我们对海洋微生物的认知仍有很大的局限性，需要更多的深入研究来揭示其中的奥秘。

近年来，科学家们通过对不同海区进行对比研究，发现海洋微生物的空间分布虽然存在巨大差异，但也有一些共性。例如，温度和盐度是影响海洋微生物空间分布的重要因素，而且不同种类的微生物对这些环境因素的响应也不同。此外，海洋微生物的空间分布还与海洋环境中的养分、溶解氧等因素密切相关。

2 海洋微生物的生物合成途径 除了对海洋微生物的多样性和空间分布

进行研究外，科学家们还在探索海洋微生物的潜在生物合成途径。 由于大部分微生物无法通过现有技术在实验室中培养出来，全球海洋微生物群落的生物多样性及功能还存在着未知，尤其是深海和极地区域的微生物。 这意味着有可能存在许多尚未发现的生物合成途径，这些途径可以产生具有多样化生态和细胞功能的生化化合物。 这些生化化合物可能在合成生物催化剂和药物方面拥有巨大的潜力，进而对人类生活产生重大影响。

通过对海洋微生物的基因组数据进行分析，人们已经发现了一些新的代谢途径和生物合成途径，并从中发现了一些具有潜在应用价值的生物活性化合物。这些化合物包括抗菌肽、酶、抗癌化合物、食品添加剂等，均具有重要的医药或工业应用前景。

③ 海洋微生物的研究与发展　海洋微生物的研究需要跨学科的合作和协作，涉及许多领域，包括生物学、生态学、化学、地球科学等。 同时，其研究也需要在技术手段和研究方法上进行创新和突破。 例如，通过应用高通量测序技术和先进的数据分析方法来探索海洋微生物基因组，并运用基因组学等技术手段来解析海洋微生物的代谢途径和生物合成途径。

海洋微生物对于地球生态系统的稳定与发展具有不可替代的作用。 通过深入研究海洋微生物，我们将能够更好地理解地球生命的起源与发展，同时为人类社会的可持续发展和保持健康提供新的思路和可能性。

（二）　海洋生物圈中的微生物

① 海洋微生物的多样性　海洋微生物是海洋生态系统中最小，也是最基础的生命形式。 其对于维持海洋生态平衡和地球生态系统的稳定至关重要。 细菌、古菌、原生生物、真菌和病毒等微生物群体在海洋中展现出丰富的多样性和巨大的生态重要性，各自起着独特的作用。

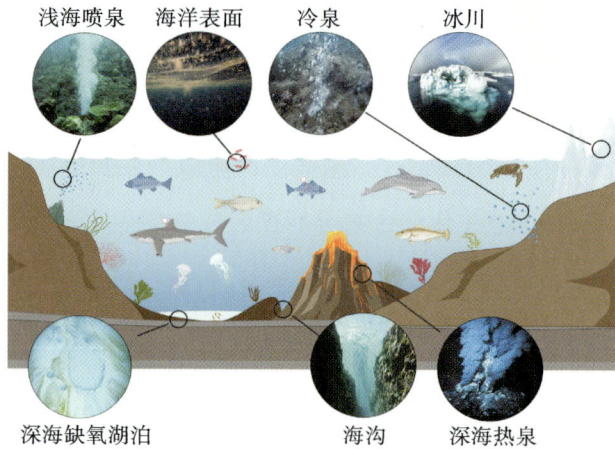

海洋微生物栖息地的多样性

（1）海洋细菌：海洋中的细菌分布非常广泛，数量庞大。 近海区的细菌密度较远洋区大，尤其是内湾和河口区域的细菌密度最大。 一般来说，每毫升近岸海水中可分离到 $10^2 \sim 10^3$ 个细菌菌落，有时甚至超过 10^5 个；而在每毫升深海海水中，有时却分离不出 1 个细菌菌落。 海洋微生物中的细菌具有丰富的多样性。 通过使用高通量测序技术，我们能够揭示海洋微生物群体中的细菌多样性。 虽然许多生物领域的细菌可以在实验室中生长并用于研究，但绝大多数细菌只能通过直接分析环境样本中的 DNA 获得遗传信息。 因此，我们对细菌各成员特性的认识存在很大的差异。 海洋微生物中存在着大量未知的细菌群体，这些细菌在过去很少被注意到。 它们可能具有独特的遗传特征和生态功能，对于海洋生态系统的平衡和稳定起着重要作用。 海洋细菌对环境的变化和污染具有响应能力。 海洋是一个复杂多变的环境，受到来自陆地和人类活动的影响。 细菌在面对环境变化和污染时，能够通过调节自身代谢、产生特定酶和抗性基因等来适应和应对。 这种适应性使得海洋细菌具有潜在的应用价值，如可以用于环境监测、生物修复和生物能源等领域。

（2）海洋古菌：古菌是一种生存于极端环境中的微生物，在各种恶劣条件下都能够生存，近年来在各种非极端环境中也发现了古菌的存在。 海洋细菌和古菌都具有非常小的细胞体积和大的单位体积表面积（SA/V）。 其大多数细胞的最大尺寸小于 0.6 μm，多数小于 0.3 μm，细胞体积低至 0.003 μm^3。 在海洋中，古菌展现出了丰富的多样性，是海洋微生物群落的主要组成部分之一。

海底火山口和热液喷口等特殊环境的水温非常高，甚至超过 400 ℃，其水压也很大。 这些极端条件对普通生物来说是无法承受的，却是古菌生存与繁殖的理想场所。

在 Tara Oceans 研究项目的样本中，古菌普遍存在，但有一个例外，即极地海洋的表层样本，在这个样本中未检测到任何古菌的 16S rRNA 序列。 在海洋表层中，古菌序列的数量变化很大，每千个 16S rRNA 基因序列中注释为古菌序列的数量是 0～108 个；在深色层（深层水体）中，该数量为 0～164 个；在海洋中层中，所有站点都包含古菌 16S rRNA 序列，其数量为 64～239 个。

（3）海洋原生生物：海洋中的原生生物种类繁多，包括原核生物和真核生物，如浮游藻类、原生动物等。

原生生物分布广泛，从赤道热带水域到极地寒冷海域均有原生生物存在。它们通常是海洋性浮游生物，主要集中在食物较丰富的海洋表层至水深约 100 m 的区域，这些区域同时也有许多底栖物种。 大部分原生生物以自由生活为主，少部分则寄生生存，在不良生存环境中会产生孢囊。 原生生物的存在与繁殖构成了整个海洋食物链的起点，为其他海洋生物提供了丰富的能量源泉。

在这一背景下，Tara Oceans 研究项目通过在全球 68 个海洋采样点收集 243 个上层和中层海水样本，进行宏基因组分析，获得了 7.2 TB 的数据。 分析结果显示，超过 4000 万条来自病毒、原核生物和微型真核生物的非冗余序列中，大部分为新发现的序列。 在富含原核生物的 139 个样本中，科学家们发现了超过 35000 个物种，这些数据为深入理解原生生物及其在海洋生态系统中的作用提供了宝贵的信息。

（4）海洋真菌：海洋中真菌资源也非常丰富。据估计，有关海洋真菌资源的数据来源于 2011 年的一项研究 "*Are there more marine fungi to be described*？"（Jones，2011），该研究估计海洋中约有 10000 种真菌，但目前已记录的专性海洋真菌仅有 537 种，这被认为是远低于实际数量的估计。此外，该研究指出在未充分调查的群落中，如浮游真菌和深海真菌，可能存在更多种类的海洋真菌。

（5）海洋病毒：在过去几十年中，人们逐渐认识到海洋病毒在海洋生态系统中的丰度和重要性。全球海洋中存在着数量庞大的病毒颗粒，它们是最小但最丰富的生物实体。据估算，海洋病毒的总数高达 10^{30}，如果将它们首尾相接，其长度相当于跨越 60 个银河系。病毒的丰度占到海洋生物总个体数的 90％，其生物量也占到海洋原核生物总量的 5％，约为 200 兆吨（Mt），相当于 7500 万条蓝鲸所含碳的总和。尽管病毒与细胞在组成上存在较大差异，严格意义上不被视为真正的生命体，但它们通过寄生在其他生物体内，影响宿主群落的结构和功能，从而参与全球的生物地球化学循环，并在海洋中发挥着维持生态平衡和保护生态环境的重要作用。

海洋中的溶原微生物与病毒之间存在着紧密的相互作用。溶原微生物广泛分布于全球海洋，总覆盖率达 40.4％。在许多海洋微生物类群中，溶原现象普遍存在，尤其是细菌的溶原率显著高于古菌。溶原覆盖率随着水深的增加而增高，在深海（深度 ≥1000 m）水体中可达到 52.8％；而在海洋沉积物环境中则保持在 46.1％～48.7％。

病毒对溶原微生物群落具有重要影响。通过感染和整合基因的方式，病毒可以促进基因转移，增强微生物的适应能力。同时，当环境压力增大时，病毒可能促使溶原微生物进入裂解周期，导致宿主细胞的快速死亡，释放大量有机物质，进而影响生态系统中的营养循环。系统性分析显示，海洋中溶原与非溶原微生物的分化非常广泛，且具有显著不同的基因组和生活史特征：溶原微生物通常有更大的基因组、更低的蛋白编码密度、更高的 GC 含量和更快的潜在生长速率。 海洋病毒与溶原微生物共同构成了复杂的生态网络，对海洋生态系统的功能和稳定性的维持具有深远的影响。

同样在 Tara Oceans 研究项目中，研究者对 2009—2013 年收集的来自全球各处海域的生物样本进行了分析，发现了大量前所未见的病毒、细菌和古菌等微生物，其中发现了潜伏在海洋中的病毒 195728 种，约为过去已知海洋病毒数量的 12 倍。 其中，海洋表层水域中发现了近 5500 种双链 DNA 病毒。 尽管在气候变化影响最大的北极地区，其病毒种群也是世界上生物多样性较强的地区之一。 研究者预计海洋中有数千万种病毒，占海洋生物总量的绝大部分，其中很多甚至可以"离水生存"。

（6）海洋微生物共生体：海洋微生物共生体由与多细胞生物相互依存、相互受益的微生物群体组成，它们既拥有自由生活时期，又能与宿主互利共生。

例如，深海热液喷口和冷泉中的动物即与化学合成共生体建立了共生关系。这些动物栖息在极端环境中，海洋微生物共生体为它们提供了必要的营养物质，帮助它们适应并生存于特殊生态环境中。 这种共生关系不仅对生物的适应性和生存策略产生了重要影响，还促进了海洋生态系统中的物质循环和能量流动。

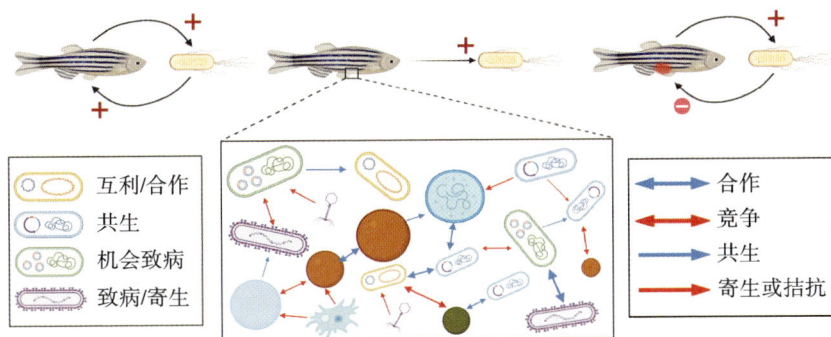

海洋微生物的共生关系

2 **海洋微生物多样性的研究方法** 海洋微生物群体是海洋生态系统中非常重要的一部分。目前地球上99％以上的微生物无法通过已知的培养技术进行培养，致使这些微生物在之前的研究中被忽视或者研究得不够深入。采用高通量测序技术的宏基因组学的出现让研究人员能够全面了解由可培养和不可培养物种组成的复杂微生物群体。随着高通量测序技术的发展，通过对海洋中的微生物进行高通量测序，科学家们可以获得大量的DNA序列信息，并可以通过比对分析这些数据来了解微生物的多样性、组成、分布以及代谢功能等。基于全基因组学的研究方法所取得的进展彻底改变了我们对海洋古菌、细菌及病毒等的多样性和生态过程的认识。

海洋微生物在地球上演化了数十亿年，这漫长的时间跨度使得它们成为我们了解生命起源和演化的窗口。海洋微生物通过不同的途径获取能量，可以利用光源或分解各种无机物来获取能量，也可以通过分解有机物来获取能量，展现出了丰富的代谢类型多样性。目前，科学家们已经发现了一些具有重要生态功能的微生物群体，如某些能够参与海洋碳循环和氮循环的微生物，以及某些能够降解有机物的微生物等。研究海洋微生物的基因组、代谢途径和生态功能，有助于我们更好地理解地球生命的起源和进化过程，并揭示生命的基本原理和演化规律。同时，这些研究也为保护海洋环境和可持续利用海洋资源提供了科学依据。

（三）　海洋微生物的特殊生态功能

深海环境是微生物的重要栖息地之一，微生物的多样性及其在地球生物化学循环中的作用备受关注。微生物群落的组成和多样性受到地质条件的影响，致使不同深度或地理位置的微生物群落呈现出差异。

1 初级分解者：海洋微生物群落　　研究人员通过对多糖降解海洋微生物群落的模块化组装的研究，揭示了多糖降解海洋微生物群落的动态规律，发现它们的组装动态不取决于物种而取决于它们所拥有的功能模块。　分解多糖（如纤维素和木聚糖）的海洋微生物群落的形成与变化，主要取决于它们的功能，而不是具体的物种。　这些微生物群落在一起工作时表现出很强的协作性，能够高效地分解多糖。　特别是在海洋环境中，这些微生物群落能有效地协同分解复杂的多糖，并且不会明显抑制其他微生物的生长。　这表明海洋微生物群落的适应性很强，能够根据需要调整其功能来适应分解多糖的任务。　初级分解者在多糖颗粒的组装初始阶段呈现出对多糖的特异性，但在随后的演替过程中呈现出广义性。　在海洋生态系统中，初级分解者的主要任务是释放并转化被多糖固定的光合生物源碳，以供次级消费者利用。

2 物质循环促进者：古菌和病毒　　长期以来，古菌和病毒的多样性和生态系统功能在海洋研究中被忽视。　然而，海洋古菌包括四个不同的群体，具有多样化的分布、生理和生态角色。　氨氧化古菌是广泛存在的化学自养生物，对氨氧化起着重要作用，在氮和碳循环中做出了重大贡献。　MG Ⅱ古菌是异养生物，其多样性代谢机制尚未被完全解析。　MG Ⅲ古菌虽然分布于整个水系中，但其在深海中分布尤为丰富，在生物地球化学循环中发挥着重要作用。　然而，目前关于 MG Ⅲ和 MG Ⅳ古菌的分布和功能仍然知之甚少。　病毒是海洋中数量最多的生物实体，它们对海洋生物地球化学循环的影响不容忽视。　事实上，海洋病毒具有丰富的多样性，并且可以携带多种编码具有重要生态功能蛋白的辅助代谢基因。　病毒可以显著影响细菌和古菌群落对种群的控制。　噬菌体是海洋病毒的主要成分，它们以多种方式（如细胞溶解、DNA 转移、操纵宿主代谢和基因表达、选择抗性基因和引入新的遗传物质）影响宿主细菌，这对海洋细菌群落和全球生物地球化学循环起到了重要的作用。

3 **海洋沉积物或海山区域中的微生物群落及其功能** 利用深海取样钻孔和新型取样设备，科学家们已经在沉积层中探测到微生物，探测深度可达 1.6 km，这些沉积层是数亿年前形成的沉积物。 通过使用各种技术，科学家们估计全球深层沉积物中有 3×10^{29} 个细菌和古菌。 南海海底峡谷沉积物中微生物多样性研究显示，细菌、古菌和真核生物分别占 57.94％、41.04％和 1.02％，显示出高水平的微生物多样性。 垂直剖面研究显示微生物群落组成具有一定的异质性，表层微生物多样性低于深层，沉积地质对微生物群落的变化有重要影响。宏基因组测序发现，糖基转移酶和糖苷水解酶是微生物中较丰富的酶类别，硫循环和甲烷循环通路被激活，揭示了微生物的潜在功能。

大西洋海山区域铁锰矿床中的微生物群落与太平洋海山区域相比多样性较低，但具有独特分类群和潜在金属循环细菌。 微生物群落的多样性与沉积物、结壳、结核和地球化学特征密切相关。 铁锰矿床中的微生物在深海生态系统中起重要作用，体现出了对深海开采潜力区域进行微生物群落分析的重要性。

海洋沉积物中的微生物可能是地球上代谢速度最慢、能量最有限的生物体，活动水平通常很低。 这些微生物通常处于休眠状态，具有短暂且可逆的低代谢活性，能长时间耐受不利条件。 休眠细胞广泛存在，但实际特征和生物调控机制不清楚。 对休眠细胞的能量利用速率及启动或终止休眠的参数目前所知甚少。

4 **人类活动对海洋微生物地球化学循环的影响** 当前人类活动对海洋微生物地球化学循环产生了前所未有的影响。 海洋微生物的生理调节受海水 pH、pCO_2、温度、氧化还原物质、辐照度和营养物质可用性等因素的影响。 例如，研究人员成功分离出来自深海甲烷喷泉的 zrk13 菌株，发现该菌株能够降解和利用细胞外 DNA 进行生长，这说明细胞外 DNA 对于海洋微生物来说是一种重要的磷、氮和碳源。

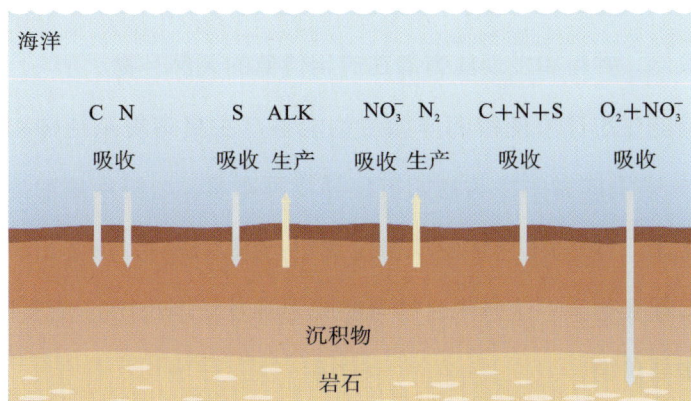

此外，有研究者通过对三沙永乐龙洞中与硫循环相关的微生物群落进行研究，发现不同水层中的微生物群落结构和硫代谢过程差异显著。利用分层采样和基因测序等方法，研究者鉴定了 81 个代表性微生物组装基因组（MAGs），其中的候选门表现出特殊的硫代谢特性。这些研究结果有助于进一步了解极端环境下的硫循环过程和微生物的环境适应性。有趣的是，这些水层中硫代谢活动的差异性变化可能为固氮蓝藻和反硝化细菌等功能群体创造了有利的生存条件，使它们能够从中获益。而钙化生物和硝化细菌等其他群体则可能受到负面影响。这些研究结果对于理解海洋微生物在全球碳循环和营养循环中的作用以及应对人类活动带来的变化具有一定的指导意义。

（四）　海洋特殊生境微生物的研究与应用

1 **海洋微生物资源现状及应用潜力**　海洋中存在许多恶劣的特殊生境，如热液喷口、热泉和深海层等。在这些极端环境中，微生物因能够适应高温、高压、高盐、高放射性、极度酸碱性等极端条件而存活。海洋的这些特殊生境中的微生物具有独特的生物多样性、遗传背景和代谢途径，可以产生各种具有特殊功能的酶类及其他活性物质。 研究这些微生物有助于深入了解生命在极端环境中的适应机制，并有望发现具有潜在应用价值的天然产物。

海洋独特的生态环境使得海洋微生物能够产生具有复杂结构和活性的次生代谢产物。 一些海洋微生物药物如抗癌药物阿霉素、心脏疾病治疗药物普罗帕酮等已成功上市。 对海洋特殊生境微生物进行深入研究，筛选出具有特定活性的化合物具有重要意义，这些化合物可能成为开发新型药物的候选物，为促进人类健康发挥重要价值。

目前已分离发现超过 30000 种具有独特结构的化合物，其中海洋细菌和真菌产生的新型化合物比例增加。 截至 2017 年底，全球有 13 种海洋药物获批上市，其中 2 种来源于海洋微生物。 美国 FDA 批准进入临床的 54 种海洋药物中，37 种（68.5%）来源于海洋微生物，表明海洋微生物正成为海洋药物的重要来源。

海洋微生物资源在农业方面也具有广泛的应用潜力。 例如，海洋微生物可用于制备生物肥料、生物农药等；海洋微生物富含多种植物生长促进物质，可提高作物产量和品质；海洋微生物具有抗病虫害特性，可用作生物农药原料，减少环境污染和生态系统破坏。

海洋微生物在环保领域的应用也十分重要。 其具有降解有机物的能力，可分解去除废水中的有机污染物，实现废水净化和循环利用。 某些菌株还具有降解石油化合物的能力，可有效清除油污，保护海洋生态环境。

2 **海洋生物探索的挑战与展望** 探索海洋生物对满足人类营养和能源需求至关重要。 深入研究海洋特殊生境微生物有助于揭示生命在极端环境中的适应机制，发现具有潜在应用价值的天然产物，推动科学进步，为人类寻找替代资源提供方向。

等待探索

　　基因测序技术的发展为揭示海洋微生物多样性、功能特征和遗传演化提供了工具。未来技术的完善将能使我们深入研究难以培养的微生物。

　　纳米技术和成像技术的进步使我们能更好地观测海洋微生物生态特征和功能活动。微生物纳米探针、原位荧光标记技术等的应用，有助于实现对海洋环境中微生物的实时监测，理解微生物与其他生物的相互作用，以及研究微生物在生态系统中的生态功能和效应。

　　人工智能和大数据分析技术的成熟使我们能利用海洋微生物数据进行模型建构。整合不同来源的数据，结合机器学习和深度学习技术，建立精准可靠的海洋微生物生态模型，预测微生物群落变化、健康状况，可为海洋环境保护和管理提供科学依据。

　　目前，海洋微生物探索面临着诸多挑战：生物信息学发展的滞后限制了对微生物基因组和代谢网络的全面理解；大规模生产和产品纯化的工程难题需持续研究改进。此外，建立法律框架保护海洋生态系统的完整性和可持续性也很重要。只有在合理利用海洋资源的基础上，才能找到具有高经济价值和健康益处的海洋微生物和代谢物。

二 海洋微生物的潜在风险

海洋微生物群落具有极强的功能韧性，这是由它们在不断变化的海洋环境中漫长的进化历史所铸造的。 然而，在如今的海洋中，微生物面临着一系列新的挑战。 全球范围的"人为干扰"正在快速改变影响海洋微生物生长的几乎所有化学、物理和生物性质，这些干扰正在改变地球碳循环和营养循环，甚至激发出海洋微生物的潜在风险。 目前尚不确定构成海洋生命支持系统基础的微生物网络将如何被这些人为变化重塑。

海洋微生物既带来潜在风险，也在环境保护中发挥关键作用。 例如，有毒赤潮现象威胁着海洋生态系统和人类健康，因其产生的毒素可能通过食物链传播至海产品中，引发严重疾病。 沿岸污水排放可导致海水污染，科学家们利用肠球菌等指示生物及分子基方法监测水质，以确保公众免受病原微生物侵害。同时，海洋环境中的石油及其他化学污染物也对生态系统造成威胁。 微生物可通过分解石油、解毒重金属和处理持久性有机污染物等方式，在生态修复中扮演重要角色。 然而，海洋塑料污染问题仍然严峻，需要更深入的研究来找到有效的解决方案。

（一）海洋微生物可能引起疾病传播

包括与鱼类和贝类有关的海洋病原微生物可导致人类疾病。 这些病原微生物可通过人类直接接触受污染的海水或食用受感染的海产品而传播。 根据美国疾病控制与预防中心（CDC）的估计，仅在美国，经海产品传播的病原微生物每年就会导致约 60 万例患者发生疾病。 世界卫生组织强调，在全球范围内，与海洋病原微生物相关的疾病是一个极大的健康负担，特别是在海产品消费量高和卫生标准不太严格的地区。

弧菌：弧菌在海洋环境中很常见，可引起霍乱和胃肠炎等疾病。 副溶血性弧菌通常存在于牡蛎和其他贝类中，可引起严重腹泻和腹痛；创伤弧菌可导致伤口感染和严重血液感染，特别是在免疫系统受损的人群中。 诺如病毒和甲型肝炎病毒：这些病毒多因人们食用受污染的贝类（特别是牡蛎）而传播。 它们可分别引起胃肠炎和甲型肝炎的广泛暴发。 隐孢子虫和蓝氏贾第鞭毛虫等寄生虫：这些寄生虫可通过海产品传播，并引起以腹泻和腹部绞痛为特征的胃肠道疾病。 雪卡毒素(Saxitoxin)是一种由特定的藻类（如甲藻）产生的神经毒素。 虽然它不是由海洋微生物本身（如细菌或病毒）直接引起的，但它与海洋生态系统密切相关，尤其是在藻类的生长和繁殖方面。

病原微生物类别	具体类型	常见来源	引起的疾病
弧菌	副溶血性弧菌	牡蛎和其他贝类	严重腹泻和腹痛
弧菌	创伤弧菌	海洋环境	伤口感染和严重血液感染（免疫系统受损者）
病毒	诺如病毒	受污染的贝类（牡蛎）	胃肠炎
病毒	甲型肝炎病毒	受污染的贝类（牡蛎）	甲型肝炎
寄生虫	隐孢子虫和蓝氏贾第鞭毛虫	海产品	以腹泻和腹部绞痛为特征的胃肠道疾病
毒素	雪卡毒素（甲藻毒素）	含雪卡毒素的鱼类	恶心、呕吐和手指或足趾刺痛等神经系统症状
毒素	麻痹性贝类毒素（PSP）	被藻类毒素污染的贝类	—

续表

病原微生物类别	具体类型	常见来源	引起的疾病
毒素	神经性贝类毒素（NSP）	被藻类毒素污染的贝类	—
毒素	失忆性贝类毒素（ASP）	被藻类毒素污染的贝类	—

（二） 气候变化可能影响海洋微生物致病性

海洋微生物在全球碳循环和其他生物地球化学循环中起着关键作用。 然而，全球气候变化可能通过改变海水温度、酸碱度（pH）和营养盐分布，影响海洋微生物群落的结构和功能，进而影响海洋微生物致病性。 如气候变暖可能会加快海洋病原微生物的发展速度和提高其存活率，从而增高疾病发生率，如弧菌等依赖温度的微生物在温暖水域中的扩散，可能导致珊瑚礁和贝类引发的疾病增多。 此外，二氧化碳水平上升引起的海洋酸化，可能改变海洋微生物的代谢和致病特性，影响溶解的有机物和营养素的可用性，从而在较低 pH 条件下增强某些海洋微生物的致病性。 气候变化也可能导致营养分布发生变化，促进有害藻类的生长，增加疾病的传播概率并加剧海洋病原微生物的毒性。 这些变化不仅威胁到海洋生物多样性，而且可能通过海产品间接影响人类健康，增加人兽共患病的发生风险，因此需要采取适应性管理策略，以应对气候变化对海洋疾病生态学的影响。 将气候变化对海洋微生物致病性的影响纳入全球健康和海洋管理策略至关重要，以预测和减轻海洋环境中的疾病风险。 这将有助于管理海洋生态系统的健康和依赖于它们的群落在全球条件迅速变化情况下的健康。

（三）　海洋微生物可传递抗生素抗性基因

抗生素抗性基因（ARGs）在海洋环境中可能因其在微生物之间通过水平基因转移（HGT）的潜在传播而对公共卫生构成重大风险。 这一过程可能导致抗生素抗性菌株的出现，而这些菌株更难控制。 HGT 包括接合、转化和转导，其促进了不同种类细菌之间 ARGs 的移动。 HGT 在海洋环境中发生的频率相当高，尤其是在受到污染和人类活动等因素的影响时。 例如，研究表明，在细菌分离株体系中，转导频率为每 PFU（噬菌斑形成单位）产生 $5.13 \times 10^{-9} \sim 1.33 \times 10^{-7}$ 转导子。 已有研究证实，环境污染物，特别是抗生素和非抗生素类抗菌剂如三氯生，能促进海洋微生物群落中的 HGT，显著增高细菌间多重抗性基因的传递率，加剧 ARGs 的传播。 此外，对海洋沉积物的研究发现，污染水平较高的区域抗生素耐药基因丰度上升，显示出重金属污染可能直接与微生物耐药性增加有关。 另一项研究指出，在重金属污染的双壳类动物养殖区，弧菌属的抗生素耐药表型更为普遍，表明微生物对一种应激原的耐药性可能促进其对另一种应激原耐药。 这些发现强调了环境污染对海洋微生物耐药性影响的严重性和复杂性。 虽然海洋环境中由 HGT 导致的抗性菌株增加的具体数字鲜有报道，但一般趋势表明由于 HGT 的增多，ARGs 出现的频率显著升高。 这一现象在受高水平人为污染物影响的地区尤其明显，表明 HGT 促进了抗性特性在海洋微生物群落中的快速传播和扩散。 海洋环境中 ARGs 的传递可能导致耐药病原微生物的出现，这些病原微生物可能通过多种途径（包括人类食用海产品和在水中娱乐）传播给人类。 这对公共卫生构成长期威胁，需要加强监测，以控制海洋及其他水域环境中抗性基因的传播。

（四）　未知海洋微生物的潜在风险

海洋微生物的多样性和复杂性构成了其独特的生态价值。随着科学探索的深入，我们发现未知的海洋微生物可能潜藏着未知的风险和挑战。这些微生物可能在医学、生态领域和全球环境演化过程中扮演关键角色，它们的影响和相互作用有可能带来不可预见的后果。

1 **新型病原微生物和人类疾病**　未知海洋微生物可能成为影响海洋生物和人类的新型病原微生物。这些微生物可能具有当前医疗系统尚未认识的独特致病能力，从而对公共卫生构成重大威胁。例如，来自海洋环境的新型细菌已显示出对多种抗生素的抗性，这可能使治疗方案复杂化，并导致人类和动物的严重感染。

2 **生态失衡**　如果未知微生物在特定环境条件下繁殖，它们可能会取代现有的微生物群体，导致生态平衡和生物多样性的破坏。这种变化可能在海洋生态系统中产生级联效应，改变食物网和营养循环，从而导致某些环境中的生态崩溃。

3 **生物毒素问题**　已知一些海洋微生物是有害的生物毒素生产者，对海洋生物和人类有害。未知海洋微生物可能通过食物链中毒素的积累间接威胁海洋和人类健康，导致如雪卡毒素中毒或麻痹性贝类中毒等中毒事件，对人类健康和经济造成重大影响。

4 **对环境适应性的影响**　未知海洋微生物在环境过程如碳和氮循环中可能扮演着关键角色，尤其是在全球气候变化等条件下。它们对环境压力的适应性反应可能改变这些循环，影响全球生物地球化学循环，并可能有助于缓解或加剧气候变化。

5　**抗生素耐药性问题**　与已知微生物一样，未知海洋微生物可能携带或发展出抗生素耐药基因，并通过 HGT 传递给更有害的病原微生物。 这种传递增加了抗生素耐药性问题的复杂性和危险性，使之成为公共卫生面临的重大挑战，因为抗生素耐药性病原微生物感染更难治疗和控制。

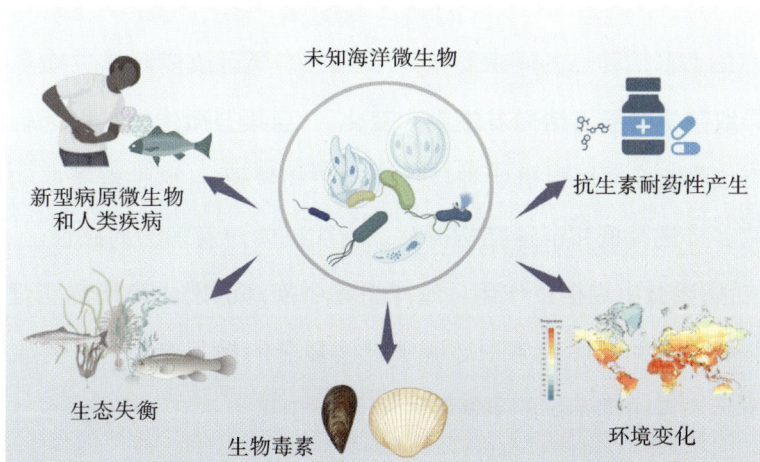

放射性废料的倾倒不仅对海洋环境造成了直接的物理和化学污染，还可能对生活在其中的微生物群体产生深远影响。 放射性物质的介入可能通过多种机制改变海洋微生物的生理和代谢功能，进而影响整个海洋生态系统的健康和稳定，甚至有可能对海洋病原微生物产生潜在影响。

1　**对微生物生理和代谢功能的直接影响**　倾倒入海洋的放射性物质产生的电离辐射可以直接损伤海洋微生物的 DNA，如导致基因突变，从而改变海洋微生物的生理功能，影响其生长速度、繁殖成功率及整体存活率。 研究表明，辐射可以破坏细胞生长过程和 DNA 完整性，带来新的病原学特性或改变微生物对环境压力的适应性。 例如，研究发现辐射可影响海洋细菌的生物发光性，即使是低剂量的辐射也可以影响细菌的生理功能，且这种影响呈非线性剂量依赖性，即低剂量时可能增强细菌生物发光强度（一种适应性反应），而在更高的剂量下对细菌生物发光强度表现为抑制作用。 这些干扰可能对海洋的微生物生态产生连锁反应，导致微生物种群动态和相关生态系统服务发生变化。

2 对生态系统动态的间接影响　放射性物质可改变海洋生物多样性和生态平衡，导致微生物群落结构发生重大变化。 当某些微生物种群因辐射而被抑制时，生态位可能变得可供机会性或致病微生物繁殖。 这种群落的动态改变可能导致生物多样性降低和群落结构简化，增加机体对疾病的易感性。 由于辐射影响了宿主-病原微生物相互作用，海洋生物中疾病的发生率增高和强度增加。这些研究强调了放射性污染与生态健康之间复杂的相互作用，表明放射性物质可以显著影响海洋生态系统的平衡和功能。

3 导致疾病发生率发生变化　放射性物质对海洋生物的免疫影响可以显著影响疾病的发生率。 辐射可能损害鱼类和贝类等海洋微生物宿主的免疫系统，使它们更易受到感染。 这种脆弱性可归因于辐射对参与免疫反应的淋巴器官和细胞的损害，使机体抵抗病原微生物的能力下降。 一项关注辐射对海洋环境中宿主-病原微生物相互作用影响的研究指出，暴露于放射性环境中的动物发生感染的频率和严重性有所增加，这表明，放射性污染可能通过削弱宿主防御力间接促进人群中传染病的传播。

4 对微生物耐药性的影响　已知环境压力，包括放射性污染，可以推动海洋微生物抗性基因的进化，从而导致微生物耐药性增强。 这种现象特别令人担忧，因为它可能导致更难以控制或根除的"超级细菌"出现。 研究发现，放射性污染和化学污染的结合可以改变微生物群落，增加具有烃类降解能力的微生物数量，这一反应也可能与微生物对各种药物的抗性增强有关。 这些研究突显了放射性物质可能显著影响微生物群落中耐药性的发展，这种耐药性的发展为海洋环境中的疾病管理带来额外的挑战。

三 海洋生物携带的病原微生物

海洋生物疾病具有重大的生态和经济影响，以下将探讨微生物疾病在自然生态系统和水产养殖中的不同类型及其重要性，并特别考虑了气候变化、污染、全球运输和其他人为因素的影响。

加勒比海的海扇中曾发生了一次极具破坏性的海洋环境流行病，在海洋生态系统中造成了巨大的影响。海洋病原微生物的多样性和丰度极高，它们是所有生物生命周期的自然组成部分，调节着食物链的平衡并有助于生态系统结构和功能的形成。此外，原生动物寄生虫也被频繁发现存在于水族馆的珊瑚中。

对美国东海岸的海鸟、海洋哺乳动物和鲨鱼进行的一项调查揭示，海洋生物中含有多种引起疾病的微生物，其中包括许多已经对抗生素产生耐药性的微生物，以及可以传播给人类的微生物。这项研究没有提供证据表明这些微生物在海洋生物中的广泛存在是否影响了人类的健康，但它提出了几个引人深思的问题。

（1）在人类、农业活动和医疗废物污染的沿海水域中，海洋生物是否正在获取更多的引起疾病的微生物？

（2）海洋生物能否充当传染病的携带者，通过海洋传播病原微生物？

（3）摄入医疗废物中抗生素的海洋生物是否可以作为孵化器，通过海洋和沿海生态系统维持和传播抗生素抗性基因？

2015 年开始，伍兹霍尔海洋研究所（WHOI）领导的研究团队收集并分析了来自 370 只海洋动物的样本，包括 33 种鲸、海豚、海豹、鼠海豚、鲨鱼和海鸟。

WHOI 的生物学家安德里娅·博格莫尔尼（Andrea Bogomolni）、迈克尔·摩尔（Michael Moore）和丽贝卡·加斯特（Rebecca Gast）领导了这项研究，并带头收集了活海豹和海鸟的粪便样本，以及在野外发现的死动物标本。 研究团队在 WHOI 新建的海洋研究设施中对这些海洋动物进行了解剖，以寻找感染性病原微生物。 为了收集更多的样本，博格莫尔尼还与滞留动物管理和渔业管理人员建立了联系，将被滞留的海洋哺乳动物和意外被捕动物（意外被渔具捕获的动物）的样本送到 WHOI。 她陪同渔民前往当地岛屿的海滩上观察海豹。 她甚至利用特殊机会，在当地的捕鲨比赛期间采集到了真鲨和狐鲨的样本。

这项研究于 2008 年发表在《水生生物疾病》杂志上，参与人员还包括塔夫茨大学卡明斯兽医学院的朱莉·埃利斯（Julie Ellis）、国际爱护动物基金会的凯蒂·普格里亚（Katie Pugliares）以及美国国家海洋渔业局的贝蒂·伦特尔（Betty Lentell）。 研究人员重点测试了样本中 4 种相对常见的已知能从动物传播给人类的微生物：布鲁氏菌、钩端螺旋体、隐孢子虫和蓝氏贾第鞭毛虫。 这些微生物会引起高热、严重头痛、发冷、肌肉疼痛、呕吐和腹泻等症状。 他们测试的海洋动物中有 35％含有布鲁氏菌，17％含有蓝氏贾第鞭毛虫，13％含有隐孢子虫。 最初的测试结果显示，被测试动物中有 10％存在钩端螺旋体，但这一结果尚未得到进一步确认。 总体而言，他们在样本中发现了近 100 种能引起疾病的微生物。

这些动物中的人兽共患病病原微生物的数量让研究人员感到惊讶，但他们强烈警告不要将结果作为不去海滩的理由。 摩尔解释说，人兽共患病病原微生物并不新鲜，通常需要人类被咬伤或发生其他直接暴露才能引起感染，并且人类对许多此类微生物已经产生了免疫力。 不过，这也是不要去打扰滞留的海豹的众多原因之一。

WHOI 的微生物学家加斯特还指出，动物粪便中存在隐孢子虫和蓝氏贾第鞭毛虫包囊并不一定意味着动物感染了这些微生物；它们可能只是传播或排出了少量病原微生物的携带者。

然而，加斯特还指出，隐孢子虫和蓝氏贾第鞭毛虫的存在可能是海洋污染水平的监测指标之一。 这些寄生虫生活在温血宿主的肠道中，并通过宿主释放的排泄物最终进入海洋中。

海洋生物在为了获得食物而过滤水时，可能会通过摄入被污染的水而感染人兽共患病病原微生物，或者通过摄食受感染的生物，如浮游生物、贝类或鱼类而感染人兽共患病病原微生物。 一些动物（如鸥类），可能通过在污水收集池中觅食而发生感染。

真菌可引起各种海洋生物的疾病。 有研究统计了 225 种真菌感染 193 种海洋生物的情况，共计 357 种真菌和海洋生物宿主的组合。 在这 193 种宿主中，脊索动物门（100 种，占 51.8％）和节肢动物门（68 种，占 35.2％）是较常见的真菌宿主。 在这 225 种真菌中，微孢子虫门（111 种，占 49.3％）占比最高，其次是子囊菌门（85 种，占 37.8％）、拟杆菌门（22 种，占 9.8％）、担子菌门（6 种，占 2.7％）和壶菌门（1 种，占 0.4％）。 微孢子虫门主要寄生于海洋节肢动物和硬骨鱼类，而担子菌门主要致使海洋哺乳动物发生呼吸系统疾病。 子囊菌门的宿主范围大，包括哺乳动物、鱼类、甲壳动物、软珊瑚和海龟。 目前报道的拟杆菌门和壶菌门感染海洋生物的情况较少。 当然以上研究中的真菌疾病可能只是海洋中真菌疾病的一小部分。 水产养殖规模的扩大、全球变暖和海洋污染可能会增加海洋生物真菌疾病暴发的风险。

微生物对海洋生物造成了广泛的影响。 它们可以引起海洋生物的免疫系统紊乱，导致生物体抵抗力下降而易受感染。 某些微生物还会直接侵袭宿主组织，造成病变和组织损伤，从而导致海洋生物个体死亡，甚至对整个种群和生态系统产生深远影响。

（一） 珊瑚、海绵和棘皮动物疾病

珊瑚礁是宝贵的海洋生态系统，承载着各种海洋生物并为生活在寡营养沿岸地区的人们提供食物。 小型低洼岛屿依靠珊瑚礁进行防护，作为天然防波堤，抵御大洋中形成的汹涌波浪和风暴。 东南亚的大多数岛屿被珊瑚礁所环绕。

海洋生态系统中的珊瑚、海绵和棘皮动物面临着诸多传染病威胁，这种威胁对它们的生存构成严重挑战。 已有研究表明，弧菌与许多珊瑚疾病（如珊瑚黑带病等）密切相关，这些疾病已经在全球范围内造成了珊瑚大规模死亡。 此外，真菌聚多曲霉（*Aspergillus sydowii*）也被发现可导致加勒比海海扇大规模死亡，而"白色瘟疫"则一直是影响加勒比海珊瑚礁的主要疾病之一。 另外，寄生虫可能导致珊瑚组织坏死和骨骼侵蚀，对珊瑚的健康造成直接威胁。 病毒在珊瑚健康状态维持中也起着关键作用，对珊瑚的生存状况产生深远影响。 与此同时，海绵病作为一种研究不足的全球性现象，也对海洋生态系统产生了潜在威胁。 此外，棘皮动物的大量死亡更是导致了珊瑚礁和海岸生态的重大变化，

进一步加剧了珊瑚礁面临的生存压力。因此，对于这些海洋生物的疾病问题，需要进行深入研究并采取有效措施以保护珊瑚礁和海洋生态系统的健康。

（二） 软体动物疾病

软体动物门（Mollusca）是一个庞大而多样化的无脊椎动物类群，包括腹足类、头足类和双壳类等超过 85000 种的物种。软体动物门是最大的海洋门类。海洋软体动物在经济上具有重要意义，除作为人类高蛋白食物来源外，还提供营养循环、碳封存、稳定沉积物和生物扰动等生态系统服务。软体动物一般通过传统渔业方式捕捞，但现如今全球许多沿海社区越来越多地进行人工养殖。因此，关于软体动物病原微生物和疾病的大部分信息来自具有商业意义的软体动物。

软体动物在其养殖和野生生存过程中面临着多种疾病威胁，而细菌感染被认为是软体动物疾病的主要原因之一，特别是在牡蛎和贻贝的养殖过程中。此外，病毒感染作为牡蛎养殖中的一个主要问题，更是给软体动物的养殖业带来了挑战。

双壳类（如牡蛎、贻贝、蛤蜊、扇贝）易受多种微生物的影响，包括病毒（如牡蛎疱疹病毒 1 型（Ostreid herpesvirus-1，OSHV-1）及其变种）、细菌（如弧菌属、玫瑰变形杆菌属（*Roseovarius*）、立克次体和分枝杆菌属）、微孢子虫（如施坦豪西亚属（*Steinhausia*）），副黏液虫（如马尔泰利亚复合体（*Marteilia refringens*）和马尔泰利亚副复合体（*Marteilia pararefringens*）），单孢子虫（如哈氏孢子虫·尼尔逊（*Haplosporidium nelsoni*）、敏琴尼亚属（*Minchinia*）和博纳米亚牡蛎（*Bonamia ostreae*））以及大型寄生虫（如吸虫、蛏虫和线虫）等。腹足类鲍鱼易受病毒（如鲍鱼神经坏死病毒（Abalone viral ganglioneuritis virus））和细菌（立克次体）感染。

这些微生物的存在不仅威胁着软体动物的数量和生存状况，也对相关产业造成经济损失。因此，加强对软体动物疾病的研究与监测，制订相应的防控措施，对于维护软体动物的健康和促进养殖业的可持续发展具有重要意义。

（三） 甲壳动物疾病

甲壳动物在地球上的各种栖息地中普遍存在，但其在海洋环境中尤其具有影响力。它们可能很小，像普遍存在于全球海洋中的桡足类甲壳动物；也可能很大，如在全球热带和温带海域中受到渔民高度重视的刺龙虾。因此，甲壳动物不仅在生态上具有重要意义，还直接与人类群体的经济和营养健康相关。

甲壳动物在其养殖和野生环境中普遍受到多种疾病的威胁，其中细菌引起的疾病是导致甲壳动物死亡率高的主要原因之一。细菌感染会迅速蔓延并造成严重的损害，给甲壳动物养殖业带来巨大的经济损失。

此外，病毒性疾病也对甲壳动物养殖业的扩张产生了威胁。病毒可以通过接触感染、水源传播或食物链传播等方式传播，导致甲壳动物大规模感染和死亡。因此，在甲壳动物养殖过程中，预防和控制病毒传播至关重要，以确保养殖业的可持续发展。

除了细菌和病毒外，寄生性的双鞭毛虫也是导致甲壳动物患病的重要原因之一。这种寄生虫会侵入甲壳动物的体内，并对其造成损害，导致疾病的发生和传播。因此，加强对甲壳动物寄生虫的监测和控制，对于保护甲壳动物的健康具有重要意义。

（四） 鱼类疾病

微生物性鱼类疾病是导致养殖和自然种群损失的重要原因之一。微生物感染会导致鱼类出现多种疾病。其中，细菌具有多种毒力机制，对鱼类健康造成了严重威胁。 弧菌属是海洋鱼类感染的主要病原微生物之一，而巴斯德氏菌病则主要影响温水海洋鱼类。 气单胞菌属中的嗜水气单胞菌（*Aeromonas hydrophila*）和豚鼠气单胞菌（*Aeromonas caviae*）广泛分布于淡水和海洋中，也会对鱼类产生负面影响。 海洋弧菌（如哈维氏弧菌）病由一种弱毒性病原微生物引起，可影响鱼类生存。 此外，鲑鱼立克次体（*Piscirickettsia salmonis*）和弗朗西塞拉菌等细胞内变形菌会感染鲑鱼和鳕鱼，引发疾病。 革兰氏阳性菌感染会导致鱼类慢性感染，而一些革兰氏阳性球菌则影响鱼类的中枢神经系统。 此外，病毒也是引起鱼类疾病的重要原因。 传染性鲑鱼贫血症（ISA）是鲑鱼养殖中严重的疾病之一，而病毒性出血性败血症（VHS）病毒会感染许多野生鱼类。其他病毒如淋巴囊肿病病毒（lymphocystis virus）和传染性胰脏坏死病病毒（infectious pancreatic necrosis virus，IPNV）也广泛感染海洋鱼类和无脊椎动物。 病毒性神经坏死病（VNN）作为一种新发病，对鱼类产生了重大影响。 此外，一些原生动物通过感染、毒素和直接物理效应可引发鱼类疾病。

水生动物来源的人兽共患病在全球水产养殖业和渔业中造成了相当大的问题，并可能对人类构成广泛威胁。

随着世界人口的增长、水产养殖的发展和鱼类全球贸易的增多，环境污染的风险和水生动物来源的人兽共患病在人类中正在增加。 人兽共患病的重要致病微生物包括细菌、寄生虫、病毒和真菌。 其中细菌分为两大类：革兰氏阳性菌（分枝杆菌科、链球菌科、丹毒杆菌属）和革兰氏阴性菌（弯曲菌属、弧菌科、假单胞菌科、肠杆菌科和哈夫尼菌属）。 寄生虫主要包括绦虫（如裂头绦虫属）、吸虫（如华支睾吸虫属）和线虫（如蛔虫属、钩虫属）。 此外，隐孢子虫属也被认为是鱼类来源的人兽共患病病原微生物。 造成真菌病（如丰霉菌属）和丝孢菌病的两类与鱼类相关的真菌也对人类构成威胁。

一项研究显示，在美国每年约有 26 万人因食用受污染的鱼类而生病。 此外，据 1997 年的报道，与鱼类相关的 857 起暴发事件导致了 4815 例疾病病例。

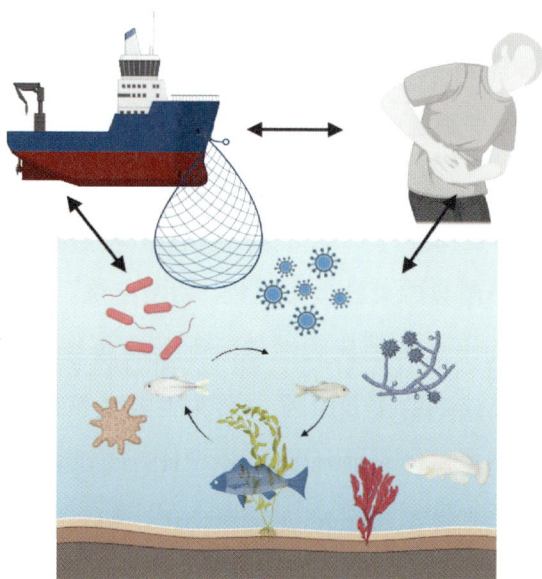

这些多年来报道的鱼类人兽共患病暴发事件表明了监测鱼类来源的人兽共患病的重要性。

大多数鱼类来源的人兽共患病主要通过人类食用未经适当烹饪的鱼制品或生鱼而传播给人类。因此，通过适当加工（如热处理/冷冻处理）鱼类和鱼制品，可以降低人兽共患病的发生率。鱼类中人兽共患病病原微生物的流行程度因季节而异，应定期监测，以评估野生和养殖鱼类种群中病原微生物的流行情况。

（五）　海洋哺乳动物疾病

与其他海洋生物一样，海洋哺乳动物也可能患上不同类型的疾病。这些疾病会对它们的健康造成不利影响，引起疼痛甚至死亡，从而对整个种群产生负面影响。

疾病可能由不同原因引起：感染性疾病由病毒、细菌、寄生虫和真菌感染引起；非感染性疾病由毒素（来自污染物或藻类）、饥饿或捕食引起；无论疾病的原因是什么，通常都会出现细菌和寄生虫感染，其中最常见的是肺部感染。

寄生虫病（如肺线虫病、肠道线虫和绦虫病、肝脏和胃部吸虫病）、肺炎、急性创伤（来自出血或骨折）、慢性疾病是搁浅的海洋哺乳动物常见的病症。激素和免疫系统紊乱也可能对海洋哺乳动物个体健康造成严重不良影响。

化学污染可能会增强某些疾病在海洋哺乳动物中的致病作用，增加它们患病的风险。这些疾病包括由病毒引发的脑膜炎、支气管肺炎、皮肤病以及生殖系统的异常变化。

由污染物负担增加而导致的海洋哺乳动物健康状况恶化可能会引发灾难性的病毒流行病。北海和卡特加特地区的港口海豹在 1988—1989 年、1990—1991 年和 2002 年因感染海豹瘟热病毒（PDV）而大量死亡，地中海水域的条纹原海豚（Stenella coeruleoalba）也在 1990—1991 年因感染海豚瘟热病毒而大量死亡。该病毒流行病造成了数千只动物死亡，分析原因，受感染个体的疾病易感性可能是由污染物引起的免疫抑制而导致。

接触不同的多氯联苯（PCB）混合物会削弱免疫反应并增加病毒感染的发生风险。如果其他环境因素也有利于病毒的复制和传播，这些综合效应可能导致流行病的暴发。此外，研究发现，暴露于 PCB 的港湾鼠海豹和鼠海豚的内分泌功能受到了污染物的干扰，导致其生殖能力下降。

鞭毛虫是影响海洋哺乳动物的重要因素，会对海洋哺乳动物的健康产生负面影响。此外，病毒性疾病也导致了鲸类和鳍足类动物的大规模死亡事件。据研究，来自 9 个不同家族的病毒均与海洋哺乳动物的疾病有关。除了病毒外，细菌和真菌也会感染海洋哺乳动物，导致疾病的发生。这些微生物可以通过与海洋哺乳动物的接触或因海洋哺乳动物摄入被这些微生物污染的食物而进入海洋哺乳动物的体内，并干扰其正常生理功能。因此，保护海洋哺乳动物的健康，预防和控制疾病的发生至关重要。

随着海洋公园、康复设施和研究机构管理的动物数量增加，人类与海洋哺乳动物之间的接触也在增加。此外，随着沿海社区的扩大，人类与海洋野生动物的接触机会也在增加，这会带来一定的风险，包括创伤性损伤和疾病传播。

虽然人类对海洋哺乳动物人兽共患病仍不甚了解，但已有越来越多的细菌、病毒和真菌被报道。最常见的海洋哺乳动物人兽共患病会引起局部自限性感染，一项评估与职业接触海洋哺乳动物相关的疾病风险的研究发现，超过10％的参与者报告曾患过所谓的"海豹指"，其由多种细菌和病毒感染引起。当然，也有报道认为海洋哺乳动物人兽共患病会引起威胁生命的全身性疾病。海洋哺乳动物研究人员、康复师、训练师、兽医、志愿者等由于长期的职业暴露，受伤或发生人兽共患病的风险增加。

未来很可能会发现更多来自海洋哺乳动物的人兽共患病。海豚链球菌（*Streptococcus iniae*）是一种从亚马孙河豚中分离出来的细菌，它可以引起人类疾病。有研究在海洋哺乳动物中发现了耐甲氧西林金黄色葡萄球菌（methicillin-resistant *Staphylococcus aureus*）。还有研究发现了人类与海狮星状病毒的重组体，这意味着海洋哺乳动物在人类星状病毒生态中发挥了一定作用。目前，研究者已经从海狮的粪便中检测出诺如病毒、轮状病毒等，并且这些病毒与人类相关病毒没有系统进化分离。

关于食用未煮熟的海洋哺乳动物肉类后患上食源性疾病的风险，目前了解甚少，但已有报道显示在北极和大洋洲地区的土著人群中出现过相关疾病。食用未煮熟的鳍足动物或鲸目动物肉类可导致人类感染细菌性疾病（如沙门菌病和肉毒杆菌中毒）和寄生虫性疾病（如肠毛滴虫病和弓形虫病）。南方和北方海獭被认为是近海栖息地中的"关键物种"，在海洋健康和人类健康方面起到哨兵作用，因为它们通过食用感染的贝类而积累重要的人兽共患病病原微生物（如弓形虫和神经胶质囊虫）。有研究发现，太平洋西北部的多种海洋哺乳动物受到弓形虫和神经胶质囊虫的共感染，表明人兽共患寄生虫可从陆生物种（如家猫的弓形虫孢子）流入沿海水域而广泛传播。 这些寄生虫污染了重要的水域，并在贝类中积累，海洋哺乳动物或人类在食用未煮熟的海鲜时就可能被感染。 这是一个潜在的公共卫生问题，因为沿海水域是人类食物和水源的主要来源之一。

考虑到海洋公园的普及以及持续进行的海洋哺乳动物研究和康复工作，未来必然会发生涉及细菌、病毒和真菌的人兽共患病。 在海洋哺乳动物人兽共患病研究方面需要协调多学科团队，解决人类、动物和环境之间的问题。 我们真诚希望公共卫生专业人员、临床医生、兽医和野生动物学家能够重视这一点，关注海洋哺乳动物人兽共患病。

（六） 人体微生物感染

海水中的传染性微生物通常包括病毒、细菌和原生动物，它们可以通过人类与海水接触或食用海产品传播。 其他较少考虑的传染性微生物包括蠕虫和酵母。 传染性微生物与有害藻类的不同之处在于，前者引发的疾病是由微生物在人体内生长引起的。 因此，即使接触低水平的传染性微生物也可能导致疾病发生。 摄入、吸入或接触传染性微生物后，它们会在胃肠道、呼吸道或暴露的皮肤内大量繁殖，导致人类发生疾病。 而有害藻类在人体外的水体中生长并释放出毒素，当含有毒素的水被摄入或吸入时会引起疾病。 通常，引起疾病所需的传染性微生物数量很少；具体数量取决于传染性微生物的毒力以及感染宿主的免疫状态。 评估人类面临的传染性微生物风险时，需要考虑人类接触海水或食用海产品的情况，以及其中传染性微生物的浓度。 海水中的传染性微生物可以分为两组，一组是外部引入的，另一组是内部产生的，分别被称为外源性病原体（由外部环境输入）和内源性病原体（在海洋环境中自然存在）。

沿海水域中的传染性微生物对全球大量人群的健康产生影响。 全球范围内，平均每年有高达 1.7 亿例肠道和呼吸道疾病病例与在沿海水域游泳以及食用贝类有关，这些疾病均因传染性微生物感染引起。 在美国，2008 年由于沿海水域受粪便污染而出现的休闲海滩禁用通知共有 20300 起，而 1999 年仅为 6200 起。 在美国，33％的贝类采捕水域受到传染性微生物的污染。 仅在南加州地区，据估计每年因在含有传染性微生物的水域游泳而导致的肠道疾病病例就有 150 万例，其造成的费用高达每年 5000 万美元。 评估传染性微生物对人类健康影响的一个挑战是，与这些传染性微生物相关的疾病大多数是自限性的，因此患者并不一定会寻求医疗建议。 此外，即使在最现代化的诊断实验室中，确定这些疾病的病因也可能具有挑战性。 大多数疾病不需要报告，因此它们不会被疾控机构追踪。 Yoder 等报道隐孢子虫感染是淡水休闲水域疾病的最常见病因，而弧菌属感染是海水休闲水域疾病的重要病因。 对美国 1973—2006 年与海产品相关疾病的流行病学回顾性研究显示，副溶血性弧菌是最常见的导致海产品相关疾病的病原微生物（占 35％），其次是诺如病毒和甲型肝炎病毒（共占 32％），然后是沙门菌和志贺菌（共占 19％）。

引入的传染性微生物可以来自人类产生的污水、雨水、动物粪便以及感染者的皮肤等。 其包括肠道病毒、诺如病毒、沙门菌、志贺菌、隐孢子虫、蓝氏贾第鞭毛虫、军团菌和金黄色葡萄球菌等。 除了引起呼吸道疾病的军团菌和引起皮肤疾病的金黄色葡萄球菌外，其他所有这些微生物都会导致胃肠道疾病。 通过与海水的休闲接触传播寄生虫通常发生于发展中国家，包括意外摄入寄生虫卵或通过皮肤侵入。 除了来自病毒、细菌和原虫的传染性微生物之外，沿海沙滩中的沙也被认为是潜在传播致病寄生虫和酵母的媒介。 已有许多关于沿海水域中引入的传染性微生物研究的优秀的综述。 但目前对于这些病原微生物在环境中的生存和传播情况的研究还比较有限。 相关研究通常强调与沉积物相关的病原微生物的重要性，并显示出病原微生物的发生与降雨量呈正相关。 显然，需要进行更多的研究来了解病原微生物释放到环境中后的动态过程。

弧菌属（*Vibrio spp.*）是典型的本土或地方性传染性微生物的代表。 其他值得注意的地方性传染性微生物包括鱼类种群中的寄生虫（人类可以通过食用未煮熟的这些鱼类而感染），以及可以进入鼻腔的阿米巴。常见的致病性弧菌包括霍乱弧菌（产毒和非产毒株）、拟态弧菌、副溶血性弧菌、创伤弧菌和溶藻性弧菌。霍乱弧菌和拟态弧菌都会引起胃肠炎；副溶血性弧菌除了引起胃肠炎外，还会引起创伤感染；溶藻性弧菌可以引起败血症和创伤感染，而创伤弧菌可以引起创伤感染。许多研究已经考察了沿海水域或贝类中弧菌发生的环境因素。常见的与弧菌浓度相关的因素包括盐度和温度；较高的温度通常与较高的弧菌浓度相关；盐度和弧菌浓度存在协变关系，但方向取决于具体的微生物。一些研究表明，弧菌在某些情况下会吸附在浮游动物或浮游植物上，并与沉积物相关。

为了保护人类健康并提供有关不安全条件的警告，可通过使用指示微生物来评估沿海水域中是否存在传染性微生物。指示微生物是人类肠道的"共生居民"，在人类和其他恒温动物的粪便中数量很多。指示微生物不一定具有致病性，但可被用作病原微生物的替代指标。对于海滨娱乐水域，美国环境保护署推荐使用肠球菌作为替代指标；对于淡水娱乐水域，推荐使用肠球菌或大肠埃希菌作为替代指标。将这些微生物用作替代指标的依据是它们与在流行病学研究中测得的不良人体健康结果相关，这些研究关注暴露于受已经处理过的污水排放点影响的水体时的疾病情况。对于美国的贝类养殖业，推荐使用粪肠菌群来评估食用贝类时暴露于病原微生物的风险。

（七）　海洋中的冠状病毒

新型冠状病毒（如 SARS-CoV-2）的宿主范围广泛，可以感染多种陆生哺乳动物。在海鲜市场的三文鱼表面可以检测到新型冠状病毒，海豚和鲸鱼中也可检测出其他类型冠状病毒。这提示需要关注海洋生物，尤其是海洋哺乳动物冠状病毒感染。 人类的海上活动（如海洋养殖、捕捞、航运和污水排放入海等）增加了海洋生物接触新型冠状病毒的概率，一旦海洋生物发生感染，则可能建立新的病毒库，并进一步发生适应性进化，回传给人类，对人类健康造成新的威胁。因此，亟须评估海洋哺乳动物对新型冠状病毒的易感性。

太平洋鲑鱼巢状病毒（PsNV）是一种新型巢状病毒，与 SARS-CoV-2 有远亲关系，已在东北太平洋野生鲑鱼的鳃组织中检测到。 该病毒在鳃组织中含量很高，可能导致太平洋鲑鱼数量下降。 此外，水獭和海豚等呼吸空气的海洋动物可能会接触 SARS-CoV-2 或充当 SARS-CoV-2 的中间宿主，造成人兽共患COVID-19。 一般来说，SARS-CoV-2 刺突蛋白与动物 ACE2 受体的结合亲和力是病毒感染能否成功和宿主对 SARS-CoV-2 易感性的决定因素，同时其他一些因素也发挥着作用。 南极海洋的寒冷温度可能延长 SARS-CoV-2 的生存时间。研究显示，南极小须鲸和虎鲸的 ACE2 受体对 SARS-CoV-2 具有高结合亲和力，而抹香鲸的 ACE2 受体对 SARS-CoV-2 的亲和力则中等，表明这些南极哺乳动物有感染 SARS-CoV-2 的潜在风险。 此外，对其他鲸类物种的 ACE2 受体进行计算分析后发现，包括宽吻海豚、太平洋白边海豚、白鱀豚、白鲸、长鳍领航鲸和小头鼠海豚等物种预计对 SARS-CoV-2 高度易感，其中白鱀豚和小头鼠海豚濒临灭绝。 此外，海獭和夏威夷僧海豹等濒危物种也被认为对 SARS-CoV-2 高度易感。 一项类似的研究通过分析 ACE2 与 SARS-CoV-2 刺突蛋白相互作用的25 个关键氨基酸，发现生活在意大利沿海的海洋哺乳动物对 SARS-CoV-2 感染具有中度至高度的易感性。 ACE2 蛋白在鲸类动物的肺泡和支气管上皮中表达，这种分布支持了感染发生的可能性。 相反，斑马鱼、尼罗罗非鱼、大黄鱼和虹鳟等鱼类对 SARS-CoV-2 的易感性预计非常低，且目前没有鱼类细胞系或转染了鱼类 ACE2 蛋白的 HeLa 细胞显示出感染 SARS-CoV-2 的迹象。

近年来，随着技术的进步，传统和现代诊断方法的结合为微生物疾病的研究和防控提供了更多的手段。 通过使用分子生物学技术、组织学技术和细菌培养等方法，科学家们能够更准确地确定病原微生物的类型和来源，追踪疾病的传播途径，并制定相应的防控策略。

需要注意的是，在水产养殖中，微生物疾病也是一个重要的问题。水产养殖业对于人类食品安全和经济发展具有重要意义，但微生物疾病的暴发可能导致养殖环境的污染和水产养殖业的损失。因此，加强微生物疾病的监测和防控对于维护水产养殖业的可持续发展至关重要。

总之，微生物疾病在海洋生态系统和水产养殖中具有重要的影响。通过深入研究微生物疾病的类型、传播途径和防控策略，我们可以更好地保护海洋生物的健康，维护生态平衡，并促进水产养殖业可持续发展。

参考文献

[1] AZAM F, MALFATTI F. Microbial structuring of marine ecosystems [J]. Nat Rev Microbiol, 2007, 5(10): 782-791.

[2] RINKE C, SCHWIENTEK P, SCZYRBA A, et al. Insights into the phylogeny and coding potential of microbial dark matter [J]. Nature, 2013, 499(7459): 431-437.

[3] PAVLOPOULOS G A, BALTOUMAS F A, LIU S, et al. Unraveling the functional dark matter through global metagenomics [J]. Nature, 2023, 622(7983): 594-602.

[4] PAOLI L, RUSCHEWEYH H J, FORNERIS C C, et al. Biosynthetic potential of the global ocean microbiome [J]. Nature, 2022, 607

(7917): 111-118.

[5] HOSHINO T, DOI H, URAMOTO G I, et al. Global diversity of microbial communities in marine sediment [J]. Proc Natl Acad Sci U S A, 2020, 117(44): 27587-27597.

[6] ZHANG Z Y, ZHANG Q, CHEN B F, et al. Global biogeography of microbes driving ocean ecological status under climate change [J]. Nat Commun, 2024, 15(1): 4657.

[7] JUNGER P C, SARMENTO H, GINER C R, et al. Global biogeography of the smallest plankton across ocean depths [J]. Sci Adv, 2023, 9(45): eadg9763.

[8] MARTIN K, SCHMIDT K, TOSELAND A, et al. The biogeographic differentiation of algal microbiomes in the upper ocean from pole to pole [J]. Nat Commun, 2021, 12(1): 5483.

[9] MATURANA-MARTÍNEZ C, IRIARTE J L, HA S Y, et al. Biogeography of southern ocean active prokaryotic communities over a large spatial scale [J]. Front Microbiol, 2022, 13: 86281.

[10] TROUSSELLIER M, ESCALAS A, BOUVIER T, et al. Sustaining rare marine microorganisms: macroorganisms as repositories and dispersal agents of microbial diversity [J]. Front Microbiol, 2017, 8: 947.

[11] LIPP J S, MORONO Y, INAGAKI F, et al. Significant contribution of Archaea to extant biomass in marine subsurface sediments [J]. Nature, 2008, 454(7207): 991-994.

[12] SUNAGAWA S, ACINAS S G, BORK P, et al. Tara Oceans: towards global ocean ecosystems biology [J]. Nat Rev Microbiol,

2020, 18(8): 428-445.

[13] ROYO-LLONCH M, SÁNCHEZ P, RUIZ-GONZÁLEZ C, et al. Compendium of 530 metagenome-assembled bacterial and archaeal genomes from the polar Arctic Ocean [J]. Nat Microbiol, 2021, 6 (12): 1561-1574.

[14] RICHARDS T A, JONES M D, LEONARD G, et al. Marine fungi: their ecology and molecular diversity [J]. Ann Rev Mar Sci, 2012, 4: 495-522.

[15] BAR-ON Y M, MILO R. The biomass composition of the oceans: a blueprint of our blue planet [J]. Cell, 2019, 179(7): 1451-1454.

[16] BRUM J R, IGNACIO-ESPINOZA J C, ROUX S, et al. Ocean plankton. Patterns and ecological drivers of ocean viral communities [J]. Science, 2015,348(6237): 1261498.

[17] ZAYED A A, WAINAINA J M, DOMINGUEZ-HUERTA G, et al. Cryptic and abundant marine viruses at the evolutionary origins of Earth's RNA virome [J]. Science, 2022, 376(6589): 156-162.

[18] ZHANG C L, XIE W, MARTIN-CUADRADO A B, et al. Marine Group II Archaea, potentially important players in the global ocean carbon cycle [J]. Front Microbiol, 2015, 6: 1108.

[19] HARO-MORENO J M, RODRIGUEZ-VALERA F, LÓPEZ-GARCÍA P, et al. New insights into marine group III Euryarchaeota, from dark to light [J]. ISME J, 2017, 11(5): 1102-1117.

[20] LIU H L, CAI X Y, LUO K W, et al. Microbial diversity, community turnover, and putative functions in submarine canyon sediments under the action of sedimentary geology [J]. Microbiol

Spectr, 2023, 11(2): e0421022.

[21] BERGO N M, TORRES-BALLESTEROS A, SIGNORI C N, et al. Spatial patterns of microbial diversity in Fe-Mn deposits and associated sediments in the Atlantic and Pacific oceans [J]. Sci Total Environ, 2022, 837: 155792.

[22] JIANG Q Y, JING H M, LI X G, et al. Active pathways of anaerobic methane oxidization in deep-sea cold seeps of the South China Sea [J]. Microbiol Spectr, 2023, 11(6): e0250523.

[23] CHEN B, YU K F, FU L, et al. The diversity, community dynamics, and interactions of the microbiome in the world's deepest blue hole: insights into extreme environmental response patterns and tolerance of marine microorganisms [J]. Microbiol Spectr, 2023, 11(6): e0053123.

[24] RUCHUSATSAWAT K, NUENGJAMNONG C, TAWATSIN A, et al. Quantitative risk assessments of hepatitis A virus and hepatitis E virus from raw oyster consumption [J]. Risk Anal, 2022, 42(5): 953-965.

[25] JIANG S C, PAUL J H. Gene transfer by transduction in the marine environment [J]. Appl Environ Microbiol, 1998, 64(8): 2780-2787.

[26] LU J F, ZHANG H, PAN L L, et al. Environmentally relevant concentrations of triclosan exposure promote the horizontal transfer of antibiotic resistance genes mediated by *Edwardsiella piscicida* [J]. Environ Sci Pollut Res Int, 2022, 29(43): 64622-64632.

[27] KOMIJANI M, SHAMABADI N S, SHAHIN K, et al. Heavy metal pollution promotes antibiotic resistance potential in the aquatic

environment [J]. Environ Pollut, 2021, 274: 116569.

[28] JO S, SHIN C, SHIN Y, et al. Heavy metal and antibiotic co-resistance in *Vibrio parahaemolyticus* isolated from shellfish [J]. Mar Pollut Bull, 2020, 156: 111246.

[29] BOGOMOLNI A L, GAST R J, ELLIS J C, et al. Victims or vectors: a survey of marine vertebrate zoonoses from coastal waters of the Northwest Atlantic [J]. Dis Aquat Organ, 2008, 81(1): 13-38.

[30] SEYEDMOUSAVI S, BOSCO S M G, DE HOOG S, et al. Fungal infections in animals: a patchwork of different situations [J]. Med Mycol, 2018, 56(Suppl_1): 165-187.

[31] ROSENBERG E, BEN-HAIM Y. Microbial diseases of corals and global warming [J]. Environ Microbiol, 2002, 4(6): 318-326.

[32] BEFFAGNA G, CENTELLEGHE C, FRANZO G, et al. Genomic and structural investigation on dolphin morbillivirus (DMV) in Mediterranean fin whales (*Balaenoptera physalus*) [J]. Sci Rep, 2017, 7: 41554.

[33] TABUCHI M, VELDHOEN N, DANGERFIELD N, et al. PCB-related alteration of thyroid hormones and thyroid hormone receptor gene expression in free-ranging harbor seals (*Phoca vitulina*) [J]. Environ Health Perspect, 2006, 114(7): 1024-1031.

[34] HUNT T D, ZICCARDI M H, GULLAND F M, et al. Health risks for marine mammal workers [J]. Dis Aquat Organ, 2008, 81(1): 81-92.

[35] YODER J S, HARRAL C, BEACH M J, et al. Cryptosporidiosis surveillance—United States, 2006—2008 [J]. MMWR Surveill

Summ, 2010, 59(6): 1-14.

[36] LARSEN A M, RIKARD F S, WALTON W C, et al. Temperature effect on high salinity depuration of *Vibrio vulnificus* and *V. parahaemolyticus* from the Eastern oyster(*Crassostrea virginica*)[J]. Int J Food Microbiol, 2015, 192: 66-71.

[37] SAXENA G, BHARAGAVA R N, KAITHWAS G, et al. Microbial indicators, pathogens and methods for their monitoring in water environment [J]. J Water Health, 2015, 13(2): 319-339.

[38] MORDECAI G J, MILLER K M, DI CICCO E, et al. Endangered wild salmon infected by newly discovered viruses [J]. Elife, 2019, 8: e47615.

[39] AUDINO T, BERRONE E, GRATTAROLA C, et al. Potential SARS-CoV-2 susceptibility of cetaceans stranded along the Italian coastline [J]. Pathogens, 2022, 11(10): 1096.

[40] SCIALO F, DANIELE A, AMATO F, et al. ACE2: the major cell entry receptor for SARS-CoV-2 [J]. Lung, 2020, 198(6): 867-877.

[41] WANG Q H, ZHANG Y F, WU L L, et al. Structural and functional basis of SARS-CoV-2 entry by using human ACE2 [J]. Cell, 2020, 181(4): 894e9-904. e9.

[42] LI S H, YANG R R, ZHANG D, et al. Cross-species recognition and molecular basis of SARS-CoV-2 and SARS-CoV binding to ACE2s of marine animals [J]. Natl Sci Rev, 2022, 9(9): nwac122.

（施 莽 梅仕强 潘远飞）

第十一章

冰川未知微生物和病原微生物

冰川在释放微生物

冰川的面积在减少、质量在亏损，冰川融水携带多种微生物，和人类活动密切相关。

冰川约占全球陆地面积的11％，其中蕴含种类多样的微生物类群。 冰川微生物研究最早开始于1775年，但在之后的一个半世纪里鲜有研究报道；20世纪80年代，随着冰冻圈科学的发展和生物技术的进步，冰川微生物的研究得到了长足发展，主要涉及多样性、资源及其与环境的关系方面，取得了一些研究成果。

一 全球冰川分布及变化

冰川是指地球上由多年积雪或其他固态降水积累、演化形成的处于流动状态，具有一定形态且长时间存在于寒区的天然冰体。 冰川是冰冻圈系统的重要组成部分，对气候变化十分敏感，被称为气候变化的指示器。 由于其对气候变化高度敏感，冰川也是全球变化下最脆弱的地球系统要素。 冰川的变化对区域水资源、海平面上升、下游生态系统均具有重要影响。

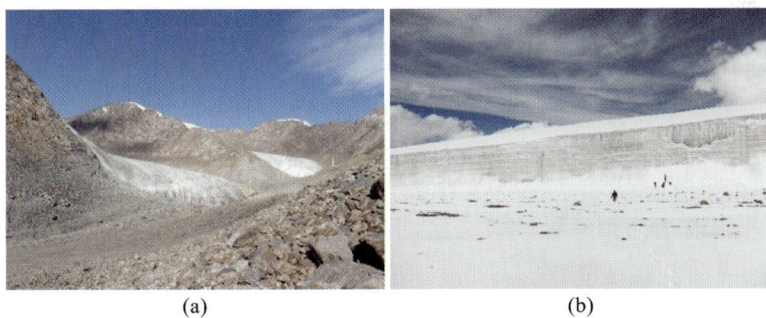

(a)　　　　　　　　　　(b)

乌鲁木齐河源一号冰川(a)与祁连山八一冰川(b)

冰川主要分布在地球的两极和中、低纬度的高山区。 全球冰川数据集Randolph Glacier Inventory 6.0(RGI 6.0)将全球分为19个一级冰川区和92个二级冰川区，包括了所有面积大于 0.01 km² 的冰川。 根据 RGI 6.0 的统计数据，全球冰川 215547 条，总面积 705739 km²。 其中，冰川面积排名前六的区域分别为：南极（面积 132867 km²，占比 18.83%）、加拿大北部（面积 105111 km²，占比 14.89%）、格陵兰岛（面积 89717 km²，占比 12.71%）、阿拉斯加（面积 86725 km²，占比 12.29%）、俄罗斯北部（面积 51592 km²，占比 7.31%）、亚洲中部（面积 49303 km²，占比 6.99%）。 冰川数量排名前六的区域分别为：亚洲中部（数量 54429 条，占比 25.25%）、南亚西部（数量 27988 条，占比 12.98%）、阿拉斯加（数量 27108 条，占比 12.58%）、格陵兰岛（数量 19306 条，占比 8.96%）、北美西部（数量 18855 条，占比 8.75%）、安第斯山脉南部（数量 15908 条，占比 7.38%）。

随着全球气温上升，冰川也发生了显著的变化，除少数地区（如喀喇昆仑地区）外，全球范围内的绝大部分冰川发生退缩，主要特征为面积萎缩和质量亏损。

全球尺度上冰川面积的萎缩与纬度密切相关，低纬度（南北纬 0°～30°）地区冰川面积萎缩速率最大，其次为中纬度（南北纬 30°～60°）地区，高纬度（南北纬 60°～90°）地区萎缩速率最小。 同时，冰川面积的萎缩也具有区域差异性。 1980—2015 年，位于热带的安第斯山脉地区的冰川面积萎缩最快（1.6% a^{-1}），北半球中纬度地区的阿尔卑斯山脉地区冰川面积萎缩速率和南半球新西兰地区的冰川面积萎缩速率次之（1.2% a^{-1}）；而位于格陵兰岛冰盖边缘、加拿大北极北部、加拿大北极南部和南极冰盖边缘地区的冰川面积萎缩速率小于 0.1% a^{-1}，阿拉斯加、斯堪的纳维亚、冰岛、俄罗斯北极和斯瓦尔巴德地区的冰川面积萎缩速率小于0.3% a^{-1}。

在全球尺度上，冰川质量亏损没有表现出明显的纬度特性和地区特性。 1980—2015 年，安第斯山脉南部地区的冰川质量亏损最为剧烈，其次为北半球高纬度区域的阿拉斯加地区和安第斯山脉北部地区，而南极冰盖边缘地区的冰川质量呈现微弱的正平衡。

过去 20 年间（2000—2019 年），全球尺度上冰川面积的减少和质量的亏损总体呈现出加速趋势，主要是由全球气温升高导致；而冰川消融的局部减速，可能是由于气候异常导致更多的降水和低温，减缓了冰的流失速度。

二 中国冰川的分布、类型及变化

中国是世界上中低纬度地区冰川数量最多、规模最大的国家，约占全球中低纬度地区冰川数量的 30%。

中国冰川的分布北起阿尔泰山，南至玉龙雪山，东自四川省松潘以东岷山雪宝鼎，西至东帕米尔高原中国与塔吉克边境地带，分布在阿尔泰山、天山、帕米尔高原、阿尔金山、祁连山、昆仑山、喀喇昆仑山、唐古拉山、念青唐古拉山、冈底斯山、喜马拉雅山、横断山以及羌塘高原等地区。其在行政区划上主要分布在西藏自治区和新疆维吾尔自治区，两者分别占全国冰川总面积的 48% 和 43%；青海冰川面积占全国冰川总面积的 6%；甘肃、云南和四川也有少量的冰川，占全国冰川总面积的 3%。

冰川可分为大陆冰盖和山地冰川两大类。我国的冰川都属于山地冰川。山地冰川根据形态可分为悬冰川、冰斗冰川、山谷冰川、平顶冰川、冰帽和冰原等。其中位于新疆喀喇昆仑山脉乔戈里峰北坡的音苏盖提冰川是我国境内最大的山谷冰川；位于西藏那曲地区的普若岗日冰原是我国境内最大的冰原，是世界上除两极地区以外最大的冰川，也是世界上最大的中低纬度冰川；位于藏西北高原昆仑山脉的崇测冰帽是我国境内最大的冰帽。

根据中国第二次冰川编目数据，我国冰川总数为 48571 条，总面积约为 51766 km²，冰川中的冰储量为 $(4.3 \sim 4.7) \times 10^3$ km³。规模较大的冰川多分布在青藏高原边缘山地，如昆仑山、喜马拉雅山、念青唐古拉山、喀喇昆仑山和天山。 高原内部山地的冰川规模较小，多以突出高峰或山顶夷平面为中心形成孤立的冰川群。 与中国第一次冰川编目相比，1970—2010 年我国西部的冰川面积减少了 18% 左右，约有 8310 条冰川完全消失。 冰川面积萎缩较严重的地区为阿尔泰山和冈底斯山地区，冰川面积分别缩小了 37.2% 和 32.7%；其次为喜马拉雅山、唐古拉山、天山、帕米尔高原、横断山、念青唐古拉山和祁连山地区，冰川面积缩小了 21%~27.2%；喀喇昆仑山、阿尔金山、羌塘高原和昆仑山地区冰川面积则缩小了 8.4%~11.3%。 大型冰川的萎缩是全国冰川面积大幅减小的主要原因，消失的冰川以小型冰斗冰川和悬冰川为主。 从全球尺度上看，我国冰川的面积萎缩和质量亏损在中低纬度冰川区中最少，且低于全球冰川面积萎缩和质量亏损的平均速率。

过去几十年间，青藏高原是全球气候变暖较为显著的地区之一，升温速率达到每 10 年 0.35 ℃，超过了全球平均升温速率的 2 倍，但冰川萎缩幅度还相对较低，这可能与高海拔导致的低温密切相关。

三 冰川微生物分布

冰川上存在着不同的小生境，包括雪、冰、冰尘穴、空气。 这些小生境的环境差异，影响着冰川微生物群落的组成。

冰川雪中的微生物主要来自大气环流远途输送和局地环境输送，其中细菌数量为 $10^2 \sim 10^5$/mL，种类以拟杆菌门、变形菌门、放线菌门、蓝细菌门、酸杆菌门、绿弯菌门、异常球菌-栖热菌门、厚壁菌门、浮霉菌门和疣微菌门为主。其分布受粉尘及周边自然环境的影响。 以青藏高原冰川为例，青藏高原北部冰川雪中细菌数量高于南部冰川，主要原因为北部冰川相对靠近亚洲中部粉尘中心而且沙尘暴发生频繁。 同时，季节变化亦会对冰川雪中微生物造成影响，如冰雪消融季节细菌数量高于非消融季节。

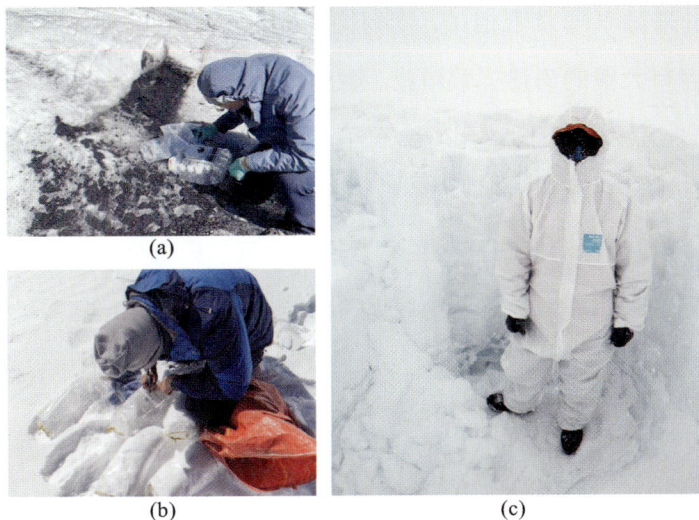

冰川样品采集

（a）玉龙雪山白水河1号冰川野外采样；（b）珠穆朗玛峰东绒布冰川野外采样；（c）珠穆朗玛峰雪坑样品采集

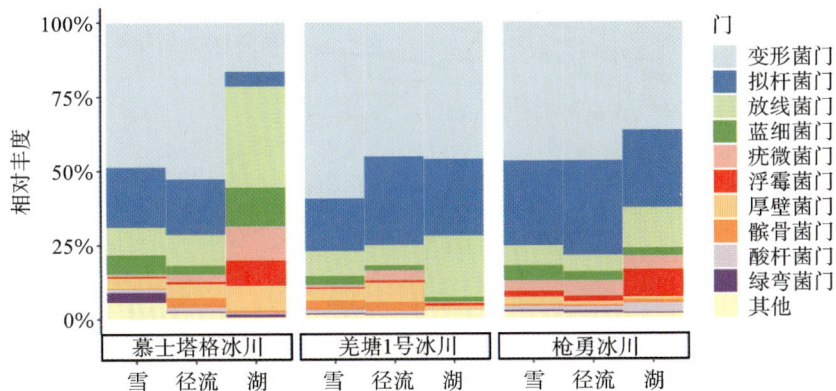

冰川表面雪、径流和湖中的细菌群落组成

　　冰川冰中的微生物主要集中于矿物颗粒表面、冰晶之间和冰晶内部，其中细菌数量和冰川雪中相接近，类群以变形菌门、放线菌门、厚壁菌门和拟杆菌门为主，且多为产色素菌。 冰川冰中微生物数量、种类存在的区域差异与不同地区冰川微生物的来源不同紧密相关，同时亦受到气候、海拔等环境条件的影响。冰川冰中储存有大量的病毒样颗粒物，数量达 $10^4 \sim 10^9/\text{mL}$。 有研究以衣壳蛋白 g23 为标记物，发现不同冰川中含有不同的 T4 型噬菌体；使用透射电子显微镜结合 SDS-PAGE 的方法，研究者分析和鉴定了冰川中虹吸病毒科和痘病毒科噬菌体；通过病毒高通量测序在格陵兰岛冰川和斯瓦尔巴群岛冰川中发现了属于有尾噬菌体的双链 DNA 病毒，主要为虹吸病毒科、肌病毒科和痘病毒科的噬菌体。

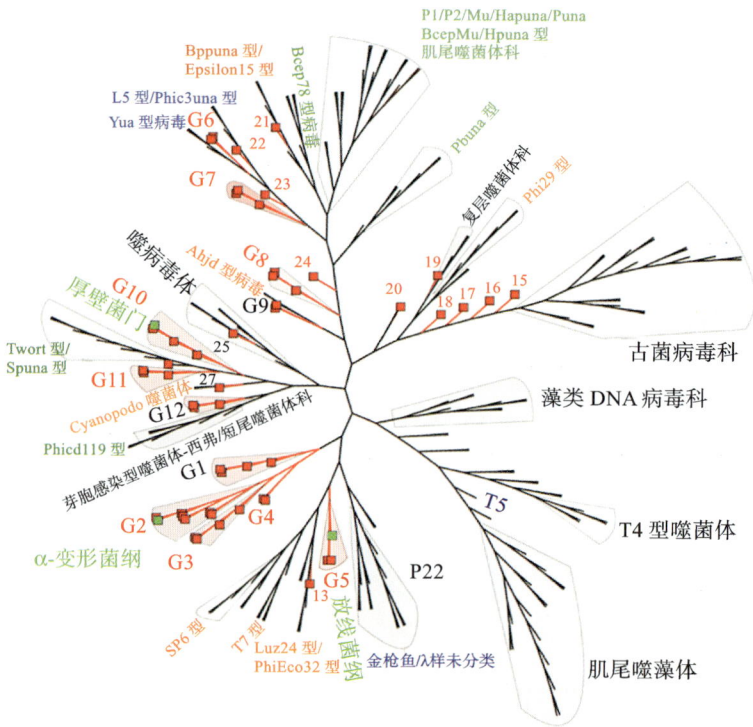

格陵兰岛冰川和斯瓦尔巴群岛冰川中病毒系统发育树

冰尘穴是冰川雪层中的一个垂直圆柱形溶解洞，其底部覆盖有一层薄的深色有机质并充满了液态水。 它是由粉尘颗粒吸收比周围冰晶更多的太阳辐射，而在冰川表层逐渐形成的。 冰尘穴中分布有异养细菌、真菌、蓝细菌、绿藻、硅藻、轮虫、线虫和病毒等微生物类群，其中藻类利用无机物进行光合作用来为其他异养型生物提供初级营养。 对于微生物适应冷环境的特性及菌群分布特点来说，冰尘穴是冰川中一个重要的生态系统模型。 其中，细菌优势类群为变形菌门、酸杆菌门、放线菌门和蓝细菌门等，真菌以子囊菌门和担子菌门为主。

北极冰川冰尘穴与细菌

(a)斯瓦尔巴群岛山谷冰川；(b)北极夏季冰融化后暴露的冰尘穴；(c)采样的冰尘穴；(d)4 ℃培养30天后培养基上生长的细菌菌落

微生物在大气层中普遍存在，通过全球大气环流模型估算，每年通过空气进行运输和传播的细菌达4万～180万吨。 同一地区空气中的微生物与冰川中的微生物在物种组成上有很大的相似性。 在南极，在空气和冰雪中同时常见的细菌种类包括葡萄球菌、芽孢杆菌、棒状杆菌、微球菌、链球菌、奈瑟菌和假单胞菌，常见的真菌包括青霉、曲霉、枝孢霉、交链孢霉、短梗霉、地霉、拟青霉和根霉等。

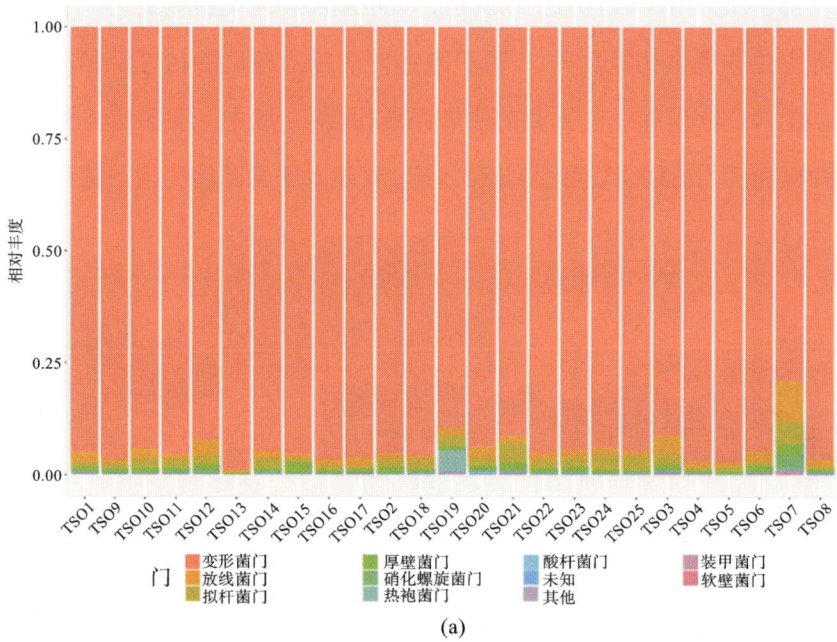

门

变形菌门	厚壁菌门	酸杆菌门	装甲菌门
放线菌门	硝化螺旋菌门	未知	软壁菌门
拟杆菌门	热袍菌门	其他	

(a)

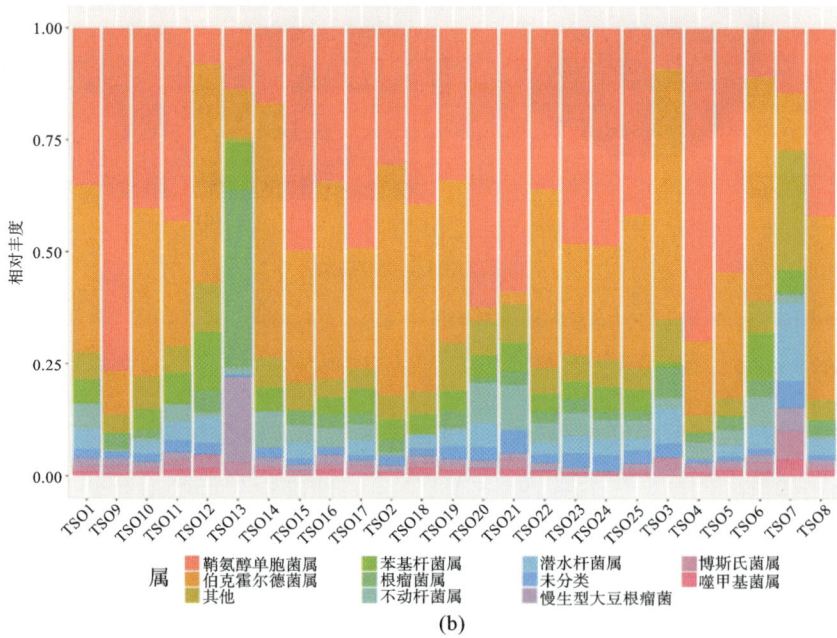

属

鞘氨醇单胞菌属	苯基杆菌属	潜水杆菌属	博斯氏菌属
伯克霍尔德菌属	根瘤菌属	未分类	噬甲基菌属
其他	不动杆菌属	慢生型大豆根瘤菌	

(b)

南极空气中微生物组成

四 冰川微生物释放的潜在风险

冰冻圈受到全球变暖的严重威胁，加速了冰川萎缩。青藏高原拥有最大面积的中低纬度冰川，特别容易受到全球变暖的影响。1971 年以来全球几乎所有山地冰川、格陵兰岛冰盖和南极冰盖的冰量都在损失。1970—2008 年，青藏高原及其相邻地区冰川总条数由 41119 条变为 40963 条，减少了 156 条；冰川面积从 53005.11 km² 缩小为 45045.2 km²，退缩了约 15%。全球每年从冰川融水中释放出 $10^{17}\sim10^{21}$ 个细菌和古菌，病毒样颗粒物 $10^4\sim10^9$ 个/mL。我国在 2001—2006 年平均冰川融水径流量为 795 亿吨，估算我国每年从青藏高原冰川融水中释放病毒样颗粒物 $10^{20}\sim10^{26}$ 个。

冰冻圈是巨大的微生物保存库，其中蕴含着独特的、新的微生物遗传资源，同时也包含大量致病的细菌和病毒。随着全球气候变暖和人类冻土区工程的增加，原有的生态平衡受到影响。20 世纪以来全球范围内大型传染病多次暴发，环境中的病毒突破生态屏障进行传播是根源之一。全球气候变化和人类活动削弱了原有生态屏障的保护作用，引发和扩大了新发传染病的产生和传播范围。青藏高原、祁连山是我国重要的生态屏障，有着丰富的冰冻圈，而全球气候变化导致的冰川微生物释放有可能突破原有的影响范围。冰川融水作为西部干旱区人类工农业及生活用水的主要来源，冰川中病原微生物对下游生态系统安全性的影响不容忽视。

冰川中存在的大量病毒和细菌可能具有感染性。研究者在对冬克玛底冰川不同生境样品病原微生物的分析过程中，发现了致病性细菌 81 种、病毒 89 种。有研究对玉龙雪山白水河 1 号冰川中的 10 株细菌开展了致病性分析，发现其中 1 株假单胞菌属的菌株对小鼠具有致病性，将其经腹腔注射至小鼠体内，可使小鼠的血液、脾脏以及肝脏在感染后的 1 小时、2 小时、3 小时均有较高的细菌载量，并引发小鼠腹泻、体重显著下降。

虽然目前在冰川中已经发现了大量的病毒与细菌，但多是通过高通量测序和分离比对的方式得到的，其生化特征不清楚、致病性不确定。 可对通过高通量测序发现的病毒和细菌进行纯培养，然后在模式细胞、适宜的动物模型上进行致病性和致病机制研究。 高通量测序和纯培养的方法都证明，冰川微生物具有独特性，存在相当高比例的新种，这些新种没有相关的研究资料，其对人类、其他动物、植物的危害尚不清楚，因此也建议对分离的菌株进行生理生化特征和致病性分析。

冰川上和冰川末端人迹罕至，其中的病原微生物只有传播到人类频繁活动的区域才能产生影响。 冰川微生物的扩散传播途径主要有经空气、融水、动物传播等。 可根据现有的长期冰川融水观测资料，以及微生物气溶胶模型，建立适用于冰川的病原微生物传播模型，确定冰川中病原微生物的影响区域及高危区域，以利于精准检测，减少工作量。

不同冰川中的病原微生物不同，同一冰川在不同时期释放的病原微生物也不同，因此冰川病原微生物的风险具有时空变化特征。 利用冰冻圈病原微生物的扩散模型、病原微生物快速鉴定方法，以及冰冻圈病原微生物分布规律及毒力特征和病原微生物的监测结果，可建立冰冻圈病原微生物风险预警模型，从而为未来生物安全威胁主动防御提供前瞻性科学依据。

针对冰川中存在的病原微生物，可根据其致病性强弱、传播能力等特征，制定防控等级，确定研究防控方法的优先级。 针对冰川中的致病性细菌，可进行噬菌体防御方面的研究，从相同来源样品中分离对应菌株的噬菌体进行防控。已有相关研究证实了这一思路的可行性，为冰川病原微生物的防控提供了参考依据。

五 人类活动与冰川微生物释放的潜在风险

人类活动可以直接影响冰川病原微生物的种类和分布。 冰川旅游是一种具有巨大经济潜力的自然旅游形式。 玉龙雪山白水河 1 号冰川已成为世界上最大的冰川旅游目的地，冰川游客数量从 1998 年的 21 万人增加到 2016 年的 384 万人。 游客可能会将来自外部的病原微生物带入冰川，也可能携带冰川上的病原微生物离开。 大量人流进入冰川以及全球旅游业的发展增高了病原微生物在全球传播的风险，增加了传染病传播的可能性。

人类活动间接加速了冰川中病原微生物的释放速度。 例如，人类活动的加剧可导致全球气温上升，加速冰川的融化。 多项研究表明，冰川是下游生态系统的物种库。 冰川来源的细菌在距离冰川源头 20 km 以内的冰川溪流的微生物群落中占比可高达 20%。 高北极地区黑曾湖(Lake Hazen)中病毒的溢出风险随着冰川融化径流的增加而增加。 尽管冰川中病原微生物数量较少，但需要关注极端天气条件如热浪和暴雨导致冰川短期快速融化而引起的病原微生物数量急剧增加的风险。

此外，人类活动的增加影响了原有的生态系统，削弱了生态系统的安全屏障，增加了对人类安全的威胁。 冰冻圈对全球变暖高度敏感。 过去几十年里，冰冻圈的升温速率是全球平均水平的 2～3 倍，影响了冰川地区的原有生态系统。 这导致冰冻圈地貌、生物多样性和生态系统功能发生变化。 生态系统的平衡被打破，改变了冰川上病原微生物的传播范围和感染可能性，从而引发新的生物安全风险。

参考
文献

[1] BELLAS C M, ANESIO A M, BARKER G. Analysis of virus genomes from glacial environments reveals novel virus groups with unusual host interactions [J]. Front Microbiol, 2015, 6: 656.

[2] CAO Y, YU X W, JU F, et al. Airborne bacterial community diversity, source and function along the Antarctic Coast [J]. Sci Total Environ, 2021, 765: 142700.

[3] LEMIEUX A, COLBY G A, POULAIN A J, et al. Viral spillover risk increases with climate change in High Arctic lake sediments [J]. Proc Biol Sci, 2022, 289(1985): 20221073.

[4] LIU K S, LIU Y Q, HU A Y, et al. Fate of glacier surface snow-originating bacteria in the glacier-fed hydrologic continuums [J]. Environ Microbiol, 2021, 23(11): 6450-6462.

[5] SINGH P, SINGH S M, DHAKEPHALKAR P. Diversity, cold active enzymes and adaptation strategies of bacteria inhabiting glacier cryoconite holes of High Arctic [J]. Extremophiles, 2014, 18(2): 229-242.

[6] ZHANG D Y, YANG Y F, LI M, et al. Ecological barrier deterioration driven by human activities poses fatal threats to public health due to emerging infectious diseases [J]. Engineering (Beijing), 2022, 10:

155-166.

[7]　陈发虎，汪亚峰，甄晓林，等.全球变化下的青藏高原环境影响及应对策略研究 [J].中国藏学，2021(4)：21-28.

[8]　陈拓，张威.冰冻圈微生物学 [M].北京：科学出版社，2022.

[9]　李耀军.全球冰川变化的时空特征及其对水资源影响研究 [D].北京：中国科学院大学，2020.

[10]　刘时银，姚晓军，郭万钦，等.基于第二次冰川编目的中国冰川现状 [J].地理学报，2021，70(1)：3-16.

[11]　秦大河.冰冻圈科学辞典 [M].北京：气象出版社，2016.

[12]　王宗太，苏宏超.世界和中国的冰川分布及其水资源意义 [J].冰川冻土，2003，25(5)：498-503.

（张　威　张昺林　伍修锟）

第十二章

极地未知微生物和病原微生物

微生物的天堂，

病原微生物的"冷藏库"

极地环境并非我们肉眼见到的那样一片荒芜，在微观世界中，生活和储藏着大量的微小生命。 极地微生物，作为地球上较适应恶劣环境的生物之一，拥有独特的适应策略和生理特征。 因此，对极地微生物的研究和保护已经成为当今生态学和环境科学的热点之一。 了解极地微生物群落的多样性和分布情况，对于理解全球生态系统、探究生命起源和演化历程等具有至关重要的意义。 同时由于其极端寒冷的环境条件，极地环境中甚至还储藏着大量的未知病原微生物……

一 极地生态环境与生物圈

1 极地地区的地理位置与气候特点　南极和北极是地球上两个截然不同的极地地区。 北极是一片巨大的海洋，被称为北冰洋，面积约为 1409 万 km^2。南极则是一块广袤的大陆，面积约为 1261 万 km^2。 虽然它们的大小相近，但地形完全不同。 北极海深约为 1200 m，是地球上海洋中最浅的区域，而南极大陆的平均海拔约为 1500 m。 南极大陆几乎完全被巨大的冰层所覆盖，冰层的平均厚度约为 1700 m，最厚处甚至达到 2800 m。 这里的冰储量约占全球总量的 90％，是北极海冰储量的 8～10 倍。 如果南极的冰全部融化流入海中，全球海平面将上升 60～80 m。 北极位于地球的北部，是地球最北端的地区，地理位置大致在北纬 66.5° 以北。 这片地区被冰雪覆盖，其中大部分是浮动的海冰，也包括一些岛屿，如格陵兰岛和斯瓦尔巴群岛。

南极和北极的气候条件都极为严酷。 北极经历漫长而寒冷的冬季，气温平均可达 −30 ℃ 甚至更低，而南极则是地球上最寒冷和最干燥的地区，其冬季气温可降至 −40 ℃ 甚至更低，最寒冷的月份为 7 月。 两极的夏季都相对较短，气温也相对较低，南极夏季气温通常在 −10 ℃ 左右。 南、北极仅有适应极端寒冷环境的苔藓、地衣等在此生存。 冰冻环境中存在两种不同类型的冰：海冰和冰山。 海冰直接在海上冻结形成，溶解后是咸水；而冰山则是邻近海边的冰川掉入海中形成的，溶解后是淡水。

南、北极构成了地球上大部分冰冻区域，在地球气候系统和全球养分循环中扮演着至关重要的角色，也是许多特殊动物、植物、微生物的栖息地。 然而，人类行为对气候造成的影响，正持续不断地对极地地区的生物多样性和生态系统造成威胁。

北极气温的快速上升破坏了北极急流的稳定，增加了温带地区发生极端天气事件的可能性。 而南极半岛的变暖趋势已十分显著，有研究预计，到 2099 年南极半岛年平均气温低于 -20 ℃的地区将缩小 7％～14％。 这些气候变化给陆地和海洋生物物种分布带来了重大影响。 一些物种如海桨足动物群和它们的捕食者已经向极地地区迁移，对环境产生了重要影响。

南极磷虾的南移也导致了生态系统的广泛变化，影响到磷虾商业、渔业以及南极磷虾的捕食者如企鹅、海豹和鲸鱼。因多种因素相互作用，对极地生物群的变化及其后果进行大规模预测具有复杂性。虽然南、北极都存在极低温度，但由于地理和演化的差异，气候变化对它们的生态系统的影响在历史上就有很大不同。

南极洲在白垩纪时期由冈瓦纳大陆分裂出来，与南美洲约在 3100 万年前分离。当时第一次大降温开始和出现海冰，形成了南极绕极流和南极锋，这些因素成为低纬度地区移民的重要障碍。相比之下，北极的生物群相对更新，很少有已描述的地方性物种。南极包含许多地理上孤立的生物群，自 1000 万年前一直在寒冷中进化，而北极生物群经历的寒冷期相对较短，并且与地球其他地区有更多的联系。

无论是南极还是北极，这些地区的极端气候和恶劣的环境条件使得生物生存面临着巨大挑战。对科学家而言，这些地区提供了独特的研究视角，有助于探索极地生态系统，理解地球气候变化的重要性。通过科学研究和国际合作，我们能够更好地理解和保护这些珍贵的极地地区。

2 **极地生物圈的特点** 极地地区有世界上最恶劣的生态环境，却孕育出了丰富的生物多样性和独特的生态系统。它们具有以下特点：首先是极端的温度。极地地区的冬季气温可达 $-50\ ℃$ 甚至更低，这种寒冷环境限制了许多生物在此地生存，但也促使了一些适应性强的生物进化出特有的生理机制来应对极端温度条件。其次是极长的黑暗期和白昼期。极地地区在冬季会经历数月的黑暗，在夏季则会有数月的连续白昼。这种极端的光照条件对生物的生活节律和行为产生了深远影响。

极地地区还有一个显著特点，即高度富营养的海洋。极地海洋生态系统具有高度富营养的特点，大量浮游植物、浮游动物、微生物在此繁殖，形成了庞大的食物链。北极有 5000 多种陆地植物和 5000 多种海洋生物，南极也有多种鸟类、海洋哺乳动物和无脊椎动物，这些生物适应了极端环境并发展出了独特的适应性特征。 此外，特殊的陆地植物也是极地生态系统的显著特征。 极地地区的陆地上以苔藓、地衣和冷地植物为主，它们具有适应寒冷和干燥环境的特征。极地地区还是一些特殊动物的家园，如北极熊、企鹅、海象、海豹等。 北极海域中有 4000 多种鱼类、鸟类和海洋哺乳动物，而南极海洋则支撑着鲸鱼、企鹅等生物的生态系统。 迁徙现象也是极地地区的重要特点，许多鸟类和海洋生物会在夏季迁徙至此地寻找丰富的食物资源。 在此环境中生物面临着极低的温度、极端的气候条件以及长时间的黑暗或白昼，为在如此极端环境中存活下来，聪明的极地生物发展出了多样化的生存策略和独特的生理特征。 例如，一些鱼类和海洋无脊椎动物具备抗冻蛋白，这有助于防止其组织受到冰冻的伤害。

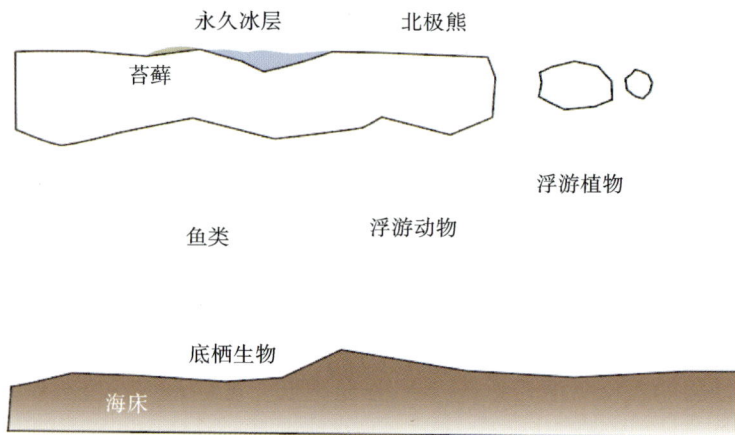

北极的陆地生态系统由苔藓、地衣等组成，适应着极寒的气候，为其他生物提供食物和栖息地。 北极海洋中生存着浮游生物、浅海底栖生物，也是北极熊、海象等大型哺乳动物的栖息地。

南极的陆地几乎全部被冰雪覆盖，唯有藻类、苔藓和地衣在此环境中生存，为南极生态系统的食物链奠定了基础。 南极海洋富含浮游生物、底栖生物和多样的鱼类，同时也是鲸类、海豹、企鹅等海洋哺乳动物的栖息地。 在对极地陆地生态系统的研究中，人们发现极地土壤中的微生物对生物地球化学循环至关重要，并且极地地区土壤中的微生物群落在不同地理区域差异显著。

比较南极、北极、青藏高原的土壤样本后发现，从南极到北极再到青藏高原土壤微生物多样性依次增加，而且南极土壤中的微生物群落结构展现出了极强的生境特异性。这些发现为我们认识极地生态系统提供了新的视角，也揭示了在了解这些生态系统中微生物多样性的作用上还存在巨大的挑战。

值得注意的是，极地地区土壤中的微生物群落可能存在更高的相似性，与非极地地区相比，极地地区承受着相似的环境压力，尤其是每年的低温。例如，南极土壤中的真菌和蓝藻群落结构与北极非常相似，强调了环境胁迫在塑造微生物群落方面的主导作用。然而，南极被南半球西风急流包围，限制了其他地区的微生物进入南极，这表明扩散限制可能会严重影响微生物的全球生物地理模式。因此，我们需要更深入地了解环境对微生物群落的影响，以及在控制这些群落中的相对重要性。

最新的全球调查揭示了土壤微生物群落的重要特征，发现仅占微生物总数2％的有限数量种型在绝大部分情况下占据主导地位，占细菌群落的近一半。然而，以往的调查未充分考虑到极地土壤，这使得我们对于三极地区土壤中关键微生物群落的表现是否相似一直了解甚少。这些关键微生物群落在三极地区和非极地地区的分布差异反映了它们在极地环境下的应对策略，以及"通才"和"专才"之间的竞争。预测当前全球气候变化对极地生态系统的影响时，确定这些优势微生物群落，对于研究极地生态功能至关重要。其他研究发现，与非极地地区相比，三极地区土壤中的微生物多样性要低得多，其中以南极的最低。夏季平均温度对极地土壤微生物多样性起着主导作用，而在非极地地区土壤中，pH 对微生物多样性有较大影响。三极地区土壤中的微生物群落与非极地地区相比存在明显的差异，尤其是南极土壤中的微生物群落异质性最大，表明在恶劣的环境中具有高度的生境特异性。尽管极地土壤中微生物种类相对较少，但其优势度更高，这意味着适应环境压力的微生物在这里更具优势。 总之，这些研究结果显示了三极地区土壤中微生物群落格局相似，而极地地区与非极地地区土壤中的微生物群落存在着明显差异。 考虑到极地地区土壤中微生物多样性的温度优势，进一步研究可能会阐明气候变暖是如何进一步增加这些种型在三极地区环境中的优势的。 此外，这也对极地海洋生态系统的研究提供了新的视角。 尽管相对较少的浮游生物物种为极地海洋捕食者提供了大量的食物，但极地海洋浮游生物在系统发育多样性的基础谱系上与温带气候区相似。

上述结论表明远洋食物网的结构和功能在不同纬度上相似。 然而，值得注意的是，极地生态系统中的主要猎物在南、北极有所不同，这表明冷适应并不一定对特定的食物链有利。 尽管呼吸空气的捕食者在极地生态系统中可能扮演着更重要的角色，但其种群减少可能会使食物链产生连锁反应，并导致生态系统结构的显著变化。 然而，这些级联效应仍存在争议，因为我们对于更高营养水平的上层食物网的承载能力了解不足，也缺乏对这些变化的基准评估。 远洋生态系统在季节性被冰覆盖和邻近无冰水域的情况下确实与其他生态系统有根本的差异。 生活在海冰中或依赖海冰完成生命周期的生物受影响程度将是最大的，但某些生物实际上可能从海冰的消退中受益，整体生产力可能增加。 随着气候变暖，海冰的减少将显著影响这些生物。 极地生态系统在面临变化的同时可能出现生态位的重新分配。

总的来说，极地生物圈是地球上独特而珍贵的生态系统。 存在于此的动植物与微生物适应了极端恶劣的环境条件，并发展出了独特的形态、生理和行为特征。 同时，存在于此的微生物还扮演着不可或缺的角色，对极地生态系统的稳定和功能起着至关重要的作用。 不仅如此，极地微生物还可能具有巨大的科学和医学潜力，对于解决许多现实问题提供了新的视角和解决方案。 因此，我们必须认识到保护极地生物不仅包括保护可见的大型动植物，也需要关注微小但同样重要的微生物。

二　极地微生物探索

1　**极地微生物的多样性**　在地球的两端，隐藏着一个充满神秘色彩的生态系统——极地。 在这里，极端的环境条件锻造了一群特殊的生命形式：极地微生物。 它们不仅是地球上最顽强的生命体，也可能是解开生命起源和演化谜题的关键。 极地微生物研究，作为探索生命科学奥秘的一个重要方向，正引领我们走进一个未知的世界。

近年来，中国极地研究中心的科研人员通过参与南、北极的科学考察，对极地海洋、海冰、大型冰川、湖泊（包括冰川覆盖下的湖泊）、土壤、内陆深冰芯、深海等各个生境的微生物多样性进行了深入的调查和研究。 这些研究工作横跨多个学科，需要特殊后勤支持，如深冰芯钻探和深海样品采集等。 通过现场采样观测、生物活体分离培养及保藏、基因文库构建、变性梯度凝胶电泳（DGGE）、454 高通量测序等手段，科学家们不断探索极地微生物的生物地理分布特征，为我们提供了新的见解，使我们能够更深入地理解极地微生物多样性、微生物在极地生物地球科学中的重要作用。

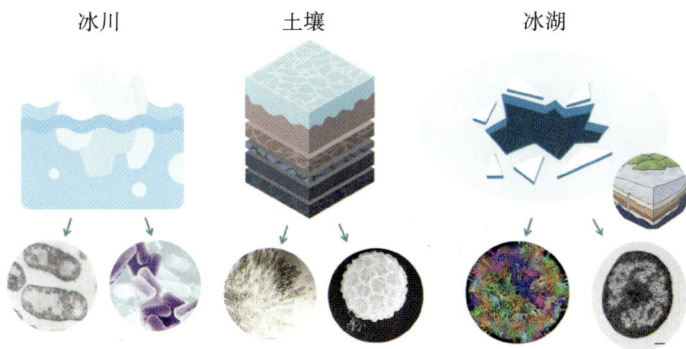

冰川　　土壤　　冰湖

极地微生物的不同栖息地

极地地区虽然环境极端，却是微生物的天堂。 这里有极端低温、高盐度和水分稀少等挑战，微生物却展现出了惊人的生存能力和多样性。 研究人员在南北极的各种生境中分离出可培养的细菌共 1086 株，其中包括 9 个新种。 并对其中 8 种细菌及放线菌进行了全基因组测序和分析。 这些微生物资源为科学家们提供了宝贵的资料，可以用于研究新物种分类学、极地特殊环境下的微生物多样性、微生物基因组学以及适应机制等。 同时，这些微生物还有可能产生新型的酶和活性物质，为药物开发和环境保护提供了新的可能性。 为了更好地保存和共享这些宝贵资源，极地微生物种质资源库（polar microorganisms collection of China，PMCC）正式建立。 PMCC 是我国最重要的南北极微生物资源库，负责收集、分离、鉴定、保存和共享来自南北极海洋、陆地、冰雪和湖泊等的微生物资源。 迄今为止，该资源库已经收集到近 3 万株极地微生物。 这些微生物来自各种不同的环境，包括南北极的深海沉积物、冰川和海冰、寒漠土、企鹅聚集地土壤以及雪藻样品等。 此外，研究人员还从远洋考察中分离出了近 300 株微藻，包括绿藻、黄藻、硅藻、蓝藻和甲藻等。 这些微小的生命体不仅在极端环境中生存下来，还可能为人类的科学研究和应用带来巨大的价值。 目前，首批600 多株极地微生物标准化信息已在 PMCC 上线。

2 极地微生物在不同环境中有着独特的分布 南极是地球上最大的陆地极地地区，大部分被冰雪覆盖。 南极微生物以细菌和真菌为主，包括放线菌、南极嗜冷杆菌和寒地芽孢杆菌等。 在南极的微生物世界中，古菌一直是最少受关注的一类微生物。 从 20 世纪 80 年代后期开始，古菌就被报道存在于南极。Franzmann 等在 1988 年研究南极高盐度湖泊中的微生物时，分离到新种 *Halobacterium lacusprofundi*。 虽然该种最初被描述为一种细菌，但后来被重新归类为古菌。 研究表明，南极土壤中古菌的丰度和多样性相对较低，大多数序列（80%～99%）与氨氧化古菌奇古菌门（Thaumarchaeota）相关。 一项研究在乔治王岛上的 Wanda 冰川前缘暴露的土壤中发现了广古菌门（Euryarchaeota）占主导地位，并且是数量排名第三的微生物群体，突出了南极半岛和麦克默多干旱山谷土壤氮循环中氨氧化古菌的重要性。此外，Vishnivetskaya 等在米尔斯山谷（Miers Valley）15000 年前的永久冻土中，发现了一种新的未经培养的产甲烷菌的第一个基因组。当近地表永久冻土融化和活动土层加深时，这些产甲烷菌可能会对气候变化提供正反馈。一项基于 16S rRNA 的研究估计南极土壤环境包含大约 970 种古菌，并分布在至少 11 个门中。

南极冰下湖的微生物是极其令人着迷的科学话题。这些湖泊被冰层覆盖数百万年，与外界隔绝，对生命如何在极端环境下存活和繁衍提供了独特的视角。据报道，在南极的林诺博拉尔湖，科学家们首次在冰下湖中发现了 RNA 病毒。研究人员对三个不同季节下的湖中 RNA 病毒进行了焦磷酸测序，发现这些病毒在不同季节有不同的表现。大部分病毒属于 Picornaviruses 目，其中 Discoviridae 科是最常见的。研究人员还发现了四种基因组接近完整的病毒，它们被命名为南极洲小核糖核酸样病毒（APLV）1～4。这些病毒可能感染不同的生物，如节肢动物、硅藻和原生生物等，这些研究揭示了南极冰下湖中病毒的季节性变化。南极洲常年被冰覆盖的湖泊有淡水湖泊和高盐环境（盐度是海水的 7 倍）湖泊两种。这些湖泊的冰层可能达到 3～6 m 厚，湖水层高度稳定，完全是微生物生态系统。这些湖泊被视为极地荒漠中的"生命绿洲"，微生物学研究揭示了冰下和湖水、沉积物以及垫状物中存在多样且丰富的细菌、古菌、真核生物和病毒群体（$10^5 \sim 10^6$/mL），包括 30 多种新发现的嗜冷物种和属。位于西福尔丘陵（Vestfold Hills）的埃斯湖（Ace Lake）是一个盐度为 2% 的湖泊，其地表水的宏基因组分析显示含有噬菌体。这个湖泊几乎全年被约 2 m 厚的冰层覆盖，通常在南半球的夏季，也就是每年的 1 月才会融化。在埃斯湖的混合水体中，病毒的浓度为 8.9 亿～61.3 亿/L，而病毒与细菌的比例（VBR）为 30.6～80.03，显示出这个生态系统中病毒的丰富性和它们在微生物群落中的重要作用。 埃斯湖中占主导地位的是绿色硫细菌。 有趣的是，第一种嗜冷产甲烷菌（*Methanogenium frigidum*）和耐冷伯顿氏甲烷球菌（*Methanococcoides burtonii*）就是从这个湖中分离出来的。 WISSARD 探险队收集了南极冰湖沉积物岩芯和水样，其中每毫升含有 130000 个微生物细胞和 3914 种不同的细菌。此外，2019 年 1 月，SALSA 团队从默瑟湖冰下收集沉积物和水样，发现了硅藻壳和保存完好的甲壳动物和缓步动物的尸体，虽然这些动物已经死亡，但这里的细菌浓度依然能达到 10000/mL。

由于南极的地理隔离和极端环境条件，这些以微生物为主导的原始湖泊生态系统为研究微生物的生物地理分布和进化提供了模型。 此外，高纬度生态系统通常被认为物种多样性较低。 然而，林诺博拉尔湖却是个例外，它的物种丰富度非常高。 在春季，研究者在该湖中已发现 5130 种不同的病毒基因型，而到了夏季，这一数字增加到了 9730。 这一数量远远超过了低纬度地区报告的其他淡水中病毒种类(通常为 253～787 种基因型)，并且与报告的海水中最高病毒多样性水平相当。 例如，马尾藻海中的病毒基因型估计为 5140 种，而墨西哥湾中则估计有 15400 种。 这些数据都来自宏基因组数据的组装分析，这一发现突显了林诺博拉尔湖在生物多样性方面的特殊地位，即使在高纬度地区也能孕育出极为丰富的生命形式。 除此之外，南极湖泊底泥中也隐藏着神秘的微生物王国，南极冰盖下存在冰川下径流、饱和沉积物以及冰与覆盖的岩石/土壤之间的界面等冰下微生物系统。 冰川的移动会粉碎所经过的基岩、矿物和沉积物，形成更精细、更大反应表面积和体积比的基底沉积物。 美国科学家在惠兰斯湖底泥样品中检测到包括硫杆菌属（*Thiobacillus*）、氧化铁杆菌属（*Sideroxydans*）和甲基杆菌属（*Methylobacter*）的化能自养微生物类群的存在。 其中 β-变形菌的序列在底泥样本中占比大于 59%。 在霍奇逊湖湖底挖掘到的沉积物样本中，也检测到了微生物 DNA，其中的细菌主要是放线菌和变形菌，但只有 77% 的DNA 序列能够与已知的物种相匹配。 最引人瞩目的南极第一大冰下湖——沃斯托克湖，是一个被 3700 m 厚的冰层覆盖了 1500 万～3500 万年的冰下湖泊系统。 最近的研究表明，这个湖泊并非如人们之前所认为的那样无菌。 在沃斯托克湖的寡营养环境中，厚壁菌门、放线菌门、蓝藻门和变形菌门是较为丰富的细菌类群，而真菌中的子囊菌门和担子菌门则是真核生物中的主要部分。 这个湖泊系统的水化学成分复杂，可能在数百万年的时间里塑造了独特的区域和栖息地，为微生物的多样性提供了丰富的生态位。

在北极的冰川和海洋中，微生物可以分为两大类：陆地微生物和海洋微生物。 北极是世界上最大的海洋极地地区，其海洋底部形成了一个完整的生态系统。 这里可能存在数以百万计的不同细菌和古菌，以细菌为主，包括硅藻、蓝细菌和绿细菌等。 北极的天然湖泊总面积据估计超过 80000 km²。 最新研究显示，在北极沿海地区，细菌活动可能全年无休。 在冬季，细菌的生产量相对较低，大约为每平方米每天 1 mg 碳；而到了夏季，这一数字激增至每平方米每天 80 mg 碳。 同时，水体中细菌的数量也随季节变化，冬季每毫升水体中有 1×10^5 个细胞，夏季每毫升水体中有 7×10^5 个细胞。 此外，在北阿拉斯加的湖泊与溪流中，细菌活动的最适温度分别为 12 ℃ 和 20 ℃，这一现象暗示了不同种类的细菌群体可能在此共存。 这是一个独特的生态系统，充满了大量的浮游生物、底栖生物和细菌等。 这些生物数量庞大、种类繁多，能够适应低温、高盐度和高压等多种极端条件。 其中，蓝细菌、绿细菌和硅藻等微生物在海洋食物链中扮演着重要角色。 极地微生物通常具有较小的细胞体积和较低的代谢活性，这使得它们能更好地在低温环境中维持生理活动。 另外，一些极地微生物还具有特殊的生物膜构造和细胞内蛋白质结构，以帮助它们更好地适应极端环境的压力。 这些微生物还展现出较高的遗传多样性和适应性，使得它们能在不断变化的极地环境中生存。 除了这些微生物之外，病毒也在其中扮演着关键角色。

北极的陆地也有丰富的微生物，如铁细菌。 科学家们在西伯利亚地区的冻土中发现了封存 3 万多年的超大型病毒——西伯利亚阔口罐病毒和西伯利亚软体病毒，且仍具有感染性。 极地陆地微生物群体包括细菌、古菌、真菌、原生动物和病毒等。 在这些微生物中，细菌和古菌是较常见的，它们能在极端的温度、光照和营养限制条件下生存。 同时，一些真菌，如雪腐镰刀菌，也能在这种环境中繁衍生息。 原生动物和病毒等则依赖其他生物或生产活动来维持生命。 特别引人注目的是极端嗜冷微生物，它们能在接近零度的温度中保持活跃，是极地地区主要的微生物之一。 此外，还有一些能耐受其他极端环境的微生物，如耐高盐和耐干旱的特殊微生物，它们通过采用多样的生存策略，在极端环境中找到属于自己的生存之道。

在地球的极地苔原，尽管存在着严酷的气候挑战，其微生物种类和数量却与气候温和的温带森林和热带森林惊人地相似。 研究发现，苔原的微生物群落在全球多样性研究中显示出其独有的特征，与其他生态系统的微生物群落形成了鲜明的对比。 全球范围内，土壤的细菌王国主要由四大菌类统治：变形菌、放线菌、酸杆菌和浮霉菌。 在北极，这些细菌种类的统治地位尤为显著。 而在古菌的领域内，虽然泉古菌门在全球范围内最为普遍，但在北极，约 90% 的古菌群落却是由广古菌门所主导。 在真菌的领域，热带和温带土壤中通常由担子菌门占据主导地位。 然而，在北极的土壤中，情况大相径庭，约 80% 的真菌属于子囊菌门。 这些微生物群落的差异可能受到多种环境因素的影响，如温度和土壤类型。

此外，人类活动以及植物和动物的生物量也会对微生物群落的结构产生深远的影响。 为了深入理解这些差异，我们需要开展大规模的研究，如地球微生物组项目等，这样才能更全面地揭示极地微生物群落的奥秘。

3 极地微生物在生态系统中的作用 在地球生态系统中，极地微生物扮演着至关重要的角色，特别是在关键的生态过程（如氮循环和碳循环）中。 对

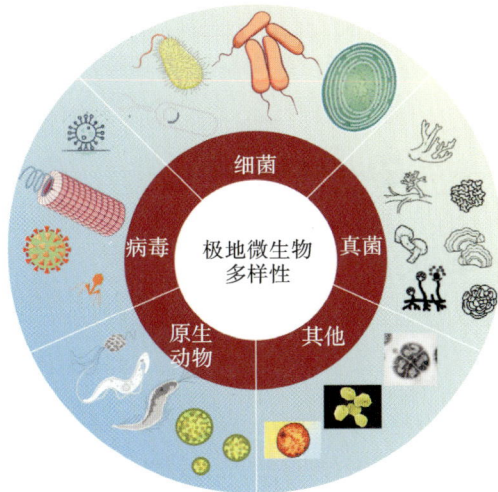

极地微生物多样性

于氮循环而言，极地微生物的功能至关重要。 在极端低温环境下，氮循环通常受到限制，但极地微生物通过多种途径如固氮、氨化和硝化等过程积极参与氮元素的转化和循环。 例如，一些极地微生物能够利用氮气发挥固氮作用，将大气中的氮气转化为植物可吸收的氨态氮，从而促进植物的生长和生态系统中的营养循环。 进一步的研究表明，南极海冰中的微生物群落每年能固定 1000 万～2000 万吨的氮。 在碳循环中，极地微生物同样发挥着重要的功能。 它们通过光合作用和腐解等途径，参与有机碳的合成和分解过程。 此外，一些极地微生物能在冰冻环境中存活并产生温室气体，如甲烷，对地球气候变化产生一定影响。

除了对生态系统的重要性以外，极地微生物对人类社会也具有重要意义。它们参与的氮循环和碳循环等过程直接关系到全球气候变化和碳汇的形成，对地球环境和气候系统起着重要的调控作用。 此外，极地微生物的代谢产物和酶类具有广泛的应用前景，可用于工业生产、环境修复和药物开发等领域。Ramond 等认为，全球气候变化对干旱生态系统氮循环的影响需要特别关注，尤

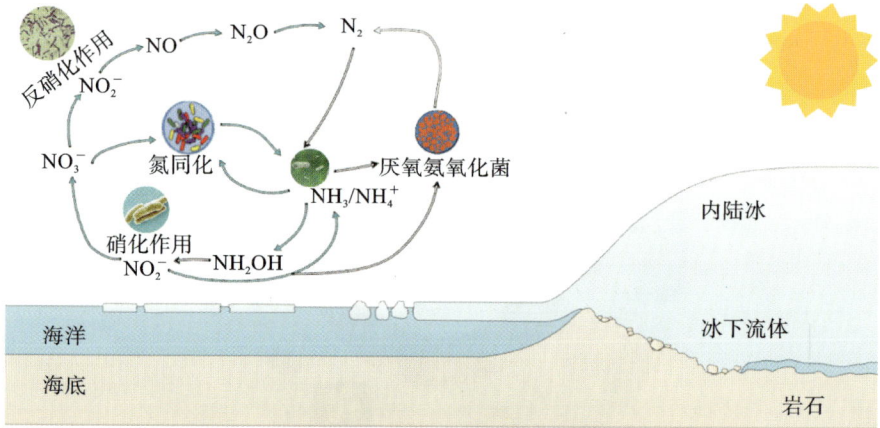

微生物在极寒生态系统中的作用

其是在气候变化模型中缺乏微生物介导的氮周转数据和热旱地表面积正在扩大的情况下。 全球气候变化与生态系统氮循环是特别相关的，因为许多微生物途径可能导致强效温室气体一氧化二氮（N_2O）的排放。 极地微生物还参与了极地陆地和海洋的营养循环和生物生产过程。 以海冰细菌为例，它们不仅作为初级生产者为生态群落中的其他生物提供食物，而且在海冰有机物的分解中发挥着关键作用。 据估算，海冰初级生产量的 20％～30％ 通过细菌进行物质循环。

众多研究监测的结果显示，极地生境正在经历着显著的变化，极地微生物及其对温度的敏感性成了监测研究和生态模型构建中的一个关键焦点。 在南北极的高纬度地区，微生物群落的组成结构、丰度和时空分布的变化，在快速变化的海洋生态环境中扮演着重要角色。 这些变化是深入开展微生物生态学研究的关键问题之一。 微生物也成为极地生态系统中对全球气候变化快速响应的先驱类群。 了解极地微生物群落的多样性和分布情况，对于理解全球生态系统、探究生命起源和演化历程等具有至关重要的意义。

三 极地病原微生物探索：极地环境可能是病原微生物的天然"冰箱"

1 **一场驯鹿尸体带来的"瘟疫"** 亚马尔地区位于俄罗斯万里冰封的西伯利亚永久冻土带上，那里的土壤被冻成固体，有些地方深达 300 多米，大约相当于帝国大厦的高度，在冬季其气温可以降到 −60 ℃ 以下，而随着全球变暖，这些僵硬的冻土层也开始解冻。

2016 年，随着气温不断升高，俄罗斯西伯利亚的冻土层融化，露出了 75 年前一场大瘟疫中死去的驯鹿尸体，尸体中封存的致病菌释放，致使亚马尔地区近百人被感染、2000 多头驯鹿死亡，一名 12 岁的男孩也因食用生鹿肉而死亡，这是 1941 年以来的再一次炭疽疫情暴发。

炭疽自古以来就为人所知，最早的描述可以追溯到公元前 5 世纪，它在除南极以外的所有大陆中均可发生。该病是由土壤细菌炭疽芽孢杆菌引起的，是历史上重大生物恐怖主义活动使用过的致病菌。因炭疽可由土壤中的细菌引发，动物可通过饮水及食用植物而被感染，人类也可能通过呼吸、饮水、进食或伤口接触到炭疽芽孢杆菌而感染，通常会在皮肤表面形成中心呈黑色的水疱，如果不及时治疗，就可能导致死亡。因包括血液在内的液体广泛渗漏，机体大面积出血，这种出血可导致细菌在患病、垂死或死亡动物周围的环境中传播。

炭疽芽孢杆菌的孢子不会被极端寒冷的温度破坏，所以随着温度上升，冻土层融化后，土壤中的炭疽芽孢杆菌被释放，在驯鹿啃食泥土和植物时引起感染，进而进入人类社会，导致疫情暴发。

虽然在土壤表面不存在炭疽芽孢杆菌孢子，但炭疽芽孢杆菌孢子可以在埋在永久冻土中的感染死亡动物的尸体中保持完整。由于气候变暖，冻土解冻，可能会使以前冷冻的细菌恢复生机。 2019 年的一项研究发现，在亚马尔地区分离出的炭疽芽孢杆菌菌株与从雅库特永久冻土中分离出的菌株接近，支持了永久冻土融化是疫情暴发触发因素的假设。

不仅是炭疽芽孢杆菌，可以产生孢子的其他细菌也能在永久冻土中存活，包括破伤风梭菌和肉毒杆菌等。 肉毒毒素中毒是一种能导致瘫痪甚至死亡的罕见病，肉毒杆菌是产生肉毒毒素的病原微生物。 此外，一些真菌和病毒也能在永久冻土中长期生存。 虽然俄罗斯科学家已经控制了西伯利亚的这场瘟疫，但他们认为全球变暖会带来更多的病原微生物。

2 阿拉斯加发现 1918 年西班牙流感病毒 1918 年的 H1N1 流感大流行，也被称为"西班牙流感"，在全世界造成约 5000 万人死亡。

之后几十年，这种造成大流行的病毒慢慢消失在历史中，成为对传染性病原微生物的理解和研究它们的工具仍处于起步阶段的时代的遗物。 在 1918 年大流行之后，几代科学家和公共卫生专家只留下 1918 年大流行期间病毒致死性及其对全球人口造成的显著影响的流行病学证据。

阿拉斯加一个名叫 Brevig Mission 的海边小村庄是这一致命遗物的见证，也是 1918 年病毒最终被发现的关键。 在 1918 年 11 月 15 日至 20 日期间，这场大流行夺走了村庄 80 名成年居民中 72 人的生命。

后来，在当地政府的命令下，人们在村庄旁边的一座小山上建造了一个仅标有白色小十字架的万人坑。 坟墓被冻结在永久冻土中，直到 1951 年才被触及。那一年，25 岁的瑞典微生物学家、爱荷华大学博士生约翰·胡尔廷（Johan Hultin）第一次踏上前往 Brevig Mission 的探险之旅，希望找到 1918 年造成大流行的病毒。 但是当时出了一些意外，采集到的样本没有得到较好的保存。

直到 46 年后的 1997 年，胡尔廷再次踏入这片冻土，并且发现了被永久冻土掩埋并保存在大约 2 m 深处的因纽特妇女的尸体，胡尔廷将其命名为"露西"。

露西是一名肥胖女性，她可能在 20 多岁时由于 1918 年病毒引发的并发症而死亡。 她的肺被完全冷冻并保存在阿拉斯加永久冻土中。 胡尔廷将她的肺组织取出，放入保存液中，然后分别运送给 Taubenberger 和他的研究人员，包括武装部队病理学研究所的 Ann Reid 博士。

1999 年 2 月，Ann Reid 等在《美国科学院院报》（PNAS）杂志上发表了一篇题为"1918 年西班牙流感病毒血凝素基因的起源和演变"的论文，让我们对这 100 多年前造成大流行的病毒有了更多的了解。

3 **极地环境可能是病原微生物的储存"冰箱"** 1733 年，2 年前参加丹麦国王加冕典礼的因纽特男孩和女孩乘船返回格陵兰岛。 据一位传教士几十年后的记载，他们在旅途中都患上疾病。 女孩在途中去世，男孩则回到格陵兰岛并带回了天花。 天花疫情很快在岛上蔓延，造成了大量因纽特人和欧洲人的死亡。 到 1733 年年底，几乎所有房屋里都只剩下尸体，而一些未埋葬的尸体则躺在雪地上。 这场疫情至少持续了一年，导致格陵兰岛人口减少了一半。

2022 年夏天，一组研究人员访问了格陵兰岛，采集了土壤样本，目的是评估随着北极变暖和永久冻土融化，长期冻土可能释放危险病原微生物的风险。 一些研究人员担心这项工作本身可能会释放出对人类有传染性的病原微生物。 此前俄罗斯的研究人员在永久冻土带的尸体上发现了已经灭绝的天花病毒 DNA 片段，还有在阿拉斯加发现的 1918 年西班牙流感病毒 RNA 和西伯利亚驯鹿尸体带来的炭疽瘟疫。 更加可怕的是，永久冻土带的解冻，已经暴露出几万年前的猛犸象尸体。

除此之外，科学家们还在冰核或融水径流中发现了类球菌和大肠埃希菌等病原微生物，在挪威北极斯瓦尔巴群岛收集的环境样本（包括冰川融水）中发现了具有潜在致病性的溶血细菌。 此外，巴西的一个研究组还在南极的岩石、土壤和海水样本中检测到了耐药真菌。 这些病原微生物与现代微生物密切相关。

然而，一些研究也报道了非常古老的冰样本中存在着的潜在致病微生物。在许多情况下，这些古老微生物仅能通过显微镜（光学或电子显微镜）或分子方法检测出来，但有许多已通过在实验室的受控条件下培养而被"复活"。一些新的病原微生物也在极地环境中被发现，它们可能对人类健康构成威胁。这些发现提示我们应该更深入地了解这些冰冻环境中的微生物，以及它们对生态系统和人类健康的潜在影响。

4 **极地野生动物是病原微生物的自然储存库** 除了极地的冰冻环境中可能储藏着病原微生物外，极地野生动物也可能是自然环境中的活动的病原微生物储存库。随着海冰融化，虎鲸一直在深入北冰洋，捕杀躲避在冰层中的独角鲸和白鲸。随着北极变暖，许多鲸鱼物种，包括小须鲸、宽吻鲸、鳍鲸和抹香鲸，也在向北移动。与此同时，陆地上的灰熊、白尾鹿、土狼等，以及鸟类一直在将其活动范围扩大到变暖的北方森林和北极苔原。对于麝香犬、驯鹿、海豹、北极熊等北极动物来说，这些新来者可能是它们饮食中受欢迎的补充。但新出现的证据表明，其中一些新来的物种可能会将稀有或新型病原微生物带到北极。近年来，斯堪的纳维亚半岛和俄罗斯的驯鹿、加拿大北极地区班克斯岛和维多利亚岛上的麝香犬、阿拉斯加海岸的北极熊和海豹以及哈德逊湾北部和白令海的绒鸭都遭受了大量致命和导致衰弱的疾病。

极地地区的野生动物生活在极端寒冷的环境中，一些常见的野生动物包括北极熊、企鹅、海豹、北极狐等。这些动物可能受到寄生虫、细菌和病毒的影响。由于气候条件和环境的特殊性，极地地区的病原微生物可能与其他地区有所不同，因此需要特别关注和研究，以保护野生动物以及人类的健康和生存权利。

直到最近十年，人们对南极野生动物在基因组水平上病毒多样性的了解才明显增多。从 20 世纪 70 年代中期开始，鉴定与南极动物相关的病毒的早期工

驯鹿

北极狐

雪燕

旅鼠

海豹

哺乳动物、鸟类、其他动物
病原微生物？？

作多依赖于血清学方法。 由于担心人为活动(如研究、旅游)增加的影响，研究特别侧重于检测对动物健康构成风险的病原微生物。 在南极病毒的早期研究中，研究者通过血清学方法检测出副黏病毒、正黏病毒、博尔纳病毒、疱疹病毒和黄病毒。 随后，在2000—2010年间，使用聚合酶链反应(PCR)的基于探针的测定开始用于检测副黏病毒、正黏病毒和痘病毒。 在最近的十年中，高通量测序(HTS)方法的进步促进了我们对南极动物病毒学的了解。 例如，在过去五年中，使用基于病毒宏基因组的HTS方法，人们已经在基因组水平鉴定和表征了各种新型病毒，包括腺病毒、环病毒、正黏病毒、乳头瘤病毒、多瘤病毒和披膜病毒。

2013年，一个国际科研小组在南极企鹅样本中检测到新型禽流感病毒H11N2。 2020年，一项我国科学家参与的研究也在南极的企鹅中检测到禽流感病毒，这项研究中共鉴定了107种病毒，包括可能的企鹅相关病毒($n=13$)、企鹅饮食和微生物组相关病毒($n=82$)和蜱虫病毒($n=8$)。 在2024年一项最新的研究中，科学家们在南极的偏远地区发现了13种新病毒，其中有2种病毒有可能影响人类。 亚利桑那州立大学(ASU)的研究人员在南极的麦克默多湾地区对威德尔海豹进行了为期两年的研究，采集了109个鼻腔和阴道拭子样本，发现了这些新病毒，它们均属于瘤病毒家族。 这些病毒往往会感染人类、爬行动物、鸟类和其他哺乳动物，这一发现将帮助研究人员了解瘤病毒的进化过程。在人类中，这些病毒可引起多种疾病，如从良性皮肤疣和生殖器疣到癌症等，甚至可引起更严重的后果。当病毒通过皮肤或黏膜上的小切口或擦伤进入人体并感染上皮细胞时，病毒的作用就开始了，它将其 DNA 整合到宿主细胞中，从而导致细胞生长和分裂异常。

四　人类活动与极地传染病风险

1 **人类活动带来的影响**　在全球气候变化和人类活动日益加剧的背景下，极地生态环境正面临前所未有的挑战。极地冰盖的融化、海冰的减少、生物栖息地的变化以及外来物种的入侵等问题，都直接威胁到这些独特生态系统的稳定性和生物多样性。

北极和南极因其广袤的冰雪覆盖和极端气候而备受世界关注。科学家们积极前往这些地区，探索自然之谜，以期解开地球演化的谜题，为全球环境变化提供更精准的预测和应对措施。在科学考察过程中，科学家们采用了多种方法和技术进行研究。钻取冰芯是一项重要的科学考察方式，通过分析冰芯中的气体含量和微粒组成，科学家们可以重建气候变化的历史，并了解地球环境演变的规律。美国华盛顿大学参与了一个由美国国家科学基金会资助 2500 万美元的项目，旨在回收地球上最古老的冰芯。该项目创建了名为 COLDEX 的中心，专注于通过在东南极钻取和分析连续的冰芯以获取记录，来扩展至少 150 万年前的冰芯记录。科学家们还使用各种遥感技术和地面调查手段，以全面了解极地地区的地形、地貌和气候特征，为科学研究提供数据支持。这些技术有助于深入理解极端环境下地球表面变化，是研究极地环境变化、生态系统和地球演化过程中不可或缺的工具。然而，科学考察活动也会对极地生态系统造成影响，科学家们的足迹和设备可能会破坏当地脆弱的生态环境，尤其是在南极地区；产生的废弃物可能会污染环境，威胁当地生态。

随着对极地地区的深入了解，北极和南极的资源开发与旅游业日益蓬勃。这些地区所蕴藏的丰富资源吸引了越来越多的开发者和游客前往，为当地经济注入了新的活力。《南极条约》（Antarctic Treaty）统计，南极每年接待的游客数量已从 20 世纪 90 年代的少于 5000 人增加到 2019 年的超过 56000 人。 然而，这种发展也带来了一定程度的挑战，这对南极脆弱的生态环境构成了巨大压力。资源开发活动通常伴随着土地利用变化、水污染和生物栖息地破坏等问题。 调查数据显示，一些开发项目的实施导致了当地生物多样性的减少和生态平衡的扰乱。 尤其是在北极，油气开采等资源开发活动对海洋生态系统造成了不可逆转的影响，威胁着众多珍稀物种的生存。

温室气体排放、冰川融化和海洋酸化等现象不仅与极地开发密切相关，还对全球气候格局和海平面高度产生了深远的影响。 全球平均气温上升、海平面上升等现象都与温室气体排放增加密切相关。 在全球变暖的背景下，北极和南极的冰川融化备受关注。 国际极地年的数据显示，南极海冰面积在过去 50 年中减少了约 25%；北极海冰的减少速度更是惊人，仅夏季海冰面积就已减少了近 40%。 冰川消融不仅引起海平面上升，而且直接威胁到极地生态系统。 研究显示，冰川消融导致水域面积扩大，破坏了北极和南极独特的生物栖息地，使得依赖冰面生活的物种如北极熊、企鹅面临生存威胁。 此外，冰川融化释放的淡水改变了海洋盐度和温度，进而影响了海洋环流和生态系统稳定性，对海洋生物分布、渔业资源和生物多样性产生了深远影响。 特别是在南极，冰川融化释放的淡水可能对全球海洋循环产生长期影响。

值得关注的是，极地范围内的人类活动将不可避免地增加人类接触病原微生物的风险。 南极和北极因其独特的气候和长期隔离状态，保存了许多可能在其他地区已绝迹的微生物。 科技进步和科学考察活动的增加使研究人员有机会接触这些长期被冰封的病原微生物。 例如，永久冻土中可能封存有古老的病毒和细菌，一旦被释放或在实验室中被发现，可能对人类健康构成未知威胁。 随着极地旅游的兴起，越来越多的游客进入这些偏远地区，可能引起环境压力和生态平衡的破坏，增加人类与携带病原微生物的野生动物接触的机会。 例如，极地地区的鸟类和哺乳动物可能携带新的对人类有潜在健康风险的病原微生物。全球变暖也对极地地区病原微生物的释放产生影响，如其导致极地冰川融化，不仅改变了生态系统，还可能释放被冰封数千年的病原微生物。 随着气温升高，这些病原微生物可能会找到新的宿主或更适合其生存和繁殖的环境，全球变暖因此可能直接或间接促进某些病原微生物的活动，增加疾病传播的风险。

2 **气候变化是极地传染病的危险因素** 气候变化对极地的影响不仅限于环境和生态系统的变化，还深刻影响着该地区的传染病传播模式。 随着全球温度的持续上升，北极正经历着前所未有的生物地理和疾病传播动态的变化。2010 年，在哥本哈根举行的一场有关北极传染病主题的研讨会上，参会者对气候变化与北极传染病之间可能存在的关系进行了深入讨论。 例如，森林生态系统向北移动，为传染病病原微生物提供了新的栖息地，海洋哺乳动物、鸟类、鱼类和贝类的传染病发病率增高，以及出现了随之而来的人类感染。

气候变化对北极的生态系统和传染病分布产生了深远的影响。 研究表明，随着全球平均气温的升高，红狐等动物的分布范围正在向北扩张，逐渐进入了传统由北极狐占据的领域。 这种动物迁移不仅改变了当地的生态平衡，也可能引入了新的疾病媒介，增加了疾病的传播风险。 随着红狐等宿主动物向北移动，棘球绦虫在新的宿主种群中的发现率显著增高。 这种病原微生物的地理扩散不仅增加了北极棕色旅鼠的感染风险，也可能对依赖这些动物作为食物来源的本地社区居民构成健康威胁。 气候变化引起的温度升高也显著增加了病原微生物载体如蚊、马蝇和蜱的活跃度。 北极夏季平均气温的上升导致了蚊和蜱的生活周期延长及其繁殖和活动期增加，从而直接增加了病原微生物传播的机会和范围。 这种变化不仅增大了病原微生物通过宿主动物和载体传播给人类的风险，还可能导致疾病传播模式和地理分布的显著变化。

在阿拉斯加，由于气温上升，已知的几种人兽共患病的传播风险正在增加，包括布鲁氏菌病、弓形虫病、旋毛虫病、贾第虫病/隐孢子虫病、棘球绦虫病、狂犬病和兔热病等。 过去 60 多年来，阿拉斯加的年平均气温上升了 1.6 ℃，这使得一些病原微生物的宿主动物，如啮齿动物和狐狸，能够在寒冷的冬季以更大的数量存活并扩大它们的活动范围。 这种宿主动物数量的增加和栖息地的扩张，增加了它们与人类接触的机会，尤其是对于依赖传统采集和狩猎生活方式的农村居民。 此外，这些宿主动物的扩散还可能导致新的传染病病原微生物进入人类社区，加剧公共卫生的挑战。 因此，监测这些宿主动物的分布和病原微生物携带情况，以及加强对这些病原微生物的研究，对于预防和控制相关传染病的传播至关重要。

病原微生物	疾 病	传 播 途 径
细菌	疏螺旋体病	通过媒介硬蜱科硬蜱
	兔热病	多种传播方式：病媒（蚊、马蝇、蜱）传播；直接接触
	钩端螺旋体病	通过水，遵循粪-口传播机制。 人类通常在接触被动物粪便污染的水时被感染
	Q 热	主要宿主是农场动物和宠物，主要通过吸入受污染的气溶胶传播
病毒	蜱媒脑炎（TBE）	通过媒介硬蜱科硬蜱传播
	普马拉病毒感染	通过吸入受感染的啮齿动物排泄物传播
寄生虫	隐孢子虫病	通过摄入隐孢子虫卵囊传播

③ **极地病原微生物释放风险** 尽管永久冻结的环境代表了生命中极端的环境之一，但它们封存了大量微生物，这些微生物大多处于休眠状态，且仍具有生存能力，其中许多已被确认为是潜在或实际的人类病原微生物。 由于全球变暖增加了冰融化的速度，每年大约有 4×10^{21} 的微生物从冰冻环境中释放出来，

进而靠近人类居住区的自然生态系统。 澳大利亚国立大学的科研国际团队预测，若《巴黎协定》目标未能达成，东南极冰盖会因气候变化影响而加快融化，到 2500 年可能导致海平面上升 2～5 m。

有科学家将卫星观测和数值模型相结合，量化得出 1994—2017 年全球约发生了 28 万亿吨的冰损失。 在过去几年中，世界各地发生的几起冰架断裂、冰川融化事件似乎证实了这一趋势。 如此巨大的冰损失对人类的影响将是深远的，人类将被迫适应新的和意想不到的威胁。

从古至今，人类一直在与病原微生物进行博弈，流行病的发生和发展不仅影响人类健康，还影响战争、经济、政治等方方面面，人类的历史可以看作一部与病原微生物的斗争史。 正如我们将看到的，冰冻圈迅速融化的后果可能远远超出水文和气候变化范畴，可能在短时期内释放大量病原微生物。 我们能够设想，在不久的将来，由于冰川和永久冻土中微生物的复活和释放，可能会发生类似于冻土释放的炭疽疫情暴发。

4 潜在的未知微生物风险　人类活动范围的扩大不仅对极地环境的已知生态系统构成威胁，还可能带来一系列潜在的未知微生物风险。 这些风险源于极地地区特有的微生物多样性以及微生物在这些生态系统中的关键作用。

（1）外来微生物的引入。 人类活动，如科学考察、旅游和资源开发，可能无意中将外来微生物引入这一极端环境。 这些微生物可能会破坏当地微生物群落的平衡。 例如，研究显示人类活动导致外来细菌引入南极土壤，尽管南极土壤条件恶劣，但多样性较低的土壤可能更易被外来微生物殖民，从而改变当地的微生物群落结构和功能；另一项研究强调了人类活动与外来微生物传播之间的密切联系，指出这将对南极微生物群落构成潜在影响；每位"访问者"都可能将微生物"乘客"带入南极，进一步加剧这一问题。

（2）抗性基因的传播。 抗生素残留在极地环境中可能促进抗生素抗性基因（ARGs）的发展和传播，这一现象可能会影响极地微生物群落结构，并通过环境传播影响全球公共卫生。 研究发现，在北极和南极都观察到了 ARGs，其中一些基因可能通过水体和野生动物传播到更广泛的环境中。 例如，北极鸟类（位于白令海）的大肠埃希菌显示出对抗生素的敏感性降低，表明了大肠埃希菌抗性基因克隆的全球传播。 这些发现强调了抗生素残留在极地环境中促进 ARGs 发展和传播的问题，以及这些基因可能对全球范围内的公共卫生构成风险。

（3）生态系统功能的改变。 极地微生物在全球重要的生物地球化学循环（如碳循环和氮循环）过程中发挥着关键作用。 开发活动导致的微生物多样性降低和群落结构改变可能影响这些过程，进而影响全球气候变化和生态系统功能。 例如，微生物在碳储存和释放过程中起着关键作用，微生物群落结构的改变可能影响极地地区碳平衡。

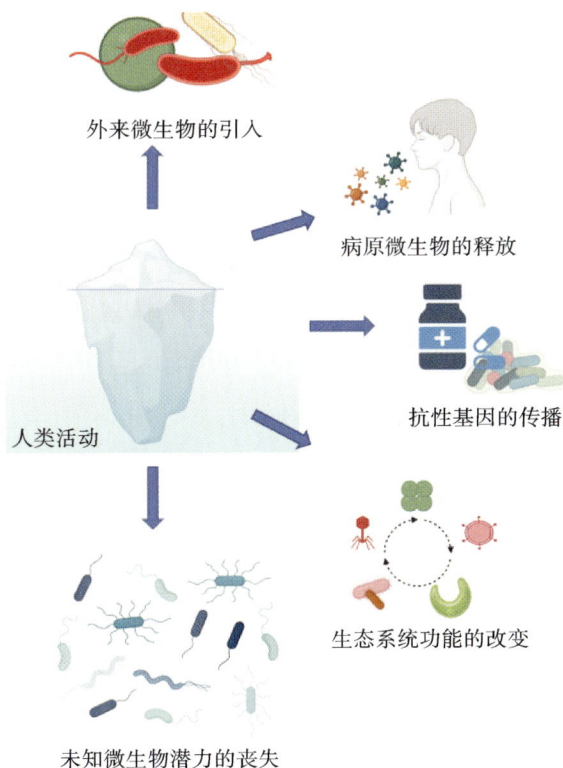

外来微生物的引入

病原微生物的释放

抗性基因的传播

人类活动

生态系统功能的改变

未知微生物潜力的丧失

（4）未知微生物潜力的丧失。 极地微生物具有独特的遗传资源，许多具有用于开发新药、新酶等潜力。 过度开发和环境破坏可能导致这些未知或未充分研究的微生物资源丧失。 保护极地微生物多样性不仅对维持当地生态系统平衡至关重要，也对科学研究和生物技术开发具有重要价值。

人类在极地地区的各种活动对生态系统构成了潜在风险，特别是在全球变暖的背景下，冰川融化加剧了人类活动对极地生态系统的威胁，对生物多样性和生态平衡产生了深远影响。 面对这些挑战，可持续发展成为解决之道。 通过科学的管理和有效的保护措施，我们可以最大限度地减少对极地生态系统的干扰，实现人类发展与生态保护的双赢。

参考文献

[1] YANG G, TIAN J Q, CHEN J. Editorial: Soil microbes in polar region: response, adaptation and mitigation of climate change [J]. Front Microbiol, 2022, 13: 1086822.

[2] FRANZMANN P D, STACKEBRANDT E, SANDERSON K, et al. *Halobacterium lacusprofundi* sp. nov. , a halophilic bacterium isolated from deep lake, Antarctica [J]. Systemat Applied Microbiol, 1988, 11 (1): 20-27.

[3] BOWMAN J S. Identification of microbial dark matter in Antarctic Environments [J]. Front Microbiol, 2018, 19(9): 3165.

[4] LÓPEZ-BUENO A, RASTROJO A, PEIRÓ R, et al. Ecological

connectivity shapes quasispecies structure of RNA viruses in an Antarctic lake [J]. Mol Ecol, 2015, 24(19): 4812-4825.

[5] YAU S, LAURO F M, DEMAERE M Z, et al. Virophage control of antarctic algal host-virus dynamics [J]. Proc Natl Acad Sci U S A, 2011, 108(15): 6163-6168.

[6] CHRISTNER B C, PRISCU J C, ACHBERGER A M, et al. A microbial ecosystem beneath the West Antarctic ice sheet [J]. Nature, 2014, 512(7514): 310-313.

[7] FOX D. EXCLUSIVE: tiny animal carcasses found in buried Antarctic lake [J]. Nature, 2019, 565(7740): 405-406.

[8] ANGLY F E, FELTS B, BREITBART M, et al. The marine viromes of four oceanic regions [J]. PLoS Biol, 2006, 4(11): e368.

[9] SIEGERT M J, PRISCU J C, ALEKHINA I A, et al. Antarctic subglacial lake exploration: first results and future plans [J]. Philos Trans A Math Phys Eng Sci, 2016, 374(2059): 20140466.

[10] MARGESIN R, MITEVA V. Diversity and ecology of psychrophilic microorganisms [J]. Res Microbiol, 2011, 162(3): 346-361.

[11] LEGENDRE M, BARTOLI J, SHMAKOVA L, et al. Thirty-thousand-year-old distant relative of giant icosahedral DNA viruses with a pandoravirus morphology [J]. Proc Natl Acad Sci U S A, 2014, 111(11): 4274-4279.

[12] MALARD L A, PEARCE D A. Microbial diversity and biogeography in Arctic soils [J]. Environ Microbiol Rep, 2018, 10(6): 611-625.

[13] CLARK M S, HOFFMAN J I, PECK L S, et al. Multi-omics for studying and understanding polar life [J]. Nat Commun, 2023, 14

(1): 7451.

[14] CAVICCHIOLI R. Microbial ecology of Antarctic aquatic systems [J]. Nat Rev Microbiol, 2015, 13(11): 691-706.

[15] EZHOVA E, ORLOV D, SUHONEN E, et al. Climatic factors influencing the anthrax outbreak of 2016 in Siberia, Russia [J]. Ecohealth, 2021, 18(2): 217-228.

[16] BIAGINI P, THÈVES C, BALARESQUE P, et al. Variola virus in a 300-year-old Siberian mummy [J]. N Engl J Med, 2012, 367 (21): 2057-2059.

[17] KRABERGER S, AUSTIN C, FARKAS K, et al. Discovery of novel fish papillomaviruses: from the Antarctic to the commercial fish market [J]. Virology, 2022, 565: 65-72.

[18] BARBOSA A, PALACIOS M J. Health of Antarctic birds: a review of their parasites, pathogens and diseases [J]. Polar Biol, 2009, 32 (8): 1095.

[19] REVICH B, TOKAREVICH N, PARKINSON A J. Climate change and zoonotic infections in the Russian Arctic [J]. Int J Circumpolar Health, 2012, 71: 18792.

[20] SMEELE Z E, AINLEY D G, VARSANI A. Viruses associated with Antarctic wildlife: from serology based detection to identification of genomes using high throughput sequencing [J]. Virus Res, 2018, 243: 91-105.

[21] REGNEY M, KRABERGER S, CUSTER J M, et al. Diverse papillomaviruses identified from Antarctic fur seals, leopard seals and Weddell seals from the Antarctic [J]. Virology, 2024, 594: 110064.

［22］ VARSANI A, KRABERGER S, JENNINGS S, et al. A novel papillomavirus in Adélie penguin(*Pygoscelis adeliae*) faeces sampled at the Cape Crozier colony, Antarctica［J］. J Gen Virol, 2014, 95(Pt 6): 1352-1365.

［23］ WANG J, XIAO J, ZHU Z, et al. Diverse viromes in polar regions: a retrospective study of metagenomic data from Antarctic animal feces and Arctic frozen soil in 2012-2014［J］. Virol Sin, 2022, 37(6): 883-893.

［24］ HURT A C, VIJAYKRISHNA D, BUTLER J, et al. Detection of evolutionarily distinct avian influenza a viruses in Antarctica［J］. mBio, 2014, 5(3): e01098-14.

［25］ WILLE M, HARVEY E, SHI M, et al. Sustained RNA virome diversity in Antarctic penguins and their ticks［J］. ISME J, 2020, 14(7): 1768-1782.

［26］ YARZÁBAL L A, SALAZAR L M B, BATISTA-GARCÍA R A. Climate change, melting cryosphere and frozen pathogens: should we worry...? ［J］. Environ Sustain(Singap), 2021, 4(3): 489-501.

［27］ PARKINSON A J, EVENGARD B, SEMENZA J C, et al. Climate change and infectious diseases in the Arctic: establishment of a circumpolar working group［J］. Int J Circumpolar Health, 2014, 73: 25163.

（施 莽 杨春晖 梅仕强）

第十三章

微生物变异和传染病流行

遗传变异是微生物永恒的主题

自巴斯德时代起，科学界已深刻认识到微生物的变异潜力巨大。 作为地球上极为古老的生命形式之一，微生物在漫长的进化历程中展现出了超乎想象的适应能力。 这种强大的变异性不仅使它们能够在各种极端环境中生存繁衍，还成为它们应对人类干预和环境变迁的关键力量。 人类社会的各项活动，特别是工业化和全球化进程，对微生物的生态位造成了深远的影响。 城市化、农业扩张、气候变化以及国际旅行等生活方式和行为模式，无形中为微生物提供了新的栖息地和扩散途径。 这些活动不仅推动了微生物的地理扩散，还为它们带来了新的宿主和环境压力，进一步加速了它们的变异进程。

传染病的流行是微生物变异性的直接体现。 随着微生物对新环境的适应和进化，它们可能会获得新的传染性和致病性特征，这些特征有时会使它们更加高效地在人类群体中传播，引起疾病的暴发和流行。 近年来，流感、埃博拉出血热和赛卡病毒病等传染病的大规模流行，都与微生物的变异紧密相关。 然而，我们往往是在事件发生后才逐渐意识到这些影响的严重性。 值得注意的是，微生物变异的进程似乎正在加速。 这一趋势可能与多种因素有关，如抗生素的过度使用、环境压力的增加以及全球化带来的微生物快速传播。 这些因素相互交织，共同促使微生物更快地适应并占领新的生态位，从而增加了传染病流行的风险。 因此，我们需要更加深入地研究微生物的变异性，以便更好地预测和应对未来可能出现的挑战。

一　微生物的变异

微生物，这些微小而神奇的生命体，构成了地球上极古老、极基本的生物群体之一。 从单细胞的细菌到复杂的真菌，微生物涵盖了生命的广泛形式。 它们在地球的历史上扮演着至关重要的角色，通过漫长的进化历程展示出了惊人的适应能力和多样性。 微生物的生存环境极为广泛，从我们身边的土壤和水体，到人体的各个部位，再到极端环境如深海热泉和南极冰层，它们都能生存。 它们的适应性不仅体现在能够在这些环境中生存，还表现在它们能够在资源有限、空间狭窄的情况下，与其他微生物激烈竞争，从而确保它们的后代能够继续繁衍。

在微生物的世界里，资源是极其有限的，生存空间也非常狭小。 微生物为了争夺这些有限的资源，展开了持续不断的竞争。 微生物之间的竞争是多方面的，包括对营养物质的竞争、对空间的竞争以及对环境条件的适应能力的竞争。那些具有更强适应力和竞争能力的微生物往往能在这种竞争中胜出，确保它们的后代能够继续存活和繁衍。 这种竞争和适应的过程体现了"适者生存，不适者淘汰"的自然选择法则。 在这个过程中，微生物群体整体逐渐进化，以更好地适应当前的环境，这种进化不仅仅是对环境的适应，同时也是对其他微生物竞争的适应。

微生物的多样性和强大的适应能力使它们能够在各种极端环境下生存和繁衍。 从炽热的温泉到冰冷的极地，从深海的海底到高山的峰顶，微生物无处不在。 每一种极端环境中都存在特定种类的微生物，这些微生物通过特殊的生理和生化机制来适应极端条件。 例如，某些细菌能够在极高的温度下生存，是因为它们的酶具有耐热性，而某些真菌则能在极端酸性环境中生存，是因为它们的细胞壁具有抗酸性。 这些微生物不仅能在极端环境中生存，还能繁衍生息，形成稳定的生态系统。

这些微小的生命体在自然界中扮演着重要的角色，参与了地球上许多关键的生物化学过程。 例如，微生物在分解有机物、循环营养元素等方面起到了关键作用。 土壤中的微生物通过分解动植物的残骸，将有机物转化为植物可利用的养分，从而促进植物的生长。 此外，微生物还参与了地球上的碳循环、氮循环和硫循环等重要的生物地球化学循环过程，它们将复杂的有机分子分解成简单的无机分子，从而维持生态系统的平衡。 微生物在人类生活中也发挥着不可或缺的作用。 例如，人体内的微生物群体通常称为微生物组，维持着人体的微生态平衡，帮助人体消化食物、合成维生素，并且参与免疫系统的调节。 肠道微生物群是其中最重要的一部分，它们通过发酵未消化的碳水化合物，产生短链脂肪酸，这不仅为肠道细胞提供了能量，还对人体的代谢和免疫系统产生了积极影响。 此外，微生物在食品工业中也有广泛应用。 例如，在发酵食品的生产中，微生物通过发酵作用产生独特的风味和质地，酸奶、酱油、泡菜等都是通过微生物发酵制成的。

本书的作者犹如探险家一般，深入探寻那个充满奇妙与变化的微生物世界。从人类日常生活的每个角落，到野生动物的栖息地，再到遥远的极地冰川和浩瀚的海洋深处，微生物的多样性无处不在，令人叹为观止。 那么，这些纷繁复杂的微生物多样性究竟是如何形成的呢？ 哪些神秘的力量在推动着它们，使它们能够在如此广阔的时间和空间范围内生存繁衍呢？

答案就隐藏在微生物那独特的遗传变异中。 这种遗传变异，如同自然界赋予微生物的一把神奇钥匙，让它们能够灵活应对各种复杂多变的环境条件。 正是有了这把钥匙，微生物才能在漫长的生命历程中不断适应、进化，展现出如此丰富多彩的形态和特性。

想象一下，极地独特的地理及气候特征，形成了一个干燥、酷寒、强辐射的自然环境，几乎没有任何生命可以生存。 然而，就在这片看似死寂的天地中，也有丰富的微生物多样性。 以极地海冰为例，作为地球上极其寒冷的环境之一，其环境温度在 $-35 \sim 0$ ℃ 变动；与淡水冰不同，海冰是半固体矩阵，冰晶间弥漫着大小不等、充满盐水的孔道网络，在海冰内部形成了温度、盐度和营养盐浓度急剧变化的封闭或半封闭的微生境。 在这极端环境中存在着复杂的充满活力的海冰微生物群落，包括游离病毒、细菌、原生动物和后生动物；其中包括大量嗜冷和耐冷微生物。 通过遗传变异，微生物能够在极低的温度下依然保持旺盛的生命力，甚至产生新的物种和功能，以适应这个寒冷的世界。

再来看海洋环境。 海洋是地球上最大的生态系统，其中孕育着无数的微生物。 这些微生物不仅种类繁多，而且功能各异，有的能够分解有机物，有的能够合成复杂的化学物质，还有的能够与其他生物形成共生关系。 这些功能的实现，同样离不开遗传变异。 正是通过遗传变异，微生物才能够不断演化出适应海洋环境的特殊能力，从而在这个广阔的生态系统中占据一席之地。

此外，随着环境条件的不断变化，微生物也在不断进化。 无论是气候的变迁、地形的演变，还是人类活动的干扰，都会对微生物的生存环境产生影响。 然而，正是这些挑战和机遇，推动着微生物不断进化，使其适应新的环境条件。 这种适应性不仅有助于微生物在各种环境中生存和繁衍，也为人类提供了宝贵的资源和启示。

总的来说，微生物的遗传变异是其多样性的重要来源。 通过遗传变异，微生物能够在各种极端环境中生存和繁衍，展现出惊人的生命力和适应能力。 同时，这种遗传变异也为我们提供了深入了解微生物世界的机会，让我们能够更好地理解和保护自然环境。 在未来的研究中，我们还将继续探索微生物的遗传变异机制，以期为人类社会的可持续发展提供更多的启示和帮助。

（一） 微生物变异的驱动力

微生物的变异，作为它们生存与繁衍的关键策略，在自然界中发挥着举足轻重的作用。 这些微小的生命体，虽然肉眼难以察觉，却面临着来自外部世界的种种挑战和压力。 为了应对这些挑战，微生物需要不断调整自己的遗传特征，以适应不断变化的环境。

微生物变异的驱动力是多元化的，其中基因层面的变异是最为显著的。 微生物的基因变异通常来源于基因突变、基因重组以及基因转移等多种方式。 基因突变可能是自发的，也可能是由于外部因素如辐射、化学物质等的诱导。 这些突变可能导致微生物的遗传信息发生改变，进而产生新的性状和特征。 基因重组则是通过不同微生物间的遗传物质交换来实现的，它有助于微生物获得更广泛的遗传资源和适应能力。 基因转移则是通过某种媒介，如病毒、质粒等，将一种微生物的遗传物质传递给另一种微生物，从而实现遗传信息的共享和进化。

另外，微生物的变异还体现在微生物与环境的相互作用中。 微生物在特定环境中可能会通过改变自身的生理特性或行为方式来适应环境压力，同时环境中的生物因素也会对微生物的变异产生重要影响。 在资源有限的环境中，微生物不仅需要与其他微生物竞争，还需要应对外部压力，如宿主免疫系统的挑战或抗生素等化学物质的威胁。 这些竞争和压力促使微生物通过变异来增强自身的适应性和竞争力，从而在复杂的环境中生存和繁衍。

微生物的变异是它们在不断变化的环境中生存的关键。 这种变异的驱动力涉及基因、环境、竞争和生存压力等多个层面。 正是由于这些驱动力的作用，微生物能够不断进行变异，以适应不断变化的生存环境。 一般而言，突变是指遗传型的改变，即生物遗传物质在结构上发生改变。 环境是微生物变异最重要的驱动力。 微生物生活在各种各样的环境中，包括土壤、水、空气等。 这些环境中的化学和物理因素，如温度、湿度、pH 值、氧气等，都可以影响微生物的生存和变异。 例如，在高温环境下，微生物可能会发生耐热的变异，而在缺氧环境下，它们可能会发生耐氧的变异。 此外，竞争也是微生物变异的重要驱动力。 在生态系统中，微生物之间存在着激烈的竞争，为了获取有限的资源，它们需要不断地改变自己的遗传特征，以便更好地适应环境并获得更多的资源。在生态系统中，只有适应环境的微生物才能生存下来并繁殖后代，而不适应环境的微生物则会被淘汰。 这种选择机制可以促进微生物的适应和演化，从而使它们更好地适应环境。

1 **基因突变** 基因组 DNA 分子发生的突然的并且可遗传的变异称为基因突变。 基因突变在生物界中普遍存在，基因是微生物变异的关键因素。 现代遗传学研究已经深入揭示了遗传变异在物种多样性形成中的关键作用，微生物的基因是其演化的核心。 基因突变是微生物演化中常见的变异方式之一。 基因突变可能导致微生物的一些特性发生改变，从而提高其在特定环境中的生存能力。 这种变异为自然选择提供了多样性的原材料，是物种多样性形成的核心驱动力，也是生物进化的基础。

基因突变通常是由自然辐射、化学物质或其他环境因素引起的，可以导致 DNA 序列的改变。 这些微小的变化在微生物演化中起着至关重要的作用，因为它们为自然选择提供了原材料，使微生物能够适应不断变化的环境。 通过研究基因突变，科学家可以了解微生物如何适应环境、如何演变以及如何产生新的物种。 这些研究提供了有关生物进化的基本知识，并有助于我们更好地理解生物多样性的形成和演变。

2 **基因重组和水平基因转移** 基因重组是指通过不同基因之间的交换和重新组合，产生新的基因组合和遗传变异的过程。 这种机制通常发生在同种或近缘物种之间，例如通过同源重组的方式实现。 基因重组在微生物进化中扮演着重要角色，因为它为微生物提供了一种灵活的适应策略，使微生物能够更好地应对不断变化的环境，从而加速其进化和演变。

水平基因转移是指微生物通过非垂直遗传的方式，从其他生物体或环境中获取基因的过程。 这一机制在微生物之间的自然交互作用中尤为显著，其中包括细菌之间的接合作用和转化作用。 与基因重组不同，水平基因转移不依赖于亲代与子代之间的遗传传递，而是通过直接获取外源基因来实现遗传变异。

在接合作用中，两个细菌通过交换遗传物质，将各自的基因组合在一起，产生新的遗传变异。 这一过程不仅提高了微生物群体的多样性，在微生物适应新

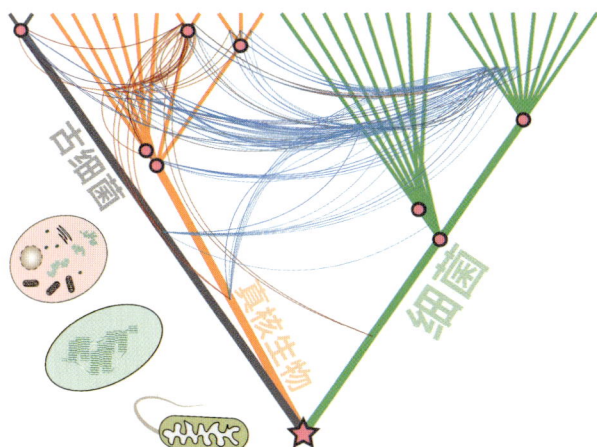

水平基因转移是各生物间进行遗传物质传递的重要媒介

环境方面也起到了关键作用。 例如，一些研究发现肠道中的细菌可能通过接合作用在抗生素压力下共享抗药性基因，这加剧了抗生素抵抗性在微生物中的传播。

在转化作用中，细菌可以通过摄取外源 DNA，如来自已死亡的细菌或环境中的游离 DNA，获得新的基因并产生遗传变异。 这种作用为微生物提供了一种获取新基因的途径，从而使其更好地适应其所处的生态环境。

真菌同样展示了基因重组的精彩实例。 在子实体形成的复杂生物学过程中，真菌细胞经历了一种独特的生殖方式。 在这个过程中，两个不同的真菌细胞会发生融合，形成一个新细胞。 新细胞继承了来自两个亲本的基因，而这些基因在融合过程中会发生交叉互换，从而产生新的遗传组合。 这种基因重组机制，赋予了真菌强大的进化能力，使其能够灵活适应多样化的生态环境。

此外，真菌的基因重组还具有广泛的影响。 它不仅有助于提高真菌在不同生态系统中的适应性，还有助于增强其抗药性。 当真菌面临抗生素等药物压力时，其基因重组能力能够帮助其产生新的抗药性基因，从而逃避药物的攻击。这种现象在临床医学上尤为重要，因为抗药性真菌感染已经成为一个日益严重的问题。

自然转化作为细菌间水平基因转移的一种机制，使得细菌在自然状态下能够自外界摄取裸露 DNA，并将其转运至细胞质内，进而实现基因重组。 自然感受和转化现象在自然界的细菌中广泛存在，早在 1928 年，Griffith 等在肺炎链球菌（*Streptococcus pneumoniae*）的毒性转化实验中发现了自然转化现象的存在，无毒性的肺炎链球菌菌株可转化有毒株的 DNA 从而可获取毒力因子。 这种现象在自然界中相当普遍，尤其是在细菌群体之间的交互作用中。 例如，当一种细菌感染了另一种细菌时，二者之间可能发生基因交换，这种交换可能涉及质粒的传递。 质粒作为一种可自主复制的遗传物质，常常携带与抗生素抵抗性相关的基因，因此，水平基因转移现象在细菌抗药性演化中扮演着重要角色。

③ **基因工程**　基因工程是一项通过人为手段精确操控生物遗传物质的尖端技术。 在此项技术的实施过程中，科研人员首先会从特定的供体生物中精准提取所需的遗传物质。 随后，在离体环境下，对这些遗传物质进行精确的切割操作，以达到预定的目的。 接下来，经过处理的遗传物质将与作为载体的 DNA 分子进行精细的拼接，从而构建出全新的遗传结构。 最后，这一结构将被巧妙地导入至特定的受体细胞中，以实现人为诱导的遗传变异。

经过这种"突变"改造后的微生物，能够正常地进行复制与表达，进而产生具备全新遗传特性的生物体。 基因工程作为一种创新的育种技术手段，为现代生物学领域的深入探索与发展注入了强大的动力与活力。

基因工程是一种强大的技术，它让我们能够打破自然界的限制，创造出新的生物种类。 利用基因工程，我们可以对生物进行改良，使它们具有更好的品质和性能。 例如，我们可以通过基因工程培育出能够产生特殊药物或抗生素的微生物，为人类提供更好的医疗资源。

总之，无论是基因突变、基因重组或是基因工程都能介导微生物变异的发生，它们在微生物进化中扮演着重要的角色。 这些机制可以帮助微生物适应新的环境和生活方式，从而加速它们的进化和演变。

（二） 微生物变异的时间尺度

以宏观视角审视，微生物的变异过程显得尤为漫长且充满未知，它贯穿了演化的历史长河。 在这些微小而复杂的生命体中，时间的度量以亿年为尺度，展现出其独特的演化历程。

地球上生物的演化历史可以分为以下 7 个阶段。

1 **生命起源**（约 40 亿年前） 原始的地球环境可能包含一些简单的有机分子和元素，为微生物的起源提供了物质基础。 这些有机分子和元素可能包括一些简单的糖分子、氨基酸和氢离子等，这些物质在当时的环境中很可能是普遍存在的。 随着时间的推移，这些简单的有机分子和元素开始相互作用，逐渐形成更复杂的有机分子和生命结构。

2 **早期微生物**（约 35 亿年前至 20 亿年前） 约 35 亿年前，地球上出现了第一个真正的微生物——原核生物。 原核生物具有简单的细胞结构，能够利用太阳能或化学能来合成有机物并释放氧气。 随着时间的推移，微生物的种类和数量不断增加，形成了各种各样的生态系统。 化石记录的追溯表明早期微生物的证据主要来自岩石中的微生物化石。 原核生物是最早的微生物形式，包括细菌和古细菌。

3 **氧气革命**（约 26 亿年前至 20 亿年前） 在地球历史的早期阶段，约 26 亿年前，地球的大气中开始出现大量的氧气，这标志着地球生态系统的一个重要转变，这个过程被称为"氧气革命"。 在此之前，地球的大气主要由氢气和氮气组成，几乎没有氧气。 这种环境非常适合厌氧生物生存，但是对需要氧气的生物来说，这种环境是致命的。 然而，在约 26 亿年前，一些微生物开始学会利用太阳能将水分解为氢气和氧气，这使得氧气开始在大气中出现。 这个过程的实现漫长而复杂，需要数百万年的时间。 蓝藻（蓝细菌）是最早进行光合作用的微生物，其通过释放氧气改变了地球的大气组成。 氧气的积累导致了地球上氧化事件的发生，这对生物演化产生了深远影响。 好氧微生物也是在这个时期开始逐渐形成的。

4 **复杂微生物的出现**（约 20 亿年前至 10 亿年前） 约 20 亿年前至 10 亿年前，复杂微生物开始出现，这标志着生命的进一步复杂化，出现了多细胞生物，形成了更复杂的生态系统。 这些微生物不仅具备真核细胞的基本特征，包括核膜和其他细胞器，而且其结构和功能也变得更加复杂。 这些微生物的出现为后来的多细胞生物的出现奠定了基础，并逐渐形成了更加复杂的生态系统。 这些微生物在地球上的分布也越来越广泛，从海洋到陆地，从淡水到咸水，无处不在。 复杂微生物的出现也为后来高级生命形式的发展奠定了基础。

5 **寒武纪爆发**（约 5.4 亿年前至 5.1 亿年前） 寒武纪爆发是地球生物多样性迅速扩大的时期，微生物在这一过程中发挥了关键作用。 寒武纪爆发的开始，地球上的生命形式仍然非常简单，以单细胞微生物为主。 但是，随着时间的推移，这些微生物逐渐进化出更复杂的形态和功能。 例如，有些微生物开始进行光合作用，从而产生了氧气；而有些微生物则发展出消化和吸收其他微生物的能力，从而形成了更复杂的生态系统。 这一时期的微生物，通过不断地变异和进化以适应环境，最终成为生态系统中的重要组成部分。 它们在海底或水体中大量繁殖，形成了丰富的有机质，为后来的生物多样性爆发奠定了基础。

6 **大灭绝事件**（约 2.5 亿年前至 2 亿年前） 在约 2.5 亿年前至 2 亿年前期间，发生了一次被称为"大灭绝事件"的重大事件，这次事件对地球生态系统产生了巨大的影响。 这次事件可能是由地球温度的剧烈变化、海平面的大幅度上升或下降、火山爆发等多种原因共同造成的。 这些变化不仅导致了大量物种的灭绝，也为那些能够适应新环境的生物提供了生存机会。

7 恐龙时代到现代（约 1.8 亿年前至今） 在这一阶段，微生物在维持生态平衡、分解有机物和循环养分等方面发挥着至关重要的作用。 这些微小的生物通过各种方式为自然环境做出了巨大的贡献，比如通过分解死亡的植物和动物残骸，帮助养分循环回土壤，以及与其他生物相互作用，形成复杂的生态网络。随着工业革命的到来，人类开始大规模地改造自然环境，这使得微生物的生存环境发生了巨大的变化。 工业废水和农业污染物的排放，以及抗生素和其他药物的过度使用，都对微生物群体产生了突变压力。 这些压力导致微生物逐渐发展出对抗生素的抵抗性，这是一种为了生存而演化出来的适应性特征。 抗生素的广泛使用和滥用，特别是在医学和农业领域，导致微生物群体中存在抗生素抵抗性基因的扩散。 这种基因可以传递给后代，使得下一代微生物同样具有抵抗性。 这种抵抗性的演变对微生物的存活产生了深远的影响，使得一些原本可以被抗生素消灭的病原菌得以存活，从而为医学和生态学领域带来了巨大的挑战。

从微观角度看，微生物演化的速度超越了我们的想象。 由于微生物的繁殖周期短，演化可以在较短的时间内发生。 这使得微生物能够快速适应新的环境条件，如温度、湿度、营养物质等的改变。 相较于大多数多细胞生物，微生物的繁殖迅速而高效，细菌、真菌和病毒等微生物通常在几小时内就可完成一代的繁殖。 这使得微生物能够在较短的时间内积累大量的变异，从而加速演化的进程。 这种变异速度能够让微生物在短时间内积累适应性，更好地适应不断变化的环境条件。 这也为微生物在各种环境中的生存和繁殖提供了更多的机会和竞争优势。

微生物的突变是地球生命演化的重要组成部分，从早期的原核生物到复杂的真核生物，再到现代多样的微生物群体，都反映了地球生态系统的不断演变。

通过了解微生物的突变历史，我们能够更好地理解地球生命的起源、发展和未来的走向。

(三)　微生物变异对地球的影响

　　微生物是地球上极古老、极丰富的生命形式之一，它们以丰富的多样性和广泛的适应性在地球生态系统中扮演着关键角色。　微生物变异对地球的多个方面产生了深远影响，包括碳循环、微生物降解和其与动植物的互作。　通过深入探讨这些方面，我们能够更好地理解微生物在地球生态系统中的作用以及它们对地球环境的调节能力。

　　1　**碳循环中的微生物变异**　碳是构成地球上生命的基本元素，而微生物在碳循环中扮演着关键角色。　光合作用微生物（如藻类和细菌）通过吸收太阳能将二氧化碳转化为有机物，不同环境下微生物的变异可能改变其光合作用效率。一些厌氧微生物在缺氧条件下参与碳的降解，释放出甲烷等气体，其变异可能导致温室气体排放的变化。

　　2　**微生物降解的多样性与变异**　微生物对有机污染物的降解是地球环境净化的主要过程，微生物的遗传变异可能影响它们对不同污染物的降解效率。微生物对抗生素的抗性是一个不断演化的过程，直接影响了医学领域中抗生素的治疗效果。

　　3　**微生物与动植物的互作**　微生物与植物之间存在丰富的共生关系，微生物的变异可能导致该关系的调整，进而影响植物的生长和发育。　动物体内的微生物群落对动物的健康和免疫系统起着关键作用，微生物的遗传变异可能导致它们在动物体内的定位和功能发生变化。

　　4　**微生物变异的驱动因素**　气候变化、污染、温度等环境因素是微生物遗传变异的主要驱动因素，它们可能导致微生物群体的结构和功能发生变化。 微生物之间存在广泛的基因交换，这种交换可以促进遗传多样性，也是微生物变异的一种重要方式。

微生物变异是地球生态系统中一个不断演化的过程，它在碳循环、环境净化、动植物健康等方面都产生了深远的影响。 了解微生物变异的机制和影响有助于我们更好地预测和适应未来地球环境的变化，以维护地球生态平衡。

（四） 微生物变异对于人类的影响

微生物在地球上分布广泛，几乎无处不在，从极地的冰雪到热带雨林的湿热土壤，从深海的黑暗环境到高山之巅的稀薄空气，都可见其踪迹。 微生物变异，作为生命进化过程中的自然选择结果，不仅推动着物种的多样性和复杂性发展，还深刻影响着地球生态系统的平衡。

微生物变异对人类的影响是复杂而多元的，既有积极促进的一面，也存在潜在的负面影响。 从积极的角度来看，微生物变异为人类提供了丰富的生物资源和医疗价值。 许多微生物的代谢产物具有独特的生物活性，被广泛应用于药物研发、农业生物制剂研发、食品添加剂开发等领域，为人类健康和生活品质的提升做出了巨大贡献。

然而，微生物变异也带来了一些潜在的负面影响。 一方面，部分微生物的变异可能导致其产生抗药性，使得传统的治疗方法失效，对人类健康构成威胁。另一方面，一些微生物的变异可能引发新的传染病疫情，对人类社会的稳定和安全造成冲击。

1 **益生菌与健康** 益生菌是一种在微生物变异过程中产生的对人体有益的微生物。 微生物的变异与益生菌之间存在密切关系，因为它们可以产生许多有益于人类健康的菌株，如乳酸菌和双歧杆菌。这些菌株在维护肠道菌群平衡、增强免疫系统方面发挥着积极作用，从而对人体健康产生积极的影响。益生菌的使用被认为有助于预防和治疗一些肠道疾病，如肠炎、便秘等。这主要是因为益生菌能够调节肠道菌群的平衡，抑制有害菌的生长，同时促进有益菌的繁殖。此外，益生菌还能够激发免疫系统的功能，增强机体抵抗力。

需要注意的是，益生菌菌株的功能具有特异性。如果某株菌具有某种功效或作用，并不能代表本属或本种的所有益生菌都具有这种功效或作用。本书所述的双歧杆菌、乳酸杆菌特指具有以上功效或作用的菌，尽管只有部分菌株有以上作用。由于对菌株特异性的重要性认识不足，目前益生菌产品鱼龙混杂，质量参差不齐，反而影响了益生菌的发展。

2 微生物的生产力　在食品工业中，微生物变异被证明是一种非常有益的现象。在发酵和食品加工过程中，微生物变异有助于改善产品的味道和提高产品的质量。例如，啤酒酿造过程中，酵母菌株的变异导致酒精含量和口感的改变，从而产生了各种不同风味的啤酒。同样，制作酸奶时，乳酸菌的变异使得酸奶中的乳酸含量增加，从而改善了酸奶的口感和营养价值。这些微生物变异的例子说明了微生物在食品工业中的重要性，为我们的日常生活提供了丰富多彩的食品选择。此外，微生物在生物工业中也有着广泛的应用。通过基因工程改造的"变异微生物"，我们可以生产出许多酶，这些酶在许多化学反应中起到催化剂的作用，从而加快了反应速度。

3 抗生素的发现　微生物变异是发现抗生素的关键。许多抗生素最初是由微生物产生的，如青霉素就是由青霉菌产生的。这些微生物在自然界中广泛存在，通过不断变异和进化，产生了能够抑制或杀死某些病原微生物的抗生素。抗生素的发现，为医学领域对抗感染性疾病提供了强有力的武器，拯救了无数患者的生命。在发现抗生素之前，许多感染性疾病无法得到有效的治疗，导致大量患者死亡。 随着抗生素的发现和应用，医生能够更有效地治疗感染性疾病，减轻了患者的痛苦并降低了死亡率。 这不仅延长了患者的寿命和提高了患者的生活质量，也极大地推动了医学的进步和发展。

4 **环境生态平衡** 有机物降解是指微生物通过分解有机物，将其转化为更简单的物质并释放出能量的过程。 微生物变异是推动具有有机物降解能力菌株产生的重要原因之一。 在自然环境中，微生物为了适应不断变化的环境条件和获取更多的资源，会不断地发生变异。 这些变异使得微生物能够更好地利用有机物，从而产生了具有有机物降解能力的菌株。 这些菌株能够利用有机物作为能源，通过分解作用将其转化为更简单的物质，如二氧化碳、水等，同时释放出能量供自身生长和繁殖。 它们的出现有助于环境中有机物的降解与循环，在维持生态系统平衡和稳定方面发挥了重要作用。

5 **耐药性的崛起** 过度使用抗生素是一个日益严重的问题。 抗生素在消灭细菌的同时，也促使一些细菌发生变异，从而产生了耐药菌株。 耐药菌株的出现，使得原本针对某些感染的标准治疗方案的效果显著减弱，甚至在某些情况下变得完全无效，这无疑给医学领域带来了前所未有的严峻挑战。 在公共卫生领域，耐药菌株的传播和扩散也成了一个令人担忧的问题。 由于抗生素的滥用，耐药菌株可在患者之间传播，使得普通的感染治疗也变得困难，甚至可能导致一些感染无法治愈。 因此，抗生素的合理使用和管理已经成为当今医学和公共卫生领域亟待解决的重要问题。

6 **新的传染病的威胁** 病原微生物的变异可能会导致一些具有独特特征的新型病原微生物的出现，新型病原微生物可能比现有的病原微生物更具传染性和致病性，从而引发新的传染病。 这种变异过程往往难以预测和防范，因此对公共卫生构成了潜在的威胁。 全球化进程使得各国之间的贸易、旅游等交流更加频繁，也使得新型病原微生物更容易传播到世界各地，从而引发全球性的卫生安全问题，对人类的健康和生命安全构成严重威胁。 例如，新型流感病毒、新型冠状病毒等的传播都与全球化进程密切相关。 因此，我们需要加强全球合作，共同应对病原微生物的变异和新型病原微生物的传播带来的挑战。

7 **环境污染与微生物** 抗生素和其他微生物药物的大量使用，可能会导致水体和土壤中的微生物群落结构失衡，破坏自然环境中微生物生态平衡。 这些药物可能会进入水体和土壤中，对微生物群体产生选择压力，导致耐药性微生物的出现和繁殖。 耐药性微生物可能会对人类和其他生物造成威胁，从而引发新的感染和疾病。

此外，工业废物的排放也可能对微生物群体产生不良影响。 其可能会污染水体和土壤，对微生物群体的正常生长和繁殖产生干扰，还可能导致微生物群体的不正常变异，产生具有不良特性的变异微生物，如具有更强耐药性和毒性的微生物。 变异微生物可能会破坏生态系统的平衡，对人类和其他生物造成危害。 因此，我们需要采取措施减少抗生素和其他微生物药物的使用，以及减少工业废物的排放。 这些措施包括加强监管和控制，提升公众的环保意识，以及开发新的技术和方法来减少污染和提高生态系统的稳定性。

微生物变异对人类产生了复杂而深刻的影响，既有助于人类健康和生产，又带来了一些潜在的威胁。 在医学领域，变异微生物的发现与研究为人类健康带来了新的希望。 一些变异微生物可能具有抗病能力，能帮助人类抵抗疾病，并为人体提供必要的营养和保护。 同时，微生物变异也给农业生产带来了巨大的影响。 一些变异微生物具有更强的代谢能力和抗逆性，能够提高农作物的产量和质量，为全球粮食安全做出贡献。 然而，另一些变异微生物则可能导致植物病害和害虫的暴发，对农业生产和生态环境造成威胁。

此外，微生物变异还与环境保护密切相关。 一些变异微生物具有降解污染物的能力，为解决环境问题提供了新的途径。 然而，另一些变异微生物则可能导致新型污染物的出现，增加了环境治理的难度和成本。

面对微生物变异，我们必须深入剖析其遗传变异规律，并审慎审视其与人类之间错综复杂的相互作用关系，以期制定出更为精确且高效的应对策略。 首先，针对微生物的遗传变异规律，我们需全面探究其通过基因突变、基因重组等手段实现遗传信息改变的机制。 其次，关于微生物与人类的相互作用关系，我们应细致研究微生物进入人体的各种途径、其与人体免疫系统的交互作用以及其对人体生理功能和健康状况的影响。 最后，我们还需关注微生物在环境中所扮演的角色，诸如土壤微生物对植物生长的促进作用、水体微生物对水质的净化作用等。 这些研究不仅有助于深化我们对微生物生态学特性的理解，还将为我们制定应对微生物变异的策略提供有力支撑。

通过科学研究和合理利用，我们有望在一定程度上引导微生物的变异方向。例如，借助基因编辑技术，我们可以精准地改变微生物的遗传信息，使其失去致病性或赋予其有益特性。 同时，我们还可以充分利用微生物在生物合成、环境治理等领域的潜在优势，发挥其积极作用。 此外，加强微生物监测和预警体系建设亦至关重要，以便我们及时发现并应对可能出现的微生物变异事件。

二 微生物变异对传染病流行的影响

微生物对人类极其重要的影响之一是导致传染病的流行。 人类疾病中有 50% 是由病毒引起的。 世界卫生组织公布的资料显示，传染病的发病率和死亡率在所有疾病中占据第一位。 随着各国对疾病预防、诊断和治疗等卫生服务领域的重视，全球传染病死亡人数呈减少趋势，但传染病仍然是低收入和中等收入国家的一大挑战。 微生物变异频率的提高直接导致了传染病大流行发生概率的增加，并且它们的发生间隔时间越来越短，20 世纪以来已暴发了六次具有严重影响的传染病。

自 **1918** 年以来人类所面临的传染病流行事件

年　份	事　件	蔓 延 地 区
1918—1919 年	西班牙流感大流行	全球
1957—1958 年	亚洲流感大流行	全球
1968—1969 年	香港流感大流行	全球
1981 年至今	HIV/AIDS 大流行	全球
2002 年	SARS 大流行	四大洲，37 个国家
2009 年	墨西哥猪流感大流行	全球
2012 年	MERS-CoV 暴发	22 个国家
2013 年	埃博拉病毒暴发	10 个国家
2015—2016 年	寨卡病毒大流行	76 个国家
2019—2022 年	COVID-19 大流行	全球

　　微生物变异在传染病流行的过程中，毫无疑问是一个至关重要且不可忽视的因素。 它以多种令人意想不到的方式，对传染病的传播和流行产生着深远的影响。 例如，新型冠状病毒的变异使其传播性更强，导致新型冠状病毒感染疫情在全球范围内迅速蔓延。 又如，流感病毒的变异使得每年流行的流感病毒株型不同，给疫苗的研发和流感的预防带来了挑战。 再比如，结核分枝杆菌的耐药变异导致结核病的治疗更加困难。 微生物变异不仅会导致突然和广泛的发病率和死亡率，甚至会导致社会、政治和经济的混乱。

　　针对重点病原微生物和病毒家族进行变异监测研究对于快速有效应对疾病流行和大流行问题至关重要。 以病毒为例，病毒（主要指 RNA 病毒）的遗传变异源于病毒基因组的突变、重组或重配的累积作用。 借助分子诊断和高通量测序技术，我们可以获得完整的病毒基因组序列，甚至可以确定新病毒的出现时间，并将其与其他人兽共患病毒株进行比较。 这些强大的技术可以用于寻找引发疾病的病毒在自然界的天然宿主，并指向特定的动物种群。

　　世界卫生组织发布的病原微生物清单包括严重急性呼吸综合征病毒（SARS

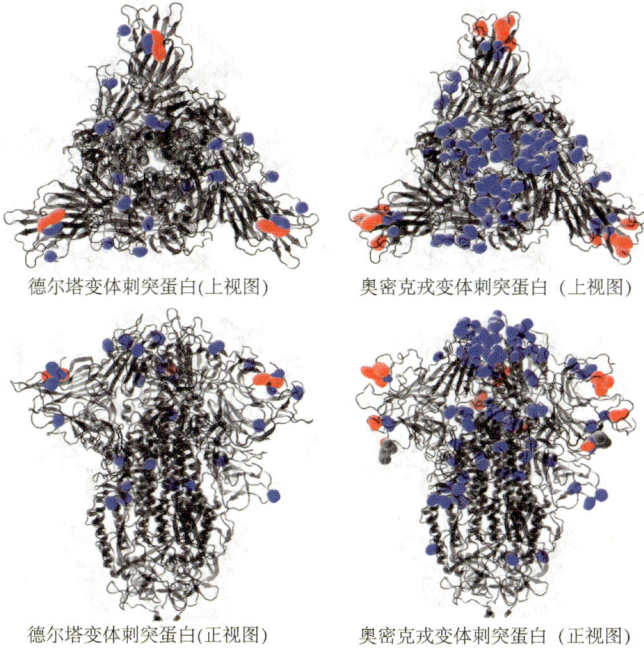

德尔塔变体刺突蛋白(上视图)　　奥密克戎变体刺突蛋白（上视图）

德尔塔变体刺突蛋白(正视图)　　奥密克戎变体刺突蛋白（正视图）

冠状病毒的德尔塔和奥密克戎变体在其刺突蛋白上表现出突变

注：蓝色表示单点氨基酸突变，红色表示氨基酸缺失，浅灰色表示氨基酸插入。基因突变导致它们比其他变体更容易传播。

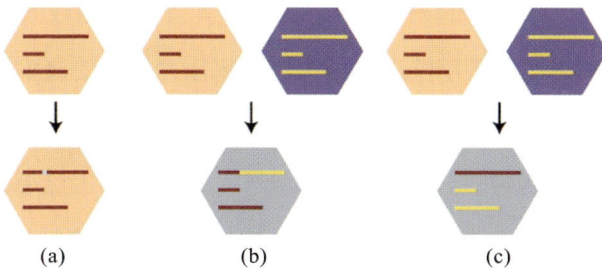

参与病毒适应所涉及的不同分子机制

(a)点突变(所有病毒)；(b)基因重组(主要是 RNA 病毒，如冠状病毒、脊髓灰质炎病毒)；(c)基因重排(基因组分段的 RNA 病毒，如流感病毒)

病毒）、新型冠状病毒（SARS-CoV-2）、中东呼吸综合征冠状病毒（MERS-CoV），布尼亚病毒科的克里米亚-刚果出血热病毒（CCHFV）和裂谷热病毒，丝状病毒科的埃博拉病毒、马尔堡病毒，沙粒病毒科的拉沙病毒以及黄病毒科的寨卡病毒、副黏病毒科的尼帕病毒等。 这些病原微生物的微小变异都有可能造成新的传染病流行。 即使全球威胁水平较低的病原微生物，仍具有引发传染病的潜在风险。 例如，尼帕病毒和甲型流感病毒 H5N1、H5N8 和 H7N9，它们目前尚未显示出持续的人际传播，但可能在突变或适应的情况下广泛传播。 我们必须保持警惕，并持续监测这些病原微生物的变化，以确保及时应对可能出现的挑战。

虽然病原微生物变异对于传染病的传播和流行具有不可忽视的影响，但是，就目前而言，我们仍然无法通过研究微生物的变异来揭示它们如何自发进化（突变、适应新宿主）以及它们可能会引发何种疾病（传播方式、发病率/死亡率、传染性、目标年龄组、季节性的影响或获得群体免疫）。 病原微生物都有自己特有的突变模式和规律，只有对病原微生物实施持续、科学的变异监测与研究，才有可能在相关传染病大规模暴发的早期开发出安全、有效的疫苗。

微生物与人类的疾病史，实为双方长久以来不懈斗争的历程。 在疾病的防治领域，人类已取得显著进步，然而新现与再现的微生物感染依旧频发，尤其是众多病毒感染，其治疗药物的研发仍显不足。 某些疾病的致病机制尚不明晰。此外，广谱抗生素的过度使用已造成巨大的选择压力，致使诸多菌株发生变异，耐药性随之产生，对人类健康构成新的威胁。 部分分节段病毒，如通过基因重组或重配发生变异的病毒（最具代表性的为流感病毒），每次流感大流行时，其病毒株型均与前次不同，这种快速变异极大地增加了疫苗开发与疾病治疗的难度。耐药性结核分枝杆菌的出现，更使一度趋于稳定的结核病再次在全球范围内肆虐。

想要实现微生物与人类的和谐共存，需充分发挥科学的力量，不断探索创新，为人类的健康和社会的可持续发展创造更加美好的前景。 同时，提升公众对微生物变异的认知水平和防范意识亦不可或缺，应呼吁全社会共同维护生态环境。唯有深入研究微生物的遗传变异规律及其与人类的互动关系，我们才能更好地应对潜在挑战，确保微生物变异带来的风险得到有效控制，并充分利用微生物的潜力为人类社会的发展贡献力量。

参考文献

［1］ COLLINS R E, CARPENTER S D, DEMING J W. Spatial heterogeneity and temporal dynamics of particles, bacteria, and pEPS in Arctic winter sea ice［J］. J Marine Syst, 2008, 74(3-4): 902-917.

［2］ 范国梅，孙清岚，孙荐辕，等. 国家微生物科学数据中心——国家微生物资源大数据体系建设［J］. 生命科学，2023，35(12): 1599-1607.

［3］ BAKER R E, MAHMUD A S, MILLER I F, et al. Infectious disease in an era of global change［J］. Nat Rev Microbiol, 2022, 20(4): 193-205.

［4］ RICHARD M, FOUCHIER R A. Influenza A virus transmission via respiratory aerosols or droplets as it relates to pandemic potential［J］. FEMS Microbiol Rev, 2016, 40(1): 68-85.

［5］ 徐建国. 加强和推进我国标准菌株体系建设，创新病原微生物资源研究［J］. 疾病监测，2023，38(12): 1437-1438.

（孙亚民　林文超　王　敏）

CHAPTER 14

第十四章

环境微生物

微生物作为地球上分布最广、物种多样性最为丰富的生命形式，对人类健康和经济社会发展具有重要的应用价值。此外，微生物在生态安全领域也有着重要的作用，不仅可指导人类的生产生活，还可直接影响社会运行和经济发展。近年来，随着新型冠状病毒、埃博拉病毒等高致病性病原微生物引发多次大规模感染，新兴未知病原微生物对人类的潜在威胁，抗生素滥用导致的超级细菌的出现和环境中耐药菌和耐药基因的流行，微生物对生态环境的污染、生态系统中微生物多样性和平衡对维持生态安全的重要性等问题逐步显现，为人类敲响警钟。多项研究表明，环境因素对新发传染病的传播具有潜在作用。本章系统地总结了国内外研究者在空气和水体中检测到的微生物种类，并列举了检测的病原微生物，可为今后的疫情防控提供一定的参考。

一 空气中的微生物

（一）室内空气中的微生物

室内空气质量与城市人群健康密切相关。成年人 $80\%\sim90\%$ 的时间是在室内度过的，生活在城市中一些行动不便的人，如老年人、婴儿等在室内生活的时间可能高达 95%。对细菌群落的广泛研究表明，由于居住者、环境条件、地理位置和许多其他因素的不同，不同建筑物甚至特定建筑物内不同位置的微生物群落组成存在很大差异。

1 **室内空气中细菌的种类及数量** 室内空气中的细菌因地理位置、气候条件、建筑类型等因素影响而种类繁多，但主要包括 7 门 77 属 169 种，以革兰氏阳性菌为主，这些优势细菌属主要来源于自然环境或以人类为中心的细菌。

已发现厚壁菌门（Firmicutes）细菌在上呼吸道中更丰富，主要为链球菌属（Streptococcus），变形菌门（Proteobacteria）中的奈瑟菌属（Neisseria）和放线菌门（Actinobacteria）中的罗氏菌属（Rothia）是常见的口咽细菌。 相比之下，拟杆菌门（Bacteroidetes）中的拟杆菌属（Bacteroides）、普雷沃菌属（Prevotella），变形菌门中的嗜血杆菌属（Haemophilus）和梭杆菌门（Fusobacteria）中的梭杆菌属（Fusobacterium）则常见于下呼吸道。 链球菌属、拟杆菌属和嗜血杆菌属通常包括更多的致病物种。 微球菌属（Micrococcus）能够短暂滞留在人类和其他哺乳动物的皮肤中，葡萄球菌属（Staphylococcus）可在人类和其他哺乳动物的皮肤和黏膜中发现，因此微球菌属和葡萄球菌属细菌能够从人类及宠物身体的各个部位传播到周围空气中，从而导致室内环境中微球菌属和葡萄球菌属细菌数量增加。

我国居住环境室内空气中的细菌主要为厚壁菌门、放线菌门、拟杆菌门、变形菌门和梭杆菌门，主要菌属为微球菌属、芽孢杆菌属（Bacillus）、葡萄球菌属、库克菌属（Kocuria）、拟杆菌属、链球菌属、奈瑟菌属和假单胞菌属（Pseudomonas），大部分细菌是与人类活动相关的、人体皮肤上的非致病菌，有研究也发现条件致病菌如蜡样芽孢杆菌（Bacillus cereus）等。 我国学校室内空气中的细菌主要为变形菌门、放线菌门、拟杆菌门，有研究发现有致病性细菌肺炎链球菌（Streptococcus pneumoniae）、条件致病菌蜡样芽孢杆菌等。 我国公共场所室内空气中的细菌主要包括放线菌门、厚壁菌门和变形菌门，优势菌属主要有芽孢杆菌属、葡萄球菌属、短杆菌属（Brevibacterium）、库克菌属、玫瑰变色菌属（Roseovarius）、肉食杆菌属（Carnobacterium）、微杆菌属（Microbacterium）和微小杆菌属（Exiguobacterium）等。 医院室内空气中常含有病原微生物和非病原微生物，以微生物气溶胶的形式进入人体，可造成院内感染。 普通病房空气中的优势菌种与科室的专业无关（与病种无关），革兰氏阳性球菌在空气中为绝对优势菌，急诊病房中细菌负荷高于普通病房。 我国医院室内空气中的细菌主要包括拟杆菌门、厚壁菌门和变形菌门，主要菌属为葡萄球菌属、微球菌属、棒状杆菌属（*Corynebacterium*）、库克菌属、芽孢杆菌属、链球菌属、莫拉菌属（*Moraxella*）和肠球菌属（*Enterococcus*）。

国外居住环境室内空气中的优势细菌为厚壁菌门、变形菌门、放线菌门、黏菌门（Myxomycota）和拟杆菌门，主要菌属为微球菌属、芽孢杆菌属、葡萄球菌属、棒状杆菌属、库克菌属、黏球菌属（*Myxococcus*）、拟杆菌属、链球菌属和假单胞菌属。 国外学校室内空气中的优势菌属为葡萄球菌属、不动杆菌属（*Acinetobacter*）、肠球菌属、链球菌属和芽孢杆菌属，有研究发现金黄色葡萄球菌（*Staphylococcus aureus*）、蜡样芽孢杆菌和化脓性链球菌（*Streptococcus pyogenes*）等为潜在致病菌。 国外公共场所室内空气中的细菌主要为假单胞菌属、葡萄球菌属、埃希菌属（*Escherichia*）、微球菌属、棒状杆菌属和芽孢杆菌属，有研究发现条件致病菌，如嗜麦芽窄食单胞菌（*Stenotrophomonas maltophilia*）和蜡样芽孢杆菌。 国外医院室内空气中的细菌主要为葡萄球菌属、不动杆菌属、芽孢杆菌属、假单胞菌属、微球菌属、玫瑰单胞菌属（*Roseomonas*）和棒状杆菌属，有研究在医院不同阶段的清洁过程中采集的空气样本中鉴定出多种致病菌，如假单胞菌属的肺假单胞菌（*Pseudomonas pulmonis*）、粪假单胞菌（*Pseudomonas faecalis*）和谷草假单胞菌（*Pseudomonas graminis*），链球菌属的嗜热链球菌（*Streptococcus thermophilus*）、副血链球菌（*Streptococcus parasanguinis*）和口腔链球菌（*Streptococcus oralis*）。 有研究在某 PICU 室内空气中分离出具有流行病学意义的微生物，包括凝固酶阴性葡萄球菌（coagulase-negative staphylococci，CoNS）、肺炎克雷伯菌（*Klebsiella pneumoniae*）和气味沙雷菌（*Serratia odorifera*），且均为多重耐药菌。 在医院室内的气溶胶中也发现了肺炎链球菌和流感嗜血杆菌（*Haemophilus influenzae*）等致病菌。

室内环境中的微生物与人类共同构成了复杂的室内环境健康体系，最初是将某一种细菌单独进行研究，而如今是以微生物组的概念进行整合研究。 室内空气中的细菌大部分为人类表皮、上呼吸道的定植细菌，与人类活动密切相关，除此之外，室内空气中的细菌也与通风、空间占用率、空间布局、植物、宠物、地理位置和气候等息息相关。 国内外室内空气中的细菌种类大部分一致，存在差异的原因有很多，可能由供暖通风与空气调节（heating ventilation and air-conditioning，HAVC)系统的使用率、不同种族人类携带微生物不同、地理环境差异和家庭宠物普及率不同等多种原因共同作用所致。

室内空气中检出的细菌种类

种属信息			检出位置		是否为病原微生物
门	属	种	国家(地区)	区域	原微生物
放线菌门 (Actinobacteria)	隐秘杆菌属 (Arcanobacterium)	Actinobacterium haemolysticum			否
	气微菌属 (Aeromicrobium)	Aeromicrobium tamlense			否
	节杆菌属 (Arthrobacter)	Arthrobacter agilis			否
		Arthrobacter crystallopoietes			否
		Arthrobacter cumminsii			否
		Arthrobacter globiformis			否
		Arthrobacter oxydans	中国(北京)	住宅	否
		Arthrobacter scleromae			否
		Arthrobacter sulfonivorans			否
		Arthrobacter xoluwensis			否
	短杆状菌属 (Brachybacterium)	Brachybacterium arcticum			否
		Brachybacterium conglomeratum			否
		Brachybacterium faecium			否
		Brachybacterium paraconglomeratum			否

续表

门	种属信息			检出位置			是否为病原微生物
	属	种		国家(地区)	区域		
放线菌门 (Actinobacteria)	短杆菌属 (*Brevibacterium*)	*Brevibacterium casei*		中国(北京、石家庄)	住宅、公共场所		否
		Brevibacterium epidermidis					否
		Brevibacterium linens					否
		Brevibacterium liquefaciens					否
		Brevibacterium otitidis					否
	棒形杆菌属 (*Clavibacter*)	*Clavibacter agropyri*		中国(北京)	住宅		否
	棒状杆菌属 (*Corynebacterium*)	*Corynebacterium accolens*		中国(北京)、丹麦、挪威、冰岛、爱沙尼亚、瑞典、土耳其、韩国、美国和马来西亚	住宅、学校、公共场所		否
		Corynebacterium cystitidis					否
		Corynebacterium mastitidis					否
		Corynebacterium nitrilophilus					否
		Corynebacterium variabile					否
		Corynebacterium xerosis					否
	皮肤杆菌属 (*Cutibacterium*)			丹麦、挪威、冰岛、爱沙尼亚和瑞典	住宅		否
	短小杆菌属 (*Curtobacterium*)	*Curtobacterium citreum*		中国(北京)	住宅		否
		Curtobacterium flaccumfaciens					否
		Curtobacterium pusillum					否

续表

门	属	种	国家（地区）	区域	是否为病原微生物
放线菌门（Actinobacteria）	皮杆菌属（Dermabacter）	Dermabacter hominis	中国（北京）	住宅	否
	皮生球菌属（Dermacoccus）	Dermacoccus nishinomiyaensis	中国（北京）、丹麦、挪威、冰岛、爱沙尼亚和瑞典	住宅	否
		Dermacoccus profundi			否
	迪茨氏菌属（Dietzia）	Dietzia maris	中国（北京）、丹麦、挪威、冰岛、爱沙尼亚和瑞典	住宅	否
		Dietzia sp.			否
	加德纳菌属（Gardnerella）		丹麦、挪威、冰岛、爱沙尼亚和瑞典	住宅	否
	库克菌属（Kocuria）	Kocuria carniphila			否
		Kocuria halotolerans			否
		Kocuria marina	中国（北京、石家庄、杭州）、丹麦、挪威、冰岛、爱沙尼亚和瑞典	住宅	否
		Kocuria palustris			否
		Kocuria rhizophila			否
		Kocuria rosea			否
	Kytococcus	Kytococcus aerolatus	中国（北京）、马来西亚	住宅、公共场所	否
		Kytococcus sedentarius			否
	莱夫森氏菌属（Leifsonia）		马来西亚	公共场所	否

续表

种属信息			检出位置		是否为病原微生物
门	属	种	国家（地区）	区域	
放线菌门（Actinobacteria）	微球菌属（*Micrococcus*）	*Micrococcus antarcticus*	中国（北京、杭州）、新加坡、丹麦、挪威、冰岛、爱沙尼亚、瑞典、土耳其、韩国、尼日利亚、伊朗、马来西亚	住宅、学校、公共场所	否
		Micrococcus diversus			否
		Micrococcus flavus			否
		Micrococcus indicus			否
		Micrococcus luteus			否
		Micrococcus lylae			否
		Micrococcus terreus			
		Micrococcus yunmanensis			否
	微杆菌属（*Microbacterium*）	*Microbacterium arborescens*	中国（北京、石家庄）	住宅、公共场所	否
		Microbacterium foliorum			否
		Microbacterium imperiale			否
		Microbacterium maritypicum			否
		Microbacterium paraoxydans			否
		Microbacterium terregens			否

续表

种属信息			检出位置		是否为病原微生物
门	属	种	国家（地区）	区域	
放线菌门 （Actinobacteria）	红球菌属 （Rhodococcus）	Rhodococcus australis	中国（北京）	住宅	否
		Rhodococcus globerulus			否
		Rhodococcus kroppenstedtii			否
		Rhodococcus rhodochrous			否
	罗氏菌属 （Rothia）	Rothia mucilaginosa	中国（北京、南京）、丹麦、挪威、冰岛、爱沙尼亚和瑞典	住宅	否
	糖丝菌属 （Saccharothrix）	Saccharothrix texasensis	中国（北京）	住宅	否
	亮杆菌属 （Leucobacter）	Leucobacter chromiireducens	中国（北京）	住宅	否
	链霉菌属 （Streptomyces）	Streptomyces platensis	中国（北京、南京）	住宅	否

续表

门	种属信息		检出位置		是否为病原微生物
	属	种	国家（地区）	区域	原生物
拟杆菌门 （Bacteroidetes）	拟杆菌属 （Bacteroides）		中国（南京）	住宅	否
	二氧化碳嗜纤维菌属 （Capnocytophaga）				否
	黄杆菌属 （Flavobacterium）	Flavobacterium ferrugineum	中国（北京）	住宅	否
	土地杆菌属 （Pedobacter）	Pedobacter cryoconitis			否
	卟啉单胞菌属 （Porphyromonas）		中国（南京）	住宅	否
	普雷沃菌属 （Prevotella）				否
异常球菌-栖热菌门 （Deinococcota）	异常球菌属 （Deinococcus）	Deinococcus grandis	中国（北京）	住宅	否

续表

门	种属信息		检出位置		是否为病原微生物
	属	种	国家(地区)	区域	
厚壁菌门（Firmicutes）	气球菌属（Aerococcus）	Aerococcus viridans	中国（北京）	住宅	否
	厌氧球菌属（Anaerococcus）		丹麦、挪威、冰岛、爱沙尼亚和瑞典	住宅	否
	芽孢杆菌属（Bacillus）	Bacillus amyloliquefaciens	中国（北京、杭州、石家庄、广州、南京、丹麦、挪威、冰岛、爱沙尼亚、瑞典、土耳其、韩国、尼日利亚、伊朗、马来西亚、科威特和卡塔尔	住宅、学校、公共场所、办公楼、医院	否
		Bacillus aryabhattai			否
		Bacillus azarquiensis			否
		Bacillus badius			否
		蜡样芽孢杆菌（Bacillus cereus）			是
		Bacillus drentensis			否
		Bacillus firmus			否
		Bacillus gibsonii			否
		Bacillus horikoshii			否
		Bacillus humi			否
		Bacillus licheniformis			否

续表

门	属	种	检出位置 国家（地区）	检出位置 区域	是否为病原微生物
厚壁菌门（Firmicutes）	芽孢杆菌属（Bacillus）	*Bacillus marisflavi*	中国（北京、杭州、石家庄、广州、南京）、丹麦、挪威、冰岛、爱沙尼亚、瑞典、土耳其、韩国、尼日利亚、伊朗、马来西亚、科威特和卡塔尔	住宅、学校、公共场所、办公楼、医院	否
		Bacillus maroccanus			否
		Bacillus massiliensis			否
		Bacillus megaterium			否
		Bacillus niacini			否
		Bacillus pumilus			否
		Bacillus simplex			否
		Bacillus subtilis			否
		Bacillus thuringiensis			否
	经黏液真杆菌属（Blautia）		中国（北京）	住宅	否
	肉食杆菌属（Carnobacterium）		中国（石家庄）	公共场所	否
	粪球菌属（Coprococcus）		中国（北京、南京）	住宅	否
	肠球菌属（Enterococcus）		中国（东北地区）、伊朗	学校、医院	否
	真杆菌属（Eubacterium）	*Eubacterium coprostanloigenes*	中国（南京）	住宅	否

续表

种属信息			检出位置		是否为病原微生物
门	属	种	国家（地区）	区域	
厚壁菌门（Firmicutes）	微小杆菌属（Exiguobacterium）	*Exiguobacterium mexicanum*	中国（北京、石家庄）	住宅、公共场所	否
		Exiguobacterium profundum			否
	芬戈尔德菌属（Finegoldia）		丹麦、挪威、冰岛、爱沙尼亚和瑞典	住宅	否
	乳杆菌属（Lactobacillus）		丹麦、挪威、冰岛、爱沙尼亚、瑞典和尼日利亚	住宅、学校	否
	巨球菌属（Macrococcus）	*Macrococcus bovicus*			否
		Macrococcus carouselicus			否
		Macrococcus flavescene			否
		Macrococcus maritpicum			否
	类芽孢杆菌属（Paenibacillus）	*Paenibacillus humicus*	中国（北京）	住宅	否
		Paenibacillus illinoisensis			否
	片球菌属（Pediococcus）	*Pediococcus pentosaceus*			否
	嗜胨菌属（Peptoniphilus）		丹麦、挪威、冰岛、爱沙尼亚和瑞典	住宅	否

续表

门	种属信息			检出位置		是否为病原微生物
	属	种		国家（地区）	区域	原微生物
厚壁菌门（Firmicutes）	葡萄球菌属（Staphylococcus）	Staphylococcus arlettae		中国（北京、杭州、石家庄）、新加坡、丹麦、挪威、冰岛、爱沙尼亚、瑞典、土耳其、韩国、美国、尼日利亚、伊朗、马来西亚、卡塔尔	住宅、学校、公共场所、健身房、医院	否
		金黄色葡萄球菌（Staphylococcus aureus）				是
		Staphylococcus caprae				否
		Staphylococcus carnosus				否
		Staphylococcus cohnii				否
		Staphylococcus epidermidis				否
		Staphylococcus equorum				否
		Staphylococcus gallinarum				否
		Staphylococcus haemolyticus				否
		Staphylococcus hominis				否
		Staphylococcus lentus				否
		Staphylococcus pasteuri				否
		Staphylococcus saprophyticus				否
		Staphylococcus sciuri				否
		凝固酶阴性葡萄球菌（coagulase-negative staphylococci, CoNS）		莫桑比克	医院	是

续表

种属信息			检出位置		是否为病原微生物
门	属	种	国家（地区）	区域	原微生物
厚壁菌门（Firmicutes）	链球菌属（Streptococcus）	*Streptococcus acidominimus*	中国(北京、南京、科威特、美国、丹麦、挪威、冰岛、爱沙尼亚、瑞典、伊朗）	住宅、牙科诊所、学校、医院	否
		副血链球菌（*Streptococcus parasanguinis*）			是
		肺炎链球菌（*Streptococcus pneumoniae*）			是
		化脓性链球菌（*Streptococcus pyogenes*）			是
		口腔链球菌（*Streptococcus oralis*）			是
		Streptococcus suis	美国	牙科诊所	否
		嗜热链球菌（*Streptococcus thermophilus*）			否
	动性球菌属（*Planococcus*）	*Planococcus citreus*	中国（北京）	住宅	否
		Planococcus sp.			否
	动性微球菌属（*Planomicrobium*）	*Planomicrobium glaciei*			否
		Planomicrobium sp.			否
	粪杆菌属（*Faqecalibacterium*）		中国(南京）	住宅	否
	芽孢八叠球菌属（*Sporosaricina*）		美国	医院	否
梭杆菌门（Fusobacteria）	梭杆菌属（*Fusobacterium*）		中国（南京）	住宅	否
黏球菌门（Myxococcota）	黏球菌属（*Myxococcus*）		丹麦、挪威、冰岛、爱沙尼亚和瑞典	住宅	否

续表

门	种属信息		检出位置		是否为病原微生物
	属	种	国家（地区）	区域	原微生物
变形菌门（Proteobacteria）	不动杆菌属（Acinetobacter）	Acinetobacter genospecies	中国（北京、丹麦、挪威、冰岛、爱沙尼亚、瑞典、卡塔尔和美国）	住宅、医院、学校	否
		约翰逊不动杆菌（Acinetobacter johnsonii）			否
		Acinetobacter lwoffii			否
	气单胞菌属（Aeromonas）	Aeromonas ichthiosmia			否
		Aeromonas veronii			否
	短波单胞菌属（Brevundimonas）	Brevundimonas diminuta	中国（北京）	住宅	否
		Brevundimonas naejangsanensis			否
		Brevundimonas terrae			否
	色杆菌属（Chromobacterium）		尼日利亚	学校	否
	无色杆菌属（Achromobacter）	Achromobacter cholinophagum	中国（石家庄）	住宅	否
	玫瑰变色菌属（Roseovarius）		中国（石家庄）	公共场所	否
	栖水菌属（Enhydrobacter）		丹麦、挪威、冰岛、爱沙尼亚和瑞典	住宅	否
	埃希菌属（Escherichia）		尼日利亚、伊朗	学校、健身房	否

续表

种属信息			检出位置		是否为病原微生物
门	属	种	国家（地区）	区域	
变形菌门（Proteobacteria）	嗜血杆菌属（Haemophilus）	流感嗜血杆菌（Haemophilus influenzae）	中国（南京）、科威特	医院、住宅	是
	克雷伯菌属（Klebsiella）	肺炎克雷伯菌（Klebsiella pneumoniae）	莫桑比克	PICU	是
	嗜冷杆菌属（Psychrobacter）		美国	医院	否
	劳特罗普菌属（Lautropia）		中国（南京）	住宅	否
	莫拉菌属（Moraxella）		中国（东北地区）	医院	否
	奈瑟菌属（Neisseria）		中国（南京）	住宅	否
	副球菌属（Paracoccus）	Paracoccus sp.	中国（北京）、丹麦、挪威、冰岛、爱沙尼亚和瑞典	住宅	否

续表

门	种属信息		检出位置		是否为病原微生物
	属	种	国家（地区）	区域	
变形菌门（Proteobacteria）	巴斯德菌属（Pasteurella）	*Pasteurella pneumotropica*	中国（北京）	住宅	否
	叶杆菌属（Phyllobacterium）	*Phyllobacterium rubiacearum*			否
	假单胞菌属（Pseudomonas）	*Pseudomonas bathycetes*			否
		粪假单胞菌（*Pseudomonas faecalis*）			是
		Pseudomonas fulva			否
		Pseudomonas glumae	中国(北京、杭州)、尼日利亚、伊朗、卡塔尔、美国	住宅、学校、健身房、医院、牙科诊所	否
		谷草假单胞菌（*Pseudomonas graminis*）			是
		肺假单胞菌（*Pseudomonas pulmonis*）			是
		Pseudomonas spinose			否
		Pseudomonas tolaasii			否

续表

种属信息			检出位置		是否为病原微生物
门	属	种	国家（地区）	区域	
变形菌门 (Proteobacteria)	玫瑰单胞菌属 (Roseomonas)		卡塔尔、尼日利亚	医院	否
	沙雷菌属 (Serratia)	气味沙雷菌 (Serratia odorifera)	尼日利亚、莫桑比克	PICU、学校	是
	鞘氨醇单胞菌属 (Sphingomonas)		丹麦、挪威、冰岛、爱沙尼亚和瑞典	住宅	否
	寡养单胞菌属 (Stenotrophomonas)	嗜麦芽窄食单胞菌 (Stenotrophomonas maltophilia)	中国（北京）、马来西亚	住宅、自助餐厅	是
	黄单胞菌属 (Flavimonas)	Xanthomonas campestris	中国（北京）	住宅	否

2 **室内空气中病毒的种类及数量** 人类活动是影响室内空气中病毒群落结构和数量的主要因素,流感病毒、人鼻病毒、冠状病毒、腺病毒、呼吸道合胞病毒(RSV)是室内环境中常见并且易传播的病毒。大多数室内病毒的研究集中在物体表面或空气中发现的易感染人类的病毒。

我国对住宅、学校、公共场所等室内环境空气中病毒的检测研究较少,主要为医院感染或空气消毒效果方面的研究。室内环境中可检测出呼吸道合胞病毒、流感病毒和腺病毒等。

在国外居住环境、公共场所室内空气中可检测出腺病毒、甲型流感病毒和人副流感病毒。Karyna 等通过对一年内暖通空调过滤器积聚的灰尘进行宏基因组测序,研究了美国某大学宿舍空气中传播的病毒,共检测到 215 个病毒 OTU (operational taxonomic unit),其中大多数(72%)为 DNA 病毒。已鉴定的病毒 OTU 表明,跨越多个病毒家族和基因组类型的噬菌体和真核病毒在室内空气中循环。噬菌体在宿舍空气中的病毒群落多样性中占主导地位,其中以来自肌病毒科的有尾噬菌体(有尾病毒目)为主。此外,真核病毒也很容易被检测到,超过 50% 的宿舍中存在真核病毒 OTU。来自乳头瘤病毒科和多瘤病毒科的无包膜双链 DNA 病毒,包括人乳头瘤病毒(HPV)和多瘤病毒(HPyV),在宿舍中广泛存在。

病毒也是引起院内感染的重要病原微生物之一,常见的院内感染包括流感病毒引起的流感、呼吸道合胞病毒引起的呼吸道感染等。在科威特某医院还检测到两种非 SARS 冠状病毒(HKU1 和 NL63)、呼吸道合胞病毒、人博卡病毒、人鼻病毒和人肠道病毒等。

室内环境微生物组与人类健康之间的关系非常复杂,2017 年 8 月 16 日美国国家科学院提出一项研究室内环境微生物组与人类健康关系的建议,以更全面地了解室内微生物组的形成、动力学和功能,以及对人体健康造成的影响,进一步指导改善建筑物环境，提高人类健康和福祉。 近年暴发的新型冠状病毒感染疫情让全世界人民心有余悸，而其导致的"长新冠"症状至今还在悄然影响着人类的健康状况。 这一全球性突发的由气溶胶传播的公共卫生事件为全球相关部门和专家敲响了警钟，大家意识到在过去几十年间，我们在食品、饮水方面的生物安全投入了大量的人力和物力，而在空气的生物安全上做的工作却远远不够，今后我们应加强对空气中未知病原微生物的甄别，防控经空气传播的传染病的暴发，通过改善建筑设计的智能通风系统，降低病原微生物传播的风险。

室内空气中检出的病毒种类

| 种属信息 | | 检出位置 | | 是否为病 |
属	种	国家（地区）	区域	原微生物
博卡病毒属（Bocaparvovirus）	人博卡病毒（human bocavirus，HBoV）	科威特	医院	是
α乳头瘤病毒属（Alphapapillomavirus）	人乳头瘤病毒（human papilloma virus，HPV）	美国	大学宿舍	是
α多瘤病毒属（Alphapolyomavirus）	多瘤病毒（polyomavirus，PyV）	美国	大学宿舍	是
甲型流感病毒属（Alphainfluenzavirus）	甲型流感病毒（influenza A virus）	中国、韩国	医院、住宅	是
乙型流感病毒属（Betainfluenzavirus）	乙型流感病毒（influenza B virus）	科威特	医院	是
肺病毒属（Orthopneumovirus）	呼吸道合胞病毒（respiratory syncytial virus，RSV）	中国、科威特	医院	是
呼吸道病毒属（Respirovirus）	人副流感病毒（human parainfluenza virus，HPIV）-1 HPIV-3	韩国	住宅	是

续表

种属信息		检出位置		是否为病原微生物
属	种	国家（地区）	区域	
腮腺炎病毒属（*Rubulavirus*）	HPIV-2 HPIV-4			
β冠状病毒属（*Betacoronavirus*）	新型冠状病毒（SARS-CoV-2）	中国、科威特	医院	是
肠道病毒属（*Enterovirus*）	人肠道病毒	科威特	医院	是
鼻病毒属（*Rhinovirus*，RhV）	人鼻病毒（human rhinovirus，HRV）		医院	是
腺病毒属（*Adenovirus*）		中国、韩国	医院、住宅	是

（二） 室外空气中的微生物

　　室外空气中存在丰富的微生物，它们的种类和数量因地区、季节和环境条件的变化而有所不同，与人类健康、区域气候和生态平衡密切相关。 空气中细菌的组成和扩散会受到某些微观和（或）宏观因素的影响，如土地利用、排放源、颗粒物浓度和粒径、空气湿度、风速和温度等。 人为活动（如农业、养殖、医疗和废物处理等）和自然过程（如海浪、授粉、火山爆发和沙漠尘埃等）被认为是生物气溶胶进入大气的主要方式。 人为活动显著增加了空气细菌的多样性，也增加了潜在病原微生物的浓度。

　　1 室外空气中细菌的种类及数量　室外空气中细菌种类繁多，已报道的有 8 门 70 余属。 在门水平上检出的室外空气细菌主要为变形菌门、厚壁菌门、放线菌门和拟杆菌门四类，也有部分细菌分布在假单胞菌门、蓝细菌门。 随着高通量测序技术的发展，很多之前不常见的菌门也进入人们的视野。 常见菌属包括芽孢杆菌属、节杆菌属（*Arthrobacter*）、不动杆菌属、肠球菌属等数十种。常见条件致病菌包括蜡样芽孢杆菌、玫瑰色库克菌（*Kocuria rosea*）等。 大多数细菌在干燥和太阳辐射等条件下无法生存，而厚壁菌门（如芽孢杆菌属和周围芽孢杆菌属）和放线菌门（如节杆菌属）等革兰氏阳性菌，对于环境中不利的气候条件具有一定的抵抗力。 因此，室外空气中检出的细菌以革兰氏阳性菌为主。

　　我国室外空气中检出的细菌以变形菌门、放线菌门、拟杆菌门和厚壁菌门四类为主。 常见菌属包括芽孢杆菌属、假单胞菌属、节杆菌属、马赛菌属（*Massilia*）、分枝杆菌属（*Mycobacterium*）、葡萄球菌属等 50 余种。 室外空气中细菌的丰度和群落结构在不同季节、地区、高度均存在显著差异。 针对青藏高原地区的空气微生物研究发现，城市空气中富集乳杆菌属（*Lactobacillus*），而农村空气中则富集不动杆菌属及肠球菌属。 新疆哈密地区露天煤矿周边空气中的优势菌主要为变形菌门和放线菌门，还有在其他环境中较少检出的特征物种（如出芽小链菌纲（Blastocatellia）、伯克氏菌科（Burkholderiaceae）及 δ 变形菌纲（Deltaproteobacteria））和粉煤灰区土壤细菌群落的特征物种（如绿弯菌门（Chloroflexi）等）。 在印度季风的影响下，潜在病原菌的检出有所增加，如荧光假单胞菌（*Pseudomonas fluorescens*）、金黄色葡萄球菌和丁酸梭菌（*Clostridium butyricum*）等。 特殊场所附近空气中细菌的分布具有不同特点，如污水处理厂、医院、学校、养殖场等。 医院、养殖场等特殊场所附近空气中检出的病原菌较一般公共场所更多，可能对暴露在其中的人群健康产生一定影响。

大气环境中太阳辐射对空气
微生物的生存是巨大的威胁

（南平市吴屯乡上空，拍摄人：毛怡心）

不同高度的大气环境中
细菌的分布存在差异

（宁德市古田县上空，拍摄人：毛怡心）

其他国家和地区室外空气中检出的细菌也以变形菌门、放线菌门、拟杆菌门和厚壁菌门四类为主。 常见芽孢杆菌属、假单胞菌属、节杆菌属、马赛菌属、分枝杆菌属、葡萄球菌属等 50 余种菌属。 变形菌门是检出率较高的菌门，在这个门中，假单胞菌目假单胞菌属和不动杆菌属，伯克霍尔德菌目马赛菌属、代尔夫特菌属（*Delftia*）和紫色杆菌属（*Janthinobacterium*），根瘤菌目甲基杆菌属（*Methylobacterium*），红螺菌目醋酸杆菌属（*Acetobacter*）和鞘氨醇单胞菌目鞘氨醇单胞菌属（*Sphingomonas*）8个菌属被确定为具代表性的菌属。 变形菌门单胞菌属中的铜绿假单胞菌是经常被检出的病原菌，不论在环境中还是在临床领域均如此。 厚壁菌门下的芽孢杆菌目（Bacillales）和乳杆菌目（Lactobacillales），放线菌门下的棒状杆菌目（Corynebacteriales）和微球菌目（Micrococcales），拟杆菌门下的鞘氨醇杆菌目（Sphingobacteriales）也较常出现在空气样本中。 不同环境下，空气中细菌的种属分布存在显著不同。 例如，在沿海地区，拟杆菌门的黄杆菌目（Flavobacteriales）更为常见，而在内陆地区鞘氨醇杆菌目、芽孢杆菌目和噬纤维菌目（Cytophagales）则更为常见。 不难看出，室外空气中的细菌种类与其周边环境息息相关，附近地区的人类活动以及自然活动都能够影响空气中的细菌分布。

大气环境中的细菌来源于
周边不同环境介质

（稻城亚丁，拍摄人：彭美然）

大气环境中的细菌来源于
周边不同环境介质

（青海，拍摄人：王倩）

室外空气中检出的细菌种类

种属信息			检出位置		是否为病原微生物
门	属	种	国家(地区)	区域	原微生物
拟杆菌门(Bacteroidetes)	金黄杆菌属(Chryseobacterium)		中国(湖南)	生活垃圾中转站	否
	普雷沃菌属(Prevotella)		中国(山东)	泰山顶峰	否
	卟啉单胞菌属(Porphyromonas)				否
	嗜线虫杆菌属(Hymenobacter)				否
	拟杆菌属(Bacteroides)		美国(中西部)		否
	弯曲杆菌属(Campylobacter)		新西兰	户外娱乐设施	否
变形菌门(Proteobacteria)	假单胞菌属(Pseudomonas)	铜绿假单胞菌(Pseudomonas aeruginosa)	挪威	地下地铁站	是
		恶臭假单胞菌(Pseudomonas putida)	中国(山东)	泰山顶峰	否
			中国(湖南)	生活垃圾中转站	潜在
			中国(合肥、杭州、兰州、西安)	市区	
			中国(北京)	家禽屠宰场	
			中国(山东)	农耕区、泰山顶峰	
			中国(北京)	人类活动丰富站点、高流量站点、绿色站点	是

续表

门	属	种	国家(地区)	区域	是否为病原微生物
变形菌门 (Proteobacteria)	马赛菌属 (Massilia)		中国(新疆)	塔克拉玛干沙尘暴源区	否
			中国(青岛)	人工湿地	
	鞘氨醇单胞菌属 (Sphingomonas)		中国(山东)	农耕区、泰山顶峰	否
			中国(青岛)	街道、人工湿地	
			中国(山东)	农耕区、泰山顶峰	
	弓形菌属 (Arcobacter)		中国(青岛)	冬季市区街道	否
	玫瑰变色菌属 (Roseovarius)		中国(石家庄)	市中心室外大气	否
	奈瑟菌属 (Neisseria)		中国(西安)	市区	潜在
			中国(山东)	泰山顶峰	
	克雷伯菌属 (Klebsiella)		中国(兰州)		潜在
	欧文菌属 (Erwinia)		中国(兰州)		潜在
	假洪氏菌属 (Pseudohongiella)		南冰洋	海面上空	否

续表

种属信息			检出位置		是否为病原微生物
门	属	种	国家（地区）	区域	
变形菌门 (Proteobacteria)	肠杆菌属 (Enterobacter)		中国(合肥、西安)	市区	潜在
	埃希菌属 (Escherichia)	大肠埃希菌 (Escherichia coli)	美国	水上乐园	否
			中国(兰州)	市区商业区、工业区和公园景点区	
	沙雷菌属 (Serratia)	黏质沙雷菌 (Serratia marcescens)	伊朗	垃圾分类厂	是
	紫色杆菌属 (Janthinobacterium)		中国(西安)	市区	否
	副球菌属 (Paracoccus)		中国(山东)	农耕区、泰山顶峰	否
	罗尔斯通菌属 (Ralstonia)		中国(山东)	市区街道、泰山顶峰	否
			中国(兰州、山东)	市区、泰山顶峰	
	代尔夫特菌属 (Delftia)		中国(合肥)	市区	否
			中国(山东)	泰山顶峰	
	寡养单胞菌属 (Stenotrophomonas)		中国(西安)	市区	是
			中国(山东)	农耕区、泰山顶峰	

续表

种属信息			检出位置		是否为致病原微生物
门	属	种	国家（地区）	区域	
变形菌门（Proteobacteria）	甲基杆菌属（Methylobacterium）		中国（山东）	泰山顶峰	否
	红假单胞菌属（Rhodopseudomonas）				否
	慢生根瘤菌属（Bradyrhizobium）				否
	根瘤菌属（Rhizobium）				否
	红游动菌属（Rhodoplanes）				否
	嗜血杆菌属（Haemophilus）				否
	Variovorax				否
	Noviherbaspirillum				否
	硅单胞菌属（Silanimonas）				否
	热单胞菌属（Caldimonas）				否
	放线微菌属（Actimicrobium）				否

续表

种属信息			检出位置		是否为病原微生物
门	属	种	国家（地区）	区域	
变形菌门 (Proteobacteria)	立克次体属 (*Rickettsia*)		中国（西安）	市区	是
	伯克霍尔德菌属 (*Burkholderia*)		中国（兰州、西安）	市区商业区、工业区和公园景点区	是
			中国（山东）	泰山顶峰	否
	不动杆菌属 (*Acinetobacter*)	鲍氏不动杆菌 (*Acinetobacter baumannii*)	中国（山东）	泰山顶峰	是
			中国（湖南）	生活垃圾中转站	否
			中国（青岛、合肥、西安）	市区、街道	否
			中国（山东）	农耕区、泰山顶峰	否
放线菌门 (Actinobacteria)	节杆菌属 (*Arthrobacter*)		中国（北京、杭州）	市区	否
			中国（新疆）	塔克拉玛干沙尘暴源区	
			中国（山东）	农耕区	

续表

种属信息			检出位置		是否为病原微生物
门	属	种	国家(地区)	区域	
放线菌门 (Actinobacteria)	短杆菌属 (Brevibacterium)		中国(新疆)	塔克拉玛干沙尘暴源区	否
			中国(北京)	人类活动丰富站点、高流量站点、绿色站点	
	微球菌属 (Micrococcus)		挪威	地下地铁站	否
			中国(北京)	人类活动丰富站点、高流量站点、绿色站点、家禽屠宰场	
	库克菌属 (Kocuria)		中国(石家庄)	市中心室外大气	否
			中国(杭州、西安)	市区	
	链霉菌属 (Streptomyces)		中国(石家庄)	市中心室外大气	否
			中国(杭州)	市区	
	诺卡菌属 (Nocardia)		中国(石家庄)	市中心室外大气	否
			中国(西安)	市区	是

续表

| 种 属 信 息 | | | 检 出 位 置 | | 是否为病原微生物 |
门	属	种	国家(地区)	区域	
放线菌门(Actinobacteria)	类诺卡氏菌属(Nocardioides)		中国(山东)	泰山顶峰	否
	红球菌属(Rhodococcus)	马红球菌(Rhodococcus equi)	中国(山东)	泰山顶峰	是
		带化红球菌(Rhodococcus fascians)			是
	微杆菌属(Microbacterium)		中国(山东)	农耕区、泰山顶峰	否
			中国(石家庄)、意大利	市中心室外大气	否
	寒冷杆菌属(Frigoribacterium)		中国(山东)	泰山顶峰	否
	分枝杆菌属(Mycobacterium)		中国(山东)	农耕区	否
	棒状杆菌属(Corynebacterium)		中国(上海、西安)	室外大气	否
			中国(北京、香港)	人类活动丰富站点、高流量站点、绿色站点、家禽屠宰场	否
			中国(西安)	市区	
			中国(山东)	农耕区	

续表

门	种属信息		检出位置		是否为病原微生物
	属	种	国家（地区）	区域	
	气球菌属（*Aerococcus*）		中国（西安）	市区	潜在
	肠球菌属（*Enterococcus*）		中国（兰州、西安）	市区商业区、工业区和公园景点区	是
			土耳其（埃迪尔内）	儿童日托中心	
	乳球菌属（*Lactococcus*）		伊朗	垃圾分类厂	
厚壁菌门（Firmicutes）			中国（兰州、西安）	市区商业区、工业区和公园景点区	
	芽孢杆菌属（*Bacillus*）	蜡样芽孢杆菌（*Bacillus cereus*）	中国（兰州）	市区商业区、工业区和公园景点区	是
		枯草芽孢杆菌（*Bacillus subtilis*）	尼日利亚	医院室外	否
		短小芽孢杆菌（*Bacillus pumilus*）	中国（山东）	泰山顶峰	否
			中国（山东）	农耕区、泰山顶峰	否
			中国（湖南）	生活垃圾中转站	
			中国（上海、杭州、石家庄）	市中心室外大气	

续表

种属信息			检出位置			是否为病原微生物
门	属	种	国家(地区)	区域		
	链球菌属 (*Streptococcus*)	无乳链球菌 (*Streptococcus agalactiae*)	中国(兰州)	市区商业区、工业区和公园景点区		是
		咽峡炎链球菌 (*Streptococcus anginosus*)	中国(山东)	泰山顶峰		是
	梭菌属 (*Clostridium*)	产气荚膜梭菌 (*Clostridium perfringens*)	中国(合肥、西安)	市区		是
厚壁菌门 (Firmicutes)			中国(兰州)	市区商业区、工业区和公园景点区		是
			中国(山东)	农耕区		
			中国(上海、西安)	市区大气		
	葡萄球菌属 (*Staphylococcus*)		挪威	人类活动丰富站点、高流量站点、绿色站点		否
			中国(杭州、石家庄)	地下地铁站		
			中国(青岛)	市中心室外大气		
			中国(湖南)	市区街道		
			土耳其(埃迪尔内)	生活垃圾中转站		
				儿童日托中心		

续表

种属信息			检出位置		是否为病原微生物
门	属	种	国家（地区）	区域	
厚壁菌门（Firmicutes）	类芽孢杆菌属（*Paenibacillus*）		中国（山东）	泰山顶峰	否
	短芽孢杆菌属（*Brevibacilus*）				否
	草酸杆菌属（*Oxalophagus*）				否
	厌氧芽孢杆菌属（*Anoxybacillus*）				否
	颗粒链球菌属（*Granulicatella*）				否
	Roseibacillus		南冰洋	海面上空	否
	李斯特菌属（*Listeria*）		中国（兰州）	市区、商业区、工业区和公园景点区	否
疣微菌门（Verrucomicrobia）	*Rubritalea*		南冰洋	海面上空	否
梭杆菌门（Fusobacteria）	梭杆菌属（*Fusobacterium*）		中国（西安）	市区	是

续表

种属信息			检出位置			是否为病
门	属	种	国家（地区）		区域	原微生物
蓝细菌门 (Cyanobacteria)	聚球藻属 (Synechococcus)		南冰洋		海面上空	否
	蓝细菌属 (Cyanobacterium)		中国（山东）		农耕区	否
	拟色球藻属 (Chroococcidiopsis)		中国（山东）		泰山顶峰	否
绿弯菌门 (Chloroflexi)			中国（新疆哈密）		煤矿露天采坑区和电厂粉煤灰堆放区	否

2 室外空气中病毒的种类及数量 目前国内外在室外空气中检出的病毒主要分布于 4 门 12 属 20 余种及亚种。 一般的呼吸道疾病病毒都可以通过空气传播，如正黏病毒、副黏病毒、冠状病毒、鼻病毒等。 病毒在空气中的存活能力取决于病毒本身的性质，以及其在空气中悬浮的介质、环境温度、环境相对湿度、大气成分、光照和辐射等因素。 无脂质包膜的病毒通常在高相对湿度(大于 50%)条件下存活时间更长，但具有脂质包膜的病毒在低相对湿度(小于 50%)条件下存活时间更长，如流感病毒(influenza virus)、人冠状病毒 229E(human coronavirus 229E，HCoV-229E)等。 新型冠状病毒可在气溶胶中存活数小时至十余小时，SARS 病毒也可在空气样本中检出，并在气溶胶中存活 3 小时以上。流感病毒是被研究较多的可经空气传播的病毒之一，其病毒气溶胶可在空气中稳定存在较长时间，不同型别略有不同。 在环境空气相对湿度较高(如 75%)时，流感病毒与禽流感病毒在 30 分钟内约有 60% 快速灭活，而 H3N2 在 90 分钟后的存活率仍可达 50%。 MERS 病毒在常温、高湿度条件下表现出高度的稳定性和较强的生存能力，但在较低湿度条件下，其存活率急剧下降。 HCoV-229E 可在温度、湿度适宜的气溶胶中短期存活。

上述病毒可经空气传播的途径较为明确，但以实验室和室内研究为主，在室外空气环境下对这些病毒的检测、监测研究则较为匮乏。 这可能与太阳辐射、大气颗粒物成分等环境因素对于病毒的生存非常不利有关。 新型冠状病毒感染流行期间，瑞士研究人员在伯尔尼、卢加诺和苏黎世的空气颗粒物样本中检出 14 种病毒核酸，包括甲型流感病毒，冠状病毒 HCoV-NL63、HCoV-HKU1、HCoV-229E、SARS-CoV-2 和肠道病毒等。 葡萄牙研究人员在年轻健康志愿者的鼻孔以及室内外空气中开展了长达一年的病毒检测，结果显示在春季和秋季的鼻孔样本以及秋季的室外空气样本中鼻病毒检测呈阳性。

室外空气中检出的病毒种类

种属信息		检出位置		是否为病原微生物
属	种	国家(地区)	区域	
β 冠状病毒属 (*Betacoronavirus*)	新型冠状病毒 (severe acute respiratory syndrome coronavirus-2, SARS-CoV-2)	意大利(贝加莫地区)		是
		葡萄牙	餐厅室外平台	是
	人冠状病毒 HKU1 (human coronavirus HKU1, HCoV-HKU1)	瑞士(伯尔尼、卢加诺和苏黎世)	城区空气监测点	是
	人冠状病毒 OC43 (human coronavirus OC43, HCoV-OC43)	瑞士(伯尔尼、卢加诺和苏黎世)	城区空气监测点	是
α 冠状病毒属 (*Alphacoronavirus*)	人冠状病毒 229E (human coronavirus 229E, HCoV-229E)	瑞士(伯尔尼、卢加诺和苏黎世)	城区空气监测点	是
	人冠状病毒 NL63 (human coronavirus NL63, HCoV-NL63)	瑞士(伯尔尼、卢加诺和苏黎世)	城区空气监测点	是

续表

种属信息		检出位置		是否为病原微生物
属	种	国家(地区)	区域	原微生物
肠道病毒属 (*Enterovirus*)	鼻病毒 (rhinovirus, RhV)	瑞士(伯尔尼、卢加诺和苏黎世)	城区空气监测点	是
		美国(波士顿郊区)		是
		葡萄牙(波尔图)	3层实验室窗外	是
正戊型肝炎病原 (*Orhohepevirus*)	戊型肝炎病毒 (hepatitis E virus, HEV)	瑞士(伯尔尼、卢加诺和苏黎世)	城区空气监测点	是
心病毒属 (*Cardiovirus*)	猪群脑心肌炎病毒 (encephalomyocarditis virus, EMCV)	日本	室外培育设施	是
甲型流感病毒属 (*Alphainfluenzavirus*)	甲型流感病毒 (influenza A virus)	澳大利亚(新南威尔士州)		是
		瑞士(伯尔尼、卢加诺和苏黎世)	城区空气监测点	是
		中国(山东省泰安市)	活禽市场空气、养鸡场鸡舍	是
		意大利(拉文纳省北部)		是
		韩国	动物园	是

续表

种属信息		检出位置		是否为病原微生物
属	种	国家（地区）	区域	
乙型流感病毒属（Betainfluenzavirus）	乙型流感病毒（influenza B virus）	瑞士（伯尔尼、卢加诺和苏黎世）	城区空气监测点	是
偏肺病毒属（Metapneumovirus）	人偏肺病毒（human metapneumovirus, HMPV）	瑞士（伯尔尼、卢加诺和苏黎世）	城区空气监测点	是
呼吸道病毒属（Respirovirus）	人副流感病毒（human parainfluenza virus，HPIV）-1	瑞士（伯尔尼、卢加诺和苏黎世）	城区空气监测点	是
	HPIV-3	瑞士（伯尔尼、卢加诺和苏黎世）	城区空气监测点	是
腮腺炎病毒属（Rubulavirus）	HPIV-2	瑞士（伯尔尼、卢加诺和苏黎世）	城区空气监测点	是
	HPIV-4	瑞士（伯尔尼、卢加诺和苏黎世）	城区空气监测点	是
白蛉病毒属（Phlebovirus）	托斯卡纳病毒（Toscana virus, TosV）	意大利		是
伊尔托病毒属（Iltovirus）	禽α疱疹病毒1型（gallid alpha herpesvirus 1, GaHV-1）	美国（加利福尼亚州）		是

续表

种属信息			检 出 位 置		是否为病原微生物
属	种		国家（地区）	区域	
黄病毒属（*Flavivirus*）	西尼罗河病毒（West Nile virus, WNV）		美国（堪萨斯州）	动物园	是
	蜱传脑炎病毒（tick-borne encephalitis virus, TBEV）		德国（萨克森州）		是
	日本脑炎病毒（Japanese encephalitis virus, JEV）		印度（泰米尔纳德邦）		是

二 水体中的微生物

（一） 淡水中的微生物

淡水含有丰富的微生物资源。 一方面，微生物可以调节水生态系统中的养分循环，另一方面，细菌可作为指示生物，反映水质状况等。 截至目前，淡水中检出的细菌在门水平有 18 种，属水平有 41 种。 其中，变形菌门、放线菌门、拟杆菌门和蓝细菌门细菌较为丰富，常占据优势地位。 拟杆菌门细菌是腐生生物，可降解某些聚合有机物。 放线菌门细菌可以分解死亡的有机物，将其转化为供植物吸收利用的无机养分。 疣微菌门（Verrucomicrobia）细菌通常来说是一种土壤微生物，但是有时在淡水中也可发现它的存在。 浮霉菌门（Planctomycetes）是一小水生细菌门，已发现存在于海水、半咸水、淡水中。 蓝细菌门细菌在光照和氧气同时存在的情况下可以进行光合作用并具有固氮能力，前人已经在饮用水、自来水，甚至深层含水层中发现了蓝细菌门细菌，说明在没有光照和氧气的情况下，它们仍可以存活。

在我国龙口市地下水样本中，变形菌门是细菌含量最丰富的细菌门。 在距离海岸较远的灌溉水区域，含量较多的是变形菌门和放线菌门细菌，拟杆菌门自西向东整体呈减少趋势。 在咸淡水过渡带，疣微菌门是一种占据主导地位的细菌门，且自西向东呈减少趋势。 对于生活在水中的细菌来说，它们极易受到盐含量的影响。 随着盐度的上升，特别是在盐度大于 25% 的环境中，微生物的数量逐步减少，而能适应极端环境的古细菌数量逐渐增多，并成为细菌群落的主导。 有研究发现，在兴凯湖、青海湖、呼伦湖和博斯腾湖四个位点中，变形菌门和放线菌门是多样性较丰富的细菌门，其次是拟杆菌门、疣微菌门和蓝细菌门。 差异性比较结果表明，上述所有细菌门的相对丰度在不同湖泊中均表现出显著差异，但变形菌门在所有湖泊中始终占据主导地位。 浙江地区则检测到了副溶血弧菌。 利用高通量测序法对长江河口最大水库的微生物群落进行的季节变化研究表明，该水库存在温热季节聚球藻属（$Synechococcus$）暴发的潜在风险；放线菌门和拟杆菌门在寒冷季节与盐离子共生。 食酸菌属（$Acidovorax$）和噬氢菌属（$Hydrogenophaga$）分别是龙口市淡水区枯水期、丰水期的优势物种，且其变化与 NO_3^- 有关。

中国黄河

（拍摄者：黄静）

中国青海湖

（拍摄者：黄静）

中欧和南欧等地检测到了蓝细菌属，美国佛罗里达州的泉水中检测到了变形菌门、蓝细菌门和拟杆菌门，挪威东南部的河流中检测到了厚壁菌门（芽孢杆菌属和李斯特菌属）、放线菌门、拟杆菌门和变形菌门（志贺菌属、气单胞菌属、肠杆菌属、沙门菌属和弯曲杆菌属等）。 丹麦（哥本哈根郊区）、新西兰中部和东北部以及日德兰半岛中部和东部的天然泉水、沼泽、池塘和护城河等不同类别的淡水中均检测到了芳香肉杆菌（$Carnobacterium\ maltaromaticum$）。

淡水中的微生物对公共卫生有潜在的威胁。 例如，弧菌属、大肠埃希菌等淡水中常见的微生物，对依赖淡水生活的居民有一定的风险。 特别是在南非和许多发展中国家，许多居民将淡水用于饮用、烹饪、洗澡、灌溉农田以及文化和宗教活动中，对淡水中的微生物进行持续检测，将有助于降低人类感染的风险，有效控制疾病的传播。

淡水中检出的细菌种类

种属信息			检出位置		是否为病原微生物
门	属	种	国家(地区)	区域	
变形菌门 (Proteobacteria)	假单胞菌属 (Pseudomonas)		德国、美国 (佛罗里达州)	佛罗里达州泉水	是
	热单胞菌属 (Thermomonas)			黄渤海	是
	不动杆菌属 (Acinetobacter)		中国 (山东、安徽、黑龙江、内蒙古、江苏)、巴西	长江中下游	否
				兴凯湖、博斯腾湖、呼伦湖和青海湖	否
	纤维弧菌属 (Cellvibrio)			太湖、长江中下游	是
	莱茵海默氏菌属 (Rheinheimera)			黄渤海	否
	弧菌属 (Vibrio)	副溶血弧菌 (Vibrio parahaemolyticus)	中国(浙江)	黄渤海	否
				黄渤海	是

续表

门	种属信息			检出位置			是否为病原微生物
	属	种		国家（地区）	区域		
变形菌门（Proteobacteria）	鞘氨醇单胞菌属（Sphingomonas）			中国（上海、山东）	黄渤海、龙口市淡水区		否
	食酸菌属（Acidovorax）			中国（山东）	黄渤海、龙口市淡水区		潜在
	水杆菌属（Aquabacterium）						否
	丛毛单胞菌属（Comamonas）						否
	噬氢菌属（Hydrogenophaga）						否
	固氮螺菌属（Azospirillum）			中国（上海、山东）	黄渤海		否
	磁螺菌属（Magnetospirillum）						否
	黄杆菌属（Xanthobacter）						否
	土壤杆菌属（Agrobacterium）						潜在

425

续表

种属信息			检出位置		是否为病原微生物
门	属	种	国家（地区）	区域	
变形菌门（Proteobacteria）	吞噬弧菌属（Peredibacter）	黏细菌（Myxobacteria）	中国（山东）	龙口市淡水区	否
	紫色杆菌属（Janthinobacterium）				否
	脱硫弧菌属（Desulfovibrio）		中国（山东）	龙口市淡水区、黄渤海	否
	脱硫菌属（Desulfobacter）				是
	脱硫球菌属（Desulfococcus）				否
	脱硫线菌属（Desulfonema）				否
	脱硫单胞菌属（Desulfuromonas）				否
	沙门菌属（Salmonella）		挪威	利尔河（Lier River）	否
	气单胞菌属（Aeromonas）				否

续表

种属信息			检出位置		是否为病原微生物
门	属	种	国家(地区)	区域	
	志贺菌属(*Shigella*)				
	肠杆菌属(*Enterobacter*)				
	弯曲杆菌属(*Campylobacter*)				
	埃希菌属(*Escherichia*)	大肠埃希菌(*Escherichia coli*)	巴基斯坦、中国、挪威	长江中下游、利尔河(Lier River)	是
	小杆菌属(*Parvibaculum*)		中国	长江中下游及兴凯湖、博斯腾湖、呼伦湖和青海湖	是
	球衣菌属(*Sphaerotilus*)		挪威	利尔河(Lier River)	否
	红杆菌属(*Rhodobacter*)		中国(上海、山东)	黄渤海	否
变形菌门(Proteobacteria)		氨氧化细菌(Ammonia-oxidizing bacteria)	中国(青海、黑龙江、内蒙古、新疆)	大湖、兴凯湖、青海湖、呼伦湖、博斯腾湖、长江中游	
		氨氧化古细菌(Ammonia-oxidizing archaea)	中国	大湖、长江中下游、兴凯湖、博斯腾湖	
		亚硝酸盐氧化菌(Nitrite-oxidizing bacteria)	中国	劳伦森大湖(Laurentian Great Lakes)	
		亚硝基螺菌(*Nitrosospira*)	中国	大湖、长江中下游、青海湖、兴凯湖、呼伦湖和博斯腾湖	
	Nitrosotenuis		中国	长江、泸沽湖	否

续表

| 种属信息 | | | 检出位置 | | 是否为病 |
门	属	种	国家（地区）	区域	原微生物
放线菌门 （Actinobacteria）			中国（山东、青海、黑龙江、内蒙古、新疆、江苏）、丹麦、巴西（东南部）、挪威	太湖、长江中下游、龙口市淡水区、兴凯湖、青海湖、呼伦湖和博斯腾湖，以及利尔河（Lier River）	
蓝细菌门 （Cyanobacteria）	蓝细菌属 （Cyanobacterium）		中国（青海、黑龙江、内蒙古、新疆、江苏）、丹麦、澳大利亚、美国（佛罗里达州）、中欧、南欧	长江中下游、青海湖、呼伦湖、博斯腾湖、兴凯湖、太湖、地中海、佛罗里达州泉水	否
绿弯菌门 （Chloroflexi）			中国（青海、黑龙江、内蒙古、新疆）	兴凯湖、青海湖、呼伦湖和博斯腾湖	否
酸杆菌门 （Acidobacteriota）			中国（青海、黑龙江、内蒙古、新疆）	兴凯湖、青海湖、呼伦湖和博斯腾湖	否
绿菌门 （Chlorobi）			中国（青海、黑龙江、内蒙古、新疆）	兴凯湖、青海湖、呼伦湖和博斯腾湖	否

续表

种属信息			检出位置		是否为病原微生物
门	属	种	国家（地区）	区域	
厚壁菌门（Firmicutes）	肉杆菌属（Carnobacterium）	芳香肉杆菌（Carnobacterium maltaromaticum）	中国（青海、黑龙江、内蒙古、新疆）	兴凯湖、青海湖、呼伦湖和博斯腾湖	是
			丹麦（哥本哈根郊区）、新西兰（中部和东北部）以及日德兰半岛中部和东部	天然泉水、沼泽、池塘、护坡河	否
	芽孢杆菌属（Bacillus）				
	李斯特菌属（Listeria）		挪威	利尔河（Lier River）	
芽单胞菌门（Gemmatimonadetes）			中国	长江中下游、兴凯湖、博斯腾湖、呼伦湖青海湖	否
疣微菌门（Verrucomicrobia）	柄杆菌属（Prosthecobacter）		中国（山东、青海、内蒙古、新疆）	黄渤海、龙口市淡水区、长江中下游、兴凯湖、青海湖、呼伦斯腾湖	否

续表

种属信息		检出位置		是否为病原微生物
门	属	种	国家（地区）	区域	

门	属	种	国家（地区）	区域	是否为病原微生物
髌骨细菌门（Patescibacteria）			中国（山东）	黄渤海、龙口市淡水区	否
浮霉菌门（Planctomycetes）			中国（山东、青海、黑龙江、内蒙古、新疆）	龙口市淡水区、兴凯湖、青海湖、呼伦湖和博斯腾湖	否
依赖菌门Dependentiae			中国（山东）	龙口市淡水区	潜在
拟杆菌门（Bacteroidetes）			中国（山东、青海、黑龙江、内蒙古、新疆）、美国（佛罗里达州）、挪威	龙口市淡水区、长江河口附近的水库、长江中下游区域、兴凯湖、青海湖、呼伦湖和博斯腾湖、以及佛罗里达州泉水、利尔河（Lier River）	否
衣原体门（Chlamydiae）			中国（山东）	龙口市淡水区	是

截至目前，我们对于淡水中病毒的研究仍十分匮乏，已检出 28 种病毒。针对中国长三角地区，主要检测到了阿克曼病毒科（Ackermannviridae）、自复制短尾噬菌体科（Autographiviridae）、代列尔噬菌体科（Herelleviridae）、肌病毒科（Myoviridae）、短尾噬菌体科（Podoviridae）、长尾噬菌体科（Siphoviridae）、巨冠病毒科（Lavidaviridae）、拟菌病毒科（Mimiviridae）、藻类 DNA 病毒科（Phycodnaviridae）、微小病毒科/微小噬菌体科（Microviridae）、细小病毒科/小 DNA 病毒科（Parvoviridae）、圆环病毒科（Circoviridae）、类双生病毒科（Genomoviridae）、戊肝病毒科（Hepeviridae）、蒂状病毒科（Virgaviridae）、双顺反子病毒科（Dicistroviridae）和星状病毒科（Astroviridae）等。加拿大汉密尔顿港中检测出有尾噬菌体目（Caudovirales）、拟菌病毒科、藻类 DNA 病毒科和噬病毒体（Virophages）(巨冠病毒科)，其中，噬病毒体是最丰富的群体。在印度蒂鲁瓦纳马莱和维卢普拉姆地区检出的白斑综合征病毒（white spot syndrome virus，WSSV）、传染性肌坏死病毒（infectious myonecrosis virus，IMNV）、传染性皮下及造血组织坏死病毒（infectious hypodermal and haematopoietic necrosis virus，IHHNV）会导致当地的虾受感染。挪威淡水中检测到腺病毒。美国佛罗里达州淡水中检测到 ssDNA 病毒。

淡水中检出的病毒种类

科	种	国家（地区）	区域	是否为病原微生物
藻类 DNA 病毒科（Phycodnaviridae）		加拿大	汉密尔顿港	
		中国	长江	
拟菌病毒科（Mimiviridae）		加拿大	汉密尔顿港	
		中国	长江	
	白斑综合征病毒（white spot syndrome virus, WSSV）			是
	传染性肌坏死病毒（infectious myonecrosis virus, IMNV）	印度		是
	传染性皮下及造血组织坏死病毒（infectious hypodermal and haematopoietic necrosis virus, IHHNV）			是
	腺病毒（adenovirus）			是
	enterovirus	瑞士、挪威	日内瓦湖、挪威东南部	是
	诺如病毒（norovirus）		利尔河（Lier River）	是
	轮状病毒（rotavirus）			是

续表

种属信息		检出位置		是否为病原微生物
科	种	国家（地区）	区域	
阿克曼病毒科（Ackermannviridae）				
自复制短尾噬菌体科（Autographiviridae）				
代列尔噬菌体科（Herelleviridae）				
肌病毒科（Myoviridae）				
短尾噬菌体科（Podoviridae）				
长尾噬菌体科（Siphoviridae）				
巨冠病毒科（Lavidaviridae）				
微小病毒科/微小噬菌体科（Microviridae）		中国	长江	
细小病毒科/小DNA病毒科（Parvoviridae）				
圆环病毒科（Circoviridae）				
类双生病毒科（Genomoviridae）				
戊肝病毒科（Hepeviridae）				
蒂状病毒科（Virgaviridae）				
双顺反子病毒科（Dicistroviridae）				
星状病毒科（Astroviridae）	ssDNA病毒	美国（佛罗里达州）		

（二） 饮用水中的微生物

饮用水是维持人类日常活动的基础，饮用水若受到微生物污染，可导致感染引起腹痛、腹泻等胃肠道症状，甚至引起传染病暴发。 饮用水来源主要包括自备井水、管网末梢水、水箱水（楼宇或列车等）和包装水等。

在我国，自备井水中微生物群落多样性最高，楼宇水箱水中微生物群落多样性最低，优势菌以变形菌门、厚壁菌门、拟杆菌门和放线菌门为主，相对丰度占90%以上，优势菌属为嗜盐单胞菌属（*Halomonas*）、远洋杆菌属（*Pelagibacterium*）、大肠埃希菌属-志贺菌属（*Escherichia-Shigella*）和涅斯捷连科氏菌属（*Nesterenkonia*）。 管网末梢水中还存在导致水颜色变红的铁氧化细菌（IOB）和可以抑制管路腐蚀的铁还原细菌（IRB）和硝酸盐还原细菌（NRB）。 我国制定的《生活饮用水卫生标准》中将总大肠菌群和大肠埃希菌（*Escherichia coli*）作为粪便污染指示菌并规定不得检出，但在地区性水质监测和调查中，井水、管网末梢水和水箱水中总大肠菌群和大肠埃希菌均有检出。 此外，在高层建筑二次供水的水样中检出了蜡样芽孢杆菌（*Bacillus cereus*）、苏云金芽孢杆菌（*Bacillus thuringiensis*）、琼氏不动杆菌、产碱假单胞菌（*Pseudomonas alcaligenes*）、溶血葡萄球菌（*Staphylococcus haemolyticus*）、藤黄微球菌（*Micrococcus luteus*）、偶发分枝杆菌（*Mycobacterium fortuitum*）、铜绿假单胞菌（*Pseudomonas aeruginosa*）、少动鞘氨醇单胞菌（*Sphingomonas paucimobilis*）、嗜麦芽窄食单胞菌（*Stenotrophomonas maltophilia*）；在小型集中式供水工程的管网末梢水中还可检出铜绿假单胞菌、粪肠球菌（*Enterococcus faecalis*）和嗜水气单胞菌（*Aeromonas hydrophila*）；在桶装水中可检出铜绿假单胞菌。 国外饮用水中亦有细菌检出：德国的管网水中检出肠球菌、金黄色葡萄球菌和肠杆菌，美国和土耳其的管网水中检出非结核分枝杆菌；巴基斯坦城市家庭采集的水样中检出产气荚膜梭菌（*Clostridium perfringens*）和艰难梭菌（*Clostridium difficile*）；埃塞俄比亚和塞尔维亚的饮用水中检出大肠菌群；美国自来水中检出嗜肺军团菌（*Legionella pneumophila*）。此外，在美国的自来水、自动售水机中，使用qPCR方法检出了沙门菌属、单核细胞增生李斯特菌（*Listeria monocytogenes*）、铜绿假单胞菌、空肠弯曲菌（*Campylobacter jejuni*）、大肠埃希菌和粪肠球菌的遗传物质，在饮用水中发现了食酸菌属（*Acidovorax*）、贪噬菌属（*Variovorax*）和鞘氨醇单胞菌属（*Sphingomonas*）三个主要类群以及鞘氨醇杆菌、芽孢杆菌、大肠埃希菌等菌株。

饮用水中检出的细菌种类

种属信息			检出位置		是否为病原微生物
门	属	种	国家（地区）	区域	
变形菌门（Proteobacteria）	埃希菌属（Escherichia）	大肠埃希菌（Escherichia coli）	中国	井水、管网末梢水、水箱水	否
	柠檬酸杆菌属（Citrobacter）		中国、德国	井水、管网末梢水、水箱水	否
	克雷伯菌属（Klebsiella）				否
	肠杆菌属（Enterobacter）				否
	沙门菌属（Salmonella）		美国	自来水、自动售水机	是
	假单胞菌属（Pseudomonas）	产碱假单胞菌（Pseudomonas alcaligenes）	中国	二次供水	尚未可知
		铜绿假单胞菌（Pseudomonas aeruginosa）	中国、美国	高层二次供水末梢水、小型集中供水末梢水、桶装水	是

续表

种属信息			检出位置		是否为病原微生物
门	属	种	国家(地区)	区域	
变形菌门 (Proteobacteria)	寡养单胞菌属 (Stenotrophomonas)	嗜麦芽窄食单胞菌 (Stenotrophomonas maltophilia)	中国	高层二次供水	条件致病菌
	鞘氨醇单胞菌属 (Sphingomonas)	少动鞘氨醇单胞菌 (Sphingomonas paucimobilis)			尚未可知
	气单胞菌属 (Aeromonas)	嗜水气单胞菌 (Aeromonas hydrophila)		小型集中供水末梢水	尚未可知
	弯曲杆菌属 (Campylobacter)	空肠弯曲菌 (Campylobacter jejuni)	美国	自来水、自动售水机	是
	军团菌属 (Legionella)	嗜肺军团菌 (Legionella pneumophila)		自来水	是
	希瓦氏菌属 (Shewanella)	铁还原细菌 (iron-reducing bacteria)	中国	管网末梢水	否
	盖氏铁柄杆菌属 (Gallionella)	铁氧化细菌 (iron-oxidizing bacteria)			否
厚壁菌门 (Firmicutes)	肠球菌属 (Enterococcus)	粪肠球菌 (Enterococcus faecalis)	中国、美国、德国	小型集中供水末梢水、自来水、自动售水机、管网水	条件致病菌

续表

门	种属信息		检出位置		是否为病原微生物
	属	种	国家（地区）	区域	
厚壁菌门（Firmicutes）	梭菌属（Clostridium）	产气荚膜梭菌（Clostridium perfringens）	巴基斯坦	家庭水样	是
		艰难梭菌（Clostridium difficile）			条件致病菌
	芽孢杆菌属（Bacillus）	蜡样芽孢杆菌（Bacillus cereus）	中国	高层二次供水	是
		苏云金芽孢杆菌（Bacillus thuringiensis）			否
	葡萄球菌属（Staphylococcus）	溶血葡萄球菌（Staphylococcus haemolyticus）	中国、德国	高层二次供水、管网水	是
		金黄色葡萄球菌（Staphylococcus aureus）			否
	李斯特菌属（Listeria）	单核细胞增生李斯特菌（Listeria monocytogenes）	美国	自来水、自动售水机	是

续表

种属信息			检出位置		是否为病原微生物
门	属	种	国家（地区）	区域	
放线菌门 （Actinobacteria）	分枝杆菌属 （Mycobacterium）	偶发分枝杆菌 （Mycobacterium fortuitum）	中国、美国、土耳其	高层二次供水、管网水	条件致病菌
		非结核分枝杆菌 （nontuberculosis mycobacteria）			
	微球菌属 （Micrococcus）	藤黄微球菌 （Micrococcus luteus）	中国	高层二次供水	否
		硝酸盐还原菌 （nitrate-reducing bacteria）	中国、美国	管网末梢水、饮用水	否

饮用水中的微生物除细菌外，还包括病毒、原生动物等病原微生物，饮用水引发病毒性疾病暴发的主要原因是供水系统受到粪便污染或处理工艺存在缺陷，导致病毒未能被有效灭活或去除。 在我国，深圳市某村因饮用山泉水和使用山泉水冲洗碗筷，导致 96 人出现呕吐和腹泻等症状，后在管网末梢水中检出诺如病毒（norovirus）抗原；苏州市某医院二次供水的蓄水池受到周围环境的污染，二次供水水样中检出诺如病毒核酸，导致 406 人出现腹泻；南宁市直饮水和末梢水中检出诺如病毒核酸，引起学校聚集性腹泻；江西省某砖瓦厂因饮用井水受到诺如病毒污染而导致胃肠炎暴发。 除诺如病毒引起的介水传染病暴发，还发生农村供水受到 A 组轮状病毒（group A rotavirus）污染引起云南农村腹泻暴发、学校二次供水受到甲型肝炎病毒（hepatitis A virus）污染导致校内甲型肝炎暴发等事件。

国外也有饮用水受到病毒污染的案例：意大利南部萨伦托半岛水井的水样中检测到甲型肝炎病毒、腺病毒、轮状病毒、诺如病毒和肠病毒，主要由夏季洪水注入地下水引起。 芬兰曾发生过两次由饮用水引发的疫情，造成约 450 例病例，原因是饮用水管道破裂导致污水进入管道系统。 在这两次疫情中，研究者在患者样本中发现了以札如病毒为主的病原微生物，并在饮用水中发现了札如病毒和肠致病性大肠埃希菌。

通过饮用或接触受病原微生物污染的水体而传播的疾病称为介水传染病。介水传染病一旦发生，公共卫生危害较大，因此，保证饮用水的安全对维护人类健康、保障社会稳定和促进可持续发展具有重要意义。

饮用水中检出的病毒种类

种 属 信 息		检 出 位 置		是否为病
属	种	国家（地区）	区域	原微生物
轮状病毒属 （Rotavirus）	轮状病毒 （rotavirus）	中国、意大利	农村供水、井水	是
哺乳动物腺病毒属 （Masta denovirus）	腺病毒 （adenovirus）	意大利	井水	是
诺如病毒属 （Norovirus genus）	诺如病毒 （norovirus）	中国、意大利	直饮水、管网末梢 水、二次供水、井水	是
札如病毒属 （Sapovirus）	札如病毒 （sapporo virus）	芬兰	饮用水	是
肠道病毒属 （Enterovirus）	埃可病毒 （ECHO-virus）	意大利	井水	是
肝病毒属 （Hepatovirus）	甲型肝炎病毒 （hepatitis A virus）	中国、意大利	二次供水、井水	是
正戊肝病毒属 （Orhohepevirus）	戊型肝炎病毒 （hepatitis E virus）	印度	饮用水	是

（三） 污水中的微生物

污水中含有许多不同类型的病原微生物，对人类健康构成重大威胁的病原微生物包括细菌、病毒、原虫和蠕虫。

细菌是污水中最多样化的人类病原微生物。污水中检出的细菌有 70 多种，涉及 47 个属 7 个门。污水中检出的人类病原菌包括沙门菌属、埃希菌属、志贺菌属、耶尔森菌属、克雷伯菌属、钩端螺旋体属、弧菌属、气单胞菌属、军团菌属、分枝杆菌属和假单胞菌属等。国内污水中检测到了霍乱弧菌、副溶血弧菌、志贺菌、大肠埃希菌、分枝杆菌、粪肠球菌等，一些地区的污水中检出了硝基还原假单胞菌、硝酸盐还原假单胞菌、铜绿假单胞菌、产碱假单胞菌、脆弱拟杆菌、单形拟杆菌等。国外报道污水中检测到细菌的文献较多，如新西兰一家污水厂中检出气单胞菌属，比利时的工业工厂污水中检出侏囊菌属、黏细菌属、铁杆菌属等，印度污水中检出沙门菌、志贺菌、金黄色葡萄球菌等，克罗地亚污水处理厂中检出肺炎克雷伯菌，加拿大污水厂中检出小肠结肠炎耶尔森菌、大肠埃希菌等，南非污水中检出拟态弧菌、创伤弧菌等。

病毒是另一类水传播人类病原微生物。污水中检出 47 种病毒，涉及 32 个属。污水中的主要致病病毒是肠道病毒，如甲型肝炎病毒、诺如病毒、轮状病毒（rotavirus）、腺病毒、星状病毒（astrovirus）、柯萨奇病毒、脊髓灰质炎病毒。国内污水中检出的病毒主要包括 SARS 冠状病毒（SARS-CoV）、新型冠状病毒（SARS-CoV-2）、呼吸道合胞病毒（respiratory syncytial virus）、鼻病毒（rhinovirus）等。美国污水中检出的病毒包括流感病毒、单纯疱疹病毒（herpes simplex virus）、人乳头瘤病毒（human papilloma virus）、轮状病毒等；西班牙污水中检出的病毒包括博卡病毒（bocavirus）、札如病毒、戊型肝炎病毒、丙型肝炎病毒、甲型肝炎病毒等；加拿大污水中检出的病毒包括流感病毒、星状病毒、诺如病毒等。 在人类粪便和污水中已鉴定出多种植物致病病毒，如辣椒轻斑驳病毒和烟草花叶病毒。

污水中检出的细菌种类

门	种属信息 属	种	检出位置 国家（地区）	区域	是否为病原微生物
变形菌门 (Proteobacteria)	假单胞菌属 (Pseudomonas)	铜绿假单胞菌 (Pseudomonas aeruginosa)	泰国	医院废水	是
		恶臭假单胞菌 (Pseudomonas putida)	阿尔及利亚		是
		产碱假单胞菌 (Pseudomonas alcaligenes)	中国（上海）	医院废水	是
		硝基还原假单胞菌 (Pseudomonas nitroreducens)	中国（浙江）	制药厂废水处理系统	否
		硝酸盐还原假单胞菌 (Pseudomonas nitritireducens)			否
	气单胞菌属 (Aeromonas)	嗜水气单胞菌 (Aeromonas hydrophila)	新西兰	污水处理厂	是
		豚鼠气单胞菌 (Aeromonas caviae)			是
		维罗尼气单胞菌 (Aeromonas veroni)			是
	沙雷菌属 (Serratia)	黏质沙雷菌 (Serratia marcescens)	印度（勒克瑙）	污水处理厂进水	是

续表

门	种属信息		检出位置		是否为病
	属	种	国家（地区）	区域	原微生物
变形菌门 （Proteobacteria）	弧菌属 （Vibrio）	霍乱弧菌 （Vibrio cholerae）	中国（香港沙田）	污水处理厂进水	是
		副溶血弧菌 （Vibrio parahaemolyticus）	中国（华中地区）	养殖场废水 排水渠或管道	是
		拟态弧菌 （Vibrio mimicus）	南非（东开普省的 克里斯哈尼区）		是
		创伤弧菌 （Vibrio vulnificus）	中国（华中地区）	养殖场废水 排水渠或管道	是
		河流弧菌 （Vibrio fluvialis）	南非	污水处理厂	是
		溶藻弧菌 （Vibrio alginolyticus）	尼泊尔 （加德满都谷地）		条件 致病菌
	弯曲杆菌属 （Campylobacter）	空肠弯曲菌 （Campylobacter jejuni）	印度（南部大都市）		是
	沙门菌属 （Salmonella）	伤寒沙门菌 （Salmonella typhi）	尼日利亚 （拉各斯州大都会区）	制药、纺织 和染料厂废水	是
		肠道沙门菌 （Salmonella enterica）	印度（勒克瑙）	污水处理厂	是

续表

门	种属信息			检出位置		是否为病原微生物
	属	种	国家（地区）	区域		
变形菌门（Proteobacteria）	志贺菌属（Shigella）	宋氏志贺菌（Shigella sonnei）	印度（勒克瑙）	污水处理厂		是
		福氏志贺菌（Shigella flexneri）	中国（香港沙田）	污水处理厂进水、出水		是
	克雷伯菌属（Klebsiella）	肺炎克雷伯菌（Klebsiella pneumoniae）	克罗地亚（萨格勒布）	污水处理厂		是
	耶尔森菌属（Yersinia）	小肠结肠炎耶尔森菌（Yersinia enterocolitica）	加拿大（魁北克省）	污水处理厂		是
	埃希菌属（Escherichia）	大肠埃希菌（Escherichia coli）	中国（香港沙田）、加拿大（魁北克省）、澳大利亚（昆士兰州）	污水处理厂		是
	莫拉菌属（Moraxella）	奥斯陆莫拉菌（Moraxella osloensis）	澳大利亚（维多利亚州）	污水处理厂		条件致病菌
	丛毛单胞菌属（Comamonas）	睾丸酮丛毛单胞菌（Comamonas testosteroni）	中国（浙江）	制药厂废水处理系统		条件致病菌
		硫氧化丛毛单胞菌（Comamonas thiooxydans）	中国（浙江）	制药厂废水处理系统		条件致病菌

续表

种属信息			检出位置		是否为病原微生物
门	属	种	国家（地区）	区域	原微生物
变形菌门 （Proteobacteria）	寡养单胞菌属 （Stenotrophomonas）	嗜麦芽寡养单胞菌 （Stenotrophomonas maltophilia）	韩国	纸浆废水处理厂的污泥	条件致病菌
	肠杆菌属 （Enterobacter）	阴沟肠杆菌 （Enterobacter cloacae）	加纳	灌溉废水	条件致病菌
	螺杆菌属 （Helicobacter）	幽门螺旋杆菌 （Helicobacter pylori）	印度（南部大都市）		是
	不动杆菌属 （Acinetobacter）	鲍曼不动杆菌 （Acinetobacter baumannii）	加纳	灌溉废水	条件致病菌
		琼氏不动杆菌 （Acinetobacter junii）			条件致病菌
		约翰逊不动杆菌 （Acinetobacter johnsonii）	中国（成都）	医院污水处理厂	条件致病菌
	陶厄氏菌属 （Thuaera）		比利时	工业废水	否
	生丝微菌属 （Hyphomicrobium）				否
	噬氢菌属 （Hydrogenophaga）				否

续表

种属信息			检出位置		是否为病原微生物
门	属	种	国家（地区）	区域	
变形菌门（Proteobacteria）	动胶菌属（Zoogloea）				否
	亚硝化单胞菌属（Nitrosomonas）				否
	硫发菌属（Thiomargarita）	硫发菌（Thiothrix）			否
	纤线菌属（Leptonema）	伊利尼纤线菌（Leptonema illini）	比利时	工业废水	否
	侏囊菌属（Nannocystis）	侏囊菌（Nannocystis exedens）			否
	黏细菌属（Haliangium）				否
	多囊菌属（Phaselicystis）	弗拉瓦多囊菌（Phaselicystis flava）			否

续表

| 种属信息 | | | 检出位置 | | 是否为病 |
门	属	种	国家（地区）	区域	原微生物
	铁杆菌属 （*Ferruginibacter*）				否
	藤黄色土生单胞菌属 （*Terrimonas*）	黄色土生单胞菌 （*Terrimonas lutea*）	比利时	工业废水	否
	橙黄褐指藻杆菌属 （*Phaeodactylibacter*）	橙黄褐指藻杆菌 （*Phaeodactylibacter luteus*）			否
拟杆菌门 （Bacteroidetes）	拟杆菌属 （*Bacteroides*）	粪拟杆菌 （*Bacteroides stercoris*）	中国（常州）	城北、 清潭污水处理厂	条件 致病菌
		多形拟杆菌 （*Bacteroides thetaiotaomicron*）	国外		条件 致病菌
		脆弱拟杆菌 （*Bacteroides fragilis*）	中国（常州）	城北、 清潭污水处理厂	条件 致病菌
		单形拟杆菌 （*Bacteroides uniformis*）			条件 致病菌
		拟杆菌 HF183 （*Bacteroides* HF183）	澳大利亚 （新南威尔士州）		条件 致病菌
硝化螺旋菌门 （Nitrospirae）	硝化螺旋菌属 （*Nitrospira*）		比利时	工业废水	否

续表

种属信息			检出位置		是否为病原微生物
门	属	种	国家(地区)	区域	
绿弯菌门 (Chloroflexi)	可勒特氏菌属 (Kouleothrix)	可勒特氏菌 (Kouleothrix aurantiaca)	比利时	工业废水	否
	绿弯菌属 (Chloroflexus)		丹麦		否
螺旋体门 (Spirochaetes)	钩端螺旋体属 (Leptospira)		巴西		是
放线菌门 (Actinobacteria)	微球菌属 (Micrococcus)	四联球菌 (Micrococcus tetragenus)	比利时	工业废水	否
	柯林斯菌属 (Collinsella)	产气柯林斯菌 (Collinsella aerofaciens)			是
	分枝杆菌属 (Mycobacterium)	布鲁姆分枝杆菌 (Mycobacterium brumae)	中国(香港)		否
		藏红花分枝杆菌 (Mycobacterium crocinum)			否
		泥炭藓分枝杆菌 (Mycobacterium sphagni)			否
		鸟分枝杆菌 (Mycobacterium avium)	中国(华中地区)	养殖场废水、排水渠或管道	是
		结核分枝杆菌 (Mycobacterium tuberculosis)	中国(香港沙田)	污水处理厂进水、出水	是

续表

门	种属信息		检出位置		是否为病原微生物
	属	种	国家（地区）	区域	原微生物
厚壁菌门（Firmicutes）	肠球菌属（Enterococcus）	粪肠球菌（Enterococcus faecalis）	中国（香港沙田）	污水处理厂进水	是
	葡萄球菌属（Staphylococcus）	金黄色葡萄球菌（Staphylococcus aureus）	印度（勒克瑙）	污水处理厂	是
	芽孢杆菌属（Bacillus）	芽孢杆菌（Bacillus sp.）		污水处理厂	是
	梭菌属（Clostridium）	败毒梭菌（Clostridium septicum）	美国（阿肯色州）		是
		产气荚膜梭菌（Clostridium perfringens）	加纳	医疗废水	是
	毛螺菌属（Lachnospira）		澳大利亚（新南威尔士州）		否
	乳杆菌属（Lactobacillus）	鼠李糖乳杆菌（Lactobacillus rhamnosus）	阿根廷（图库曼省）		否
		罗伊氏乳杆菌（Lactobacillus reuteri）	日本	污水处理厂	否

污水中检出的病毒种类

种属信息		检出位置		是否为病原微生物
属	种	国家（地区）	区域	
正痘病毒属（Orthopoxvirus）	猴痘病毒（monkeypox virus）	智利（圣地亚哥大都会区）		是
α乳头瘤病毒属（Alphapapillomavirus）	人乳头瘤病毒（human papilloma virus，HPV）	加拿大（东部）		是
博卡病毒属（Bocavirus）	人博卡病毒（human bocavirus）	西班牙		是
β冠状病毒属（Betacoronavirus）	SARS冠状病毒（SARS-CoV）	中国（北京）	北京小汤山医院、中国人民解放军总医院第八医学中心污水	是
	新型冠状病毒（SARS-CoV-2）	中国（石家庄）	桥东污水处理厂	是
肺病毒属（Pneumovirus）	呼吸道合胞病毒（respiratory syncytial virus）	尼泊尔（加德满都谷地、美国（加利福尼亚州旧金山湾区）	污水处理厂	是
鼻病毒属（Rhinovirus）	鼻病毒（rhinovirus，Rhv）	美国（加利福尼亚州）		是
正戊肝病毒属（Orthohepevirus）	戊型肝炎病毒（hepatitis E virus）	西班牙		是
小双节段RNA病毒属（Picobirnavirus）	人类皮可比那病毒（human picobirnavirus）	西班牙		是

续表

种属信息		检出位置		是否为病原微生物
属	种	国家（地区）	区域	
哺乳动物腺病毒属（Mastadenovirus）	人类副肠孤病毒（human parechovirus）	西班牙		是
	鼠腺病毒（murine mastadenovirus）			是
腺病毒属（Adenovirus）	人类腺病毒（human adenovirus）			是
禽腺病毒属（Aviadenovirus）	鸡腺病毒（fowl aviadenovirus）			是
	鸽腺病毒（pigeon aviadenovirus）			是
β多瘤病毒属（Betapolyomavirus）	BK多瘤病毒（BK polyomavirus）	美国（亚利桑那州南部）		是
巨病毒属（Megavirus）	智利巨型病毒（megavirus chilensis）	美国（南加州）	污水处理厂	是
甲型杆状病毒属（alphabaculovirus）	甲型杆状病毒（alphabaculovirus）	美国（俄亥俄州）		是

续表

种属信息		检出位置		是否为病原微生物
属	种	国家(地区)	区域	
轮状病毒属（Rotavirus）	轮状病毒（rotavirus）	美国		是
疱疹病毒属（Herpesvirus）	单纯疱疹病毒（herpes simplex virus）	美国		是
正黏病毒属（Orthomyxovirus）	流感病毒（influenza virus）			是
星状病毒属（Astrovirus）	星状病毒（astrovirus）	美国		是
诺如病毒属（Norovirus）	诺如病毒（norovirus）			是
札如病毒属（Sapovirus）	札如病毒（sapporo virus）	西班牙		是
肝病毒属（Hepacivirus）	丙型肝炎病毒（hepatitis C virus）	瑞士（苏黎世州）	污水处理厂	是
肝病毒属（Hepacivirus）	甲型肝炎病毒（hepatitis A virus）	西班牙		是
柯萨奇病毒属（Coxsackievirus）	柯萨奇病毒（coxsackie virus）	印度尼西亚、菲律宾、泰国和越南		是

续表

| 种属信息 | | 检出位置 | | 是否为病原微生物 |
属	种	国家（地区）	区域	
肠道病毒属（*Enterovirus*）	脊髓灰质炎病毒（poliovirus）			是
Salivirus	Salivirus			是
Rosavirus	Rosavirus	西班牙		是
心病毒属（*Cardiovirus*）	心病毒（cardiovirus）			是
嗜病毒属（*Kobuvirus*）	爱知病毒（Aichi virus）			是
烟草花叶病毒属（*Tobamovirus*）	油菜花叶病毒（youcai mosaic virus）	美国（南加州）	污水处理厂	是

续表

种属信息		检出位置		是否为病原微生物
属	种	国家（地区）	区域	
烟草花叶病毒属（*Tobamovirus*）	甜椒斑驳病毒（bell pepper mottle virus）	澳大利亚（新南威尔士州）、日本	污水处理厂进水	是
	辣椒粉轻斑驳病毒（paprika mild mottle virus）			是
	熟地黄花叶病毒（*Rehmannia* mosaic virus）			是
	番茄褐色皱果病毒（tomato brown rugose fruit virus）			是
	辣椒轻斑驳病毒（pepper mild mottle virus）	美国（南加州）	污水处理厂	是
	黄瓜绿斑驳花叶病毒（cucumber green mottle mosaic virus）			是
	番茄花叶病毒（tomato mosaic virus）			是
	烟草轻绿花叶病毒（tobacco mild green mosaic virus）			是

续表

种属信息		检出位置		是否为病原微生物
属	种	国家（地区）	区域	
烟草花叶病毒属（*Tobamovirus*）	热带苏打苹果花叶病毒（tropical soda apple mosaic virus）			是
	番茄斑驳花叶病毒（tomato mottle mosaic virus）			是
卡拉病毒属（*Carlavirus*）	马铃薯病毒 S（potato virus S）	美国（南加州）	污水处理厂	是
马铃薯 X 病毒属（*Potexvirus*）	火龙果病毒 X（pitaya virus X）			是
	仙人掌病毒 X（cactus virus X）			是
偏肺病毒属（*Metapneumovirus*）	人偏肺病毒（human metapneumovirus, HMPV）	美国（加利福尼亚州大旧金山湾区）		是
衣原体属（*Chlamydia*）	衣原体微病毒（chlamydiamicrovirus）	加拿大（东部）		是
	噬菌体（bacteriophage）	芬兰（南部或中部）	污水处理厂（赫尔辛基、埃斯波、库奥皮奥、锡林耶尔维、拉平拉赫蒂）	是

参考
文献

[1] DASSONVILLE C, DEMATTEI C, DETAINT B, et al. Assessment and predictors determination of indoor airborne fungal concentrations in Paris newborn babies' homes [J]. Environ Res, 2008, 108(1): 80-85.

[2] 陈新宇, 毕新慧, 盛国英, 等. 广州市秋季室内外空气细菌谱及其气溶胶分布特征 [J]. 中国热带医学, 2008, 8(5): 739-742, 759.

[3] 孙帆, 钱华, 叶瑾, 等. 南京市校园室内空气微生物特征 [J]. 中国环境科学, 2019, 39(12): 4982-4988.

[4] LI T C, AMBU S, MOHANDAS K, et al. Bacterial constituents of indoor air in a high throughput building in the tropics [J]. Trop Biomed, 2014, 31(3): 540-556.

[5] ADHIKARI A, KURELLA S, BANERJEE P, et al. Aerosolized bacteria and microbial activity in dental clinics during cleaning procedures [J]. J Aerosol Sci, 2017, 114: 209-218.

[6] MAPHOSSA V, LANGA J C, SIMBINE S, et al. Environmental bacterial and fungal contamination in high touch surfaces and indoor air of a paediatric intensive care unit in Maputo Central Hospital, Mozambique in 2018 [J]. Infect Prev Pract, 2022, 4(4): 100250.

[7] ROSARIO K, FIERER N, MILLER S, et al. Diversity of DNA and RNA viruses in indoor air as assessed via metagenomic sequencing [J].

Environ Sci Technol, 2018, 52(3): 1014-1027.

[8] RUIZ-GIL T, ACUÑA J J, FUJIYOSHI S, et al. Airborne bacterial communities of outdoor environments and their associated influencing factors [J]. Environ Int, 2020, 145: 106156.

[9] ZHANG Z H, QI J, LIU Y Q, et al. Anthropogenic impact on airborne bacteria of the Tibetan Plateau [J]. Environ Int, 2024, 183: 108370.

[10] 邢浩，杜古尔·卫卫，薛娜娜，等.哈密露天煤矿不同环境介质微生物群落特征分析 [J].微生物学通报，2022，49(11): 4525-4537.

[11] QI J, JI M, WANG W Q, et al. Effect of Indian monsoon on the glacial airborne bacteria over the Tibetan Plateau [J]. Sci Total Environ, 2022, 831: 154980.

[12] TANG J W, LI Y, EAMES I, et al. Factors involved in the aerosol transmission of infection and control of ventilation in healthcare premises [J]. J Hosp Infect, 2006, 64(2): 100-114.

[13] VAN DOREMALEN N, BUSHMAKER T, MORRIS D H, et al. Aerosol and surface stability of SARS-CoV-2 as compared with SARS-CoV-1 [J]. N Engl J Med, 2020, 382(16): 1564-1567.

[14] SETTI L, PASSARINI F, DE GENNARO G, et al. SARS-Cov-2RNA found on particulate matter of Bergamo in Northern Italy: first evidence [J]. Environ Res, 2020, 188: 109754.

[15] YU I T S, LI Y, WONG T W, et al. Evidence of airborne transmission of the severe acute respiratory syndrome virus [J]. N Engl J Med, 2004, 350(17): 1731-1739.

[16] PYANKOV O V, BODNEV S A, PYANKOVA O G, et al. Survival of aerosolized coronavirus in the ambient air [J]. J Aerosol Sci,

2018, 115: 158-163.

[17] TAO Y, ZHANG X L, QIU G Y, et al. SARS-CoV-2 and other airborne respiratory viruses in outdoor aerosols in three Swiss cities before and during the first wave of the COVID-19 pandemic [J]. Environ Int, 2022, 164: 107266.

[18] RODRIGUES A F, SANTOS A M, FERREIRA A M, et al. Year-long rhinovirus infection is influenced by atmospheric conditions, outdoor air virus presence, and immune system-related genetic polymorphisms [J]. Food Environ Virol, 2019, 11(4): 340-349.

[19] 陈麟. 咸淡水过渡区中地下水微生物群落结构与多样性特征研究 [D]. 北京: 中国地质大学(北京), 2020.

[20] 耿梦蝶. 长江中下游及北方湖泊微生物群落对环境变化的响应 [D]. 无锡: 江南大学, 2022.

[21] CHEN H H, DONG S L, YAN Y, et al. Prevalence and population analysis of *Vibrio parahaemolyticus* isolated from freshwater fish in Zhejiang Province, China [J]. Foodborne Pathog Dis, 2021, 18(2): 139-146.

[22] XU Z, WOODHOUSE J N, TE S H, et al. Seasonal variation in the bacterial community composition of a large estuarine reservoir and response to cyanobacterial proliferation [J]. Chemosphere, 2018, 202: 576-585.

[23] REN M L, WANG J J. Phylogenetic divergence and adaptation of *Nitrososphaeria* across lake depths and freshwater ecosystems [J]. ISME J, 2022, 16(6): 1491-1501.

[24] KALOVDIS T, HISKIA A, TRIANTIS T M. Cyanotoxins in bloom:

ever-increasing occurrence and global distribution of freshwater cyanotoxins from planktic and benthic *Cyanobacteria* [J]. Toxins (Basel), 2022, 14(4): 264.

[25] MALKI K, ROSARIO K, SAWAYA N A, et al. Prokaryotic and viral community composition of freshwater springs in Florida, USA [J]. mBio, 2020, 11(2): e00436-20.

[26] WITSØ I L, BASSON A, VINJE H, et al. Freshwater plastispheres as a vector for foodborne bacteria and viruses [J]. Environ Microbiol, 2023, 25(12): 2864-2881.

[27] LU J, YANG S X, ZHANG X D, et al. Metagenomic analysis of viral community in the Yangtze River expands known eukaryotic and prokaryotic virus diversity in freshwater [J]. Virol Sin, 2022, 37(1): 60-69.

[28] PALERMO C N, FULTHORPE R R, SAATI R, et al. Metagenomic analysis of virus diversity and relative abundance in a eutrophic freshwater harbour [J]. Viruses, 2019, 11(9): 792.

[29] SURYAKODI S, NAFEEZ AHMED A, BADHUSHA A, et al. First report on the occurrence of white spot syndrome virus, infectious myonecrosis virus and *Enterocytozoon hepatopenaei* in *Penaeus vannamei* reared in freshwater systems [J]. J Fish Dis, 2022, 45(5): 699-706.

[30] 崔若琪, 白淼, 张玲悦, 等. 不同类型饮用水污染情况及微生物群落结构特征分析 [J]. 食品研究与开发, 2023, 44(19): 152-158.

[31] WANG H B, CHUN H, SHI B Y. The control of red water occurrence and opportunistic pathogens risks in drinking water distribution

systems: a review [J]. J Environ Sci(China), 2021, 110: 92-98.

[32] 段刚, 廖春艳, 王文斟, 等. 重庆市 152 栋高层建筑二次供水病原谱分析 [J]. 中国公共卫生, 2023, 39(7): 908-912.

[33] 周藜, 周倩, 黄靖宇, 等. 贵阳市农村生活饮用水致病菌分布及耐药特征研究 [J]. 环境与健康杂志, 2020, 37(10): 891-894.

[34] GHOLIPOUR S, SHAMSIZADEH Z, GWENZI W, et al. The bacterial biofilm resistome in drinking water distribution systems: a systematic review [J]. Chemosphere, 2023, 329: 138642.

[35] DOWDELL K, HAIG S J, CAVERLY L J, et al. Nontuberculous mycobacteria in drinking water systems—the challenges of characterization and risk mitigation [J]. Curr Opin Biotechnol, 2019, 57: 127-136.

[36] ATIK D, OKSUZ S, OZTURK E, et al. Threat in water for drinking and domestic use: nontuberculous mycobacteria [J]. Int J Mycobacteriol, 2021, 10(2): 188-192.

[37] LEE J, LEE C S, HUGUNIN K M, et al. Bacteria from drinking water supply and their fate in gastrointestinal tracts of germ-free mice: a phylogenetic comparison study [J]. Water Res, 2010, 44(17): 5050-5058.

[38] 吕维维, 毛云霞, 周浩, 等. 一起因二次供水污染导致的医院内诺如病毒胃肠炎暴发调查 [J]. 疾病监测, 2016, 31(1): 49-53.

[39] 伏晓庆, 郝林会, 牟建春, 等. 云南 1 起 A 组轮状病毒腹泻暴发的流行病学调查 [J]. 中华实验和临床病毒学杂志, 2019, 33(5): 509-512.

[40] MASCIOPINTO C, DE GIGLIO O, SCRASCIA M, et al. Human health risk assessment for the occurrence of enteric viruses in drinking water from wells: role of flood runoff injections [J]. Sci Total

Environ, 2019, 666: 559-571.

[41] KAUPPINEN A, PITKÄNEN T, AL-HELLO H, et al. Two drinking water outbreaks caused by wastewater intrusion including Sapovirus in Finland [J]. Int J Environ Res Public Health, 2019, 16 (22): 4376.

[42] CAI L, ZHANG T. Detecting human bacterial pathogens in wastewater treatment plants by a high-throughput shotgun sequencing technique [J]. Environ Sci Technol, 2013, 47(10): 5433-5441.

[43] MAYNARD C, BERTHIAUME F, LEMARCHAND K, et al. Waterborne pathogen detection by use of oligonucleotide-based microarrays [J]. Appl Environ Microbiol, 2005, 71(12): 8548-8557.

[44] SYMONDS E M, BREITBART M. Affordable enteric virus detection techniques are needed to support changing paradigms in water quality management [J]. Clean(Weinh), 2015, 43(1): 8-12.

（黄 静 毛怡心 唐 宋 施小明）